模拟与通信

电　路

主编/陶德元　黄本淑　王珊　周红　严宇　唐泉

四川大学出版社

项目策划：唐　飞
责任编辑：唐　飞
责任校对：蒋　玙
封面设计：墨创文化
责任印制：王　炜

图书在版编目（CIP）数据

模拟与通信电路 / 陶德元等主编. — 成都 : 四川大学出版社，2020.9
ISBN 978-7-5690-3431-8

Ⅰ. ①模… Ⅱ. ①陶… Ⅲ. ①模拟通信－电子电路－高等学校－教材 Ⅳ. ① TN914.1

中国版本图书馆 CIP 数据核字（2020）第 154968 号

书名　模拟与通信电路
MONI YU TONGXIN DIANLU

主　　编	陶德元　黄本淑　王　珊　周　红　严　宇　唐　泉
出　　版	四川大学出版社
地　　址	成都市一环路南一段 24 号（610065）
发　　行	四川大学出版社
书　　号	ISBN 978-7-5690-3431-8
印前制作	四川胜翔数码印务设计有限公司
印　　刷	成都市新都华兴印务有限公司
成品尺寸	185mm×260mm
印　　张	16.75
字　　数	445 千字
版　　次	2020 年 9 月第 1 版
印　　次	2020 年 9 月第 1 次印刷
定　　价	48.00 元

扫码加入读者圈

◆ 读者邮购本书，请与本社发行科联系。
电话：(028)85408408/(028)85401670/
(028)86408023　邮政编码：610065
◆ 本社图书如有印装质量问题，请寄回出版社调换。
◆ 网址：http://press.scu.edu.cn

四川大学出版社
微信公众号

前　言

模拟与通信电路，从硬件角度来看，它的核心是对信号进行放大，从软件角度来看，它是对输入信号做卷积运算，这样就把“电路系统”与“信号系统”紧密地连在了一起。因此，学好这门课程是今后从事软硬结合、开展实际工作的一个关口。

虽然这类教材目前很多，但本书特别注重“深入浅出与物理概念”，归结起来主要有以下十个特点：

第一，把三种半导体中参与导电的粒子模型化，使分析三种 PN 结中多子的扩散、少子的漂移显得非常直观。这对伏安特性曲线的形成和 r_d 、c_t 、c_d 的等效都带来方便。

第二，把三极管这个电流分配器件 $i_e = i_b + i_c$ 比作生活中的三通水管，且把由固定尺寸所决定的三股流量 $\beta = \frac{i_c}{i_b}$ 定义为放大倍数，同时还把基极与集电极之间没有直接的电流流通说成是“鸡犬之声相闻，老死不相往来”，当学生画直流通道与交流通道时，就知道基极电流与集电极电流只能汇聚到射极进行入出，从而使三极管的放大原理融入生活。

第三，对共基、共射 T 型电路中的 $r_{b'b}$ 和 r_e 用“电压恒等”的原则折合到输入与输出回路中去，对共射电路中的 $C_{b'c}$ 按“电流恒等”的原则折合到输入与输出回路中去，彻底解决了无法用统一的物理参数把放大器的输入回路与输出回路等效得十分准确这个长期以来困扰电路工作者的技术难题。

第四，对放大器必须掌握以直流电源 E_c 为源头画直流通道的五个原则，并指出“直流似河中之水，水只能从高处流到低处”；随后将 E_c 正负极短路，再以信号 u_s 和 βi_b 为源头，掌握画交流通道的四个原则，并指出“信号是水上的船，既可顺江而下，也可逆水行舟”。

第五，把长期以来的“极间电压瞬时极性分析法（靠记忆）”改成“极间电流长时回路显示法（靠视觉）”。将其用于分析多级放大器，会看到交变电流在奇数级与偶数极之间的传播方向是交替变化的；将其用于差分放大器，会看到射极电阻对共模电流的强烈负反馈，对差模电流的相互对消。将此用于分析正负反馈会非常方便。

第六，放大器幅频特性曲线低频端的下降是耦合电容 C_1 和 C_2 的降压引起的。相频特性低频端超前是由 $C_1 r_{be}$ 和 $C_2 R_L$ 的微分超前效应引起的。放大器幅频特性曲线高频端的下降是由电容 C'_{be} 和 $C_{b'c}$ 的分流引起的。相频特性高频端滞后是由 $r_{b'b} C'_{be}$ 和 $R_c C_{b'c}$ 的积分滞后效应引起的。

第七，用“极间电流长时回路显示法”极易判断反馈的正负和四种类型。正反馈是形成震荡，实现无线发射的核心；负反馈能使系统频带加宽，减少失真，工作稳定。

第八，把运算放大器的“虚断”与“虚短”归结为“似断非断”“似短非短”“星火燎原的一个点”，来比喻信号对运算放大器输入端所引起的激励作用。又以反相运放的计算功能和同相运放的滤波功能把放大器通常的时频（t,f）分析 $u_L(t,f) = A_u(f)u_i(t,f)$ 相乘转化成 $u_L(t) = a_u(t) * u_s(t)$ 相卷和 $U_L(f) = A_u(f)U_s(f)$ 相乘，这样就把“电路系统”与“信号系统”两门课程统一起来了。前者是“硬件电路实现”，后者是“软件算法编程”。

第九，非线性元件（变换）能产生新频率是卷积神经网络深度学习的重要基础，是实现机器高度智能的根本保证。

第十，无线收发是现代通信的核心，而调制解调是三角函数相乘与平方的典型应用，这部分内容将把人们的思维引入无限的宇宙空间，会激发人们的创造性思维。

本书第 1、2 章由黄本淑编写，第 3、4 章由王珊编写，第 5、6 章由周红编写，第 7、8、9 章由严宇编写，第 10 章和附录由唐泉编写，全书由陶德元负责统稿和审核。

由于编者水平有限，加之时间仓促，本书难免会有一些错误，恳请广大读者批评指正。

编　者

2020 年 8 月于成都

目　　录

模拟电路部分

通信电路部分

模拟电路部分

第 1 章　半导体二极管

半导体二极管是由两种掺杂半导体构成的，而掺杂半导体又是相对于本征半导体而言的。

1.1　半导体

半导体指的是导电性能介于导体与绝缘体之间的一类物体，例如硅（Si）和锗（Ge），它们有一个显著的特点，就是导电性能随温度的上升而增加。下面讨论常用的本征半导体和 N 型半导体及 P 型半导体的导电性能与温度和掺杂的关系。

1.1.1　本征半导体

【核心内容】热激发电子 n_i—空穴 P_i 对

本征半导体，指的是纯净、理想的半导体晶体，它是制造 N 型半导体和 P 型半导体的基础。下面以常用的硅和锗为例，来说明本征半导体的导电机构。

硅是原子序数为 14 的 4 价元素，它是由一个带 14 个正电荷的原子核和绕核旋转的 14 个电子组成的。核对电子的吸引力，就是迫使电子绕核旋转的向心力，而这 14 个电子是按一定规律即 2+8+4 分布在三层电子轨道上的，如图 1.1(a) 所示。

锗是原子序数为 32 的 4 价元素，它是由一个带 32 个正电荷的原子核和绕核旋转的 32 个电子组成的。而这 32 个电子也是按一定规律即 2+8+18+4 分布在四层电子轨道上的，如图 1.1(b) 所示。

不论是硅原子还是锗原子，由于靠近原子核的各内层电子被原子核吸引得很紧，不可能参与导电过程，所以我们关心的只是容易参与导电过程的最外层的 4 个价电子和与之相对应的带 4 个正电荷的原子核（也称原子实）。具体结构如图 1.1 的简化模型所示。

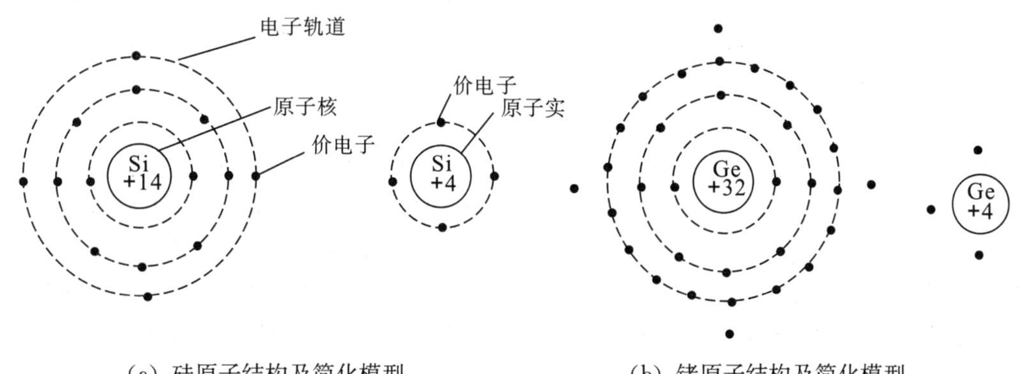

(a) 硅原子结构及简化模型　　(b) 锗原子结构及简化模型

图 1.1　硅、锗原子结构及简化模型

大量的硅或锗原子在空间按矩阵方式排列成晶体，如图 1.2 所示。在晶体中，每个原子的上、下、左、右都被4个最邻近的原子包围，因而原来只受某1个原子A的核单独吸引的4个价电子，也要分别受到相邻的4个（实际上是多个）原子A_1、A_2、A_3、A_4核的吸引而分别成为相邻的4个原子A_1、A_2、A_3、A_4的价电子。反过来，相邻的4个原子A_1、A_2、A_3、A_4中的每一个原子，都有一个价电子受到最中心原子A核的吸引而要成为原子A的价电子，可以想象其结果一定是使每个原子（不论是A还是A_1、A_2、A_3、A_4）都相当于有8个价电子（为便于分析，电荷的流动仅以A四周的A_1、A_2、A_3、A_4为例），而这8个价电子中的每一个价电子都是分别受到两个原子核的吸引作用而组成共价键的。实践证明，凡是由8个价电子组成的共价键晶体，就像惰性气体一样，其结构是非常稳定的。

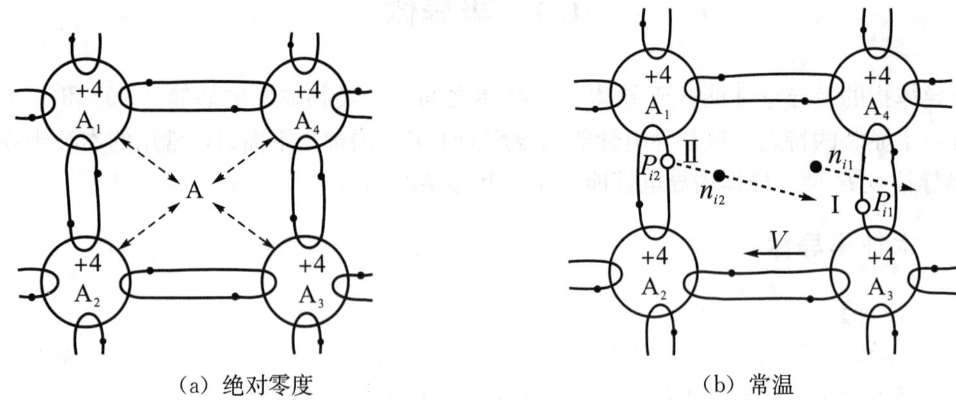

(a) 绝对零度　　(b) 常温

图1.2　本征半导体的原子结构与导电情况

在绝对零度时的本征半导体中，这些受两个原子核（实际上也是多个）吸引的共价键价电子，只能绕这两个原子核旋转，不能挣脱这两个原子核的吸引成为自由电子n_i，因而不可能参与导电过程，此时的晶体是绝缘的，如图1.2(a) 所示。

在常温时，就有一些处于共价键中的价电子，例如A_3与A_4间的共价键，因获得了足够的动能而挣脱A_3和A_4两个原子核的吸引成为自由电子n_{i1}，如图1.2(b) 右所示，我们用“·”表示。因此，可以说这些自由电子n_{i1}是晶体中一种本征热激发的电荷载流子。

上面只讨论了问题的一个方面，事实上当共价键中的某一价电子因获得足够的动能而挣脱两个原子核的吸引成为自由电子n_{i1}后，在该价电子原来所在位置上就缺少了1个价电子，或者说出现了1个带正电荷的空穴P_{i1}，如图1.2(b) 右的P_{i1}所示，用“○”表示。所以n_{i1}和P_{i1}是同时成对产生的。同样，在图1.2(b) 左边A_1和A_2间的共价键中，也会因热激发产生相应的电子n_{i2}和空穴P_{i2}，且有

$$P_i = n_i \tag{1.1}$$

这时若在本征半导体的左右两端加上从右至左的正电场V，则n_{i1}和n_{i2}受到V电场的吸引，向右移动，形成电流I_n；而P_{i1}和P_{i2}受到V电场的排斥，向左移动，也形成电流I_p，而总电流为I_n+I_p。通过以上的分析，在常温下的本征半导体中，有少数因热激发所产生的自由电子n_i和与其等量的带正电荷的空穴P_i维持其电中性，它们在外电场V（就是干电池）的作用下形成电流，完成导电过程。这时电压V既起驱赶P_i和n_i的作用，也起维持P_i和n_i稳恒流动的作用，这可用如图1.3所示的模型来表示。

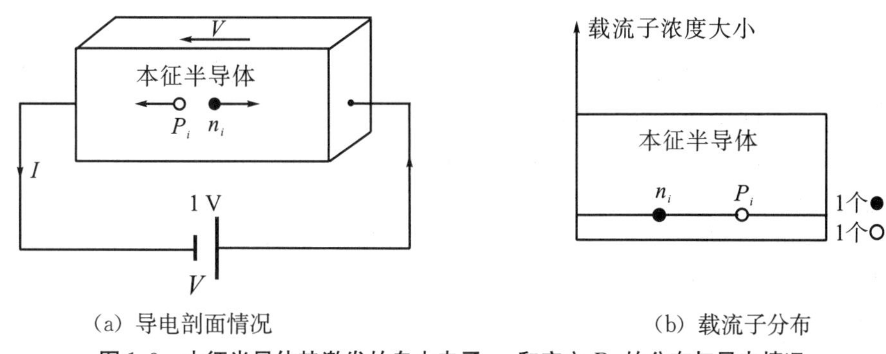

(a) 导电剖面情况　　(b) 载流子分布

图 1.3　本征半导体热激发的自由电子 n_i 和空穴 P_i 的分布与导电情况

最后需要指出，本征半导体热激发的自由电子 n_i 与空穴 P_i 总是相伴而生、成对出现的，因此往往都统称热激发电子 n_i—空穴 P_i 对。同时，这些自由电子 n_i 在运动过程中也会填补某些空穴 P_i，而使这一热激发电子 n_i—空穴 P_i 对消失，这种 n_i 和 P_i 同时消失的现象称为复合，例如前面的 n_{i2} 在向右移动的过程中就有可能与 P_{i1} 复合，这时线路上就只有 n_{i1} 和 P_{i2} 在流动。从电子 n_i—空穴 P_i 对的产生到复合所需的时间，叫做载流子的寿命，用 τ 表示，上课时的起立与坐下就类似于激发与复合。当温度一定时，热激发电子 n_i—空穴 P_i 对数目也就定了，这个数值通常是很小的，因此本征半导体的导电性能很差，但它对温度和光照都很敏感，可用它做成热敏元件和光敏元件。市面上的光敏电阻和热敏电阻就是利用这一特性制成的，当把它与灯泡并联时，白天这光敏电阻的阻值小，分走的电流多，使得灯泡较暗，而夜晚灯泡获得的电流多就相对较亮。需要特别说明的是，由于硅的价电子比锗的价电子离原子核的距离更近，所以硅的价电子受原子核的吸引力就比锗的价电子受原子核的吸引力要大些，因此在相同的温度下，本征硅中热激发电子—空穴对就少于本征锗中热激发电子—空穴对，故硅的热敏性和光敏性比锗要差得多。这种差异往往是生产器件时选择材料的基础。总之，半导体是今后学习各种传感元件的核心内容。

1.1.2　*N* 型半导体

【核心内容】掺杂电子 n'—正离子 N^+ 对

N 型半导体，指的是在本征半导体中掺入少量 5 价元素的杂质半导体，如图 1.4(a)所示。

设想在本征半导体中掺入少量的 5 价元素磷，把磷原子也看成是由一个带 5 个正电荷的原子核和绕核旋转的 5 个价电子组成的。磷原子进入本征半导体后，将取代某些本征原子（例如 A 原子）的位置，但它与自己周围的本征原子（例如 A_1、A_2、A_3、A_4）相比（相减），却多出 1 个价电子，这个多出的价电子可以看成只受单个磷原子核本身多出的那一个带正电荷的原子核的吸引，而不受原子 A_1、A_2、A_3、A_4 核的吸引，它挣脱这个原子 A 的吸引而成为自由电子 n'，要比其他已受两个原子核吸引的共价键价电子容易得多。在常温下，它几乎是自由的。因此可以认为，一个 5 价的磷原子掺入本征半导体后，就同时在这个本征半导体中引入了一个自由电子 n'。室温下掺入万分之一的磷，所引入的自由电子 n' 将是本征热激发自由电子 n_i 的 2500 倍，所以完全可以认为，这种掺入 5 价杂质的半导体中载流子的多数（称为多子）是由自由电子组成的，即有

$$n_i + n' \tag{1.2}$$

而载流子的少数（称为少子）是由热激发的本征空穴 P_i 组成的。值得注意的是，磷原子核带有 5 个正电荷，它与自己周围的本征原子相比，还多出一个正电荷，因此从本征原子的角度来看，5 价磷原子的核就是一个带正电荷的施主离子，用 N^+ 表示，它施舍出一个电子 n'，且有

$$N^+ = n' \tag{1.3}$$

通过以上分析，在常温下的 N 型半导体中，除了有少数因热激发的本征电子 n_i 和本征空穴 P_i 外，还有大批掺杂 5 价元素的自由电子 n' 和与之等量的固定不动的带正电荷的掺杂施主离子 N^+，用以维持电中性，而两种自由电子 n_i+n' 和本征空穴 P_i 在外电压 V 的作用下形成电流，完成导电过程，如图 1.4(b) 所示。这时电压 V 既起驱赶 n_i+n' 和 P_i 的作用，也起维持 n_i+n' 和 P_i 稳恒流动的作用，所以说，电压 V 是驱使电荷流动的原动力。它们的结构和导电情况如图 1.4 所示。

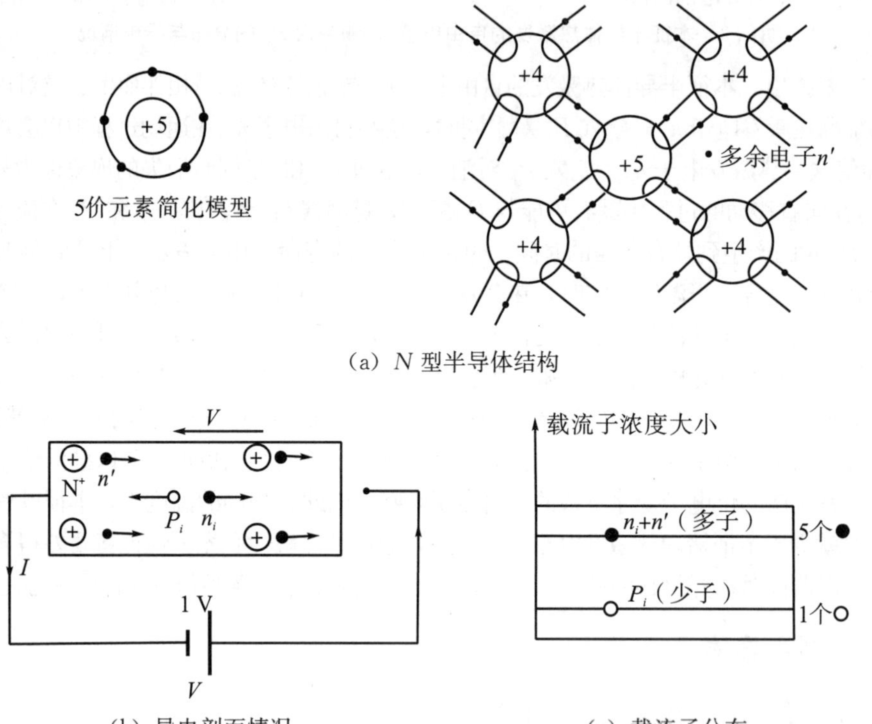

图 1.4　N 型半导体结构与载流子分布及导电情况

图 1.4(a) 是掺入一个 5 价杂质的情况，图 1.4(b) 是掺入四个 5 价杂质的情况。这里电压 V 驱使电荷的流动，正如血压是驱使血液流动、气压是驱使气体流动、水压是驱使水流动的原动力一样，电压是驱使电荷流动的原动力。众所周知，水永远是从高水位流向低水位的，例如 5 楼的水可从不同位置依次并行流到 4、3、2、1 楼，乃至流到地平面之下的负 1、2 楼去。

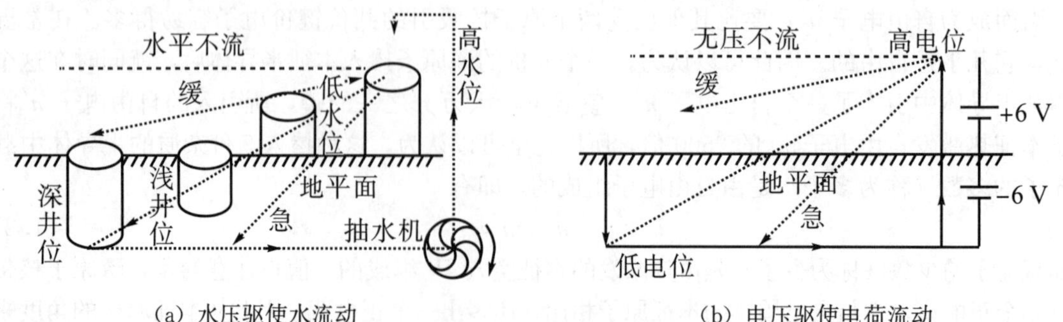

图 1.5　高电位向低电位的流动情况

同理，从电源正极流出的电流可分成并行的若干路，先从高层流到地平面，然后再由地平面流到地下的更低层次，最后流到电源负极，如图 1.5 所示。电位差值越大，它们之间的流速就越快。需要特别注意的是，掺杂原子的共价键依然存在于本征半导体的汪洋大海之中，掺杂电子 n' 也可能与附近的本征空穴 P_i 复合，这种作用犹如本征电子—空穴对的减少。

1.1.3　*P* 型半导体

【核心内容】掺杂空穴 P'—负离子 N^- 对

P 型半导体，指的是在本征半导体中掺入少量 3 价元素的杂质半导体，如图 1.6所示。其中，图 1.6(a) 是掺入一个 3 价杂质的情况，图 1.6(b) 是掺入了四个 3 价杂质的情况。

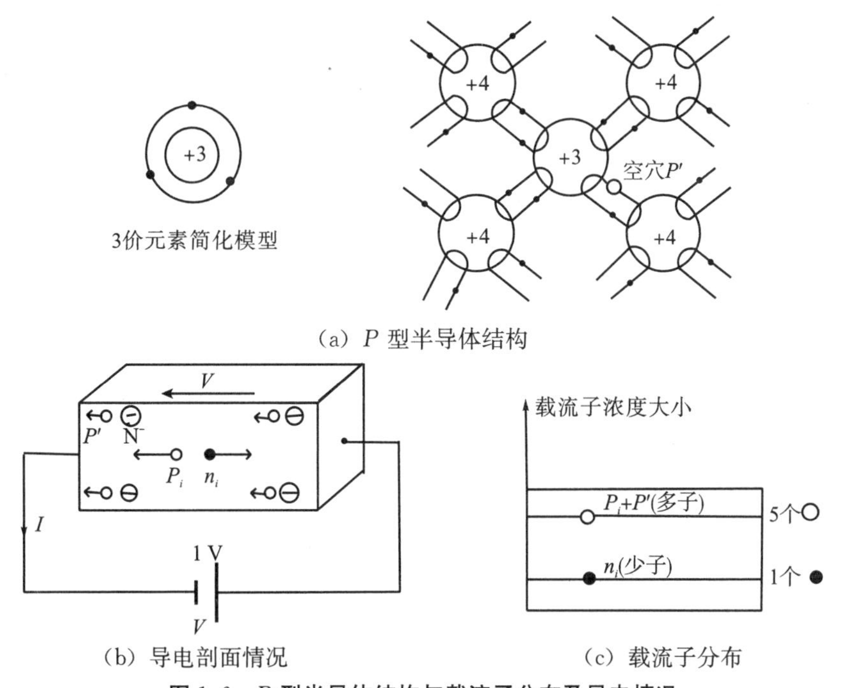

(a) *P* 型半导体结构

(b) 导电剖面情况　　(c) 载流子分布

图 1.6　*P* 型半导体结构与载流子分布及导电情况

设想在本征半导体中掺入少量的 3 价元素硼，把硼原子也看成是由一个带 3 个正电荷的原子核和绕核旋转的 3 个价电子组成的。硼原子进入本征半导体后，也将取代某些本征原子的位置，但它与自己周围的本征原子相比（相减），缺少一个价电子，或者说出现了一个空穴 P'。因此可以认为一个 3 价的硼原子掺入本征半导体后，就同时在这个本征半导体中引入了一个空穴 P'。室温下掺入万分之一的硼，所引入的空穴 P' 将是本征热激发空穴 P_i 的 2500 倍，所以完全可以认为，这种掺入 3 价杂质的半导体中载流子的多数（称为多子）是由空穴组成的，即有

$$P_i + P' \tag{1.4}$$

而载流子的少数（称为少子）是由热激发的本征电子 n_i 组成的。值得注意的是，硼原子核只带有 3 个正电荷，它与自己周围的本征原子相比（相减）少一个正电荷，因此从本征原子的角度来看，3 价硼原子的核就是一个带负电荷的受主离子，用 N^- 表示，它接受一个 P' 空穴，且有

$$N^- = P' \tag{1.5}$$

通过以上分析，在常温下的 *P* 型半导体中，除了有少数因热激发的本征电子 n_i 和本征空穴 P_i 外，还有大批掺杂 3 价元素的空穴 P' 和与之等量的固定不动的带负电荷的掺杂受主离子 N^-，用以维持电中性，而两种空穴 $P_i + P'$ 和本征电子 n_i 在外电场 V 的作用下形成电流，完

成导电过程，如图1.6(b) 所示。这时电压V既起驱赶P_i+P'和n_i的作用，也起维持P_i+P'和n_i稳恒流动的作用。需要特别注意的是，掺杂原子的共价键依然存在于本征半导体的汪洋大海之中，掺杂空穴P'也可能与附近的本征电子n_i复合，这种作用也犹如本征电子—空穴对的减少。

1.2 *PN* 结

PN结指的是一个P型半导体和一个N型半导体紧密结合处的具有特殊电学性质的区域。经外壳封装后两端各接一根引出线就是常说的半导体二极管。

1.2.1 热平衡 *PN* 结

【核心内容】浓度差的扩散＝自建场对少子的漂移.

热平衡PN结指的是无任何外加直流电压V的PN结，它是正、反偏PN结赖以生存的条件，所以必须着重讨论。

当N型半导体和P型半导体刚紧密结合时，如图1.7(a) 所示，由于N区的电子n_i+n'多于P区的电子n_i，而P区的空穴P_i+P'又多于N区的空穴P_i，这种浓度差将使得N区电子n_i+n'向P区扩散形成扩散电流I_{dn}，P区空穴P_i+P'向N区扩散形成扩散电流I_{dp}，正如把玻璃缸中装有红蓝墨水的隔板抽掉后的扩散过程一样。这种情况将使得邻近界面处的N区失去较多的电子而留下固定不动的带正电荷的施主离子N^+，同时也使界面处的P区失去较多的空穴而留下固定不动的带负电荷的受主离子N^-，这样就在界面处逐渐形成一个由N^+和N^-构成的电偶层（也叫阻挡层或势垒）。在电偶层内，由于N区带正的空间电荷N^+和P区带负的空间电荷N^-的存在，因而会形成一个很强的自建电场V_0，其方向从N区指向P区，它将阻止对方多子的继续扩散，也将吸引对方（包括势垒区内作为垫底的本征原子中因热激发的电子n_i—空穴P_i对）的少子向本方漂移0.2 V形成漂电流I_{sn}和I_{sp}。尽管如此，N区的电子n_i+n'和P区的空穴P_i+P'毕竟还在继续扩散，而继续扩散的结果又会使自建电场V_0逐渐增大，而V_0的增大又对扩散造成更大的阻力，但当V_0大到一定程度，例如电偶层中左右两边各有两个正负离子形成对1和对2，即电偶层中有$2N^+$和$2N^-$，所形成的V_0为

$$V_0 \approx \frac{kT}{q}\ln\left[\frac{N^+N^-}{n_i^2}\right] = -0.58\ \text{V} \tag{1.6}$$

时，就必然会达到某种平衡，如图1.7(b) 中曲线的V_0点。在这种情况下，将有因热激发的N区空穴P_i和P区电子n_i做热运动而撞入电偶层内被V_0吸到本方而形成的漂移电流I_s（$I_{sn}+I_{sp}$），且

$$I_s = q\left(\frac{L_P P_i}{\tau_P} + \frac{L_n n_i}{\tau_n}\right) \tag{1.7}$$

这时漂移电流I_s与依靠扩散作用而形成的扩散电流I_d（$I_{dn}+I_{dp}$）大小相等、方向相反，二者相互抵消，流过PN结总的电流恒等于零，这就是我们所说的热平衡PN结，此时电偶层的宽度为

$$l_0 = \left[\frac{2\varepsilon_0}{q}V_0\left(\frac{N^+ + N^-}{N^+N^-}\right)\right]^{\frac{1}{2}} \tag{1.8}$$

因此，一个热平衡PN结内部永远都有V_0、l_0和$I_d=I_s$存在。

图1.7（b）的扩散电流I_d减去漂移电流I_s就得到如图1.7（d）所示的二极管伏安特

性曲线。把图1.7（b）的零点变成0.58 V就是通常说的导通电压，0.7 V>0.58 V。

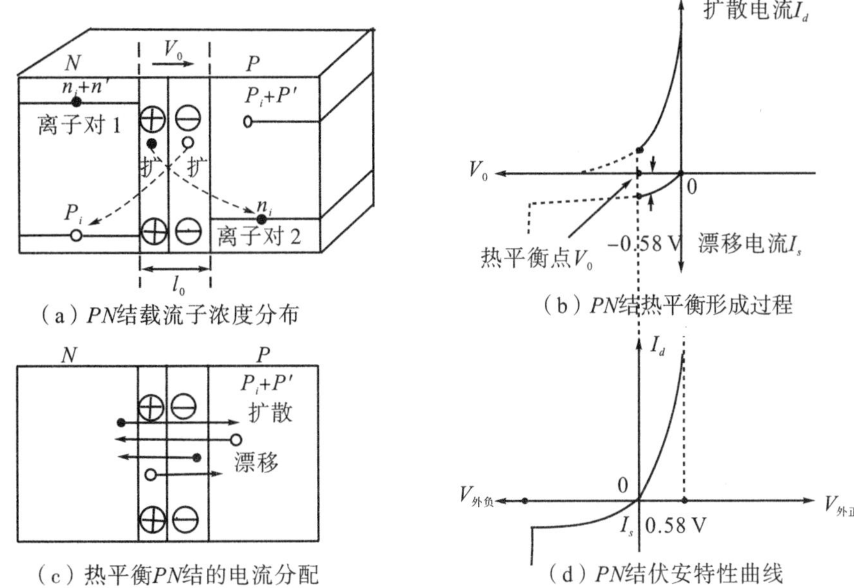

（a）PN结载流子浓度分布

（b）PN结热平衡形成过程

（c）热平衡PN结的电流分配

（d）PN结伏安特性曲线

图1.7　热平衡 PN 结的形成及电流分配情况

式（1.6）、（1.7）、（1.8）中的符号说明：

k 为波尔兹曼常数：$k=1.38\times10^{-23}$ J/K（焦尔/热力学温标）。

T 为绝对温度：$T=300$ K（热力学温标）。

q 为电子电量：$q=1.602\times10^{-19}$ C（库仑）。

常温时，一个电子在 PN 结的自建电场中产生的特征电压为

$$U_t=\frac{kT}{q}=0.026\ \text{V} \tag{1.9}$$

当 $N^+=N^-=10^{15}\ \text{cm}^{-3}$时，

对硅材料，$n_i=1.4\times10^{10}\ \text{cm}^{-3}$，可求得 $V_0=-0.58$ V，也是硅材料二极管的导通电压，$l_0=0.35\ \mu$m；

对锗材料，$n_i=2.4\times10^{13}\ \text{cm}^{-3}$，可求得 $V_0=-0.2$ V，也是锗材料二极管的导通电压，$l_0=0.21\ \mu$m。

L 为载流子的扩散长度，一般为0.001～0.003 cm。

τ 为载流子的平均寿命，对硅材料为50～500 μs（微秒），对锗材料为100～1000 μs。

ε_0 为真空介电常数：$\varepsilon_0=8.85\times10^{-12}$ F/m（法/米）。

I_s 为反向饱和电流（或叫漂移电流），对硅材料，如2CK系列，$I_s<0.1\ \mu$A（微安）；对锗材料，如2AP系列，$I_s>100\ \mu$A，它们的这种差异是由价电子到原子核的距离不同而引起的。

最后必须指出：

（1）扩散电流是由浓度梯度引起的，是由多子克服电偶层的阻碍作用从一区扩散到另一区形成的。

（2）漂移电流是少子在电偶层 V_0 的吸引下从一区漂移到另一区而形成的，由于它的方向与扩散的电流相反，大小完全由温度而定（因本征少子的数目完全由温度决定），即具有饱和特性，所以人们叫它反向饱和电流，并用 I_s 表示。

1.2.2 正向偏置 *PN* 结（正向导通）

【核心内容】扩散电流≫反向漂移电流

所谓偏置，就是加直流电压 V 的意思。正向偏置 PN 结（简称正偏 PN 结）指的是将直流电源 V 的负极接 N 区，正极接 P 区，如图 1.8 所示。负极给出的负电荷在电偶层中正离子 N^+ 的吸引下依次进入电偶层中，与其中的正离子 N^+ 中和，使原有的正离子数减少，而电源 V 的正极给出的正电荷又在电偶层中负离子 N^- 的吸引下依次进入电偶层中，与其中的负离子 N^- 中和，使结内原有的负离子对数减少，从而使电偶层变薄，例如只剩正负离子对 1，可理解成电源 V 在对电偶层充电（由虚线缩回到实线，使电偶层中的正、负离子只留下一个），此时电偶层的宽度为

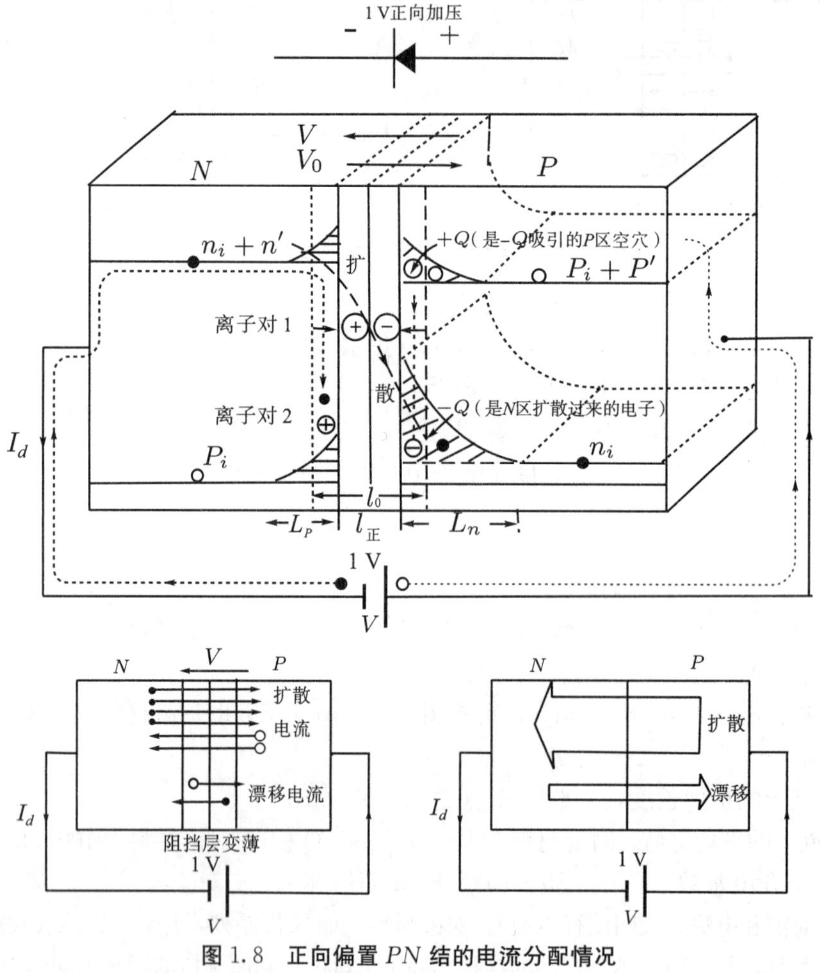

图 1.8 正向偏置 PN 结的电流分配情况

$$l_{正}=l_0\left(\frac{V-V_0}{V}\right)^{\frac{1}{2}}<l_0 \tag{1.10}$$

这样虽然有利于双方扩散的进行，但却破坏了热平衡时扩散电流与反向饱和电流的平衡特性，从而使扩散电流占了优势。当外加电压 V 远大于 0.026 V 时，流过 PN 结的电流 I_d 可认为全是多子的扩散电流，且

$$I_d=I_s(e^{\frac{V}{0.026}}-1) \tag{1.11}$$

这时的 V 既起到对电偶层充电削弱 V_0 的作用，也起到维持扩散电流 I_d 稳恒流动的作用（例如 $I_d = 1.3\ mA$）。其内部载流子的分布如图 1.8 中的弧线所示，注意 P 区中的 $-Q$ 是从 N 区扩散过来的电子堆积的剖面分布，而 P 区中的 $+Q$ 是前面的 $-Q$ 在 P 区中吸引到的空穴，用以维持该扩散区内的电中性，它犹如 $-Q$ 和 $+Q$ 在对扩散区充电。同理，N 区也有类似情况。

有人担心当正向偏压太大时，会不会把 V_0 抵消完。其实，因 I_d 与 V 呈指数上升，当 V 增加一点时，I_d 上升很快，且 $\Delta I_d \cdot r_{体} \approx \Delta V$，因此增加的电压已被体电阻承担，所以 V 是不会把 V_0 抵消完的，往往是 V_0 远未到达零时，大电流就把 PN 结烧坏了。

1.2.3　反向偏置 *PN* 结（反向截止）

【核心内容】扩散电流≪反向漂移电流

反向偏置 PN 结（简称反偏 PN 结）指的是对 N 区加正的直流电压，对 P 区加负的直流电压，如图 1.9 所示。

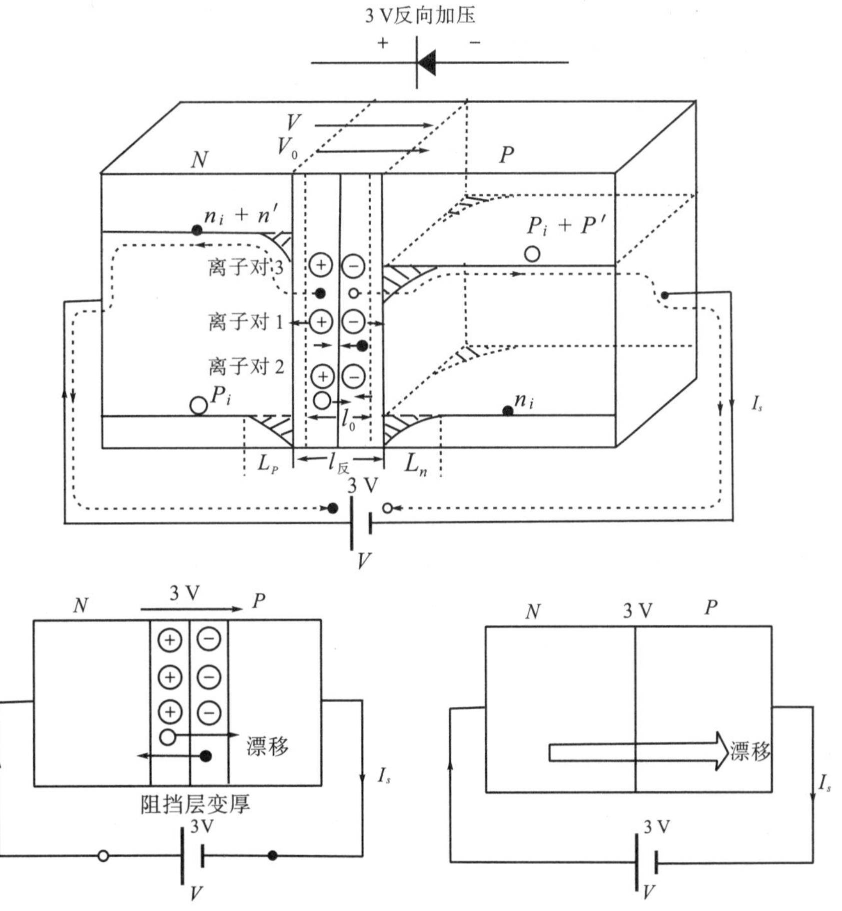

图 1.9　反向偏置 PN 结的电流分配情况

当反向偏置时，外加电压 V 的正极把 N 区中的电子吸走了，从而显示出更多的正离子 N^+，而 V 的负极把 P 区中的空穴吸走了，从而显示出更多的负离子 N^-，在结内使原有的正负离子增多，而使得电偶层变宽，例如除正负离子对 1、2 外还有离子对 3。这也可以理解为电偶层在向电源 V 放电，从而使阻挡层变厚（由图中的虚线变为实线，如电偶层中的

正负离子可增至三个），此时电偶层的宽度变为

$$l_{反}=l_0\left(\frac{V+V}{V}\right)^{\frac{1}{2}}>l_0 \tag{1.12}$$

这样不仅极不利于多子的扩散，而且破坏了热平衡时扩散电流与反向饱和电流的平衡特性，从而使反向电流占了优势。当外加电压 V 远大于 0.026 V 时，扩散电流 I_d 将下降到零，则流过 PN 结的电流 I 全是由少子漂移形成的，即

$$I=-I_s \tag{1.13}$$

这时 V 既起到吸走电偶层中的电荷从而增大 V_0 的作用，也起到维持 $I=-I_s$ 稳恒流动的作用（例如 $I_s=0.1\ \mu A$）。注：I_s 始终是由本征热极发的少子形成的。

1.2.4 *PN* 结的伏安曲线

【核心内容】由 $I_d=I_s(e^{\frac{V}{0.026}}-1)$ 描述

讨论 PN 结伏安曲线的目的在于，把前面的 PN 结理论数字化、曲线化，使读者借助一个公式和一条曲线来加深对 PN 结的理解。PN 结的伏安曲线，指的是通过 PN 结的电流 I_d，随 PN 结两端电压 V 而变化的关系曲线，如图 1.10 所示。

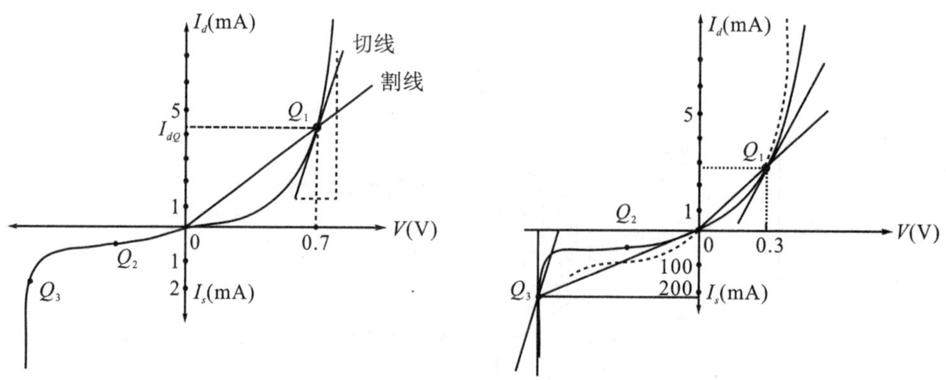

（a）硅二极管 PN 结的伏安曲线　　（b）锗二极管 PN 结的伏安曲线

图 1.10　*PN* 结的伏安曲线

通过前面正偏 PN 结和反偏 PN 结的分析已知，正偏 PN 结的扩散电流 I_d 远大于反向饱和电流 I_s，且 $I_d=I_s(e^{\frac{V}{0.026}}-1)$。下面将用实验测试的方法来验证这个问题。实验中，在“晶体管图示仪”上可直接看到其图像，它是今后图解法的重要基础。

1. 测试电路

PN 结伏安曲线的测试电路如图 1.11 所示。

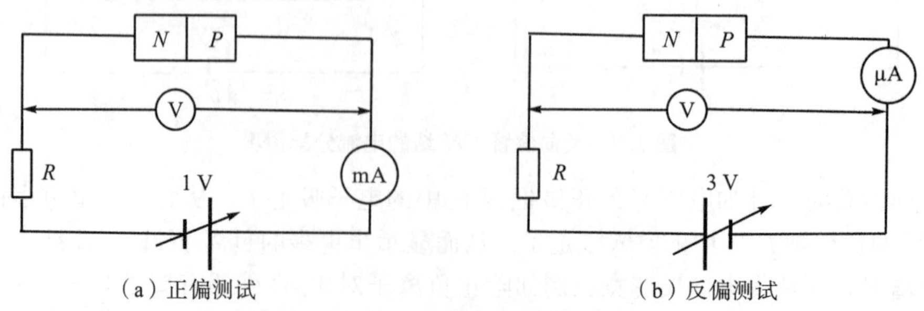

（a）正偏测试　　（b）反偏测试

图 1.11　*PN* 结伏安曲线的测试电路

2. 所测曲线的特点

比较硅材料 PN 结和锗材料 PN 结的伏安曲线可知：

（1）两者的伏安曲线都具有同样的变化规律，在数学上可用下式来描述：

$$I_d = I_s(e^{\frac{V}{0.026}} - 1) \tag{1.14}$$

当 $+V \gg 0.026$ V 时，有 $e^{\frac{V}{0.026}} \gg 1$，则 $I = I_d = I_s e^{\frac{V}{0.026}}$，即 I 随 V 呈指数关系上升。

当 $-V \gg 0.026$ V 时，有 $e^{\frac{V}{0.026}} \ll 1$，则 $I = -I_s$，即 I 具有饱和特性，但由于 PN 结不可避免地存在漏电现象，所以实际的反向曲线略有倾斜，当温度升高后，将使 $\frac{q}{KT} < \frac{1}{0.026\ \text{V}}$，这时的伏安曲线如图 1.10 中虚线所示。其原因是温度的上升致使热激发的少子增大了反向饱和电流的成分。

（2）PN 结具有单向导电性，其导通方向是从 P 区到 N 区，截止方向是从 N 区到 P 区。

（3）硅材料 PN 结的门限电压，也即正向电流上升到 0.1 mA 时所需的电压为 0.5 V，且正向曲线变化陡峭，到 0.7 V 时正向电流变得非常大；而锗材料 PN 结的门限电压为 0.1 V 左右，且正向曲线变化缓慢，但当其达到 0.3 V 时正向电流也非常大。由于硅原子比锗原子小，则硅外层价电子受核的吸引力比锗大，所以当正向电流上升到 0.1 mA 时，其门限电压为 0.5 V，而锗的门限电压是 0.1 V。但二者的正向直流电阻 R_d 和交流电阻 r_d 都很小，对图 1.10（a）中的 Q_1 点而言，其中直流电阻为

$$R_d = \frac{V_{Q_1}}{I_{dQ_1}} = \frac{0.7\ \text{V}}{4.3\ \text{mA}} = 164\ \Omega \tag{1.15}$$

其值一般在 20 Ω 到几百欧的范围内；交流电阻为

$$r_d = \frac{\Delta V_{Q_1}}{\Delta I_{dQ_1}} = \frac{0.026\ \text{V}}{1\ \text{mA}} = 0.026\ \text{k}\Omega \tag{1.16}$$

其值大约为 15 Ω。

（4）硅材料的反向饱和电流 I_s 比锗材料的反向饱和电流小得多（即硅材料的热敏性比锗材料差些），但二者的反向直流电阻 R_s 和交流电阻 r_s 都是很大的，其中直流电阻为

$$R_s = \frac{V_{Q_3}}{I_{sQ_3}} = \frac{8\ \text{V}}{0.2\ \text{A}} = 40\ \Omega \tag{1.17}$$

其值一般为几百千欧；交流电阻为

$$r_s = \frac{\Delta V_{Q_3}}{\Delta I_{sQ_3}} \tag{1.18}$$

其值大约为 10 Ω。

3. 伏安曲线的主要应用

伏安曲线能使人们直观地了解一个器件的电气性能，同时伏安曲线也是低频交流大信号运用时图解一个器件有关性能的重要工具。

1.3　PN 结的交流小信号等效电路

讨论 PN 结的交流小信号等效电路实质上是把前面讲的 PN 结理论进行抽象化、集中

化和电路化，以利于今后从电路的角度来分析有关问题。要讨论这个问题，首先必须对交流、小信号、等效电路这三个名词的含义有所了解。

1.3.1 *PN* 结的等效电阻 r_d

【核心内容】外加的 ΔV 使自建电场宽度变化 ΔV_0，从而导致 ΔI_d 的变化

PN 结的等效电阻为

$$r_d \approx \frac{0.026}{I_d} = \frac{0.026\ \text{V}}{1\ \text{mA}} = 0.026\ \text{k}\Omega$$

式中，I_d 为 *PN* 结的总扩散电流，单位为 mA；r_d 为 *PN* 结等效电阻，单位为 kΩ。

1. 基本概念

（1）交流。我们所说的交流，指的是大小和方向都随时间作规律性变化的电流和电压。

（2）小信号。我们所说的小信号，指的是一个器件，在该信号的作用下，它的伏安曲线是一条直线，也就是说，这个器件是由线性元件组成的。因此，小信号到底有多小，要由器件的线性程度来决定。当器件的线性程度很差时，小信号确实很小；当器件的线性程度很好时，小信号就不一定很小。总之，今后一提到小信号，就意味着它所作用到的器件是线性的。

交流和小信号是研究一个等效电路的先决条件，前者表明作用到等效电路上的信号一定是交流信号，后者表明构成等效电路的元件必须是线性的，这两点是研究等效电路必须首先搞清楚的。

（3）等效电路。所谓等效电路，就是由电阻 r、电容 C、电感 L 这些线性元件和理想电流源（即它能始终保持流过自己的电流不随加在它两端的电压而变化）、理想电压源（即它能始终保持自己两端的电压不随流过它的电流而变化）所构成的，与一个器件（如二极管、三极管、场效应管）的外部特性完全一致的线性电路。因此可以用计算线性电路的方法来分析一个器件的功能，也就是说，等效电路是交流小信号运用时计算一个器件性能的有力武器，这一重要结论在以后将不再重述。

有了以上的预备知识，再来讨论 *PN* 结的交流小信号等效电路就容易得多。对整个 *PN* 结来说（也就是一个二极管），虽不是一个线性元件（如图 1.10 所示的伏安特性曲线不是一条直线），但在小信号运用时（即长弯短不弯），仍可以将其作为线性元件来处理，也就是说，在小信号作用下，*PN* 结可以用线性元件来等效。

2. *PN* 结等效电阻 r_d（外加 ΔV 自建电场宽度变化 ΔV_0 导致 ΔI_d 变化）

计算热平衡时我们发现，当 $V_0 = -0.58$ V 时，$I_d = I_s$，二者刚好抵消，整个 *PN* 结对外无任何电流流过。这时若外加正向电压 V，则 V_0 将被 V 抵消一部分，从而使 $I_d \gg I_s$；当外加电压 $V = 0.58$ V 时，I_s 降到零而 I_d 非常大，因而得到了描述 *PN* 结伏安特性的公式(1.11)。若外加电压在 $V = 0.58$ V 的基础上再增一个 ΔV，则 V_0 一定还会被 ΔV 抵消一部分，从而使扩散电流在原 I_d 的基础上还要上升 ΔI，于是我们可定义 $\Delta V/\Delta I$ 是自建电场 V_0 的变化 ΔV_0 使 *PN* 结对外显示的阻力 R_d 也发生了一个变化，即 $\Delta R_d = r_d$，称 *PN* 结的交流等效电阻，其大小是在 I_d 基础上由 ΔV 变化引起的 ΔI_d 之比决定的。下面给以详细证明。

由于流过二极管的电流 $I_d = I_s(e^{\frac{V}{0.026}} - 1)$ 是随外加电压 V 呈指数关系变化的，反过来可将 $e^{\frac{V}{0.026}} = \frac{I_d + I_s}{I_s}$ 两边取对数，得

$$V=0.026\ln\left(\frac{I_d+I_s}{I_s}\right)$$

而交流等效电阻 r_d 应定义成 ΔV 与 ΔI_d 之比，即

$$r_d=\frac{\Delta V}{\Delta I_d}$$

这实质上就是 V 对 I_d 的微分，利用微分公式 $\left[\ln\left(\frac{x+C}{C}\right)\right]'=[\ln(x+C)]'-(\ln C)'=\frac{1}{x+C}$，通过计算有

$$r_d=\frac{\Delta V}{\Delta I_d}=\frac{\mathrm{d}V}{\mathrm{d}I_d}=\frac{0.026}{I_d+I_s} \tag{1.19}$$

式中，r_d 的单位为 kΩ；I_d 和 I_s 的单位均为 mA。

r_d 与流过 PN 结的瞬时电流 $I_d(=I_{dQ})$ 成反比，I_{dQ}越小，r_d 越大，如 $I_{dQ_1}=0.5$ mA，则 $r_{d_1}=0.052$ kΩ；I_{dQ}越大，r_d 越小，如 $I_{dQ_2}=2$ mA，则 $r_{d_2}=0.013$ kΩ。这充分表明二极管是个非线性元件。

正向偏置时 $I_d\gg I_s$，则有

$$r_d=\frac{0.026}{I_d} \tag{1.20}$$

例如，当 $I_d=1.3$ mA 时，可求得 $r_d=0.02$ kΩ。

式（1.20）是求在不同正向偏置电流 I_d 的 PN 结基础上，当$\Delta V\approx 0.026$ V 时，求因偏置电流 I_d 不同而引起交流等效电阻 r_d 外加电压而变化的重要公式，今后讲三极管的应用时将经常用到它。

反向偏置时 $I=-I_s$，则有

$$r_s=\frac{0.026}{o}\to\infty \tag{1.21}$$

1.3.2　PN 结的等效电容 C_t 及 C_d

众所周知，电容是一个能储存等量异种电荷的器件，然而 PN 结也有储存等量异种电荷的能力，因此我们说 PN 结具有电容效应。

1. 势垒电容 C_t

【核心内容】ΔV 用 ΔQ_t 对势垒的填充

事实上，如图 1.12 所示，当在正向偏压的基础上增加一个 $+\Delta V$ 时，在 $+\Delta V$ 的作用下，N 区和 P 区的多子 ΔQ_t 将填入电偶层，从而使电偶层中正负离子的储存数目相应减少，这种等量异种电荷同时填入电偶层的现象，也与普通电容器的充电情况一样（同理，若要分析放电，只需将$+\Delta V$ 改成$-\Delta V$ 即可），于是我们把这一现象叫做 PN 结的势垒电容效应，相应的电容叫做势垒电容，用 C_t 表示。这个电容在势垒区由界线分明的正负离子以几何电容的形式存在，它与 PN 结的面积 S 成正比，与电偶层的宽度 d 成反比，且随正向加压 V 的增大而增大，随反向加压的增大而减小。对于 $N^+\gg N^-$ 的 PN 结，可以通过微分计算，即

$$C_t=\frac{\Delta Q_t}{\Delta V}=\frac{C_0}{\left(1-\frac{V}{V_0}\right)^2} \tag{1.22}$$

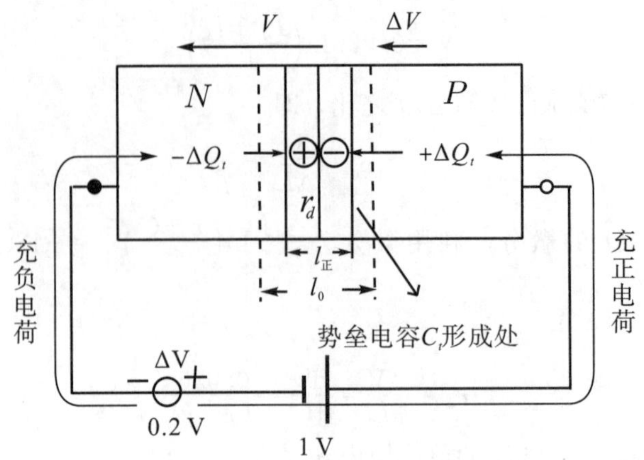

图 1.12　*PN* 结势垒电容效应示意图

C_t 的数量级有时可达 100 pF。必须说明的是，当 C_t 太大时，高频信号将被 C_t 直接旁路，这将破坏反偏 *PN* 结的截止特性。因此，每个 *PN* 结都有一个最高工作频率，但千万不要忘记 *PN* 结的中间还有一个电阻 r_d 的存在。

2. 扩散电容 C_d

【核心内容】ΔV 用 ΔQ_d 引起的扩散

如图 1.13 所示，设在正向偏置电压 *V* 基础上增加一个 $+\Delta V$，在 $+\Delta V$ 的作用下，*N* 区和 *P* 区的多子会继续向对方扩散而成为对方的少子 ΔQ_d，这个已扩散到对方的少子 ΔQ_d 将十分容易地把该区内同样数目的多子吸引过来用以维持电中性，即这一区域内有两种载流

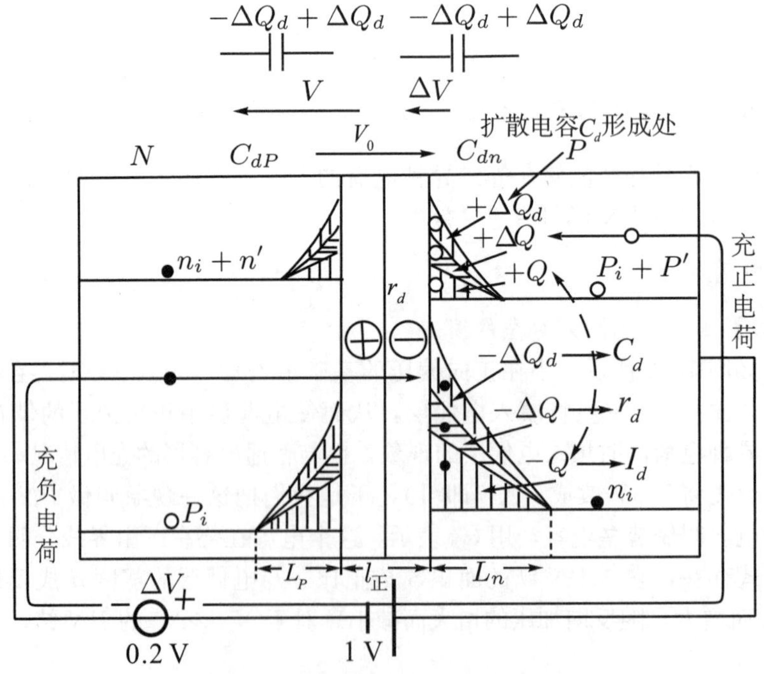

图 1.13　*PN* 结扩散电容效应示意图

子：一种是 $-\Delta Q_d$，另一种是 $+\Delta Q_d$，它们的储存量是同时等量增加的，与普通电容器的充电情况一样，我们把这一现象叫做 PN 结的扩散电容效应，相应的电容叫做扩散电容，用 $C_d=C_{dn}+C_{dP}$ 表示。这个电容在扩散区以分布电容的形式存在，它与加在 PN 结上的电压 V 呈指数关系，即与 PN 结的工作电流 I_d 成正比。对于 $N^+ \gg N^-$ 的 PN 结，可以通过微分计算，即

$$C_d=\frac{\Delta Q_d}{\Delta V}\approx C_{dn}=\frac{\tau_n}{0.026}I_d \tag{1.23}$$

式中，τ_n 为自由电子的平均寿命。

C_d 有时可达 0.01 μF 的数量级。

以上只分析了 PN 结电偶层两侧的扩散电容在 $+\Delta V$ 作用下的充电过程，若还要分析其放电过程，只需将 $+\Delta V$ 改成 $-\Delta V$ 即可，但千万不要忘记 PN 结的中间还有一个电阻 r_d 的存在。

1.3.3　PN 结的等效电路

【核心内容】r_d、C_t、C_d 的并联

在 ΔV 的作用下有等效电阻 $r_d=\Delta V/\Delta I_d$ 和等效电容 $C_t=\Delta Q_d/\Delta V$ 及 $C_d=\Delta Q_t/\Delta V$，就可作出 PN 结的等效电路，如图 1.14 所示。由于 ΔV 是同时加在 r_d、C_d、C_t 两端的，且流过外电路的电流 ΔI 又是同时流过 r_d、C_t、C_d 的电流之和，所以等效电路应由 r_d、C_t、C_d 并联组成。图 1.14（a）为 C_t、C_d 的伏安曲线，图 1.14(b) 为正偏 PN 结的等效电路，图 1.14(c) 为反偏 PN 结的等效电路。一般说来，r_d 的阻值与工作频率无关，而电流的阻值随工作频率 ω 的升高而减小。

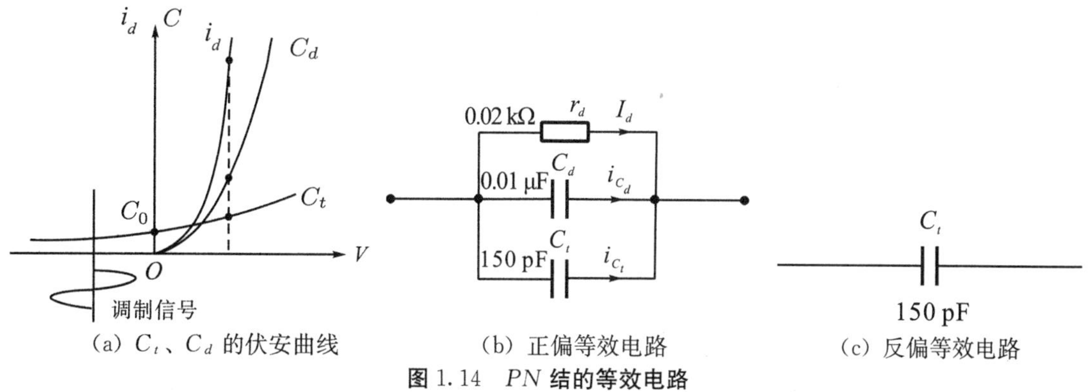

（a）C_t、C_d 的伏安曲线　（b）正偏等效电路　（c）反偏等效电路

图 1.14　PN 结的等效电路

1.4　PN 结的反向击穿稳压原理

图 1.10 只反映出当反向电压大到一定程度时，反向饱和电流不再具有饱和特性，而是急剧上升，现在我们把这一现象叫做反向击穿，且这时的直流电阻 $R_z=\frac{V_{Q_3}}{I_{dQ_3}}$ 和交流电阻 $r_z=\frac{\Delta V_{Q_3}}{\Delta I_{dQ_3}}$ 都会比原来小很多。总的来说，反向击穿可分成雪崩击穿、齐纳击穿、热击穿三种。下面借助图 1.10 的曲线进行分析。

1.4.1 雪崩击穿

【核心内容】高速正负电荷打出新的电子空穴对

若掺杂较低、电偶层本身较宽，而反向偏置又很大时，PN 结电偶层的电场会变得很强，当反向饱和电流经过电偶层时，这些正负载流子就会被强电场加速而获得很大的动能，这个能量将撞击电偶层中受双重吸引的价电子，并形成新的电子空穴对，而这些新的电子空穴对也同样会被强电场加速而获得很大的动能，再次撞击出更新的电子空穴对，如此继续下去，载流子的数目将不断倍增，以形成非常大的反向电流，这一现象即为雪崩击穿。需要特别强调的是，若参与雪崩的初始反向电流越大，则会在很短的时间内撞击出更多新的电子空穴对，于是所需的反向击穿电压值就越低，如图 1.10 中左边的反向曲线。

1.4.2 齐纳击穿

【核心内容】强电场把价电子拉出来

若掺杂较高、电偶层本身很薄，而反向偏置又很大时，PN 结电偶层里单位长度上的电场就很强，这个极强的电场力将直接把电偶层中受双重吸引的价电子硬拉出来，形成电子空穴对，参与导电，并使反向电流急剧上升，这时的反向击穿就叫齐纳击穿。

PN 结一旦击穿，流过 PN 结的反向电流可以在很大的范围内变化，这时即使增加外面的反向电压，这些增加的电压也将以大电流的方式降在电源内阻 R_0 或电路的限流电阻 R 上，可参见图 1.17(a)，即 $\Delta V=\Delta IR$，而真正作用到 PN 结上的反向偏压几乎不变，即 PN 结一旦击穿便具有稳定电压的作用，如图 1.10 中 Q_3 点就是如此。

最后必须指出，PN 结的反向击穿并不意味着 PN 结已经烧坏，而只要把击穿后的反向电流限制在允许的范围内，PN 结就会平安无事。

半导体二极管实际上就是由一个 PN 结加上接触电极、引出线和管壳等构成的。前面所述的 PN 结特性都一一存在。

1.5 半导体二极管的应用与参数

1.5.1 整流滤波

【关键点】脉冲直流对 RC 充放电

半导体二极管在电路中常用 D▶| 的符号表示，箭头表示正向电流流通的方向，它能把输入的正弦波 u_i 变成只有 u_i 的正半波（叫做整流），如图 1.15(a) 中二极管的左边所示。若在外接负载 R_L 耗能元件的两端并联一个储能元件电容 C，其结果先是整流后的电流 $i_d=i_{dc}+i_{dk}$，前者对 C 充电形成 V_C，后者流过 k_2 予以耗能，当 u_i 迈过峰值开始下降时，二极管处于反偏截止，这时 V_C 又立刻通过 R_L 放电，从而把正半波的 u_i 变成略有波动但比 V_C 略小一点的直流电压 V_L，所以人们常称电容 C 的这种充放电过程叫做滤波。这里 V_L 可当成一个电压源使用。但要注意，若事先不接 R_L，则 i_d 只会给 C 充满电荷；一旦接上 R_L 这 i_d 有极少量通过 R_L 耗能而大部用于对 C 充电形成 V_C，这时 i_d 的导通时间Δ_1要长些；接着是 V_C 通过 R_L 放电；然后才是 i_d 的再次充电，时间为Δ_2（$<\Delta_1$），如此下去。因此从总体上看是充电大于放电，才使 V_C 逐渐积累起来形成一个锯齿波，如图 1.15(b) 所示。

V_C（$=V_L$）可当成一个粗略的电压源使用，其内阻 $R_0=r_B+R_D$，其中，r_B 是变压器 B 次级显示出的电阻，$r_B=0.15\dfrac{u_i}{i_i\sqrt[4]{u_i i_i}}$；$R_D$ 是二极管的正向电阻。这 V_C 与 R_0 和 R_L 可用一个全电路欧姆公式表达出来，同样具有开路电压等于电动势的动能。

检波整流管可分成点接触型和面接触型两类，前者多用于高频（因 C_t 小）、小电流，后者多用于低频（因 C_t 大）、大电流。

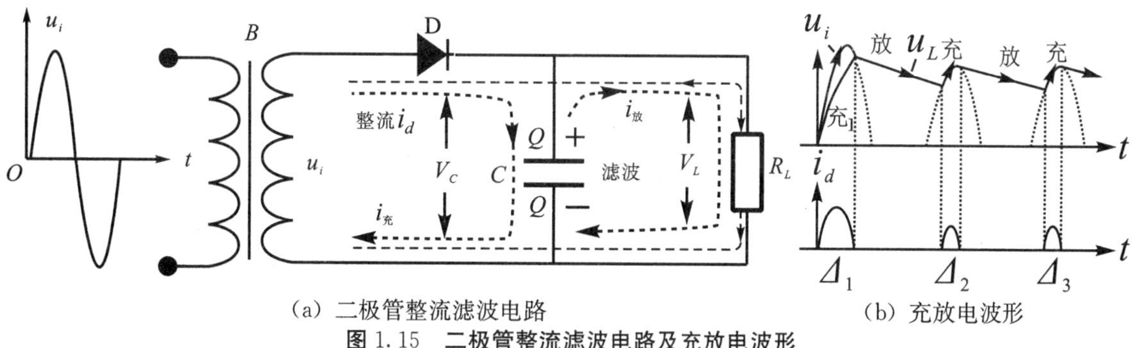

(a) 二极管整流滤波电路　　(b) 充放电波形

图 1.15　二极管整流滤波电路及充放电波形

1.5.2　主要参数

半导体二极管的主要参数如下：

(1) +1 V 时的正向电流。表示接上 1 V 的正向电压时，电路中有电流流过，此电流越大，表示正向电阻越小，管子性能越好。正向电阻一般为 0.4～1 kΩ。

(2) 整流电流。整流电流是指二极管正常运用时所允许通过的最大电流，一旦超过，二极管就会烧坏。

(3) 反向电压。反向电压是指二极管流过 0.25 mA 反向电流时的反向电压值，此值越大，表示反向电阻越大，管子性能越好。反向电阻一般为 0.4 kΩ～1 MΩ。

(4) 允许反向电压。允许反向电压是指所允许加载的反向电压值，一旦超过，二极管会烧坏。

(5) 反向击穿电压。反向击穿电压是指使反向电流猛增时的反向电压值，若超过，二极管就失去单向导电性，一旦保护不当，还会把管子烧坏。

(6) 最高工作频率。超过了最高工作频率，将使二极管的反向截止特性受到破坏。一般高频运用选 2A 型，低频运用选 2C 型。

1.5.3　稳压二极管

【核心内容】稳压管被反射击穿

稳压二极管又称稳压管，它是利用反向击穿原理制成的，电路中常用—▶|—符号表示。使用时，所需稳压的数值 V_z 就是反向击穿电压的数值，通常选 I_z 为 5～10 mA；其动态内阻 $r_z=\Delta V_z/\Delta I_z$，远比二极管整流滤波电路的内阻 R_0 小；电压温度系数 $d_z=\dfrac{\Delta V_z}{V_z\Delta T}$，要求越小越好，功耗 P_{zM} 与最大稳定电流 I_{zM} 都不允许超过，否则易烧坏管子。

稳压二极管的反向击穿特性如图 1.16(a) 所示，稳压二极管的电路符号与等效电路如图 1.16(b) 所示。开路（$R_L\to\infty$）电压等于电动势的功能表现得更突出。

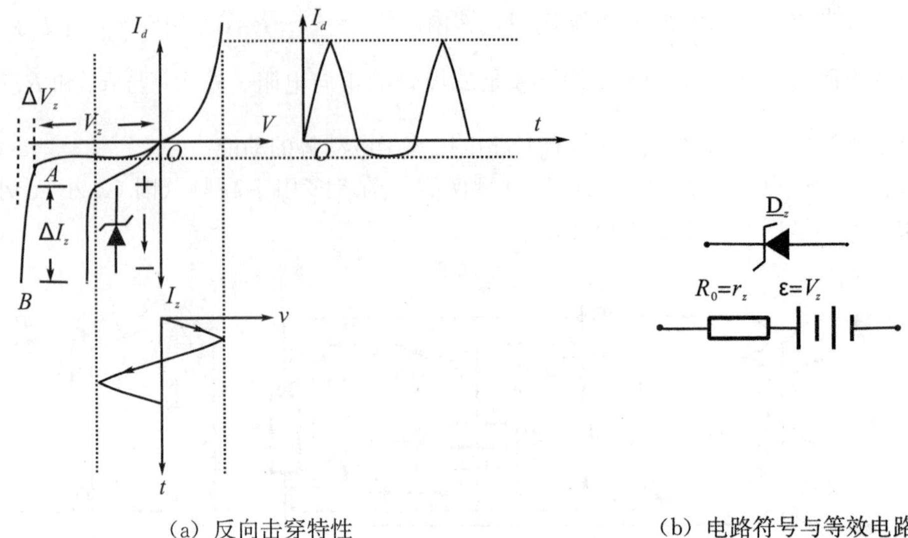

（a）反向击穿特性　　　（b）电路符号与等效电路

图 1.16　稳压二极管的稳压特性

把等效电路接到二极管整流滤波电路如图 1.17 所示。其工作过程为：

（1）假设稳压电路的输入电压 V_c 保持不变，当负载电阻 R_L 减小时，负载电流 I_L 要增大，由于这 I_L 电流在限流电阻 R（犹如电源内阻）上的压降 I_LR 要升高，而 V_c 又是恒定的，从而使得负载 R_L 上的输出电压 V_L 又会下降。而稳压管 D_z 又是与 R_L 并联在输出端的，所以 V_z 也要下降，由图 1.16 中稳压二极管的伏安特性可见，当稳压二极管两端的电压 V_z 有很小的压降时，流过稳压二极管的电流 I_z 将减小很多。由于 $I_R=I_z\downarrow+I_L\uparrow$，实际上这是利用 I_Z 的减小来补偿了 I_L 的增大，直到 I_z 减小到 5 mA 不能稳压时为止就是最终的 $R_{L\min}$ 值，使得 I_R 基本保持不变，从而使输出电压 V_L 也保持稳定，如图 1.17（b）所示，有 $V_L=V_z$，常把它当成电压源使用。

（2）假设负载电阻 R_L 保持不变，由于电网电压升高从而使 V_c 升高时，则输出电压 V_z 也将随之上升。但是，又稳压二极管的伏安特性可见，此时稳压二极管的电流 I_z 将急剧增加，于是电阻 R 上的压降增大，以此来抵消 V_c 的升高（如此下去可能会有多次重复，图 1.17（a）中的多股 $i_{放}$ 被存入 D_z 中供用户 R_L 使用，就是如此而来的，直到 V_c 上升至 $I_{z\max}$ 为止，否则 D_z 被烧坏），从而使输出电压 V_L 也保持基本不变，并使整个电路成为一个电压源，其电动势 $\varepsilon=V_z$，内阻 $R_0=(r_B+R_D+R)\parallel r_z\approx r_z$，是非常小的，使 V_z 称为一个恒压源。

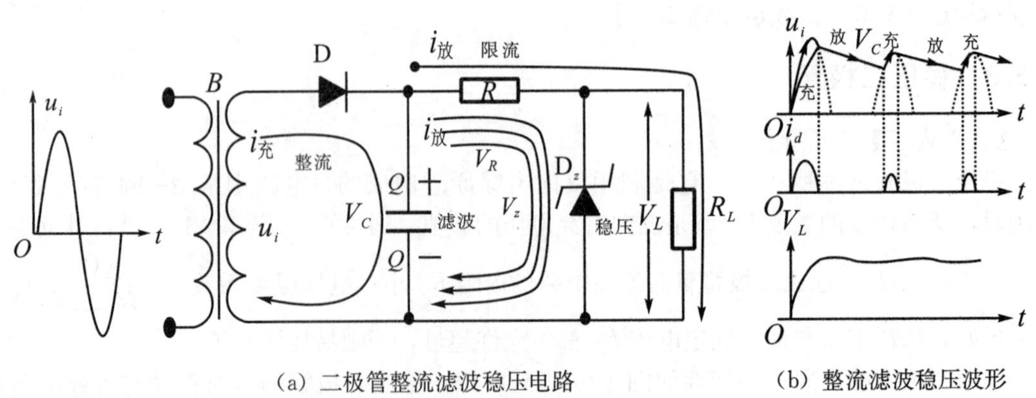

（a）二极管整流滤波稳压电路　　　（b）整流滤波稳压波形

图 1.17　二极管整流滤波稳压电路及波形

综上两点，二极管的稳压原理可从反向击穿的伏安特性看出：V_z 有一个极小升降，会导致 I_z 有一个极大的升降，从而使 $V_R=RI_z$ 也随之升降，最后致使 $V_z=V_C-V_R$ 先降后升，并回到原先的数值。这当中限流电阻 R 对电压 V_C 的变化起到了很好的调整作用，使得 V_z 非常稳定，在今后的串联型稳压电路中，R 将由三极管集电极与基极之间的可调电阻 R_e 来代替。

结论：①若 $V_C \updownarrow \rightarrow V_z \updownarrow \rightarrow I_z \updownarrow$

②若 $R_L \updownarrow \rightarrow I_L \downarrow\uparrow \rightarrow I_Z \updownarrow$

$RI_z \updownarrow \rightarrow V_z=(V_C-RI_z) \downarrow\uparrow \rightarrow V_z$ 恒定

其中 R 起到了调节 V_C 上升与下降的作用，即把 R_L 上电流的减少与增加都由 I_Z 的增加与减少来自动调节，即 D_Z 的 I_Z 的变化范围起到了调节外接负载 R_L 阻值的变化，致使 V_z 输出恒定。

最后必须指出，有些时候人们也利用二极管的正向特性进行稳压，例如一个硅二极管的正向压降为 0.7 V，两个串起来用就是 1.4 V。说到底稳压管实质上是存取电流的仓库，外面负载 R_L 断开不用电时，电流就全部存在稳压管中（以不烧坏稳压管为先决条件）。当外接负载电阻 R_L 尽力要电时（即 R_L 的阻值减小时），稳压管会把已存储的电流尽力放出来（但必须要保证 $I_{zm}=5$ mA，否则就无法稳压了）。

习题（一）

1-1 选择合适答案填入空内。

（1）在本征半导体中加入________元素可形成 N 型半导体，加入________元素可形成 P 型半导体。

A. 五价　　B. 四价　　C. 三价

（2）当温度升高时，二极管的反向饱和电流将________。

A. 增大　　B. 不变　　C. 减小

（3）工作在放大区的某三极管，如果当 I_b 从 12 μA 增大到 22 μA 时，I_c 从 1 mA 变为 2 mA，那么它的 β 约为________。

A. 83　　B. 91　　C. 100

（4）当场效应管的漏极直流电流 I_D 从 2 mA 变为 4 mA 时，它的低频跨导 g_m 将________。

A. 增大　　B. 不变　　C. 减小

1-2 电路如习题图 1.1 所示，已知 $u_i=10\sin\omega t$（V），试画出 u_i 与 u_o 的波形。设二极管正向导通电压可忽略不计。

1-3 电路如习题图 1.2 所示，已知 $u_i=5\sin\omega t$（V），二极管导通电压 $U_D=0.7$ V。试画出 u_i 与 u_o 的波形，并标出幅值。

【分析】 D 导通时，$U_d=0.7$ V；否则，D 截止，即相当于开路。

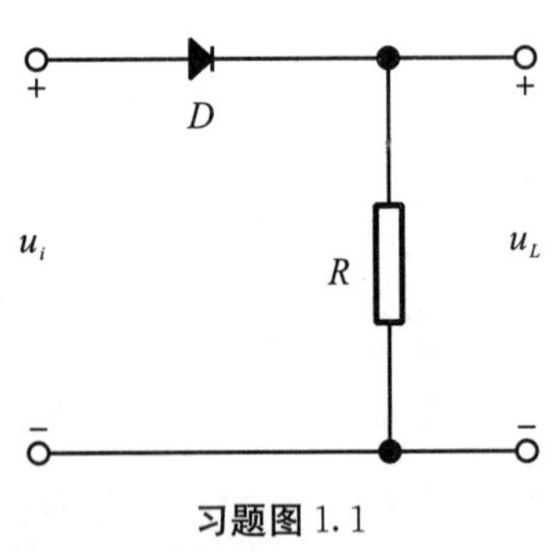

习题图 1.1

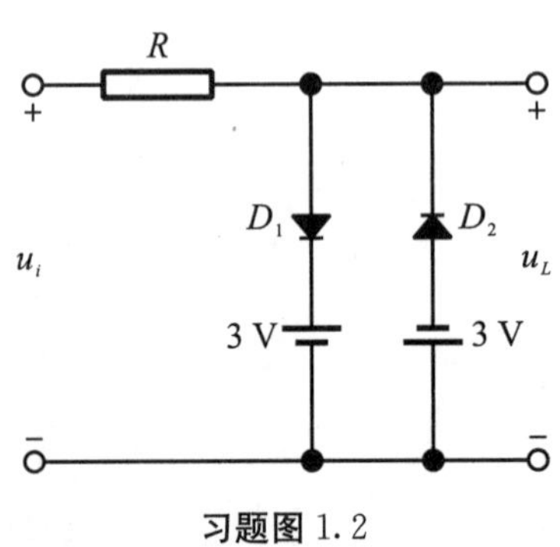

习题图 1.2

1-4 电路如习题图 1.3 所示，二极管导通电压 $U_d=0.7$ V，常温下 $U_T\approx26$ mV，电容 C 对交流信号 u_i 可视为短路；u_i 为正弦波，有效值为 10 mV。试问二极管中流过的交流电流有效值为多少？

【分析】 二极管的动态电阻：$r_d\approx\dfrac{U_T}{I_d}\cdot U_m=\sqrt{2}U$。

1-5 现有两只稳压管，它们的稳定电压分别为 6 V 和 8 V，正向导通电压为 0.7 V。试问：（1）若将它们串联相接，则可得到几种稳压值，各为多少？（2）若将它们并联相接，又可得到几种稳压值，各为多少？

【分析】 稳压管：正向导通时 $U_d\approx0.7$ V，反向击穿时 $U_d=U_z$。

1-6　已知如习题图 1.4 所示的电路中，稳压管的稳定电压 $U_z=6$ V，最小稳定电流 $I_{zmin}=5$ mA，最大稳定电流 $I_{zmax}=25$ mA。

(1) 分别计算 u_i 为 10 V、15 V、35 V 三种情况下输出电压 U_L 的值；

(2) 若 $u_i=35$ V 时负载开路，会出现什么现象，为什么？

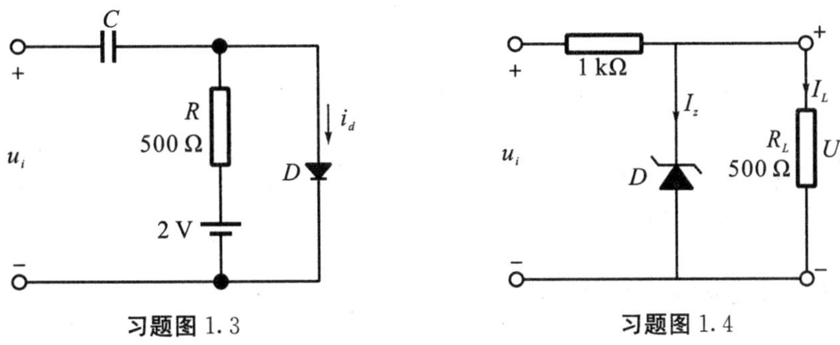

习题图 1.3　　　　习题图 1.4

【分析】 稳压管的 $I_i=I_z+I_L$。

1-7　已知一正弦波 $u_i=10\sin\omega t$ (V) 加在以下 6 个电路上，设各二极管均不降压，试画这 6 个电路的输出电压 u_L 波形。

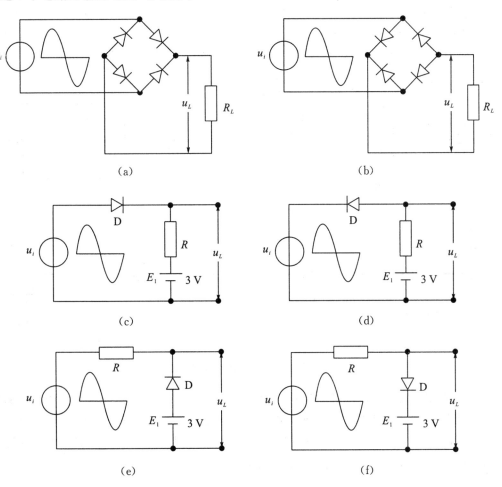

(a)　　(b)

(c)　　(d)

(e)　　(f)

习题图 1.5

第 2 章　半导体三极管

2.1　双极型三极管

双极型三极管是电子线路的核心器件，为了更好地使用一个双极型三极管，必须对它的结构和载流子的运动规律及相互关系予以掌握。

2.1.1　载流子在三极管内的运动过程

1. 双极型三极管的结构

双极型三极管是由两个 *PN* 结，加上三个电极、引出线和管壳构成的。这样就有两种可能的类型：一种叫 *NPN* 型，另一种叫 *PNP* 型，如图 2.1 所示。其中，两个结分别是发射结（此结的面积较小）和集电结（此结的面积较大）；三个电极分别是发射极(e)、基极(b)、集电极(c)；流过这三个极的电流分别是发射极电流（I_e）、基极电流（I_b）、集电极电流（I_c）；相应的三个区分别是发射区、基区、集电区。

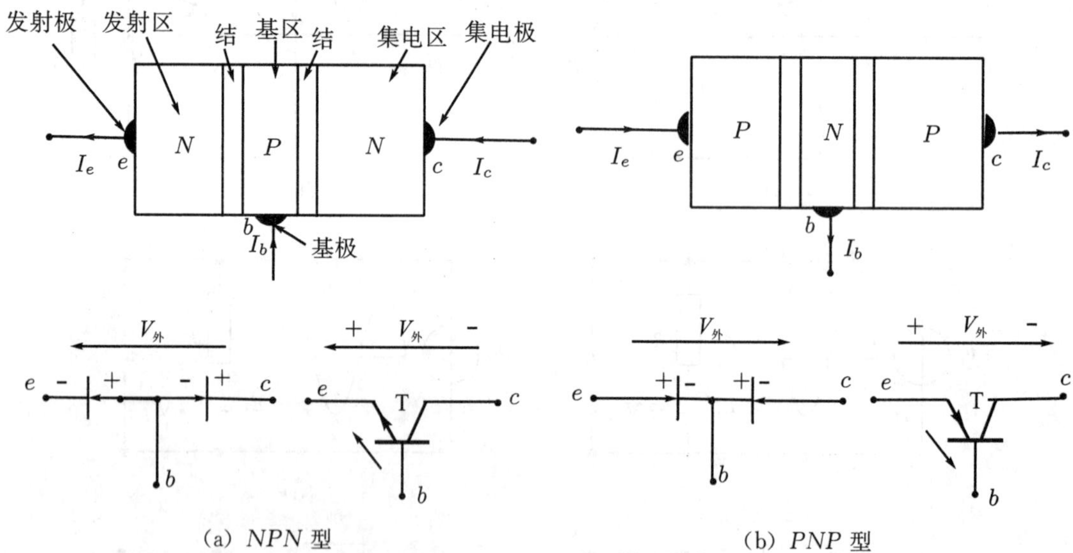

图 2.1　双极型三极管的结构与电路符号

为了使发射区能发射出大批的载流子，必须对发射结正向偏置；为了使集电区能有效地吸收从发射区来的大批载流子，必须对集电结反向偏置（如 $V_{be}=1$ V，$V_{cb}=3$ V，则 $V_{ce}=V_{cb}+V_{be}=3\ \text{V}+1\ \text{V}=4$ V)。下面以 *NPN* 型管为例来说明载流子在三极管内的运动过程。

2. 发射区向基区发射电子 $-Q$ 的过程

讨论发射区向基区发射电子的过程，实质上是讨论一个正向偏置 *PN* 结的扩散过程。

正向偏置的发射结如图2.2所示，它使发射区的多子 n_i+n'（电子）非常容易地扩散到基区成为 $-Q$。当然，基区的多子 P_i+P'（空穴）也非常容易扩散到发射区形成电流 I_{be}，但在基区空穴 P_i+P' 很少的情况下，I_{be} 很小。同时，流过发射结的还有反向饱和电流 I_{eb0}，但因发射结是正向偏置，故 I_{eb0} 也很小。

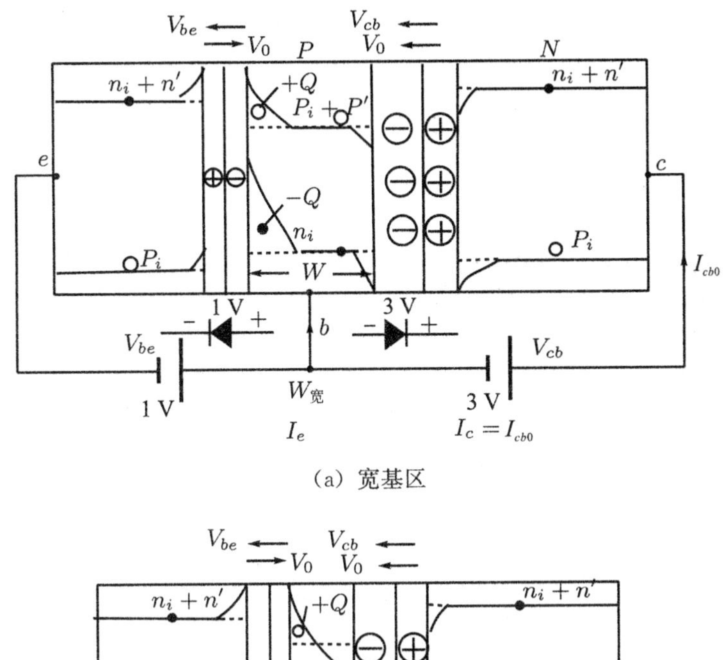

(a) 宽基区

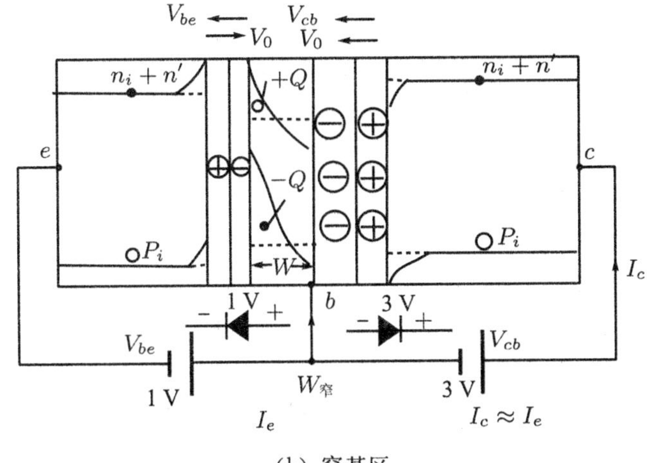

(b) 窄基区

图2.2　基区很宽与基区很窄时三极管内载流子浓度的分布情况

3. 电子 $-Q$ 在基区的扩散与复合

就图2.2而言，从发射区扩散到基区的大批电子 $-Q$，比基区中因热激发的本征电子 n_i 多得多，这个浓度差值将使得这一大批电子 $-Q$ 继续朝集电区方向扩散，但在扩散过程中也有一些电子与基区中的多子 P_i+P'（空穴）相遇而复合，形成复合电流 I_r。为了使从发射区扩散到基区的电子 $-Q$ 尽可能地到达集电区，总是希望基区复合越少越好，为此我们采取了两个措施：第一是减少基区的空穴 P_i+P'（即低掺杂），第二是把基区宽度 W 做得很薄，其目的都是减少电子 $-Q$ 在基区中与空穴 P_i+P' 相遇而复合的机会。

4. 集电区吸收基区电子 $-Q'$ 的运动过程

就图2.2讨论集电区吸收基区电子的运动过程，实质上是讨论一个反向偏置 PN 结的漂移过程。由前面已知，流过反向偏置 PN 结的只有一个因热激发的 P 区电子 n_i 做热运动而撞入电偶层，被 V_0 吸到对方形成的反向饱和电流。前面也谈到，如果温度升高，P 区电子 n_i（N 区为空穴 P_i）就要增多，反向饱和电流 I_s 就要上升。现在要问：能否在不升高温度的前提下也能使 P 区电子增多，反向饱和电流上升呢？由于 P 区中的这批电子是从发射区扩散到基区的 $-Q$ 中未被复合掉的那部分 $-Q'$，所以基区中，凡是能扩散到集电结边沿的电子 $-Q'$ 都将毫不例外地被 $+V_{cb}$ 吸到集电区形成 I_{ce}。而这个 I_{ce} 也具有反向饱和电流的特点，其伏安曲线与反向偏置 PN 结相同，只是随 I_{ce} 的增加，反向击穿电压降低（I_{ce} 越大，表明轰击结的电子越多，即“人多力量大”，很快就会把结轰垮）。

5. 三极管的电流分配

载流子在双极型三极管内的运动过程如图 2.3 所示。其中的 $V_{ce}=V_{cb}+V_{be}=3\text{ V}+1\text{ V}=4\text{ V}$，即集电极的电位高于基极的电位，表明集电结已被反向加压；而基极的电位又高于发射极的电位，表明发射结已被正向加压。这是维持三极管内所有载流子稳恒流动的动力，永远符合电流从高电位向低电位流动的原则，是今后绘制直流通道的主要依据，正如水总从高处向低处流的道理一样，当两水位完全平衡了，也就不会再有水的流动。

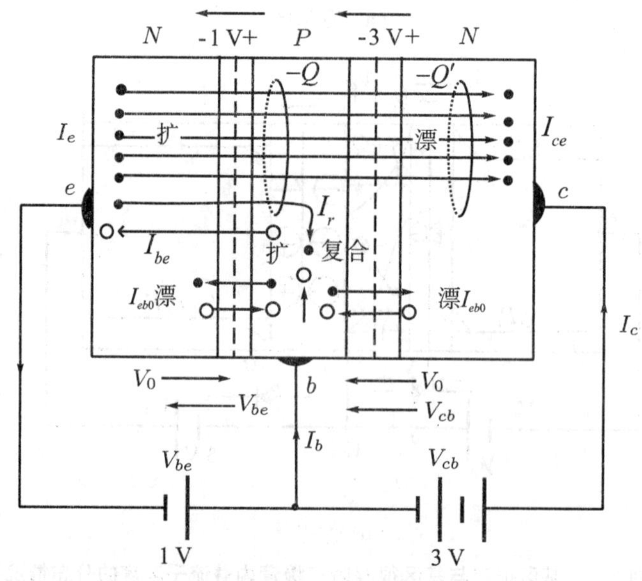

(a) 载流子运动情况

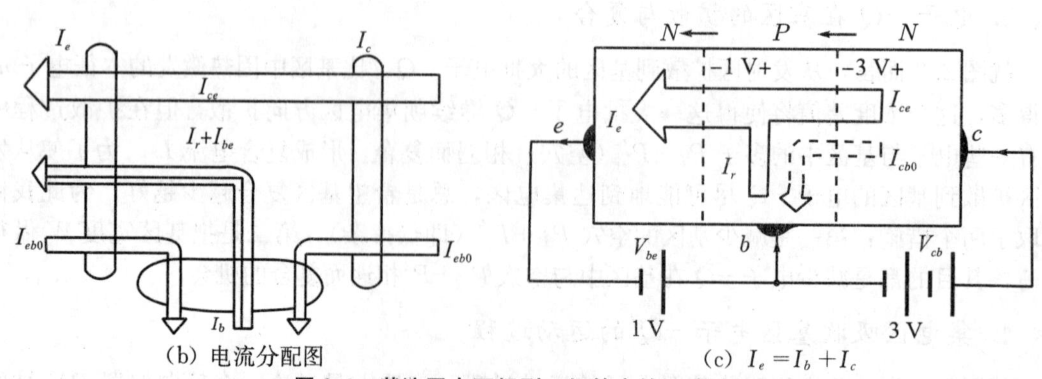

(b) 电流分配图　　(c) $I_e=I_b+I_c$

图 2.3 载流子在双极型三极管内的运动过程

由图 2.3（b）所示的电流分配图可以直接求得：

$$\begin{cases} I_c = I_{ce} + I_{cb0} \\ I_b = I_r + I_{be} - I_{eb0} - I_{cb0} \\ I_c + I_b = I_{ce} + I_{cb0} + I_r + I_{be} - I_{eb0} - I_{cb0} = I_e \end{cases} \tag{2.1}$$

通过以上的分析可知，当发射结正向偏置时，自建电场 V_0 被削弱很多，因此 I_{eb0} 是非常小的。又因为 P 区的掺杂很低，故空穴朝发射区的扩散电流 I_{be} 也是非常小的，若把 I_{eb0} 和 I_{be} 都计为零，则双极型三极管的发射极电流 I_e，除了极少一部分在基区复合成 I_r 外，其余绝大部分都成为集电极电流 I_{ce}，如图 2.3（c）所示。在制造三极管的材料、工艺（特别是基区宽度与掺杂多少）一经确定后，I_e、I_r、I_{ce} 三者之间的分配比例也就完全确定了；当基区宽度一经确定，I_e、I_b、I_c 之间的分配比例也确定了，其总流入量 I_e 恒等于两个流出量 I_b 与 I_c 之和，即 $I_e \equiv I_b + I_c$。因此，我们说晶体三极管实际上是一个电流分配器件。由图 2.3(b) 知，在认为 $I_{eb0} \approx 0$ 和 $I_{be} = 0$ 的前提下可以得到

$$\begin{cases} I_c = I_{ce} + I_{cb0} \\ I_b = I_r - I_{cb0} \\ I_c + I_b = I_{ce} + I_r = I_e \end{cases} \tag{2.2}$$

可用图 2.3（c）表示。这也是一般模拟电路中常见的情况。

2.1.2　三极管的 I_{cb0} 和 I_{ce0} 及放大原理

1. I_{cb0} 和 I_{ce0}

（1）由图 2.3(c) 得知，当 $I_e = 0$ 时，有

$$I_c = I_{cb0} \tag{2.3}$$

即当发射极断开时，流过基极与集电极间的只有反向饱和电流 I_{cb0}，可用图 2.4(a) 表示。

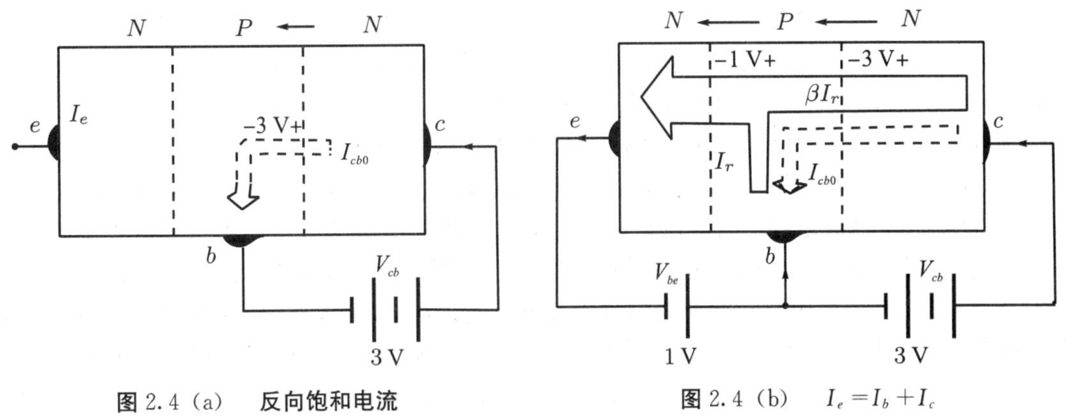

图 2.4（a）　反向饱和电流　　　图 2.4（b）　$I_e = I_b + I_c$

对图 2.3（c），若设 $I_{ce} = \beta I_r$，得电流分配图 2.4(b)，且有

$$I_c = \beta I_r + I_{cb0} \tag{2.4}$$

（2）对于图 2.4(b)，当 $I_b = 0$ 时，有 $I_r = I_{cb0}$，所以有

$$I_c = I_e = (1+\beta) I_{cb0} \triangleq I_{ce0} \tag{2.5}$$

即当基极断开时，流过发射极与集电极间的电流为反向饱和电流 I_{cb0} 的（$1+\beta$）倍，我们称之为穿透（就是直通）电流，用 I_{ce0} 表示，如图 2.4(c) 所示。这是因为基极的断开，切断

了 I_r 和 I_{cb0} 在基极的去路，即使 I_r 失去从基极获得空穴的来源，同样也使 I_{cb0} 失去从基极获得电子的来源，在二者都失去异种电荷来源的情况下，I_r 和 I_{cb0} 只好相依为伴，自相闭合，使 I_{cb0} 与 βI_{cb0} 依然存在，且直接从集电极流到发射极。

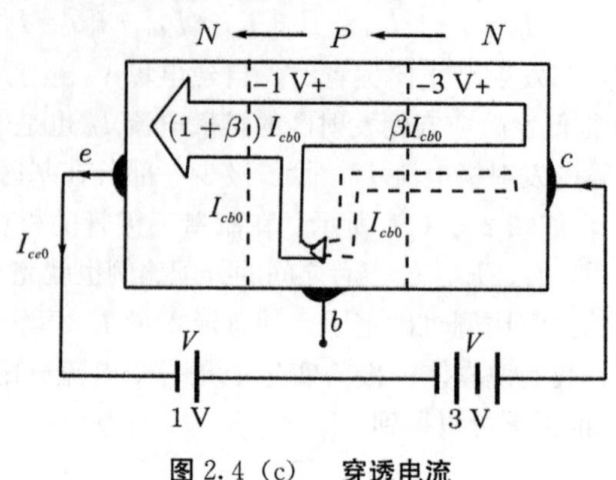

图 2.4 (c)　**穿透电流**

2. 放大原理

由式 (2.2) 得知 $I_c + I_b \equiv I_e$，说明三极管是一个三端器件，若把其中一端点的信号（电流或电压）作为输入，另一端点的信号（电流或电压）作为输出，当输出大于输入时有放大作用；若把第三端点作为考查输入与输出共用的参考基准接地，就有三种接法，即共基 b、共射 e、共集 c。下面予以具体分析。

1）共基极（简称共基）电压放大原理

因 I_{ce0} 只受温度的变化而影响静态工作点 Q 的移动，它与外加电压的变化 ΔV 无关，所以当加在发射结 e 上的电压变化 ΔV_{eb} 时，将使发射结电偶层宽度也随之变化，这时，除 I_{cb0} 不变外，V=1 V 和 V=3 V 形成的带箭头的黑线框内的电流 I（包括扩散、复合、漂移）都将相应变化 ΔI，若所加的电压变化量 $\Delta V_{eb} = -u_{eb} = -0.2$ V，则是在加强原来的直流偏置电压 V=1 V 的作用，这种情况下由 $\Delta V_{eb} = -u_{eb}$ 引起的如图 2.5(a) 中的黑线框要增大变粗，其变粗的部分如图中黑线框外的斜线所示。把由 $\Delta V_{eb} = -u_{eb} = -0.2$ V 形成的框外层斜线部分提出来，即为如图 2.5(b) 的形式，所以三极管对交流电流 $\Delta I = i$ 而言实际上是一个电流分配器件。若把基极 b 作为输入极 e 与输出极 c 之间的地，从电压的角度看，u_{eb} 为输入，u_{cb} 为输出，而 b 是共用的接地点，因此把这种接法所成的电路叫做共基放大电路。现在若又设所加的 $\Delta V_{eb} = +u_{eb}$ 是起到削弱原来直流偏置电压 1 V 的作用，则由 $\Delta V_{eb} = u_{eb}$ 可知，会引起图 2.5(a) 中原有的黑线框减小变细，若把由 u_{eb} =0.2 V 引起的黑线框变细的部分从图 2.5(b) 中的框内层抽出来，即为图 2.5(c) 所示。图 2.5(c) 与图 2.5(b) 相比，不同之处是 u_{eb} 对共用点 b 为正值，且把图 2.5(b) 中发射极电流 i_e、基极电流 i_b、集电极电流 i_c 全部反向（原是 i_b、i_c、i_e 朝左，现是 i_b、i_c、i_e 朝右），这是今后最常用的情况，它依然有 $i_e = i_b + i_c$ 和 $i_c = \beta i_b$ 这个关系，从中可以看出 i_e、i_c、i_b 这三股电流中只有 i_b 最小，若把 i_b 当成输入，则 $i_c = \beta i_b$，$i_e = (1+\beta) i_b$ 均有电流放大作用。

由图 2.5(b)、图 2.5(c) 所示的变化电流 ΔI 有如下关系：

$$\begin{cases} \Delta I_c = \beta \Delta I_b & \rightarrow \quad i_c = \beta i_b \\ \Delta I_e = (1+\beta)\Delta I_b & \rightarrow \quad i_e = (1+\beta) i_b \\ \Delta I_e = \Delta I_b + \Delta I_c & \rightarrow \quad i_e = i_b + i_c \end{cases} \tag{2.6}$$

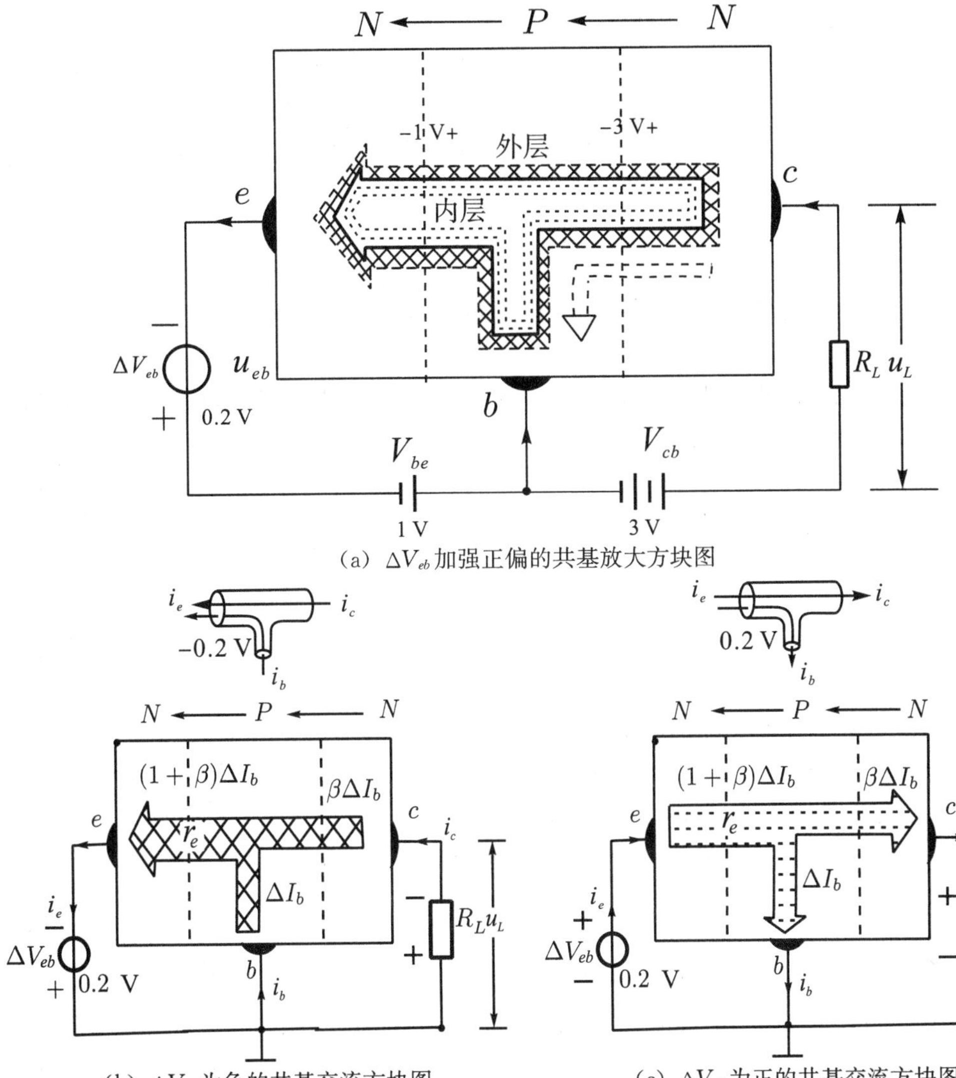

(a) ΔV_{eb} 加强正偏的共基放大方块图

(b) ΔV_{eb} 为负的共基交流方块图　　(c) ΔV_{eb} 为正的共基交流方块图

图 2.5　三极管内 I_r 与 βI_r 的关系

若把由 NPN 型导电模型的方块结构用一个三极管的电路符号表示出来，则共基电压放大的结构原理如图 2.6 所示，共射电压放大的结构原理如图 2.7 所示，共集电压放大的结构原理如图 2.8 所示。

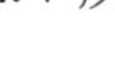

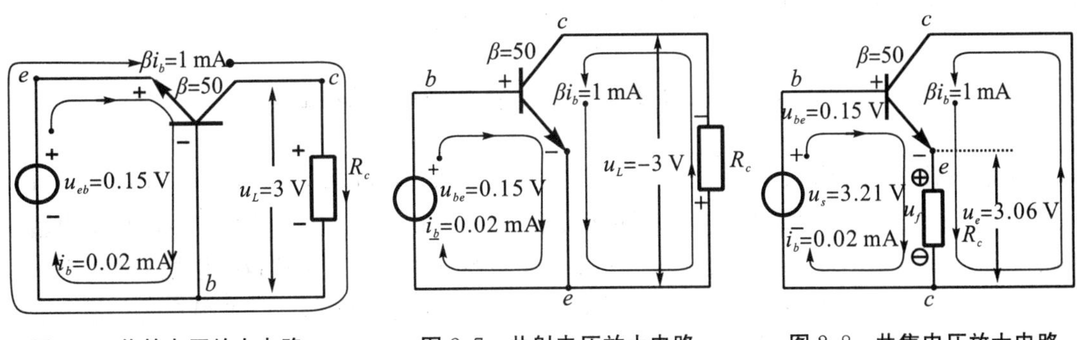

图 2.6　共基电压放大电路　　**图 2.7　共射电压放大电路**　　**图 2.8　共集电压放大电路**

对共基电路，先设外加作用电压 $u_{eb}=0.15\ \text{V}$，与原直流偏置电压 $V_{be}=1\ \text{V}$ 反向，起抵消直流偏置 $V_{be}-u_{eb}=1\ \text{V}-0.15\ \text{V}=0.85\ \text{V}$ 的作用而使扩散减少 $\Delta I_e=i_e=i_b+i_c$，形成的交流信号是由发射极流向基极与集电极的。若由这 0.15 V 引起的 $i_b=0.02\ \text{mA}$；设 $\beta=50$，则 $i_c=\beta i_b=1\ \text{mA}$，当 $R_c=3\ \text{k}\Omega$ 时，则输出电压 $u_L=\beta i_b R_c=3\ \text{V}$。把共基电路的电压放大倍数定义为

$$A_{ub}=\frac{u_L}{u_{eb}}=\frac{3}{0.15}=20 \tag{2.7}$$

即 20 倍。可见，共基电路是有电压放大能力且输出与输入都是同极性的。

2）共射极（简称共射）电压放大原理

对共射电路，也设外加作用电压 $u_{be}=0.15\ \text{V}$（这里，u_{be} 刚好起到加强原直流偏置 $V_{be}=1\ \text{V}$ 的作用，使多扩散形成的 $\Delta I_e=i_e=i_b+i_c$），即由 0.15 V 引起的 $i_b=0.02\ \text{mA}$；同理，设 $\beta=50$，则 $i_c=\beta i_b=1\ \text{mA}$，当 $R_c=3\ \text{k}\Omega$ 时，则输出电压 $u_L=-\beta i_b R_c=-3\ \text{V}$。把共射电路的电压放大倍数定义为

$$A_{ue}=\frac{u_L}{u_{eb}}=\frac{-3}{0.15}=-20 \tag{2.8}$$

即 20 倍。可见，共射电路也是有电压放大能力且与共基相同的，前面的负号表示共射电路的输出电压 u_L 与输入电压 u_{be} 反相 180°。

3）共集极（简称共集）电压放大原理

对共集电路，先假设外加作用电压 u_s 也能保证加在三极管 be 之间的电压 $u_{be}=0.15\ \text{V}$，而由 0.15 V 引起的 $i_b=0.02\ \text{mA}$；仍设 $\beta=50$，则 $i_e=(1+\beta)i_b=1.02\ \text{mA}$，当 $R_e=3\ \text{k}\Omega$ 时，则输出电压 $u_e=(1+\beta)R_e=3.06\ \text{V}$。把共集电路的电压放大倍数定义为

$$A_{uc}=\frac{u_e}{u_{be}}=\frac{3.06}{0.15}=20.4 \tag{2.9}$$

即 20.4 倍。它只比共基电路与共射电路的放大倍数略大一点。但读者一定会问：外加电压 u_s 事先是怎样给三极管基射极间加的 0.15 V 电压呢？是悬空而降，还是真实作用呢？答案只有一个：那就是真实作用。既然是真实作用，也就是说，u_s 与 u_e 必须有共同的参考点，即它们共用集电极 c，且外加电压 u_s 必须大于 u_{be}，并且还要把 u_e 也包含进去，它应满足 $u_s=u_{be}+u_e=0.15\ \text{V}+3.06\ \text{V}=3.21\ \text{V}$，这时的电压放大倍数只能定义为

$$A_{uc}=\frac{u_e}{u_s}=\frac{3.06}{3.21}=0.95<1 \tag{2.10}$$

可见，共集电路对外加输入电压 u_s 是没有电压放大能力的，始终是输出略小于输入且极性相同，所以人们常把共集电极电路称为射极跟随器。

2.2　双极型三极管的特性曲线

所谓双极型三极管的特性曲线，是表示双极型三极管的输入电压 V_{be}、输出电压 V_{ce} 和输入电流 I_b、输出电流 I_c 这四个量之间相互变化的图示曲线。但在实际使用中，总是设法使某一个自变量保持不变来看因变量随另一个自变量变化的情况，这样做就是把三维空间中的一个曲面变成二维空间中的一族曲线。而在分析一个三极管的时候，用得最多的是输入、输出曲线，下面一一加以说明。

2.2.1　输入特性曲线

【核心内容】被二极管正向伏安曲线描述（图解法的重要基础之一）

所谓输入特性曲线，是指在输出电压 V_{ce} 保持不变的条件下，输入电流 I_b 随输入电压 V_{be} 而变化的图示曲线，即 $I_b=I_b\ (V_{be})\ |_{V_{ce}=常数}$ 所示的 I_b—V_{be} 曲线。测试输入特性曲线的示意电路和测得的曲线如图 2.9 所示。

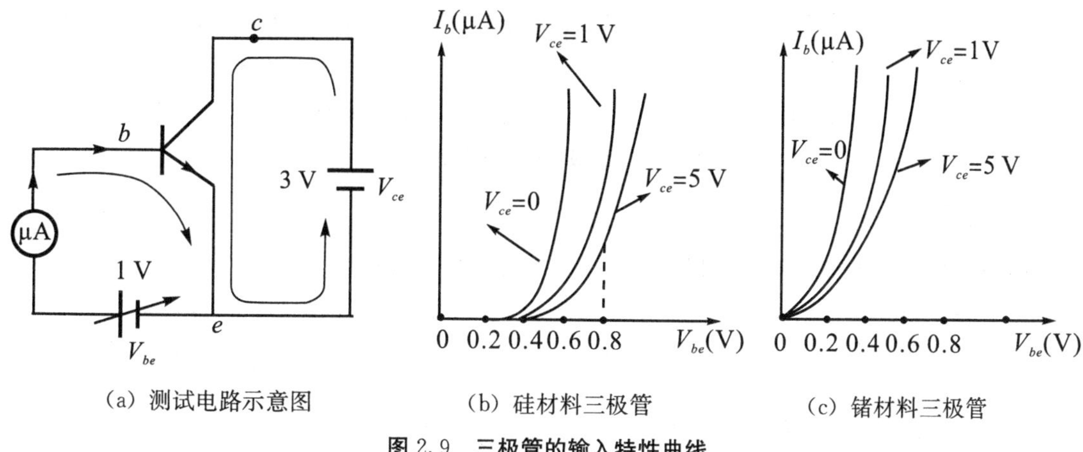

（a）测试电路示意图　　（b）硅材料三极管　　（c）锗材料三极管

图 2.9　三极管的输入特性曲线

（1）总的来看，三极管的输入特性曲线与一个正偏二极管的伏安曲线形状完全相似（即电流随外加电压的增加呈指数上升），其原因就在于三极管的发射结实际上就是一个正偏二极管的缘故，且硅管和锗管的阀门电压也分别为 0.6 V 和 0.2 V 左右。

（2）$V_{ce}=0$ 时的输入特性曲线。

由图 2.9 可见，当 $V_{ce}=0$ 时（即发射极与集电极短路），I_b 与 V_{be} 的关系就是发射结与集电结这两个正偏二极管并联时的伏安曲线，所以曲线特别陡。

（3）$V_{ce}\geqslant 1$ V 时的输入特性曲线。

当 $V_{ce}\geqslant 1$ V 时，电压就足以把从发射区扩散到集电结的电子全部吸引到集电极形成 I_c，在这以后，V_{ce} 再增加（如 5 V），也没有更多的电子可被吸引了，所以这时 I_b 也不会更明显地减少（即 $V_{ce}=5$ V 的曲线也基本上与 $V_{ce}=1$ V 的曲线重合），所以通常以 $V_{ce}=1$ V 的曲线来代表各种不同的情况。

2.2.2　输出特性曲线

【核心内容】被二极管反向击穿伏安曲线描述（图解法的重要基础之一）

所谓输出特性曲线，是指在输入电流 I_b 保持不变的条件下，输出电流 I_c 随输出电压 V_{ce} 而变化的图示曲线，即 $I_c=I_c(V_{ce})\ |_{I_b=常数}$ 所示的 I_c—V_{ce} 曲线。测试输出特性曲线的示意电路和测得的曲线如图 2.10 所示，该曲线共分成三个区域。

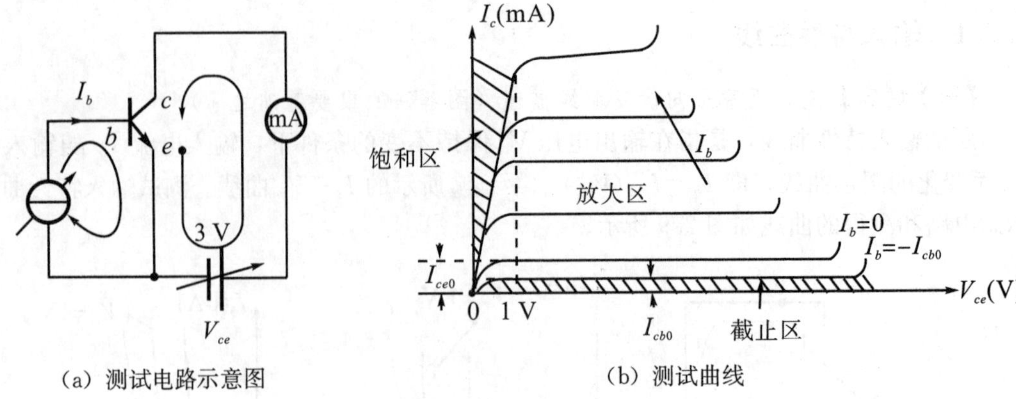

（a）测试电路示意图　　（b）测试曲线

图 2.10　三极管的输出特性曲线

1. 截止区

截止区是指靠近横轴的一个极为狭长的顺三角形区域。

（1）截止条件：发射结反偏，集电结反偏，基区少子的分布呈上凸形。

（2）截止区特点：V_{ce}等于外加电源电压E_c，$I_b=-I_{cb0}$，$I_c=I_{cb0}$，击穿电压很大。当$I_b=0$，$I_c=I_{ce0}$时击穿电压在减少，因$I_{ce0}>I_{cb0}$，这叫墙倒众人推。

（3）截止区等效：双极型三极管的三个极都可看成断开，如图 2.11(a) 所示。

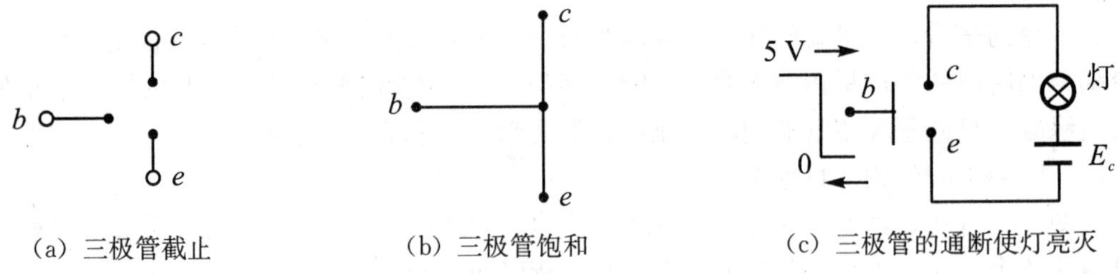

（a）三极管截止　　（b）三极管饱和　　（c）三极管的通断使灯亮灭

图 2.11　三极管截止与饱和的开关特性

2. 饱和区

饱和区是指靠近纵轴的一个极为狭长的倒三角形区域。

（1）根据$V_{ce}=V_{cb}+V_{be}$的原则，饱和条件是：当发射结正偏时，如$V_{be}=0.7$ V，集电结也正偏，基区电子的分布呈马鞍形状，如$V_{bc}=(0.5\sim0.6)$ V，即$V_{cb}=-(0.5\sim0.6)$ V时，可求得$V_{ce}=V_{cb}+V_{be}=-(0.5\sim0.6)$ V$+0.7$ V$=(0.1\sim0.2)$ V。由于发射结与集电结都是正偏，发射区和集电区都会向基区扩散电子，这些电子有一部分与基区空穴复合形成I_b，而另一部分将在集电结与未抵消的自建电场吸引及漂移到集电极形成大的I_c且不受I_b控制。

（2）饱和区特点：I_b很大，I_c不随I_b而变化。

（3）饱和区等效：双极型三极管的三个极都看成短路，即三个极接在一起了，如图 2.11（b）所示。

注意：当给基极加负脉冲时三极管 *ce* 间犹如断开，基极加正脉冲时三极管 *ce* 间犹如短路，这时的三极管就是一个可控开关，如图 2.11(c) 所示。这在数字电路中得到了非常广泛的应用。

3. 放大区

放大区是指介于截止区与饱和区之间的一个大面积梯形⏢区域。

(1) 放大条件：发射结正偏，集电结反偏，基区电子的分布呈直角三角形◺（注意：正偏的发射结除扩散外，也有因自建场未抵消完而形成的漂移电流）。

(2) 放大区特点：V_{ce}与 I_b 均介于截止与饱和之间，$I_c=\beta I_b$。即特性曲线是等距离的平行线，若不等距，表明三极管的放大能力不均匀，稀的部分放大力强，密的部分放大力弱。这时的三极管很像一口钟，只要轻轻一敲，响声就很大。

(3) 放大区等效：前面早已指出，三极管的输出端可用 βI_b 这样一个可控恒流源来表示，它表明 ΔI_c 与两输出曲线之间 ΔI_b 的关系。

2.2.3　利用输入、输出特性曲线求等效参数

利用如图 2.12(a) 所示的输入特性曲线可求得输入电阻 r_{be}，利用如图 2.12(b) 所示的输出特性曲线可求得电流放大倍数 β。

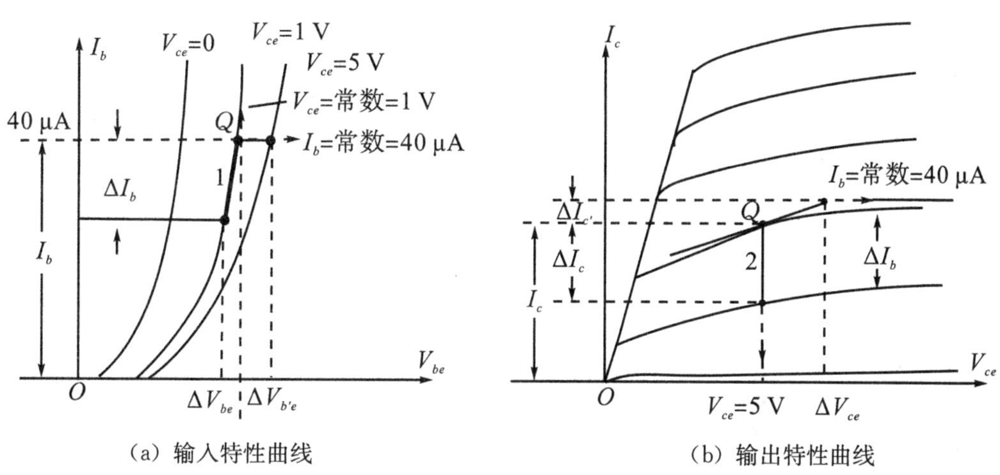

图 2.12　利用输入、输出特性曲线求 r_{be} 和 β 参数

(1) 利用斜线 1 得：

$$r_{be}=\frac{\Delta V_{be}}{\Delta I_b}\bigg|_{V_{ce}=\text{常数}}=\frac{u_{be}}{i_b}\bigg|_{u_{ce}=0}$$

所以 $u_{be}=r_{be}i_b$。

(2) 利用竖线 2 得：

$$\beta=\frac{\Delta I_c}{\Delta I_b}\bigg|_{V_{ce}=\text{常数}}=\frac{i_c}{i_b}\bigg|_{u_{ce}=0}$$

所以 $i_c=\beta i_b$。

注意：①参数是变化量之比；②每一个参数都是在某一量维持不变的条件下求得的；③参数是对某一点而言的，选择不同的点，参数也就不相同。

2.3　双极型三极管的参数

晶体三极管的基本参数有电流放大倍数、反向电流、频率特性参数和极限参数等。

2.3.1 电流放大倍数

电流放大倍数的计算公式如下：

$$\beta=\frac{\Delta I_c}{\Delta I_b}=\frac{i_c}{i_b}=\frac{\beta_0}{1+\mathrm{j}\dfrac{f}{f_\beta}} \tag{2.11}$$

2.3.2 反向电流

（1）I_{cb0}：发射极开路时的集电极反向饱和电流。这个值将随工作温度的升高而增加。选用三极管时，I_{cb0}应越小越好。

（2）I_{ce0}：基极开路时的集电极反向饱和电流。由于它直接从发射极穿过基区而到集电极，所以也称为穿透电流。它是I_{cb0}的（$1+\beta$）倍，表明共射电路受反向饱和电流的影响比共基电路的大。为减小它的影响，在选用三极管时，除I_{cb0}要小外，β也不宜太高，否则将使管子的静态损耗和噪声大为增加。

2.3.3 频率特性参数

双极型三极管的频率特性参数是指三极管电流放大倍数β随工作频率f的升高而减小到某一值时对应的工作频率，如图 2.13 所示。图中：

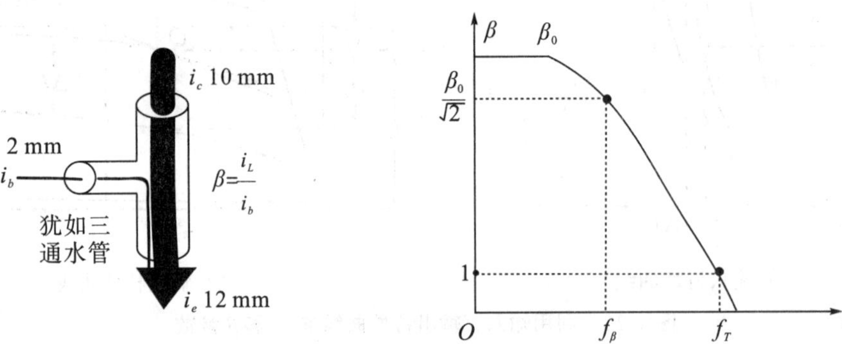

图 2.13 三极管电流放大倍数β与工作频率f的关系

（1）f_β 叫做共射截止频率，即为β 降到$\frac{\beta_0}{\sqrt{2}}$时所对应的频率，计算公式如下：

$$f_\beta=\frac{1}{2\pi(C_{b'e}+C_{b'c})(1+\beta)r_e} \tag{2.12}$$

（2）f_T 叫做特征频率，即β下降到 1 时所对应的频率，计算公式如下：

$$f_T=\beta_0 f_\beta \tag{2.13}$$

（3）f_α 叫做共基截止频率，计算公式如下：

$$f_\alpha=(1+\beta_0)f_\beta \tag{2.14}$$

f_β、f_T之间的关系可用对数坐标β—f 曲线来说明。

由图 2.13 可见，当工作频率升至f_β时，三极管还有相当大的放大能力，只有当工作频率升至f_T时，$\beta=1$，三极管才会失去放大作用，因此f_T是描述三极管高频性能的一个重要参数。

2.3.4　极限参数

（1）P_{CM}：最大允许集电极耗散功率。因为处于反向偏置的集电结电阻很大，而流过集电结的电流会使之发热，为了使结温不超过允许值，必须对集电极的功耗加以限制，并用 P_{CM} 来表示这个限制值，其计算公式如下：

$$P_{CM}=I_c V_{CM}$$

可在输出特性曲线上画出以 P_{CM} 为定值的曲线，曲线右方的阴影区是过耗区，曲线左方的区域为安全区，如图 2.14(a) 所示。

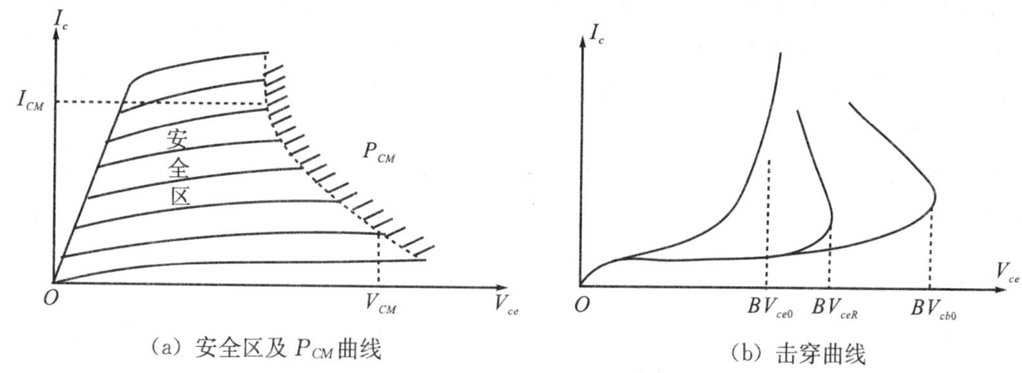

（a）安全区及 P_{CM} 曲线　　（b）击穿曲线

图 2.14　双极型三极管的安全区与击穿曲线

（2）I_{CM}：最大允许集电极电流。当双极型三极管的 I_c 很小时（即刚注入到基区的电子复合比例极大），会使 β 较小；而当 I_c 很大时，β 也会下降很多（这是由于基区电子的扩展效应和大电流在体电阻上的电压降增大，而使集电结变薄，从而导致基区变宽，两者都是由复合增大引起的）。为了人们使用方便，我们把 β 降到 $\frac{2}{3}$ 时的 I_c 记为 I_{CM}，所以 I_{CM} 是一个质量指标的极限，而不是安全使用的极限，只要保证集电极的功耗不超过允许值，I_c 稍大于 I_{CM}，管子仍能安全使用。

（3）V_{CM}：集电极反向击穿电压。由于双极型三极管的集电结处于反偏运用，所以集电结最易击穿；而发射结多处于正偏运用，因此不易击穿，但在作为开关运用时，发射结也会受到很大的反向电压冲击，从而被击穿。必须指出：并不是一提击穿就意味着管子被损坏，只要在电路上加一个限流电阻 R，使流过结的反向电流不超过允许值，这时再把反向电压降低，就会恢复原状。最后还要说明的是，击穿电压与管子的使用状态关系极大，常见的几种击穿曲线如图 2.14(b) 所示。

图 2.14(b) 中，BV_{cb0} 是发射极开路时集电结的反向击穿电压；BV_{ce0} 是基极开路时集电结的反向击穿电压；BV_{ceR} 是基极与发射极间接有电阻 R 时的集电结反向击穿电压。

$BV_{cb0}>BV_{ce0}$ 的原因在于前者参与击穿的载流子基数是 I_{cb0} 而不是 I_{ce0}，由于 I_{cb0} 比 I_{ce0} 小 $(1+\beta)$ 倍，因此，只有靠加大反向电压的办法使 I_{cb0} 尽量加速，让它有更大的动能撞击更多的电子、空穴对来达到反向电流猛增的目的，即所谓的击穿。

BV_{ceR} 介于 BV_{ce0} 和 BV_{cb0} 之间的原因就在于击穿的载流子基数 I_{ceR} 也是介于 I_{ce0} 和 I_{cb0} 之间，也就是说，在基极与发射极之间并联电阻 R_{be} 起到了减少 V_{be} 的数值，进而减少发射极向基区扩散电子的作用，因此有 $I_{ceR}<I_{ce0}$。但当 I_{ceR} 流过集电结时，又比 I_{cb0} 大得多，这是

因为流过集电结的载流子除 I_{cb0} 外，总还有一些从发射极向基区扩散过来的电子。

最后必须指出，BV_{ce0} 和 BV_{ceR} 是设计共射电路选管的重要依据。当在大功率、高强度下的环境工作时，因局部过热而发生二次击穿的现象也特别严重，因此大功率管的二次击穿电压也是一个非常重要的参数。

2.4 场效应管

场效应管（FET）是利用输入回路的电场效应来控制输出回路电流的一种半导体器件，并以此命名。又由于它仅靠半导体中的多数载流子导电，所以又称为单结型晶体管。场效应管不但具有双极型晶体管体积小、质量轻、寿命长等优点，而且输入回路的内阻高达 $10^7 \sim 10^{12}\ \Omega$，噪声低，热稳定性好，抗辐射能力强，更省电，这些优点使之从 20 世纪 60 年代诞生起就广泛地应用于各种电子电路之中。

场效应管有结型和绝缘栅型两种不同的结构，本节只对绝缘栅型场效应管的工作原理、特性及主要参数加以介绍。

2.4.1 绝缘栅型场效应管的工作原理

绝缘栅型场效应管的栅极与源极、栅极与漏极之间均采用 SiO_2 绝缘层隔离，并因此而得名。又因栅极为金属铝，故又称为MOS管。MOS管有 N 沟道（如图 2.15 所示，犹如连接两个 N 型半导体的导线）和 P 沟道两类，每一类又分为增强型和耗尽型两种，因此MOS管的四种类型为：N 沟道增强型管、N 沟道耗尽型管、P 沟道增强型管和 P 沟道耗尽型管。凡栅—源电压 u_{GS} 为 0 时，漏极电流也为 0 的管子均属于增强型管；凡栅—源电压 u_{GS} 为 0 时，漏极电流不为 0 的管子均属于耗尽型管。下面讨论它们的工作原理及特性。

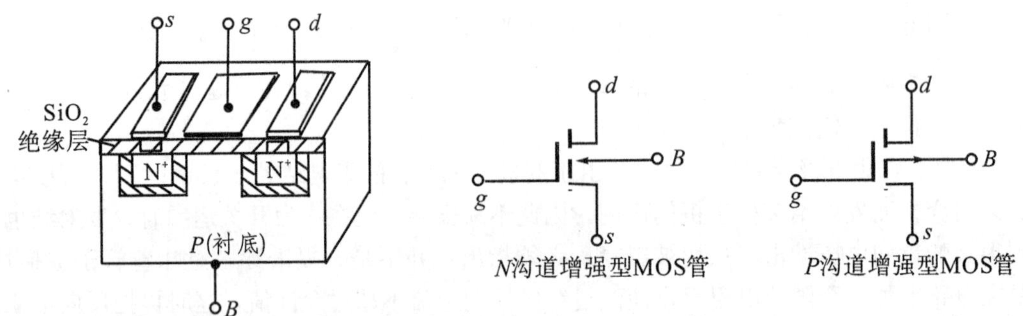

(a) N 沟道增强型 MOS 管结构示意图　　(b) 符号

图 2.15　N 沟道增强型 MOS 管结构示意图及增强型 MOS 管的符号

1. N 沟道增强型 MOS 管

如图 2.15(a) 所示，就 N 沟道增强型 MOS 管而言，它以一块低掺杂的 P 型硅片为衬底，利用扩散工艺制作两个高掺杂的 N^+ 区，并引出两个电极，分别为源极 s 和漏极 d。而在 P 型半导体之上制作一层 SiO_2 绝缘层，再在 SiO_2 之上制作一层金属铝，引出电极，作为栅极 g。通常将衬底与源极接在一起使用，这样，栅极和衬底各相当于一个极板，中间是 SiO_2 绝缘层，形成电容。当栅—源电压变化时，将改变衬底靠近绝缘层处感应电荷的多少，从而控制漏极电流的大小。图 2.15(b) 为 N 沟道和 P 沟道两种增强型 MOS 管的符号。

1）工作原理

当栅—源之间不加电压时，漏—源之间是两只背向的 PN 结，不存在导电沟道，因此即使在漏—源之间加电压，也不会有漏极电流。

（1）当 $u_{DS}=0$ 且 $u_{GS}>0$ 时，由于 SiO_2 的存在，但在 $u_{GS}>0$（如 1 V）作用下，SiO_2 绝缘层靠近 P 型半导体的一边会聚集正电荷，同时 u_{GS} 还将排斥 P 型衬底靠近 SiO_2 一侧的空穴向下移动，使之剩下不能移动的负离子形成耗尽层，如图 2.16(a) 所示。当 u_{GS} 增大时（如 2 V），一方面耗尽层增宽，另一方面还将 P 型衬底的自由电子吸引到耗尽层与 SiO_2 绝缘层之间，形成一个由电子组成的 N 型薄层，称为反型层，如图 2.16(b) 所示。这个反型层就构成了漏—源之间的 N 型导电沟道，起到了连接两边两个 N 型半导体的作用。使 N 型沟道刚刚形成的栅—源电压称为开启电压 $U_{GS(th)}$。u_{GS} 越大，反型层越厚，积累的电子越多，使导电沟道的电阻越小。例如当 $u_{GS}=5$ V，又在 $u_{DS}=0$ 的前提下，电路的接法使得 $u_{GS}=u_{GD}=5$ V，则两个 PN 结都处于 5 V 的电场下使之正偏，同时还有可能将对源极 N 中的电子注入到 N 沟道，进而扩展到漏极边沿，如图 2.17 所示。

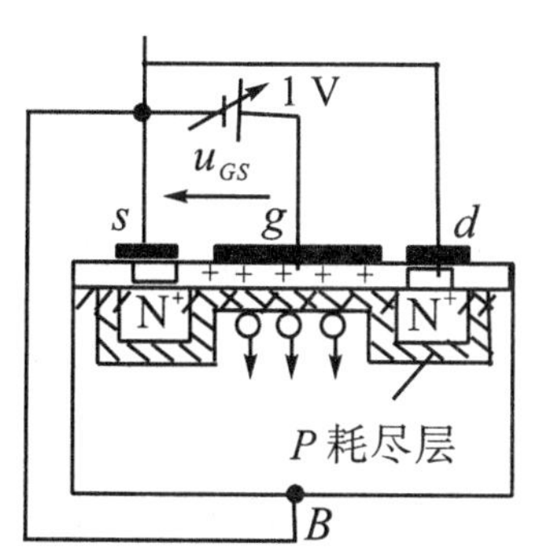

（a）1 V 对称耗尽层的形成

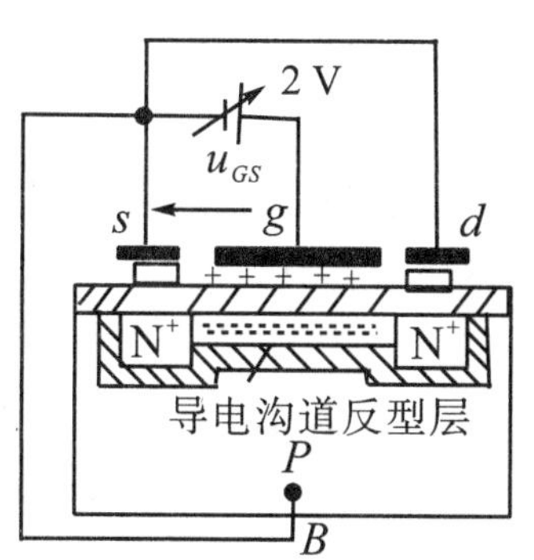

（b）2 V 对称导电沟道反型层的形成

图 2.16　$u_{DS}=0$ 且 u_{GS} 为 1 V 和 2 V 时对导电沟道的影响

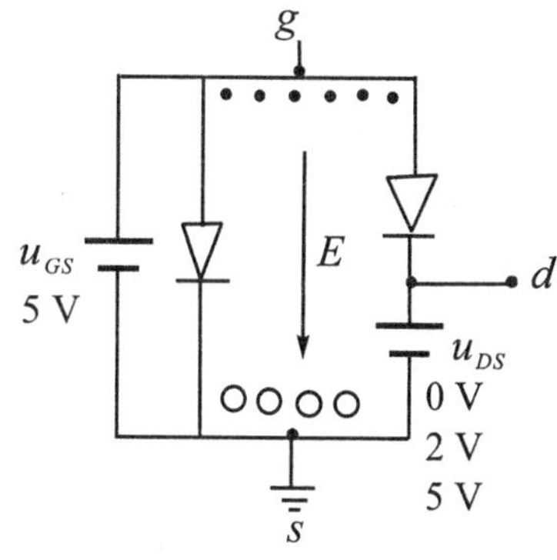

图 2.17　$u_{DS}=0$ 和 $u_{GS}=5$ V 时两结处于等量正偏至漏结零偏

（2）当 u_{GS} 为大于 $U_{GS(th)}$ 的一个确定值时，若在 $d—s$ 之间加正向电压 u_{DS}，则将产生一定的漏极电流 i_D。此时，u_{DS} 的变化对导电沟道的影响，由图 2.17 知，$u_{DS}=U_{DG}+u_{GS}$，若 $u_{DS}=0$，就有 $u_{GS}=u_{GD}=5$ V 的电场使两结都处于等量正偏；当 $u_{DS}=2$ V时，将 $u_{GS}=5$ V 代入解得 $U_{DG}=-3$ V（$u_{GD}=3$ V），两结依然正偏，但漏结的正偏要弱些；当 $u_{DS}=5$ V时，解得 $U_{DG}=0$ V，漏结就处于零偏了。当 $u_{GS}=7$ V 时，解得 $U_{DG}=2$ V（$u_{GD}=-2$ V），漏结就处于反偏了，开始吸引沟道中的电子形成 i_D，使耗尽层变宽，在 u_{DS} 的吸引下，i_D 随 u_{DS} 的增大而线性增大，但因 u_{DS} 的增大而吸引走的电子会更多地使 N 型沟道沿源—漏方向逐渐变窄，如图 2.18（a）所示。一旦 u_{DS} 由 7 V增大到大于 7 V 且使 $u_{GS}=U_{GS(th)}$ 时，沟道在漏极一侧出现夹断点，称为预夹断，如图 2.18(b) 所示，到此 i_D 随 u_{DS} 上升的线性部分近于结束。如果 u_{DS} 再继续增大（$\gg 7$ V），漏结的反偏作用更强，夹断区随之延长，如图 2.18(c) 所示。同时 u_{DS} 的增大部分几乎全部用于克服夹断区对漏极电流的阻力。从外部看，i_D 几乎不随 u_{DS} 的增大而变化，管子进入平坦的恒流饱和区，i_D 几乎仅由 u_{GS} 决定。

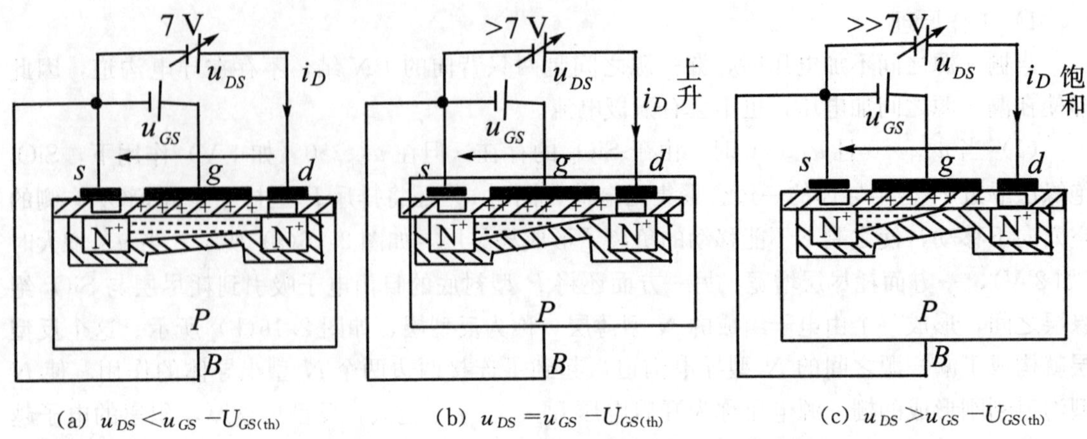

(a) $u_{DS} < u_{GS} - U_{GS(\text{th})}$　　(b) $u_{DS} = u_{GS} - U_{GS(\text{th})}$　　(c) $u_{DS} > u_{GS} - U_{GS(\text{th})}$

图 2.18　$u_{GS} > U_{GS(\text{th})}$ 的某一值时 u_{DS} 对 i_D 的影响

（3）当 $u_{DS} > u_{GS} - U_{GS(\text{th})}$ 时，u_{DS} 起到吸引 N 型沟道已注入的电子的作用，所以对应于每一个 u_{GS}（如 u_{GS1}、u_{GS2} 等），就有一个确实的注入到 N 型沟道中的电子数目，在 u_{DS} 的吸引下形成相应的 i_D（如 i_{D1}、i_{D2} 等）。此时，可将 i_D 视为受电压 u_{GS} 控制的电流源。因此，场效应管实际上是一个由 u_{GS} 电压控制电流 i_D 的器件。

2）特性曲线与电流方程

图 2.19 为 N 沟道增强型 MOS 管的转移特性曲线和输出特性曲线，它们之间的关系见图中标注。与结型场效应管一样，MOS 管也有三个工作区域，即可变电阻区、恒流区及夹断区，如图中标注。

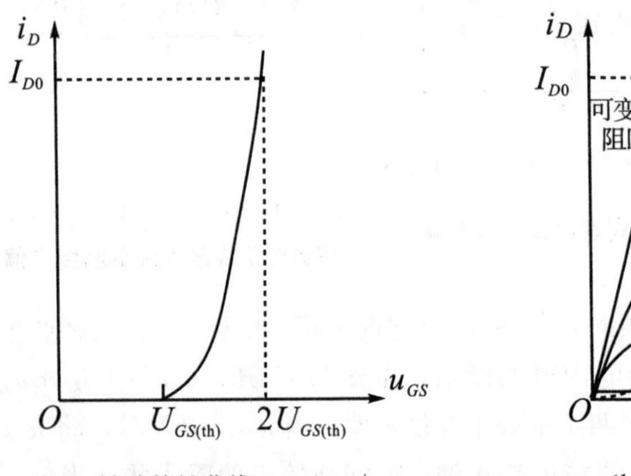

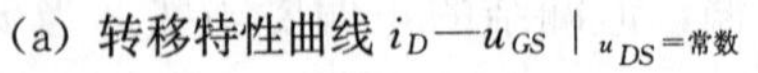
(a) 转移特性曲线 $i_D - u_{GS} \mid_{u_{DS}=\text{常数}}$

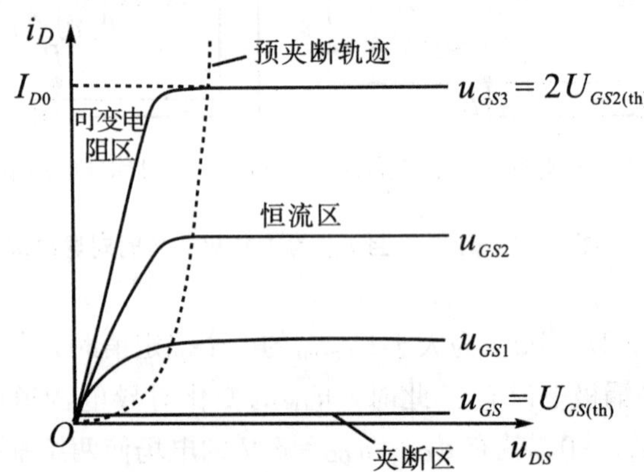

(b) 输出特性曲线 $i_D - u_{DS} \mid_{u_{GS}=\text{常数}}$

图 2.19　N 沟道增强型 MOS 管的特性曲线

从转移特性曲线可以看出，i_D 与 u_{GS} 的近似关系为二次方形式，其公式如下：

$$i_D = I_{D0}\left(\frac{u_{GS}}{U_{GS(\text{th})}} - 1\right)^2 \tag{2.15}$$

同样，当 $u_{GS} = U_{GS(\text{th})}$ 时，$i_D = 0$，且把 $u_{GS} = 2U_{GS(\text{th})}$ 的 $i_D \triangleq I_{D0}$。而当 $U_{GS(\text{th})} < u_{GS} < 2U_{GS(\text{th})}$ 时，i_D 按二次方变化。

2. N 沟道耗尽型 MOS 管

如果制造 MOS 管时，先在 SiO_2 绝缘层中掺入大量正离子，那么即使 $u_{GS} \leqslant 0$，在正离子的吸引下，P 型衬底表层也会形成反型层，即漏—源之间也存在导电的电子沟道，仅在漏—源间加正向电压，就会产生漏极电流，如图 2.20(a) 所示。当 u_{GS} 为正时，反型层变宽，沟道电阻变小，i_D 增大；反之，当 u_{GS} 为负时，反型层变窄，沟道电阻变大，i_D 减小。而当 u_{GS} 从 0 减小到一定值时，反型层消失，漏—源之间导电沟道消失，$i_D=0$，此时的 u_{GS} 称为夹断电压 $U_{GS(off)}$。与 N 沟道结型场效应管相同，N 沟道耗尽型 MOS 管的夹断电压也为负值。但是，前者只能在 $u_{GS}<0$ 的情况下工作，而后者的 u_{GS} 可以在正、负值的一定范围内实现对 i_D 的控制，且仍保持栅—源间有非常大的绝缘电阻。

N 沟道耗尽型 MOS 管的符号如图 2.20(b) 所示。

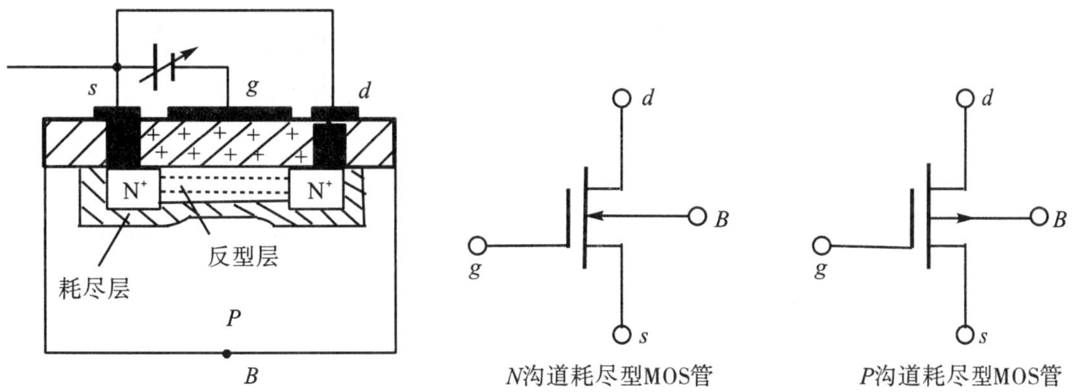

(a) N 沟道耗尽型 MOS 管结构示意图　　(b) 符号

图 2.20　N 沟道耗尽型 MOS 管结构示意图及耗尽型 MOS 管的符号

3. P 沟道增强型 MOS 管和耗尽型 MOS 管

与 N 沟道增强型 MOS 管相对应，P 沟道增强型 MOS 管的开启电压 $U_{GS(th)}<0$，当 $u_{GS}<U_{GS(th)}$ 时，管子才导通，漏—源之间应加负电源电压；P 沟道耗尽型 MOS 管的夹断电压 $U_{GS(off)}>0$，u_{GS} 可在正、负值的一定范围内实现对 i_D 的控制，漏—源之间也应加负电压。

应当指出，如果 MOS 管的衬底不与源极相连接，则衬—源之间电压 U_{BS} 必须保证衬—源间的 PN 结反向偏置，因此，N 沟道管的 U_{BS} 应小于 0，而 P 沟道管的 U_{BS} 应大于 0。此时，导电沟道宽度将受 U_{GS} 和 U_{BS} 的双重控制，U_{BS} 使开启电压或夹断电压的数值增大。相较而言，N 沟道管受 U_{BS} 的影响更大些。

表 2.1 为绝缘栅型场效应管的符号及特性。

表 2.1　绝缘栅型场效应管的符号及特性

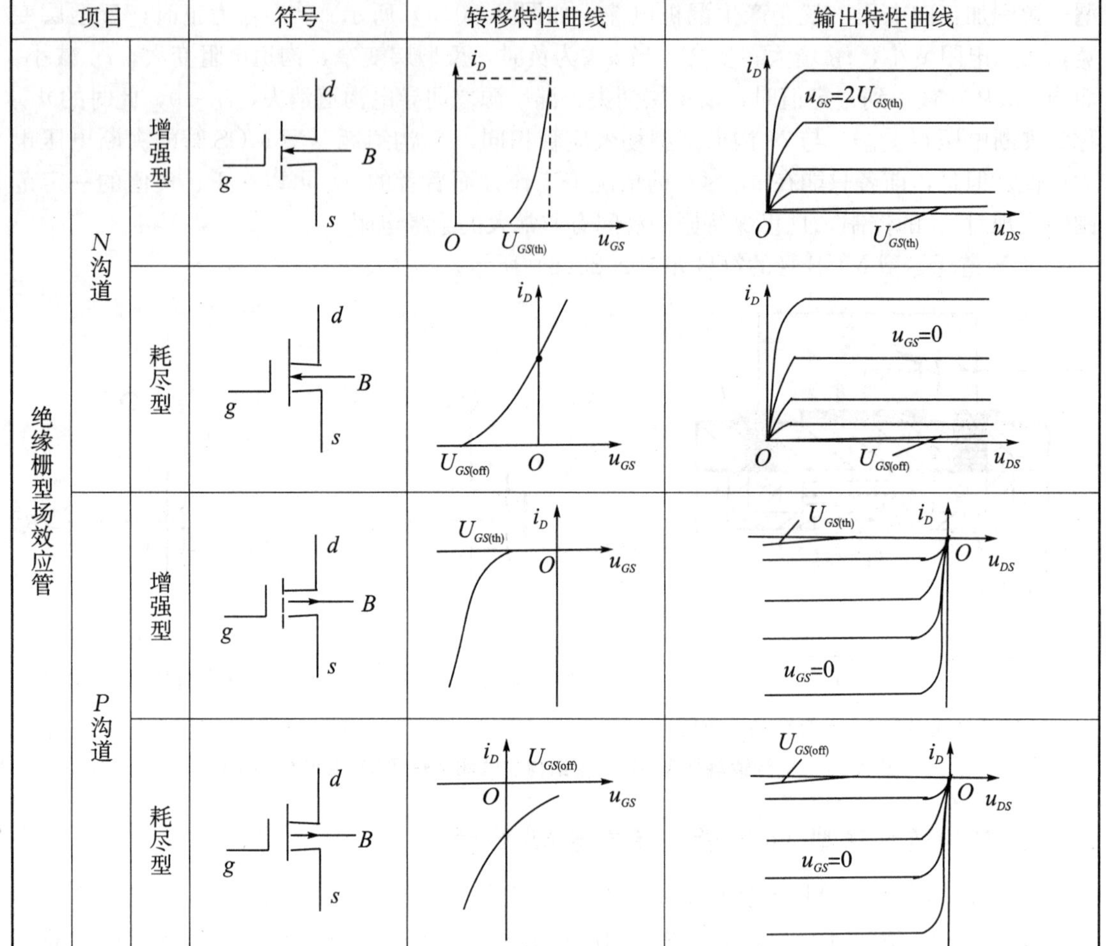

项目			符号	转移特性曲线	输出特性曲线
绝缘栅型场效应管	N沟道	增强型	d B g s	i_D O $U_{GS(th)}$ u_{GS}	i_D $u_{GS}=2U_{GS(th)}$ O $U_{GS(th)}$ u_{DS}
		耗尽型	d B g s	i_D $U_{GS(off)}$ O u_{GS}	i_D $u_{GS}=0$ O $U_{GS(off)}$ u_{DS}
	P沟道	增强型	d B g s	$U_{GS(th)}$ i_D O u_{GS}	$U_{GS(th)}$ i_D O u_{DS} $u_{GS}=0$
		耗尽型	d B g s	i_D $U_{GS(off)}$ O u_{GS}	$U_{GS(off)}$ i_D O u_{DS} $u_{GS}=0$

2.4.2　场效应管的主要参数

1. 直流参数

(1) 开启电压 $U_{GS(th)}$：$U_{GS(th)}$ 是在 U_{DS} 为一常量时，使 i_D 大于所需的最小 $|u_{GS}|$ 值。手册中给出的是在 i_D 为规定的微小电流（如 5 μA）时的 u_{GS}。$U_{GS(th)}$ 是增强型 MOS 管的参数。

(2) 夹断电压 $U_{GS(off)}$：与 $U_{GS(th)}$ 相似，$U_{GS(off)}$ 是在 U_{DS} 为一常量时，i_D 为规定的微小电流（如 5 μA）时的 u_{GS}。它是结型场效应管和耗尽型 MOS 管的参数。

(3) 饱和漏极电流 I_{DSS}：对于耗尽型管，在 $U_{GS}=0$ 情况下，U_{DS} 产生预夹断时的漏极电流定义为 I_{DSS}。

(4) 直流输入电阻 $R_{GS(DC)}$：$R_{GS(DC)}$ 等于栅—源电压与栅极电流之比。结型管的 $R_{GS(DC)}$ 大于 10^7 Ω，而 MOS 管的 $R_{GS(DC)}$ 大于 10^9 Ω。手册中一般只给出栅极电流的大小。

2. 交流参数

(1) 低频跨导 g_m：g_m 数值的大小表示 u_{GS} 对 i_D 控制作用的强弱。管子工作在恒流区且

u_{DS}为常量的条件下，i_D 的微小变化量 Δi_D 与引起它变化的 Δu_{GS}之比，称为低频跨导，即

$$g_m = \left.\frac{\Delta i_D}{\Delta u_{GS}}\right|_{u_{DS}=\text{常数}} \tag{2.16}$$

g_m 的单位是 S（西门子）或 mS。g_m 是转移特性曲线上某一点切线的斜率，与切点的位置密切相关。由于转移特性曲线的非线性，因而 i_D 越大，g_m 也越大。

（2）极间电容：场效应管的三个极之间均存在极间电容。通常情况下，栅—源电容 C_{gs} 和栅—漏电容 C_{gd} 为 1～3 pF，而漏—源电容 C_{ds} 为 0.1～1 pF。在高频电路中，应考虑极间电容的影响。管子的最高工作频率 f_M 是综合考虑了三个电容的影响而确定的工作频率的上限值。

3. 极限参数

（1）最大漏极电流 I_{DM}：I_{DM}是管子正常工作时漏极电流的上限值。

（2）击穿电压：管子进入恒流区后，使 i_D 骤然增大的 u_{DS}称为漏—源击穿电压 $U_{(BR)DS}$，u_{DS}超过此值会使管子烧坏。

对于结型场效应管，使栅极与沟道间 PN 结反向击穿的 u_{GS}为栅—源击穿电压 $U_{(BR)GS}$；对于绝缘型场效应管，使绝缘层击穿的 u_{GS}为栅—源击穿电压 $U_{(BR)GS}$。

（3）最大耗散功率 P_{DM}：P_{DM}决定于管子允许的温升。P_{DM}确定后，便可在管子的输出特性曲线上画出临界最大功耗线；再根据 I_{DM}和 $U_{(BR)DS}$，便可得到管子的安全工作区。

对于 MOS 管，栅—衬之间的电容容量很小，只要有少量的感应电荷就可产生很高的电压。而由于 $R_{GS(DC)}$很大，感应电荷难于释放，以至于其所产生的高压会使很薄的绝缘层击穿，造成管子的损坏。因此，无论是在存放还是在工作电路之中，都应为栅—源之间提供直流通路，避免栅极悬空；同时在焊接时，要将电烙铁良好接地。

例 1　已知某管子的输出特性曲线如图 2.21 所示。试分析该管是什么类型的场效应管（结型、绝缘栅型、N 沟道、P 沟道、增强型、耗尽型）。

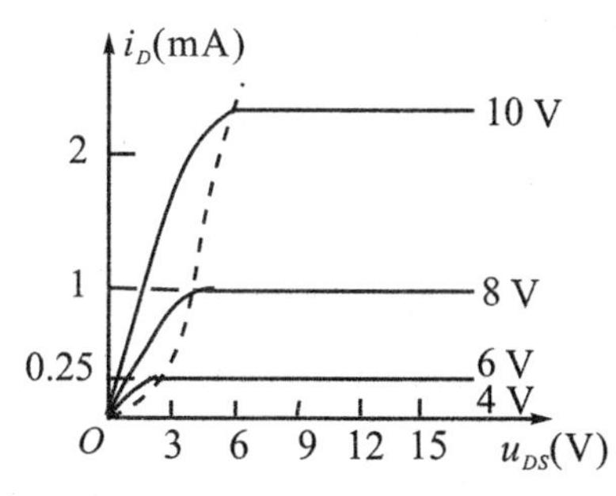

图 2.21　例 1 输出特性曲线

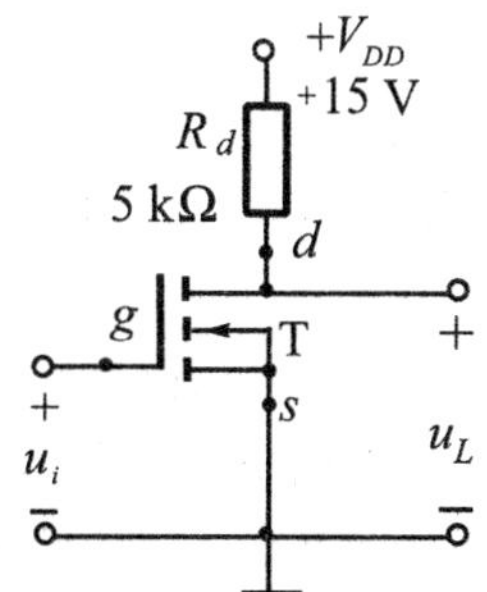

图 2.22　例 2 电路图

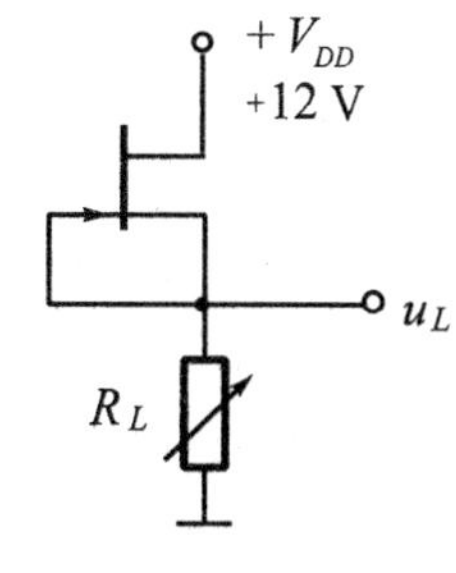

图 2.23　例 3 电路图

解：从 i_D 的方向或 u_{DS}、u_{GS}可知，该管为 N 沟道管；从输出特性曲线可知，开启电压 $U_{GS(th)}=4\ V>0$，说明该管为增强型 MOS 管。因此，该管为 N 沟道增强型 MOS 管。

例 2　电路如图 2.22 所示，其中三极管 T 的输出特性曲线如图 2.21 所示。试分析 u_i 为 0 V、8 V 和 10 V 三种情况下，u_L 分别为多少。

解：当 $u_{GS}=u_i=0$ 时，管子处于夹断状态，$i_D=0$，所以 $u_L=u_{DS}=V_{DD}-i_DR_D=V_{DD}=15$ V。

当 $u_{GS}=u_i=8$ V 时，从输出特性曲线可知，管子工作在恒流区时的 $i_D=1$ mA，所以

$$u_L = u_{DS} = V_{DD} - i_D R_D = 15 - 1\times10^{-3}\times5\times10^{3} = 10\ \text{V}$$

当 $u_{GS}=u_i=10$ V 时，若认为管子工作在恒流区，则 i_D 约为 2.2 mA，因而 $u_L=15-2.2\times10^{-3}\times5\times10^{3}=4$ V。但是，$u_{GS}=10$ V 时的预夹断电压为

$$u_{DS} = u_{GS} - U_{GS(\text{th})} = 10-4 = 6\ \text{V}$$

d—s 间的实际电压小于 d—s 间在 $u_{GS}=10$ V 时的预夹断电压，说明管子已不工作在恒流区，而是工作在可变电阻区。从输出特性曲线可得，当 $u_{GS}=10$ V 时，d—s 间的等效电阻为

$$R_d = \frac{u_{DS}}{i_D} \approx \frac{3}{1\times10^{-3}}\ \Omega = 3\ \text{k}\Omega$$

所以

$$u_L = \frac{R_{ds}}{R_{ds}+R_d}\cdot V_{DD} = \frac{3}{3+5}\times15 \approx 5.6\ \text{V}$$

例 3　电路如图 2.23 所示，场效应管的夹断电压 $U_{GS(\text{th})}=-4$ V，饱和漏极电流 $I_{DSS}=4$ mA。试问：为保证负载电阻 R_L 上的电流为恒流，R_L 的取值范围应为多少？

解：从电路图可知，$u_{GS}=0$，因而 $i_D=I_{DSS}=4$ mA，则预夹断电压为

$$u_{DS} = V_{DD} - i_D R_L = 0-(-4) = 4\ \text{V}$$

所以保证 R_L 上的电流为恒流的最大输出电压 $U_{L\max}=V_{DD}-4\ \text{V}=8$ V，输出电压 u_L 的取值范围为 0～8 V，则负载电阻 R_L 的取值范围为

$$R_L = \frac{u_L}{I_{DSS}} = 0\sim2\ \text{k}\Omega$$

2.4.3　场效应管与双极型管的比较

场效应管的栅 g、源极 s、漏极 d 对应于双极型管的基极 b、发射极 e、集电极 c，它们的作用相类似。

(1) 场效应管用栅—源电压 u_{GS} 控制漏极电流 i_D，栅极基本不取电流；而双极型管工作时，基极总要索取一定的电流。因此，要求输入电阻高的电路应选用场效应管；而若信号源可以提供一定的电流，则可选用晶体管。利用双极型管组成的放大电路可以得到比场效应管更大的电压放大倍数。

(2) 场效应管只有多子参与导电；双极型管内既有多子又有少子参与导电，而少子数目受温度、辐射等因素影响较大，因而场效应管比晶体管的温度稳定性更好、抗辐射能力更强。因此，在环境条件变化很大的情况下应选用场效应管。

(3) 场效应管的噪声系数很小，所以低噪声放大器的输入级和要求信噪比较高的电路应选用场效应管。当然，也可选用特制的低噪声双极型管。

(4) 场效应管的漏极与源极可以互换使用，互换后特性变化不大；而双极型管的发射极与集电极互换后特性差异很大，因此只在特殊需要时才互换。

(5) 场效应管比晶体管的种类多，特别是耗尽型 MOS 管，栅—源电压 u_{GS} 可为正、为负、为零，均能控制漏极电流。因此在组成电路时，场效应管比双极型三极管有更大的灵活性。

(6) 场效应管和双极型管均可用于放大电路和开关电路，它们构成了品种繁多的集成电路。但由于场效应管集成工艺更简单，且具有耗电省、工作电源电压范围宽等优点，故其越

来越多地应用于大规模和超大规模集成电路之中。

2.5　单结型晶体管和晶闸管

根据 PN 结外加电压时的工作特点，还可由 PN 结构成其他类型的三端器件。本节将介绍利用一个 PN 结构成的具有负阻特性的器件——单结型晶体管，以及利用三个 PN 结构成的大功率可控制流器件——晶闸管。

2.5.1　单结型晶体管（最简 RC 振荡器）

1. 单结型晶体管的结构和等效电路

在一个低掺杂的 N 型硅棒上利用扩散方式形成一个高掺杂 P 区，在 P 区与 N 区接触面形成 PN 结，从而构成单结型晶体管（UJT）结构，如图 2.24(a) 所示。因此，P 型半导体的两端引出的电极为发射极 e，N 型半导体的两端引出两个电极，分别为基极 b_1 和基极 b_2。单结型晶体管因有两个基极，故也称为双基极晶体管，其符号如图 2.24(b) 所示。

单结型晶体管的等效电路如图 2.24(c) 所示。发射极所接 P 区与 N 型硅棒形成的 PN 结等效为二极管 D，N 型硅棒因掺杂浓度很低而呈现高电阻，二极管阴极与基极 b_2 之间的等效电阻为 r_{b_2}，二极管阴极与基极 b_1 之间的等效电阻为 r_{b_1}，因 r_{b_1} 的阻值受 e—b_1 间电压的控制，所以等效为可变电阻。

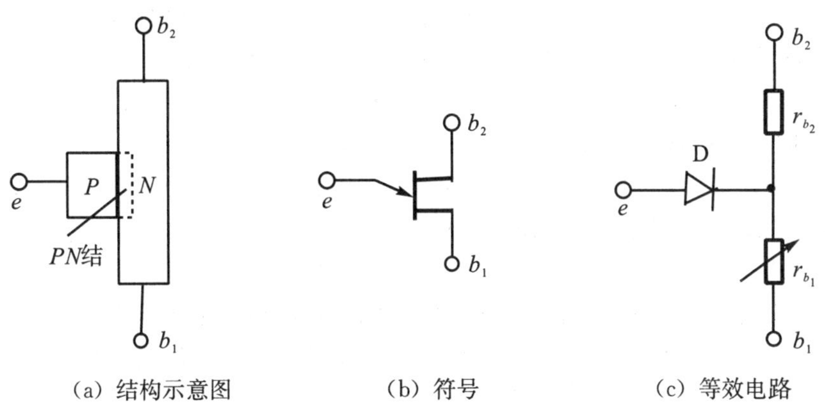

（a）结构示意图　　（b）符号　　（c）等效电路

图 2.24　单结型晶体管的结构示意图和等效电路

2. 工作原理和特性曲线

单结型晶体管的发射极电流 I_E 与 e—b_1 间电压 U_{EB_1} 的关系曲线称为其特性曲线。特性曲线的测试电路如图 2.25(a) 所示，图中虚线框内为单结型晶体管的等效电路。

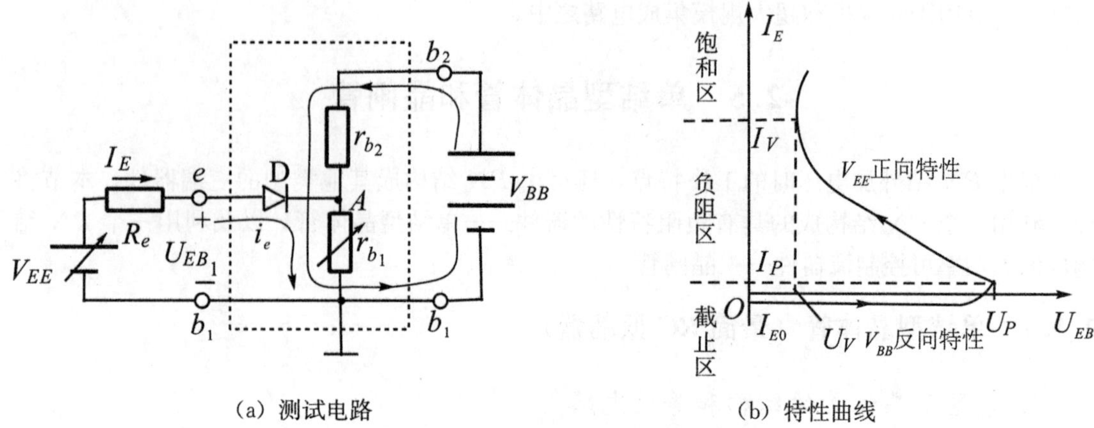

(a) 测试电路　　　　　　　　　　(b) 特性曲线

图 2.25　单结型晶体管特性曲线的测试

对 N 型衬底的 b_2—b_1 间加电源 V_{BB}，若发射极 e 开路，则 A 点电位为

$$U_A = \frac{r_{b_1}}{r_{b_1}+r_{b_2}} \cdot V_{BB} = \eta V_{BB} \tag{2.17}$$

式中，η 称为单结型晶体管的分压比，是 N 型半导体对本征电子空穴对在 V_{BB} 作用下所显示出的一种阻力，一般取 $\eta=0.5\sim0.9$。而流过 r_{b_2} 和 r_{b_1} 间的电流为

$$I_B = \frac{V_{BB}}{r_{b_1}+r_{b_2}} \tag{2.18}$$

当 e—b_1 间电压 U_{EB_1} 为 0 时，PN 结二极管 D 承受 V_{BB} 的反偏作用，其发射极的电流 I_E 为二极管 D 的反向电流，记作 I_{E0}。若缓慢增大 U_{EB_1}，则二极管 D 两端的电压 U_{EA} 随之增大，根据 PN 结的反向饱和特性可知，只有当 U_{EA} 接近 0 时，I_E 的数值才会明显减小。当 $U_{EB_1}=U_A$ 时，二极管 D 两端的电压为 0，反偏状态到此结束，$I_E=0$。若 U_{EB_1} 继续增大，使 PN 结开始正向加压，当加至大于开启电压 U_P 时，I_E 变为正向电流，即从发射极 e 流向基极 b_1 了。此时，对于已处于正偏的 PN 结，其空穴浓度偏高的 P 区就向空穴少的 N 区扩散，则流入 A—b_1 这一段的大量空穴使 I_E 急剧增大。这时 r_{b_1} 已属正偏 PN 结的电阻 r_e 了，它显示出的阻力比原来只对本征电子空穴对的漂移所显示出的阻力要小得多；同时 r_{b_1} 减小，根据 $V_{EE}=I_ER_e\uparrow+I_Er_{b_1}\downarrow$，即 I_E 的上升使得 R_e 上的降压很多，而 $I_Er_{b_1}$ 反而很少，即 $U_{Eb_1}\downarrow=I_E\uparrow r_{b_1}$，表明 U_{EB_1} 的下降是由 I_E 的上升引起的，则 $\dfrac{\Delta U_{EB_1}}{\Delta I_E}=-r_{eb_1}$，具有负阻特性。

一旦单结型晶体管进入负阻工作区域，输入电流 I_E 的增加只受输入回路外部电阻 R_e 的限制，除非将输入回路的 R_e 增至开路或将 I_E 减小到很小的数值，否则管子将始终保持导通状态。

单结型晶体管的特性曲线如图 2.25(b) 所示，当 $U_{EB_1}=0$ 时，$I_E=I_{E0}$；当 U_{EB_1} 增大至 U_P（峰点电压）时，PN 结开始正向导通，此时 $I_E=I_P$（峰点电流）；当 U_{EB_1} 再稍增大一点，PN 结更进一步正向导通，管子就进入负阻区，伏安曲线倒回，随着 I_E 的增大，r_{b_1} 减小，U_{EB_1} 减小，直至 $U_{EB_1}=U_V$（谷点电压），$I_E=I_V$（谷点电流）。当 I_E 再增大，管子进入饱和区。这与三极管中 $E_c=I_c\uparrow(R_c+r_{ce}\downarrow)$ 是一致的。

单结型晶体管的负阻特性广泛应用于定时电路和振荡电路之中。除了单结型晶体管外，具有负阻特性的器件还有隧道二极管、λ 双极型晶体管、负阻场效应管等。

3. 应用举例

图 2.26 为单结型晶体管组成的振荡电路。所谓振荡，是指在没有输入信号的情况下，电路输出一定频率、一定幅值的电压或电流信号。

在图 2.26(a) 所示的电路中，当合闸通电时，电容 C 上的电压为 0，管子截止，电源 V_{BB} 通过电阻 R 对 C 充电，随着时间的增长，电容上电压 u_C（即 u_{EB_1}）逐渐增大；一旦 u_{EB_1} 增大到峰点电压 U_P 后，二极管开始正向导通，r_{eb_1} 减小，使 C 通过管子的输入回路迅速放电，i_E 随之迅速减小，一旦 u_{EB_1} 减小到谷点电压 U_V 后，管子截止；V_{BB} 又通过 R 对电容 C 充电。上述过程循环往复，只有当断电时才会停止，因而产生振荡。由于充电时间常数 RC 远大于放电时间常数 $r_{eb_1}C$，当稳定振荡时，电容上电压的波形如图 2.26(b) 所示。

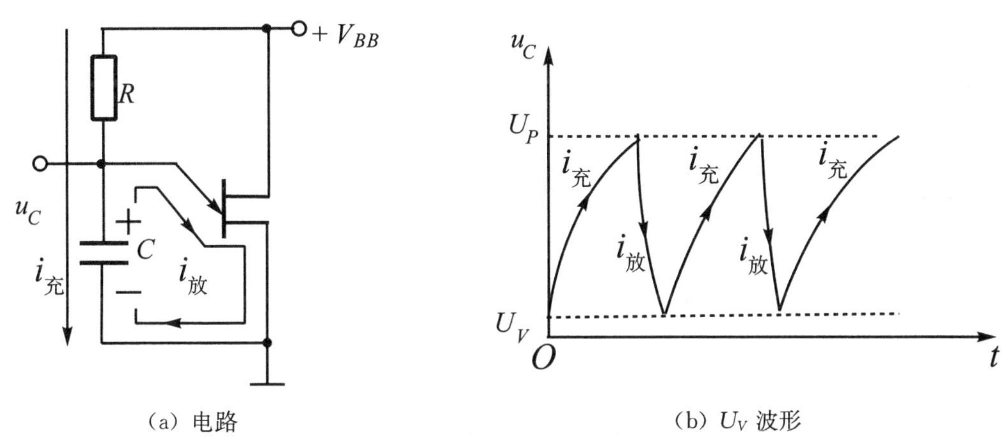

(a) 电路　　　　(b) U_V 波形

图 2.26　单结型晶体管组成的振荡电路

2.5.2　晶闸管

晶闸管又称可控硅，是由三个 PN 结构成的一种大功率半导体器件，多用于可控整流、逆变、调压等电路，也作为无触点开关。

1. 晶闸管的结构和等效模型

由于晶闸管是大功率器件，一般用于较高电压和较大电流的情况，常常需要安装散热片，故其外形都制造得便于安装和散热。常见的晶闸管外形有螺栓形和平板形，如图 2.27 所示。此外，其封装形式有金属外壳和塑封外壳等。

晶闸管的内部结构示意图如图 2.28(a) 所示，它由四层半导体材料组成，即由 P 型半导体和 N 型半导体交替组成，分别为 P_1、N_1、P_2 和 N_2，它们的接触面形成三个 PN 结，分别为 J_1、J_2 和 J_3，故晶闸管也称为 $PNPN$ 器件或三结型晶体管。P_1 区的引出线为阳极 A，N_2 区的引出线为阴极 C，P_2 区的引出线为控制极 G。为了更好地理解晶闸管的工作原理，常将其 N_1 和 P_2 两个区域分解成两部分，使得 $P_1-N_1-P_2$ 构成一只 PNP 型管，$N_1-P_2-N_2$ 构成一只 NPN 型管，如图 2.28 (b) 所示；用晶体管符号表示的等效电路如图 2.28(c) 所示；晶闸管的符号如图 2.28(d) 所示。

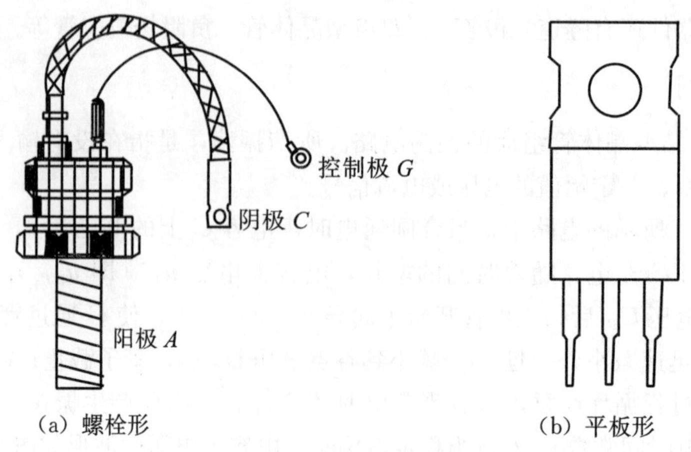

(a) 螺栓形　　(b) 平板形

图 2.27　晶闸管的外形

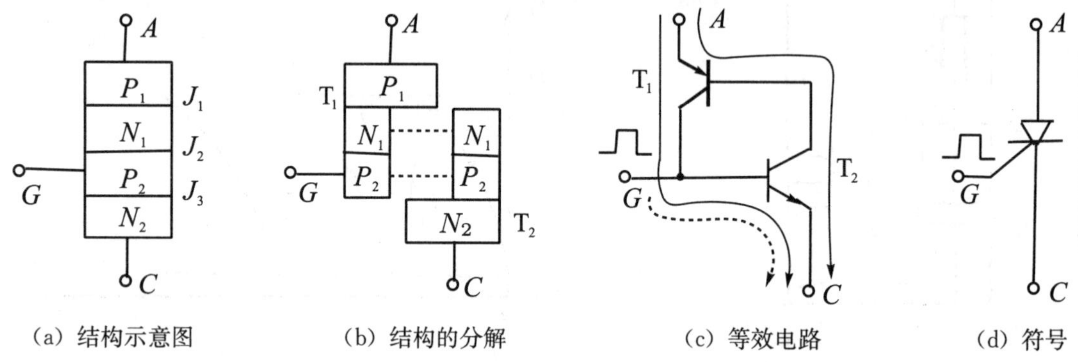

(a) 结构示意图　(b) 结构的分解　(c) 等效电路　(d) 符号

图 2.28　晶闸管的结构及其分解、等效电路和符号

2. 工作原理

当晶闸管的阳极 A 和阴极 C 之间加正向电压而控制极不加电压时，J_2 处于反向偏置，管子不导通，将晶闸管此时的状态称为阻断状态。

当晶闸管的阳极 A 和阴极 C 之间加正向电压 V_{AA} 且控制极和阴极之间也加正向电压 V_{GG} 时，T_2 发射结处于导通状态，如图 2.29(b) 所示。若 T_2 管的基极电流为 I_{b_2}，则其集电极电流 $I_{c_2}=\beta_2 I_{b_2}=I_{b_1}$，因而 T_1 管的集电极电流 $I_{c_1}=\beta_1\beta_2 I_{b_2}$，该电流又作为 T_2 管的基极电流，再一次进行上述放大过程，形成强烈的正反馈。在很短的时间内（一般不超过几微秒），两只管子均进入饱和状态，使晶闸管完全导通，这个过程称为触发导通过程。晶闸管一旦导通，控制极就失去控制作用，管子依靠内部的正反馈始终维持导通状态。晶闸管导通后，阳极和阴极之间的电压一般为 0.6～1.2 V，电源电压几乎全部加在负载电阻 R 上；阳极电流 I_A 因型号不同可达几到十几千安。

晶闸管如何从导通变为阻断呢？如果能够使阳极电流 I_A 减小到小于一定数值 I_H，导致晶闸管不能维持正反馈过程，管子将关断，这种关断称为正向阻断，I_H 称为维持电流；如果在阳极和阴极之间加反向电压，晶闸管也将关断，这种关断称为反向阻断。因此，控制极只能通过加正向电压控制晶闸管从阻断状态变为导通状态；而要使晶闸管从导通状态变为阻断状态，则必须通过减小阳极电流或改变 A—C 电压极性的方法才能实现。

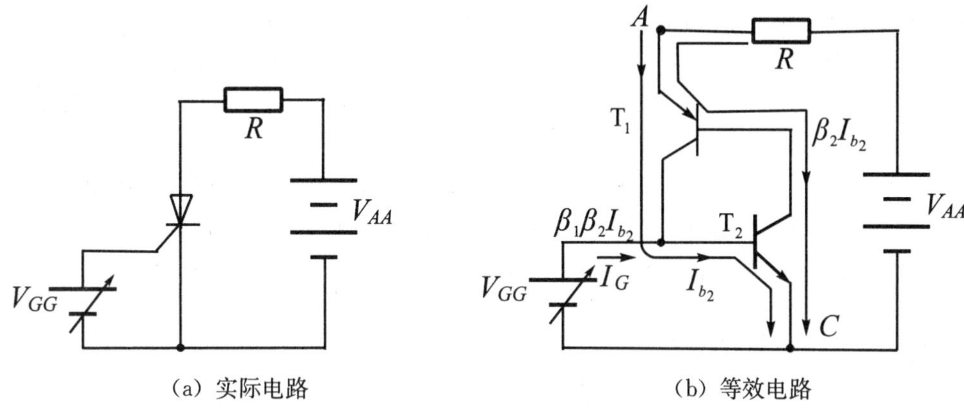

(a) 实际电路　　　　　　　　(b) 等效电路

图 2.29　晶闸管的工作原理

3. 晶闸管的伏安特性

以晶闸管的控制极电流 I_G 为参变量，阳极电流 I 与 A—C 间电压 U 的关系称为晶闸管的伏安特性，即

$$i = f(u)\mid_{I_G} \tag{2.19}$$

图 2.30 为晶闸管的伏安特性曲线。

$u>0$ 时的伏安特性称为正向特性。从图 2.30 所示的伏安特性曲线可知，当 $I_G=0$ 时，u 逐渐增大，在一定限度内，由于 J_2 处于反向偏置，i 为很小的正向漏电流，曲线与二极管的反向特性类似；当 u 增大到一定数值后，晶闸管导通，i 骤然增大，u 迅速下降，曲线与二极管的正向特性类似；电流的急剧增大容易造成晶闸管损坏，应当在 A—C 所在回路上加电阻（通常为负载电阻）限制阳极电流。使晶闸管从阻断到导通的 A—C 间的电压 u 称为转折电压 U_{BO}。正常工作时，应在控制极和阴极间加触发电压，使 I_G 大于 0；而且，I_G 越大，转折电压越小，如图 2.30 所示。

$u<0$ 时的伏安特性称为反向特性。从图 2.30 所示的伏安特性曲线可知，晶闸管的反向特性与二极管的反向特性相似。当晶闸管的阳极和阴极之间加反向电压时，由于 J_1 和 J_3 均处于反向偏置，因而只有很小的反向电流 I_R；当反向电压增大到一定数值时，反向电流骤然增大，管子被击穿。

4. 晶闸管的主要参数

(1) 额定正向平均电流 I_F：在环境温度小于 40℃和标准散热条件下，允许连续通过晶闸管阳极的工频（50 Hz）正弦波半波电流的平均值。

(2) 维持电流 I_H：在控制极开路且规定的环境温度下，晶闸管维持导通时的最小阳极电流。当正向电流小于 I_H 时，管子自动阻断。

(3) 触发电压 U_G 和触发电流 I_G：室温下，当 $u=6$ V 时使晶闸管从阻断到完全导通所需最小的控制极直流电压和电流。一般情况下，U_G 为 1～5 V，I_G 为几十至几百毫安。

(4) 正向重复峰值电压 U_{DRM}：控制极开路的条件下，允许重复作用在晶闸管上的最大正向电压。一般情况下，$U_{DRM}=U_{BO}\times 80\%$，$U_{BO}$是晶闸管在 I_G 为 0 时的转折电压。

(5) 反向重复峰值电压 U_{RRM}：控制极开路的条件下，允许重复作用在晶闸管上的最大反向电压。一般情况下，$U_{RRM}=U_{BO}\times 80\%$。

除以上参数外，还有正向平均电压、控制极反向电压等。

晶闸管具有体积小、质量轻、耐压高、效率高、控制灵敏和使用寿命长等优点，并使半导体器件的应用从弱电领域进入强电领域，广泛应用于整流、逆变和调压等大功率电子电路中。

例 4　图 2.31(a) 为可控半波整流电路，已知输入电压 u_i 和晶闸管控制极的电压 u_G 波形如图 2.31(b) 所示；在阳极与阴极间电压合适的情况下，$u_G=U_H$ 时可以使管子导通；管子的导通管压降可忽略不计。试定性画出负载电阻 R_L 上电压 u_L 的波形。

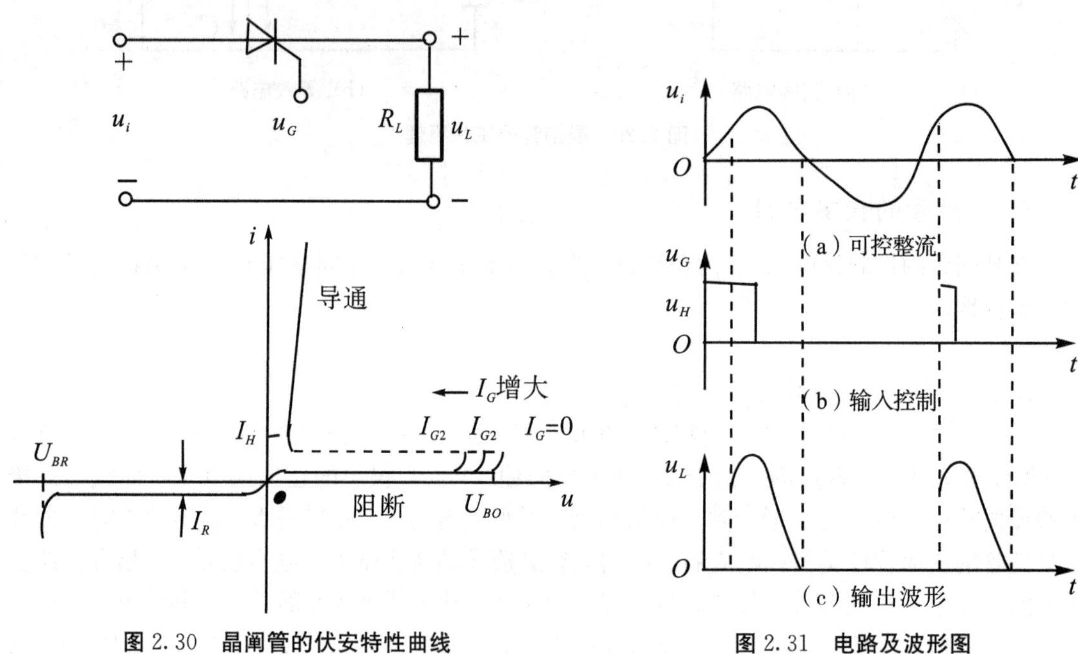

图 2.30　**晶闸管的伏安特性曲线**

图 2.31　**电路及波形图**

解：当 $u_i<0$ 时，不管 u_G 为 U_H 还是为 U_L，晶闸管均处于截止状态。当 $u_i>0$ 且 $u_G=U_H$ 时，在 u_G 的触发下，晶闸管导通。此时，即使 u_G 变为 U_L，管子仍维持导通状态。只有当 u_i 下降使阳极电流减小到很小时，管子才阻断；可以近似认为当 u_i 下降到 0 时，管子关断。若管子的导通管压降可忽略不计，在管子导通时，$u_L\approx u_i$。因此，u_L 的波形如图 2.31(c) 所示。

习题（二）

2-1　现测得放大电路中三只管子的两个电极的电流如习题图 2.1 所示，分别求另一电极的电流，标出其实际方向，并在圆圈中画出管子，分别求出它们的电流放大倍数 β。

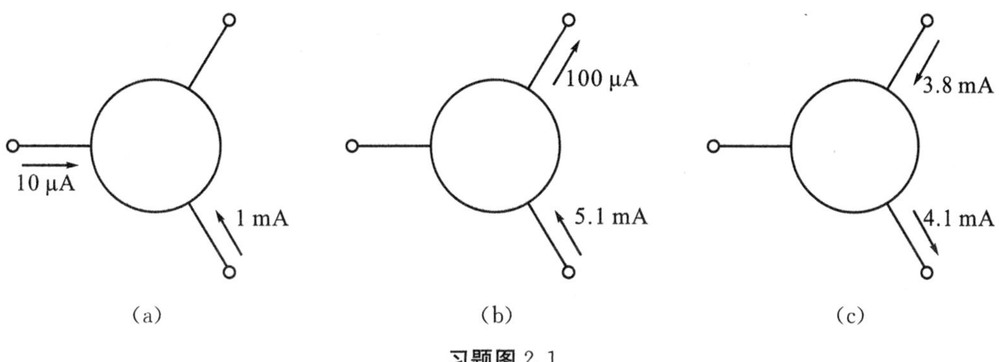

习题图 2.1

2-2　测得放大电路中六只晶体管的直流电位如习题图 2.2 所示。在圆圈中画出管子，并分别说明它们是硅管还是锗管。

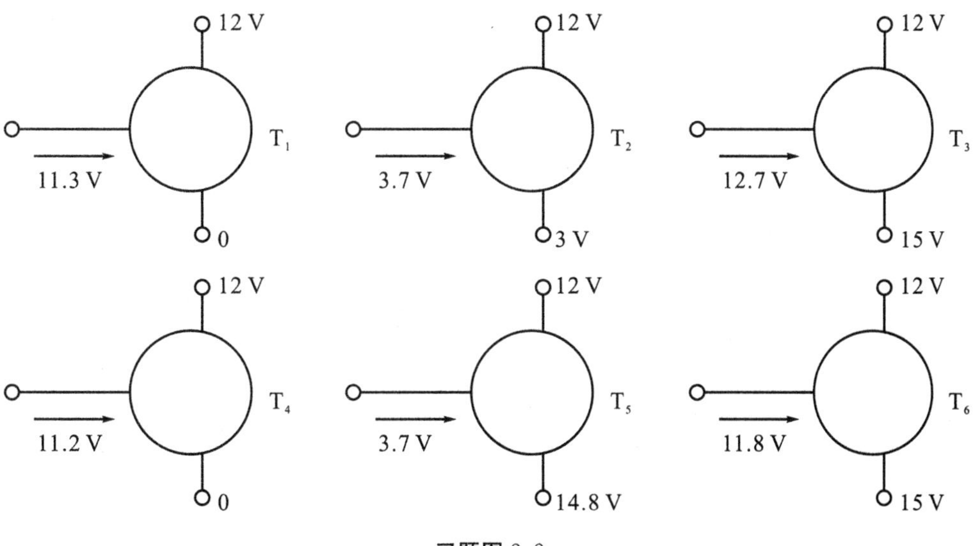

习题图 2.2

【分析】 根据 be 结电压来判断管脚位置，并从 b、e 相对位置，确定是 NPN 型还是 PNP 型。

2-3　电路如习题图 2.3 所示，晶体管导通时 $U_{be}=0.7$，$\beta=50$。试分析 E_b 为 0 V、1 V、3 V三种情况下 T 的工作状态及输出电压 u_L 的值。

【分析】 观察偏置状态来确定 T 的工作状态和 u_0 的值。

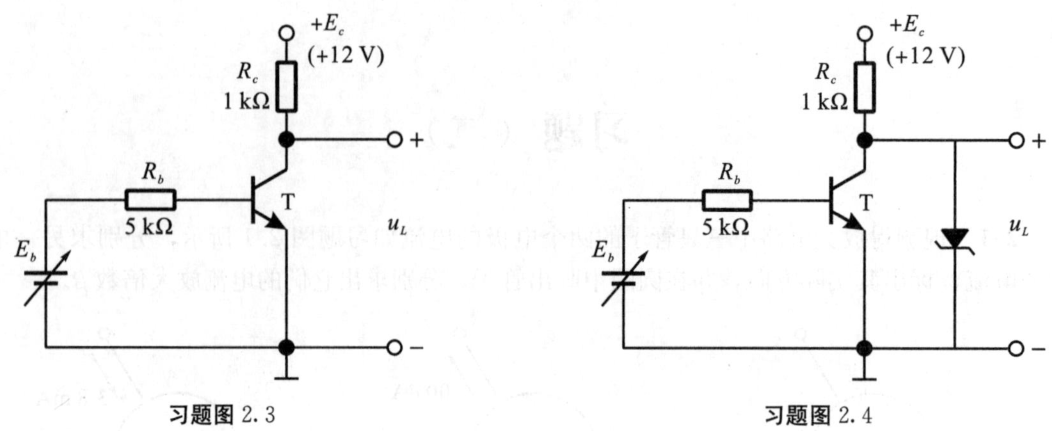

习题图 2.3　　习题图 2.4

2-4　如习题图 2.4 所示的电路，晶体管 $\beta=50$，$|U_{be}|=0.2$ V，饱和管压降 $|U_{ces}|=0.1$ V；稳压管的稳定电压 $U_z=5$ V，正向导通电压 $U_D=0.5$ V。试问：当 $u_i=0$ 时，u_L 等于多少；当 $u_i=-5$V 时，u_L 等于多少。

2-5　分别判断如习题图 2.5 所示的各电路中晶体管是否有可能工作在放大状态。

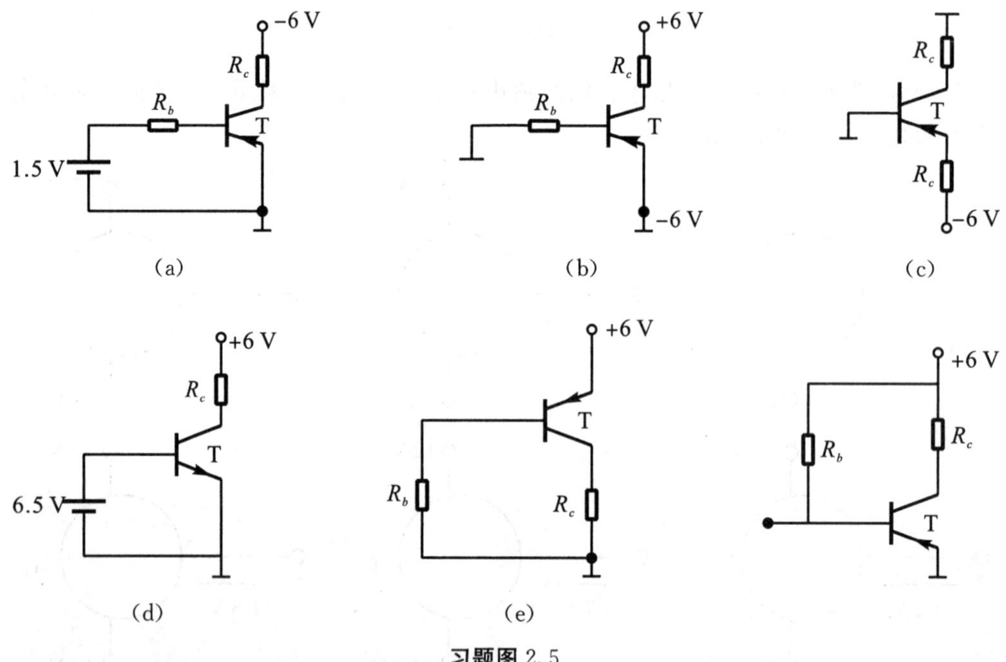

习题图 2.5

【分析】工作状态的分析。

2-6　已知放大电路中一只 N 沟道场效应管三个极①②③的电位分别为 4 V、8 V、12 V，管子工作在恒流区。试判断它可能是哪种管子（结型管、MOS 管、增强型、耗尽型），并说明①②③与 g、s、d 的对应关系。

2-7　已知场效应管的输出特性曲线如习题图 2.6 所示，画出它在恒流区的转移特性曲线。

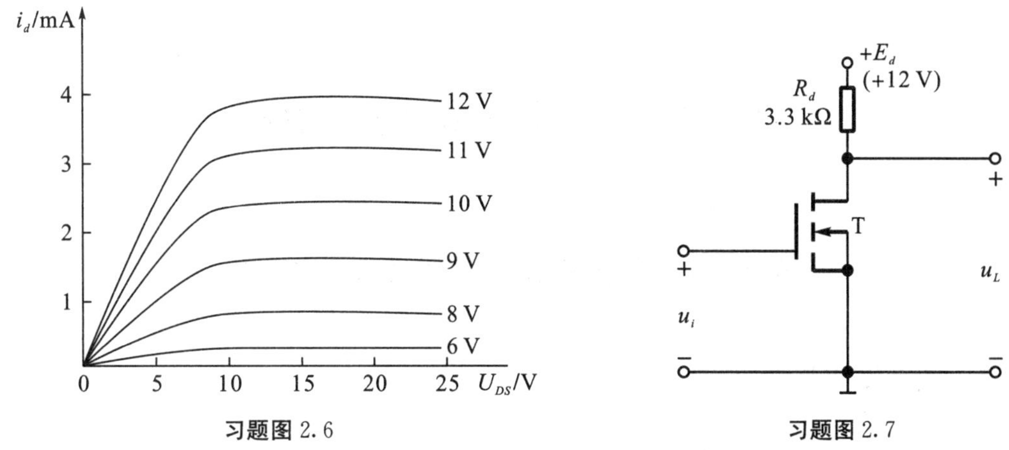

习题图 2.6　　习题图 2.7

2-8　如习题图 2.7 所示的电路，分析当 $u_i = 4$ V、8 V、12 V 的情况下场效应管分别工作在什么区域。

【分析】 工作状态的分析。

2-9　分别判断如习题图 2.8 所示的各电路中，场效应管是否有可能工作在恒流区。

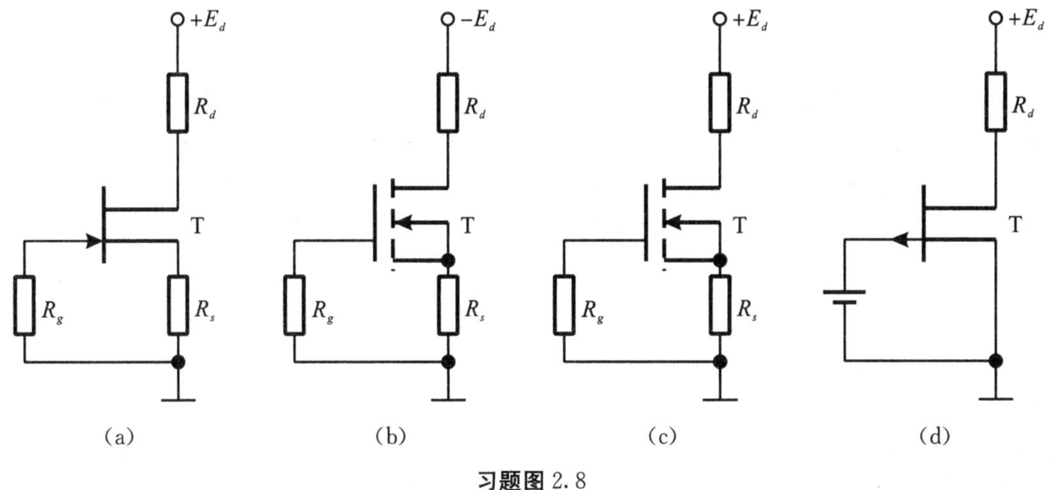

习题图 2.8

【分析】 考查场效应管工作区域的判断。

第3章　放大器的偏置电路

3.1　双极型三极管的基本偏置电路

3.1.1　相关基本概念

1. 双极型三极管的偏置电路

前面已讲到，偏置就是加直流电压的意思。而双极型三极管和场效应三极管的偏置电路，是指能给三极管的各极加直流电压 V 的电路。因为三极管主要用于放大信号 u_s，它是我们研究的主体，而把为信号 u_s 提供基础的电路就认为是主体旁边附属的装置（犹如一个设备）。

2. 三极管需要偏置的原因

因为只有给三极管的发射结正偏、集电结反偏，才能使三极管处于正常工作状态，这时各极所加的直流电压 V，就能使三极管的各极产生相应的直流电流 I。只有当有了直流电压 V 和直流电流 I，才能有直流电压 V 的变化量 $\Delta V=u$ 和直流电流的变化量 $\Delta I=i$ 的说法，可见直流电压 V 和直流电流 I 是我们讨论交变信号 $\Delta V=u$ 和 $\Delta I=i$ 赖以生存的先决条件。例如，在讲三极管的电流分配时，若没有直流电流 $I_e=I_b+I_c$ 这个最基本的关系式，就导不出 $\Delta I_e=\Delta I_b+\Delta I_c$（即 $i_e=i_b+i_c$）这个结果，可见三极管的偏置电路是使三极管能够正常工作的基础。因此，我们可以说直流电压 V、电流 I 是河中之水，交变信号 u 和 i 是水上的船，水只能从上流到下，而船既可顺江而下也可逆水而行。或者说，直流是一张皮，信号就是皮上的毛，皮之不存，毛将焉附？因此，直流就是给信号提供一个可以工作的舞台。直流的数值越大，它给交变信号 u 和 i 提供的活动范围就越宽广。

综上所述，给三极管加偏置电路的目的，仅在于给交变信号 u 和 i 创造一个良好的工作条件，没有这条件，交变信号就不能畅通无阻，因此偏置电路成了三极管电路必不可少的装置，我们必须认真进行讨论。

3. 三极管直流工作点 Q 的概念

人们常把由三极管的偏置电路所决定的各极之间直流电压 V（如 V_{be}、V_{ce}）和各极直流电流 I（如 I_b、I_c）定义为三极管的直流工作状态，而表征三极管直流工作状态的 V_{be}、I_b 和 V_{ce}、I_c 在三极管的输入曲线 I_b—V_{be} 和输出曲线 I_c—V_{ce} 平面上，可用一个几何点 Q 来表示，它所对应的直流电压和直流电流记为：（I_{bQ}，V_{beQ}）和（I_{cQ}，V_{ceQ}）。于是我们把 I_c—V_{ce} 曲线平面上的这个点 Q 叫做直流工作点，也叫静态工作点（静态是指无外加输入信号的意思）或零点，如图 3.1(a)（b）所示，即无外加输入信号时，三极管各极直流电压和各极直流电流的数值。

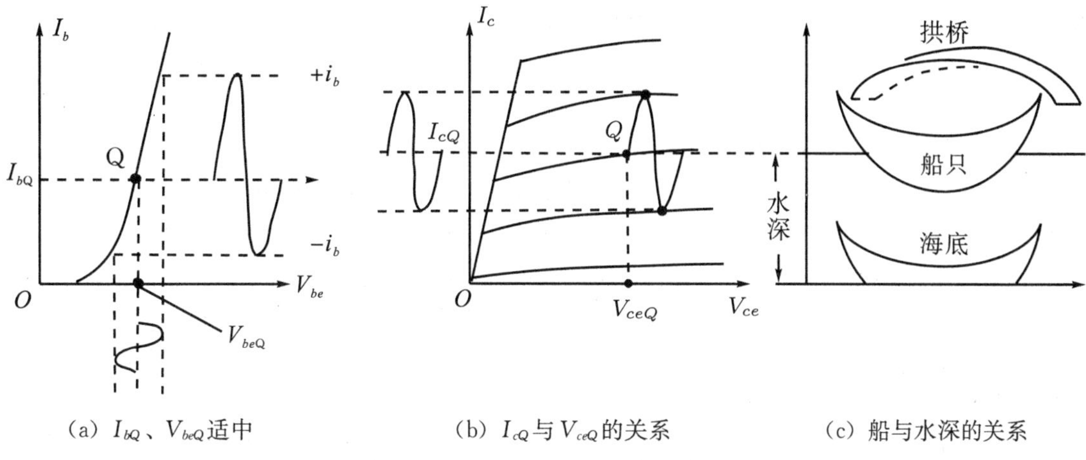

(a) I_{bQ}、V_{beQ}适中　　(b) I_{cQ}与V_{ceQ}的关系　　(c) 船与水深的关系

图 3.1　$I_b = I_{bQ} - i_b > 0$ 不失真的波形

实践证明，只要 I_{bQ}、V_{beQ}和I_{cQ}、V_{ceQ}这四个初始量选得恰当，就能保证三极管在有输入信号时将输入信号无失真地放大，例如在直流电流 I_{bQ}的基础上再变化一个 $\pm\Delta I_b = \pm i_b$，则基极总电流 $I_b = I_{bQ} \pm i_b$，由于 $I_{bQ} > i_b$，所以即使 i_b 与 I_{bQ}反向，基极总电流 $I_b = I_{bQ} - i_b$ 仍然大于 0，即 I_b 只有单方向的变化，如图 3.1(a) 所示，于是输入的交流电流 i_b 就不会失真。同时，由于 $I_c = \beta I_{bQ} \pm i_b$，所以 I_c 将与 I_b 以同样的规律变化，即 $i_c = i_b$，也就不会失真。关于这个问题的详细讨论，我们将在下一章进行。

图 3.1 的三个图也说明了合适 Q 点的重要性。其中，图 3.1(c) 说明 Q 点降低“船会拖底”，Q 点上升“船顶要碰桥”。

3.1.2　双极型三极管基本偏置电路的导出

图 3.2(a) 是我们非常熟悉的，能使三极管的发射结处于正偏、集电结处于反偏的简化偏置电路及直流通道（即直流所流经的路径）。图 3.2(b) 是将图 3.2(a) 的 V_{cbQ} 改接成 V_{ceQ} 后的简化偏置电路及直流通道。

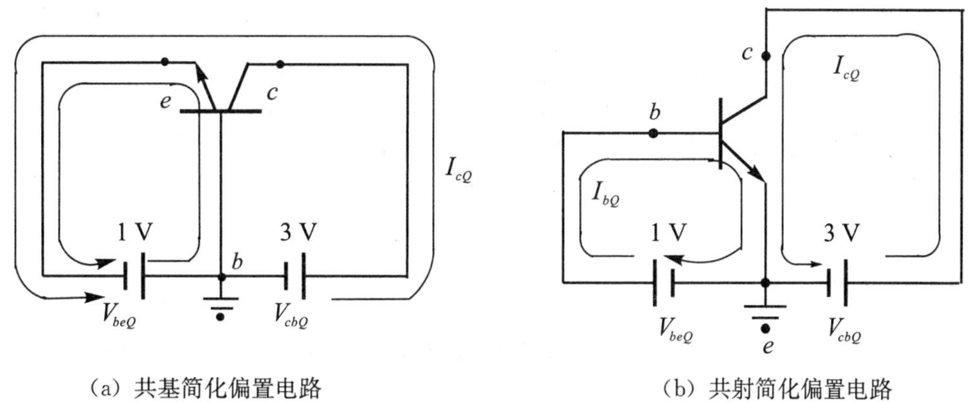

(a) 共基简化偏置电路　　(b) 共射简化偏置电路

图 3.2　从共基简化偏置电路转化成共射简化偏置电路

现在要问：将 V_{cbQ} 改接成 V_{ceQ}后，三极管还能正常工作吗？

(1) 图 3.2 (a) 是 V_{beQ}使发射结处于正偏，可图 3.2(b) 也是 $+V_{beQ}$使发射结处于正偏，其实两者都是使发射结处于相同的偏置状态。而图 3.2(a) 是 V_{cbQ}直接使得集电结处于反偏，而图 3.2(b) 是 $V_{ceQ}=V_{cbQ}+V_{beQ}$ 中的 V_{cbQ} 这一部分使集电结处于反偏的。总之，将 V_{cbQ} 改接成 V_{ceQ} 后，并不影响原来三极管发射结处于正偏、集电结处于反偏这一性能。只是图 3.2(a) 的 $V_{ceQ}=V_{cbQ}+V_{beQ}=3\ \text{V}+1\ \text{V}=4\ \text{V}$，而图 3.2(b) 的 $V_{ceQ}=V_{cbQ}+V_{beQ}=2\ \text{V}+1\ \text{V}=3\ \text{V}$，而前者的 $V_{cbQ}=3\ \text{V}$，后者的 $V_{cbQ}=2\ \text{V}$，都达到了反偏的目的。

（2）对于一个正向偏置的发射结来说，V_{beQ} 总是很小的，最大也不超过 0.8 V 左右。然而对于一个工作在放大区的三极管来说，V_{ceQ} 的数值通常比 0.8 V 大得多，即 $V_{ceQ}=V_{cbQ}+V_{beQ}\approx V_{cbQ}$。前者 V_{cbQ} 是使集电结处于反偏，后者 V_{beQ} 是使发射结处于正偏。

综上所述，将 V_{cbQ} 改接成 V_{ceQ} 后，对三极管的偏置丝毫没有影响。不过需要说明的是：图 3.2(b) 除了对分析三极管的基本工作原理（如电流分配）有所帮助之外，没有其他的实际使用价值，其原因如下：

（1）对输入端而言，要改变 I_{bQ} 的大小，必须改变外接电源电压的大小，然而一个外接电源的输出电压多半是不连续的，如 3 V、4.5 V、6 V、9 V、12 V 等，如果硬要改变，那就只能是跳跃式的进行，这当然是不好的，为此在输入回路的左边加一个可变电阻 R_b^*，调节它既可使 V_{be} 连续变化，还可为更左边的外接输入信号源 u_i 提供一个信号的接收者。

（2）对输出端而言，也与输入端一样，除了改变 c—e 间的电压极不方便外，更主要的是，集电极与电源 V_{ceQ} 之间无外接电阻 R_c，使输出电流 $\Delta I_c=i_c$ 无法在输出端以电压的方式显示出来。为了克服图 3.2(b) 中输入端和输出端均无外接电阻的毛病，我们引入了如图 3.3(a) 所示的基本偏置电路。图中，E_b 叫做基极直流电源；R_b 叫做基极偏置电阻，调节 R_b 的大小，就能使发射结处于合适的正偏，同时由于 R_b 通常都很大，对左边的外加输入信号 u_i 起到分流的作用，很少能使大部分的 u_i 流到三极管的基射之间；E_c 叫做集电极直流电源；R_c 叫做集电极直流负载电阻（负载是一个需要吸取功率的器件），E_c 通过 R_c 对集电结反偏，当 $\Delta I_c=i_c$ 流过 R_c 时，将在 R_c 上面产生一个交变电压 $u_L=-i_cR_c$ 从更右边的 c—e 间输出。因此，图 3.3(a) 才是一个有实用价值的偏置电路。

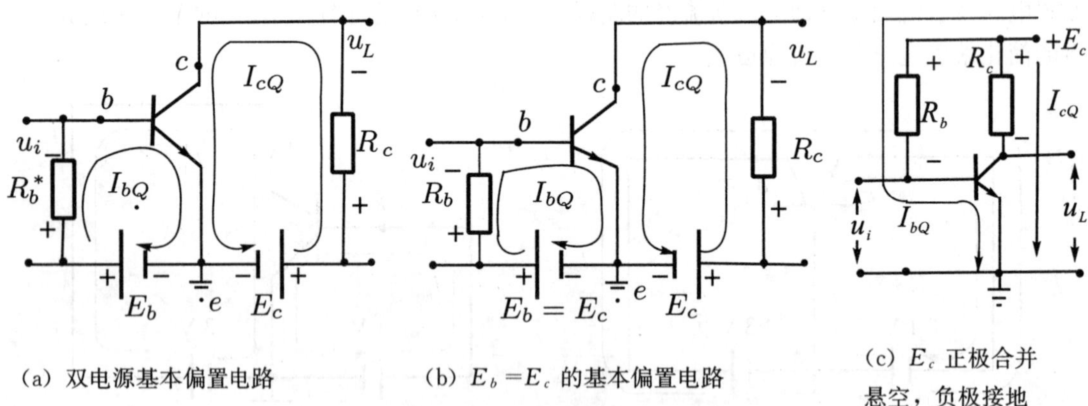

（a）双电源基本偏置电路　（b）$E_b=E_c$ 的基本偏置电路　（c）E_c 正极合并悬空，负极接地

图 3.3　三极管基本偏置电路及直流通道

但图 3.3(a) 是需要 E_b、E_c 两个外接电源的基本偏置电路，使用起来很不方便。如果再仔细分析一下，就会发现 E_b 和 E_c 的负极是接在一起作为负极的公用点接地的，换句话说对图 3.3(b)，如果我们选 $E_b=E_c$，那么就可以把原先的两个电源 E_b、E_c 正极合并成一个悬空点，在悬空点的右边写上 $+E_c$，而把 $-E_c$ 隐含于地中，从而达到了简化电源的目的，如图 3.3(c)所示。因原先的 $E_c>E_b$，现在要维持 I_{bQ} 不变，必须适当增大 R_b 的数值才行。

在三极管电路中，通常把输入电压、输出电压以及电源的公共端称为“地”，以符号⏚或⊥表示。而实际上，多数时候并不是接到真正的大地，而是以“地”为零电位，作为电路中测量其余各点电位的参考点，例如 V_{bQ} 就是指基极对“地”的电压，V_{cQ} 就是指集电极对“地”的电压，$+E_c$ 是指电源 E_c 正极到“地”的电压，$-E_c$ 是指电源 E_c 负极到“地”的电压，以此类推。因此，电源 E_c 也可以不再画出电源的符号，而只标出 E_c 对“地”的电压值和极性 $+E_c$。图 3.3(c) 就是三极管偏置电路的一种习惯画法，当 $+E_c$ 的正极与 R_c 相接后，而 E_c 的负极接 e 这个共同的“地”⏚不画出来可以节省很长一段导线，这就是我们所说的基本偏置电路的书写形式。同理，若三极管为 PNP 型的，则将图 3.3（c）所示的发射极箭头朝上，电源变成 $-E_c$，这时已把电源正极接“地”这件事隐含进去了。

3.1.3　基本偏置电路直流工作点 Q 的计算

要计算直流工作点，实际上就是求 V_{beQ}、I_{bQ} 和 I_{cQ}、V_{ceQ} 的数值，其实，只要先画出图 3.3（c）以直流电源 E_c 为源头的直流通路，然后再列出以直流电源 E_c 为源头的直流回路方程，解此方程就够了。

1. 以 E_c 为源头画直流通路的五条原则

以 E_c 为源头画直流通路的五条原则如下：

（1）直流电流必须从 E_c 的正端出发，最后流回 E_c 的负端（或地）。

（2）直流电流不能通过电容器，而可以通过电阻和电感。

（3）直流电流流过三极管时，必须牢记三极管发射极箭头指的是直流电流流通的方向。

（4）发射极电流 I_e 一定是基极电流 I_b 与集电极电流 I_c 之和，“基、集之间是不能直接互通的，它犹如鸡犬之声相闻老死不相往来”，而且牢记凡是画出的直流通道最后都有 $I_e=I_b+I_c$，且 I_b、I_c 的流向都与发射极箭头方向一致，这也表明发射结已经正偏，集电结已经反偏。

（5）对于具有正负的双电源如 $E_1=6$ V，$E_2=-6$ V，则直流是从 E_1 的正极出发先流入地，然后再从地流到 E_2 的负极。在有了 I_{bQ}、I_{cQ} 及 V_{ceQ} 的数值后，该偏置电路的直流工作点 Q 就被确定了。

2. 对图 3.3(c) 以 E_c 为源头的直流通道和两个直流回路方程

（1）基极直流回路方程为

$$E_c=I_{bQ}R_b+V_{beQ} \tag{3.1}$$

式中，V_{beQ} 总是很小，硅管的 $V_{beQ}=0.6\sim0.7$ V，锗管的 $V_{beQ}=0.2\sim0.3$ V，所以当 $E_c=612$ V 时，V_{beQ} 项可以略去，于是有

$$I_{bQ}\approx\frac{E_c}{R_b} \tag{3.2}$$

这里，R_b 越小，I_{bQ} 越大。

由式（2.4），将 $I_r=I_b+I_{cb0}$ 代入，得

$$I_{cQ}=\beta I_{bQ}+I_{ce0}\approx\beta I_{bQ}=\beta\frac{E_c}{R_b} \tag{3.3}$$

（2）集电极直流回路方程为

$$E_c=I_{cQ}R_c+V_{ceQ} \tag{3.4}$$

$$V_{ceQ}=E_c-I_{cQ}R_c \tag{3.5}$$

3.1.4 工作点 Q 不稳定的原因

实践和理论都证明，基本偏置电路的工作点是不稳定的，例如换管或三极管工作温度的改变，都会导致工作点的偏离。而这种偏离将使三极管不能正常工作，乃至使三极管被大电流烧坏（如偏离到饱和区就有这种可能）或被高电压击穿（如偏离到截止区就有这种可能），为此我们必须对工作点偏离的原因和怎样克服工作点偏离的方法加以讨论。

1. 由于换管所引起的工作点 Q 偏离

设第一管的 $\beta_1=24$，第二管的 $\beta_2=49$，在 I_{bQ} 不变的情况下，有

$$I_{cQ_1}=\beta_1 I_{bQ}=24I_{bQ}$$

$$I_{cQ_2}=\beta_2 I_{bQ}=49I_{bQ}$$

显然 $I_{cQ_2}>I_{cQ_1}$，这充分说明工作点已经发生偏离。

2. 由工作温度 T 的改变所引起的工作点 Q 偏离

因为 $I_{cQ}=\beta I_{bQ}+I_{ce0}$，下面就来看温度对 $I_{ce0}=(1+\beta)I_{cb0}$ 和 I_{bQ} 的影响。

(1) 当温度升高时，不但会增加热激发的本征电子—空穴对的数目，而且也增加了它们的运动速度，这时撞入电偶层中热激发的电子—空穴对就更多，从而使反向饱和电流 I_{cb0} 大为增加。实践证明，硅管温度每升高 5℃～6℃，I_{cb0} 加倍；锗管温度每升高 8℃～10℃，I_{cb0} 加倍。

(2) 当温度升高时，由于管内载流子的运动加剧，使扩散到基区中的电子停留时间极短，这样就减少了电子在基区中与空穴复合的机会，即 I_r 大为减少而使 I_{ce} 大为增加，则 $I_{ce}=\beta I_r$ 也就随温度的升高而增加了。实践证明，温度每升高 1℃，β 要增加 0.5%～1%。

为使工作点不至于因换管或工作温度的变化而偏离，除了使用尽可能完全一致的三极管和采取恒温措施外，我们还将对基本偏置电路进行改造，下面将专门讨论这个问题。

3.2 电流串联负反馈偏置电路

3.2.1 电路形式及直流通道

电流串联负反馈偏置电路的电路形式及直流通道如图 3.4 所示。

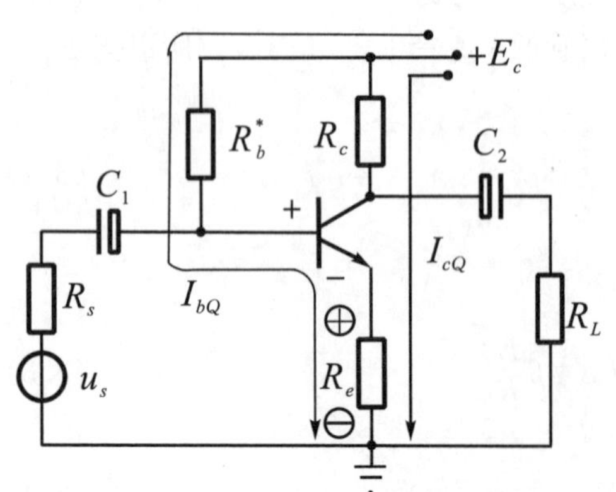

图 3.4 电流串联负反馈偏置电路的电路形式及直流通道

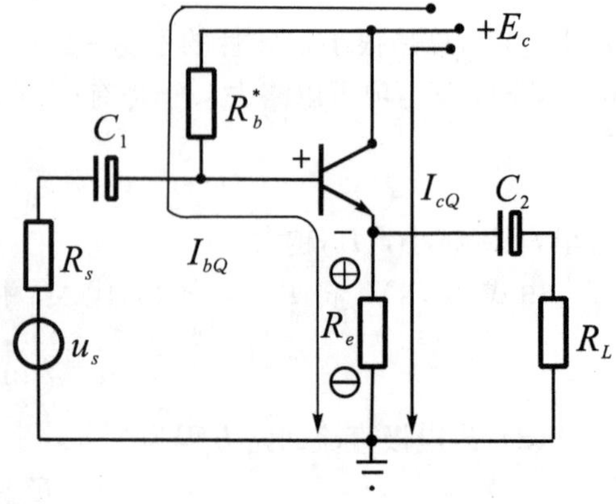

图 3.5 电压串联负反馈偏置电路

前面已说过，偏置是河中的水，信号是水上的船，人们研究放大器的目的最终是要将外加输入信号 u_s 予以放大，并从放大器的外接负载 R_L 上取出。为此我们在偏置电路的输入端三极管的基极 b 处通过隔直通交电容 C_1 引入一个信号源 u_s，又在直流偏置电路的输出端三极管的集电极 c 处通过隔直通交电容 C_2 外接上负载电阻 R_L，这才是一个完整的放大电路。但在讲偏置电路时，始终以直流通道为主。

3.2.2　反馈的定义

所谓反馈，是指把输出信号（电流或电压）的一部分回送到输入端，例如一个歌唱家任何时候都是通过自己的耳朵把唱出的声音回送一部分用以自动调整声调的高低和音量的大小，使歌声悦耳动听。对于电阻 R_e，当输出电流 I_e 流过它时所形成的电压 $V_f=V_{eQ}=I_eR_e$ 自然会影响到输入端，所以 R_e 叫做发射极直流电流负反馈电阻。

3.2.3　稳定原理（电流串联负反馈）

当温度 T 的上升使得 I_{cQ} 上升时，R_e 上的电压降 $V_{eQ}\approx I_{cQ}R_e$ 就要上升，由于 $V_{beQ}=V_{bQ}-V_{eQ}$，所以在 V_{bQ} 不变的情况下，当 V_{eQ} 上升时，V_{beQ} 就要下降，V_{beQ} 的下降将使得 I_{bQ} 减少，而 I_{bQ} 的减少又导致 I_{cQ} 的减少，最后使工作点 Q 回到原来的位置。整个过程可用如下的连锁反应式来说明：

$$T\uparrow\rightarrow I_{cQ}\uparrow\rightarrow V_{eQ}\ (\approx I_{cQ}R_e)\uparrow\rightarrow V_{beQ}\ (=V_{bQ}-V_{eQ})\downarrow\rightarrow I_{bQ}\downarrow\rightarrow I_{cQ}\downarrow$$

可见，R_e 越大，电路的稳定性越好，但 R_e 太大，它与 R_c 分压后，将使输出信号幅度下降，为此一般选 $V_{eQ}=\left(\frac{1}{7}\sim\frac{1}{4}\right)E_c$ 为宜。

3.2.4　工作点的计算（重点抓 I_{cQ}）

（1）由基极直流回路方程：

$$\begin{aligned}E_c&=I_{bQ}R_b+V_{beQ}+V_{eQ}\approx I_{bQ}R_b+I_{bQ}R_e+I_{cQ}R_e\\&=I_{bQ}(R_b+R_e+\beta R_e)\end{aligned}$$

可以求得

$$I_{bQ}=\frac{E_c}{R_b+R_e+\beta R_e}\quad（与\ R_b、R_e、\beta\ 成反比）\tag{3.6}$$

$$I_{cQ}=\beta I_{bQ}\tag{3.7}$$

（2）由集电极直流回路方程：

$$E_c=I_{cQ}R_c+V_{ceQ}+I_{eQ}R_e\approx I_{cQ}(R_c+R_e)+V_{ceQ}$$

可以求得

$$V_{ceQ}\approx E_c-I_{cQ}(R_c+R_e)\tag{3.8}$$

注意：对图 3.5 所示的电压串联负反馈偏置电路而言，它与图 3.4(a) 不同之处是把 R_c 短路成一根导线，并把 C_2 改接到三极管发射极，其稳定原理与前面完全相同，只是把发射极改成信号的输出端了。它是把输出电压 $V_f=V_{eQ}$ 的上升部分用以抵消 V_{bQ}，从而使 V_{beQ} 减少看成是输出电压 V_{eQ} 与 V_{beQ} 是串联抵消造成的。

3.3 分压式电流串联负反馈偏置电路

3.3.1 电路形式及直流通道

分压式电流串联负反馈偏置电路的电路形式及直流通道如图 3.6 所示。

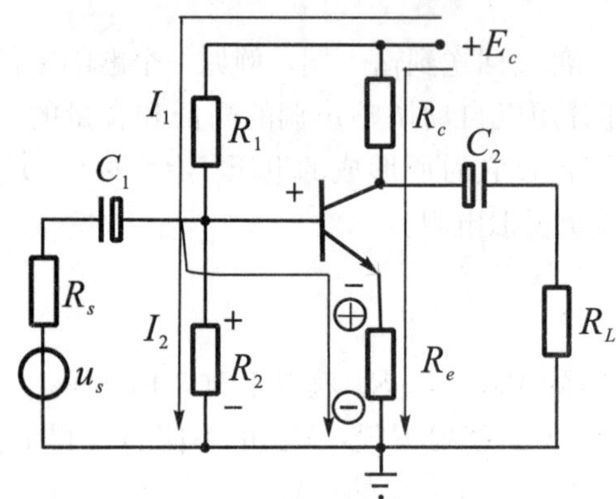

图 3.6 分压式电流串联负反馈偏置电路的电路形式及直流通道

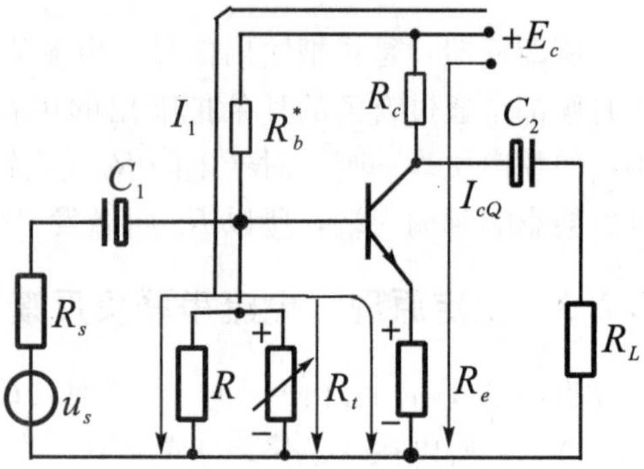

图 3.7 热敏电阻补偿式偏置电路的电路形式及直流通道

图中，R_1 叫做上偏电阻，R_2 叫做下偏电阻，R_e 叫做发射极直流电流负反馈电阻。

3.3.2 稳定原理（电流串联负反馈与分压结合）

当温度 T 的上升使得 I_{cQ} 上升时，R_e 上的电压降 $V_{eQ} \approx I_{cQ}R_e$ 就要上升，由于 $V_{beQ} = V_{bQ} - V_{eQ}$，所以在 V_{bQ} 不变的前提下，当 V_{eQ} 上升时，V_{beQ} 就要下降，V_{beQ} 的下降将使 I_{bQ} 减少，而 I_{bQ} 的减少又导致 I_{cQ} 的减少，最后使工作点 Q 回到原来的位置。整个过程可用如下的连锁反应式来说明：

$$T\uparrow \rightarrow I_{cQ}\uparrow \rightarrow V_{eQ}\ (\approx I_{cQ}R_e)\ \uparrow \rightarrow V_{beQ}\ (=V_{bQ}-V_{eQ})\ \downarrow \rightarrow I_{bQ}\downarrow \rightarrow I_{cQ}\downarrow$$

3.2.3 工作点的计算（重点抓 V_Q 和 I_{cQ}）

1）基极直流回路方程

为计算分压式电流串联负反馈偏置电路的工作点，先引入工程上可以接受的如下三个近似值：

（1）设 $I_{bQ} \ll I_2$，则 $I_1 = I_2 + I_{bQ} = I_2$，这时可将基极看成断开，于是基极直流回路方程可简化为

$$E_c = I_1R_1 + I_2R_2 = I_2(R_1+R_2)$$

$$V_{bQ} = I_2R_2 = \frac{E_cR_2}{R_1+R_2} \quad （与 R_2 成正比）$$

（2）设 $V_{beQ} \ll V_{bQ}$，这时可把 V_{beQ} 忽略而看成短路，于是又有

$$V_{eQ} = V_{bQ} - V_{beQ} \approx V_{bQ}$$

$$I_{eQ} = \frac{V_{eQ}}{R_e} = \frac{V_{bQ}}{R_e} = \frac{E_cR_2}{(R_1+R_2)R_e}$$

注意：千万不要把 R_2 与 R_e 并联的电阻错误地看成是 R_1 与 R_c 并联。

(3) 设 $I_{bQ} \ll I_{cQ}$，这时可把 I_{bQ} 忽略不计，所以还有

$$I_{cQ}=I_{eQ}-I_{bQ}\approx I_{eQ}=\frac{E_cR_2}{(R_1+R_2)R_e}\quad\text{（与 } R_1\text{、}R_e\text{ 成反比）}\tag{3.9}$$

由上述三个假设得到的 I_{cQ} 完全由外电路参数决定，而与三极管本身的工作温度和参数无关，即使换管，对工作点都没有影响。因此，这种偏置电路的工作点相当稳定，运用最广。

$$I_{bQ}=\frac{I_{cQ}}{\beta}\tag{3.10}$$

2) 集电极直流回路方程

由集电极直流回路方程：

$$E_c\approx I_{cQ}R_c+V_{ceQ}+I_{cQ}R_e$$

可以求得

$$V_{ceQ}\approx E_c-I_{cQ}(R_c+R_e)\tag{3.11}$$

3.4　热敏电阻补偿式偏置电路

3.4.1　电路形式及直流通道

热敏电阻补偿式偏置电路的电路形式及直流通道如图 3.7 所示。

3.4.2　稳定原理

在基极直流电路中，用 R 与热敏电阻 R_t 并联组成 $R_2=R/\!/R_t$，当温度 T 上升引起 I_{cQ} 上升时，热敏电阻的阻值就要下降，即 R 与 R_t 的并联值 R_2 就要下降，由 $V_{bQ}=\frac{E_c}{R_1+R_2}R_2$ 可知，当 R_2 下降时，V_{bQ} 必须减小。整个过程可用如下的连锁反应式来说明：

$$T\uparrow\begin{matrix}\rightarrow I_{cQ}\uparrow\\ \rightarrow R_t\downarrow\end{matrix}\rightarrow R_2\ (=R/\!/R_t)\downarrow\rightarrow V_{bQ}\ \left(=\frac{E_c}{R_1+R_2}R_2\right)\downarrow\rightarrow V_{eQ}\ (=V_{bQ})\downarrow\rightarrow I_{cQ}\ \left(=\frac{V_{eQ}}{R_e}\right)\downarrow$$

现在要问怎样才能保证 V_{bQ} 不变呢？实际上，在 R_2 取值较小时，可解得在 $I_2 \gg I_{bQ}$ 的前提下有 $V_{bQ}=\frac{E_c}{R_1+R_2}R_2$，它是一个与三极管参数无关的定值，从而达到了这一目的。

此外，工作点的计算与分压式电流反馈偏置电路相同，只是把 R 与 R_t 并成为 R_2 即可。

3.5　电压并联负反馈偏置电路

3.5.1　电路形式及直流通道

电压并联负反馈偏置电路的电路形式及直流通道如图 3.8 所示。

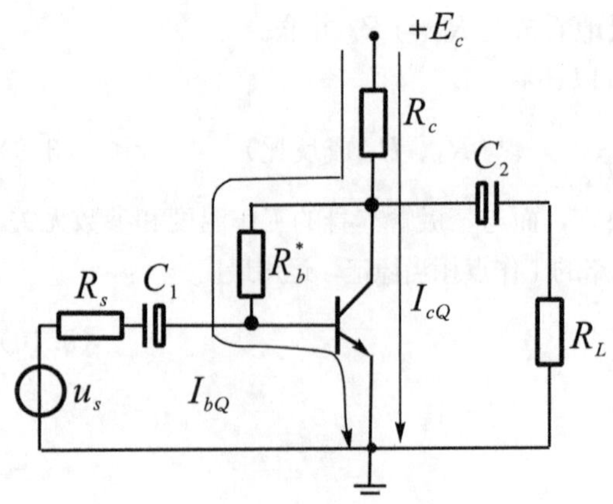

图 3.8　电压并联负反馈偏置电路的电路形式及直流通道

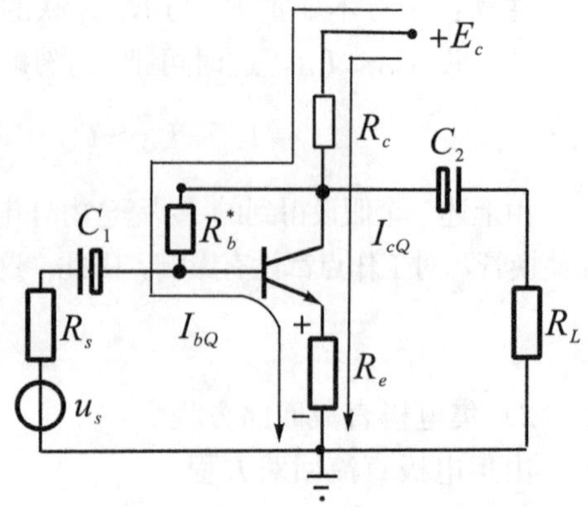

图 3.9　电流电压负反馈偏置电路的电路形式及直流通道

把图 3.3 所示的基本偏置电路的 R_b 接 E_c 的地方改接到三极管集电极，则直流输出电压 U_{ce} 自然地通过 R_b 回送到放大器的输入端，从而影响原输入电流 I_b 的大小。因此，R_b 既是基极偏置电阻，也是集电极直流电压负反馈电阻。

3.5.2　稳定原理（电压并联负反馈）

如图 3.8 所示，当温度 T 上升引起 I_{cQ} 上升时，R_c 上的电压降 $I_{cQ}R_c$ 就必然上升，由于 $V_{ceQ}=E_c-I_{cQ}R_c$，所以 V_{ceQ} 就要下降；又因为 $V_{ceQ}=V_{cbQ}+V_{beQ}$，则 $V_{cbQ}=I_{bQ}R_b$ 和 V_{beQ} 也跟随 V_{ceQ} 的下降而下降，而 V_{beQ} 的下降意味着发射结正向偏置的减少，于是 I_{bQ} 也下降，而 I_{bQ} 的下降又导致 I_{cQ} 的下降，最后使工作点 Q 回到原来的位置。整个过程可用如下的连锁反应式来说明：

$$T\uparrow\rightarrow I_{cQ}\uparrow\rightarrow I_{cQ}R_c\uparrow\rightarrow V_{ceQ}\ (=E_c-I_{cQ}R_c)\downarrow\rightarrow V_{beQ}\ (=V_{ceQ}-V_{cbQ})\downarrow\rightarrow I_{bQ}\downarrow - I_{cQ}\downarrow$$

从而起到了电压并联负反馈的作用。

可见，R_c 越大，R_b 越小，电路的稳定性就越好。

3.5.3　工作点的计算（重点抓 I_{cQ}）

（1）由基极直流回路方程：

$$\begin{aligned} E_c &= (I_{cQ}+I_{bQ})R_c+I_{bQ}R_b+V_{beQ} \\ &= I_{bQ}(R_b+R_c)+\beta I_{bQ}R_c \end{aligned}$$

可以求得

$$I_{bQ}=\frac{E_c}{R_b+R_c+\beta R_c}\quad（与 R_b、R_c、\beta 成反比）\tag{3.12}$$

$$I_{cQ}=\beta I_{bQ}\tag{3.13}$$

（2）由集电极直流回路方程：

$$E_c=(I_{cQ}+I_{bQ})R_c+V_{ceQ}$$

可以求得

$$V_{ceQ}=E_c-(I_{cQ}+I_{bQ})R_c\tag{3.14}$$

3.6　电流电压负反馈偏置电路

如图 3.9 所示是电流串联与电压并联负反馈的组合电路，这种电路中的 R_e 使输入与输出电流发生牵联，R_b 使输入与输出电压发生牵联，所以总称为电流电压负反馈偏置电路。

这种电路的稳定原理也是电流负反馈与电压负反馈的组合，在此不必多述。

工作点也不在这里作详细推导，只写出最后结果。

(1) 由基极直流回路方程：

$$E_c=(I_{cQ}+I_{bQ})(R_c+R_e)+I_{bQ}R_b$$

可以求得

$$I_{bQ}=\frac{E_c}{(1+\beta)(R_c+R_e)+R_b}$$

$$I_{cQ}=\beta I_{bQ}$$

(2) 由集电极直流回路方程：

$$E_c=(I_{bQ}+I_{cQ})(R_c+R_e)+V_{ceQ}$$

可以求得

$$V_{ceQ}\approx E_c-I_{cQ}(R_c+R_e) \tag{3.15}$$

3.7　电流电压分压混合偏置电路

电流电压分压混合偏置电路是电流负反馈、电压负反馈、分压式偏置电路的混合，其电路形式及直流通道如图 3.10 所示。其稳定原理也是电流反馈、分压式、电压反馈偏置电路的混合。

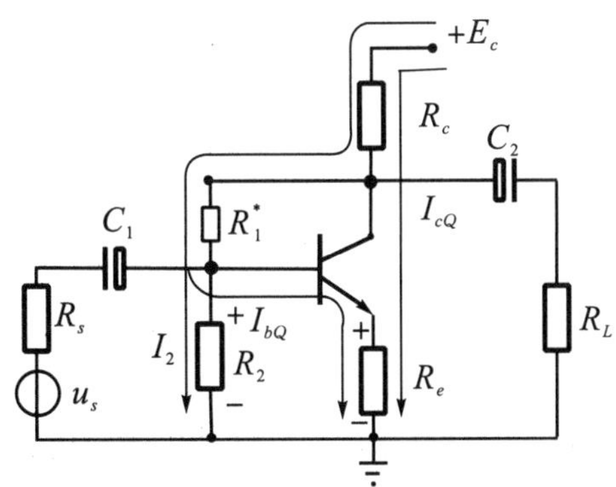

图 3.10　电流电压分压混合偏置电路的电路形式及直流通道

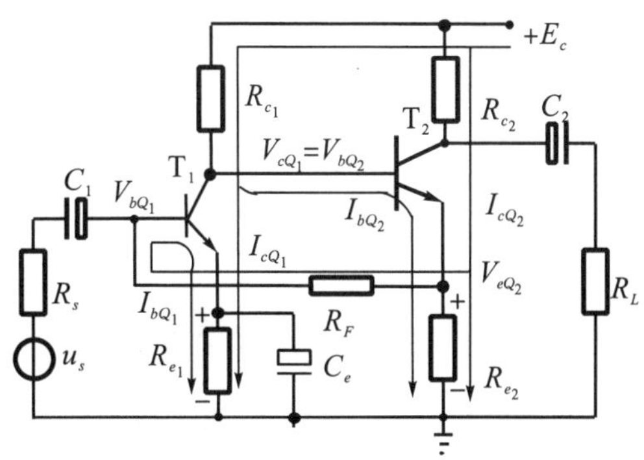

图 3.11　双管直接耦合式偏置电路的电路形式及直流通道

(1) 由基极直流回路方程：

$$E_c=(I_2+I_{cQ})R_c+I_2(R_1+R_2)$$

可以求得

$$I_2=\frac{E_c-I_{cQ}R_c}{R_1+R_2+R_c}$$

由 $V_{bQ}=I_2R_2$，得

$$I_{cQ}=\frac{V_{bQ}}{R_e}=\frac{E_cR_2-I_{cQ}R_cR_2}{(R_1+R_2+R_c)R_e}$$

从而求得

$$I_{cQ}=\frac{E_cR_2}{(R_1+R_2+R_c)R_e+R_cR_2} \tag{3.16}$$

(2) 由集电极直流回路方程：

$$E_c=(I_{cQ}+I_2)R_c+V_{ceQ}+I_{cQ}R_e$$

可以求得

$$V_{ceQ}=E_c-(I_{cQ}+I_2)R_e-I_{cQ}R_e \tag{3.17}$$

3.8 双管直接耦合式偏置电路

3.8.1 电路形式及直流通道

双管直接耦合式偏置电路的电路形式及直流通道如图 3.11 所示。

图中，R_F 叫做反馈电阻，C_e 是发射极交流旁路电容。

3.8.2 稳定原理

(1) 每一级电路本身都有发射极电阻 R_{e_1} 和 R_{e_2}，它们与电流反馈式偏置电路中的 R_e 一样，起到稳定本级工作点的作用。

(2) 三极管 T_1 的集电极直流电压 V_{cQ_1} 直接加到三极管 T_2 的基极（这种连接方式叫做直接耦合），所以有 $V_{bQ_2}=V_{cQ_1}$。

(3) 三极管 T_1 的 V_{bQ_1} 不是取自电源电压 E_c，而是通过 R_F 取自三极管 T_2 的发射极直流电压 V_{eQ_2}，因此，T_1 工作点的变化，由于直接耦合，将引起 T_2 工作点的变动。而 T_2 工作点的变化，又通过 V_{eQ_2} 反映出来，而 V_{eQ_2} 又进一步通过 R_F 去控制 T_1 的 V_{bQ_1} 和 I_{bQ_1}，从而使 T_1 的工作点趋于不变。整个过程可用如下的连锁反应式来说明：

$$\left.\begin{array}{l} T\uparrow\rightarrow I_{cQ_1}\uparrow\rightarrow V_{cQ_1}\ [=E_c-(I_{cQ_1}+I_{bQ_2})R_{c_1}]\downarrow\rightarrow V_{bQ_2}\ (=V_{cQ_1})\downarrow \\ \quad I_{cQ_1}\downarrow\leftarrow I_{bQ_1}\downarrow\leftarrow V_{bQ_1}\downarrow\leftarrow V_{eQ_2}\downarrow\leftarrow I_{cQ_2}\downarrow\leftarrow I_{bQ_2}\downarrow \end{array}\right\}$$

3.8.3 工作点的计算（重点抓 V_{eQ_2} 和 I_{cQ}）

双管直接耦合式偏置电路工作点的计算是比较麻烦的，但只要抓住 V_{eQ_2} 这个关键和两管的 V_{beQ} 及 I_{bQ} 都很小这个特点，就能在忽略两管 V_{beQ} 和 I_{bQ} 的情况下做近似计算。

对下面而言，可利用如图 3.4 所示的电流反馈偏置电路的式 (3.6) 求得

$$I_{cQ_1}=\frac{V_{eQ_2}}{\dfrac{R_F+R_{e_1}}{\beta_1}+R_{e_1}}$$

而

$$I_{cQ_1}\approx\frac{E_c-V_{eQ_2}}{R_{c_1}}$$

于是可由

$$\frac{V_{eQ_2}}{\frac{R_F+R_{e_1}}{\beta_1}+R_{e_1}}=\frac{E_c-V_{eQ_2}}{R_{c_1}}$$

从而解得

$$V_{eQ_2}=\frac{E_c\left(\frac{R_F+R_{e_1}}{\beta_1}+R_{e_1}\right)}{\frac{R_F+R_{e_1}}{\beta_1}+R_{e_1}+R_{c_1}} \tag{3.18}$$

只要求出了 V_{eQ_2}，I_{cQ_1}、I_{cQ_2}、V_{bQ_1}、V_{bQ_2}、V_{ceQ_1}、V_{ceQ_2} 就可立即求得。

3.9　场效应管分压式偏置电路

图 3.12 为 N 沟道增强型 MOS 管构成的共源放大电路，它靠 R_{g_1} 与 R_{g_2} 对电源 V_{DD} 分压来设置偏压，故又称为分压式偏置电路。

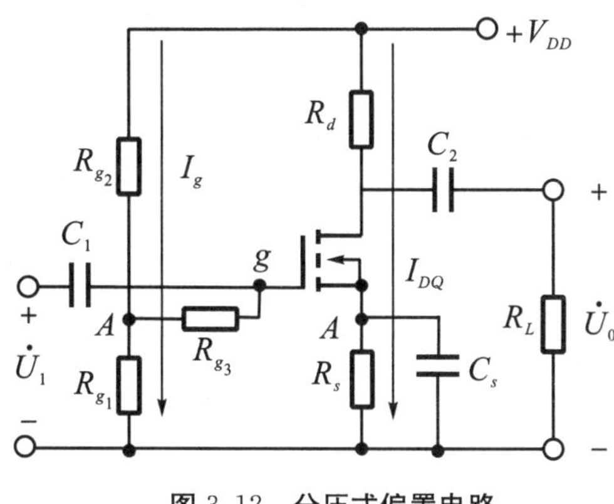

图 3.12　分压式偏置电路

静态时，由于栅极电流为 0，所以电阻 R_{g_3} 上的电流为 0，栅极电压为

$$U_{GQ}=U_A=\frac{R_{g_1}}{R_{g_1}+R_{g_2}}\cdot V_{DD}$$

源极电压为

$$U_{SQ}=I_{DQ}R_s$$

因此，栅—源电压为

$$U_{GSQ}=U_{GQ}-U_{SQ}=\frac{R_{g_1}}{R_{g_1}+R_{g_2}}\cdot V_{DD}-I_{DQ}R_s \tag{3.19}$$

$$I_{DQ}=I_{D0}\left(\frac{U_{GS}}{U_{GS(th)}}-1\right)^2 \tag{3.20}$$

将式（3.20）代入式（3.19）得到 U_{GS} 的一元二次方程：

$$aU_{GSQ}^2+bU_{GSQ}+c=0$$

其中，$a=\frac{I_{D0}R_s}{U_{GS(th)}^2}$，$b=\frac{2I_{D0}R_s}{U_{GS(th)}}+1$，$c=I_{D0}R_s-\frac{R_{g_1}V_{DD}}{R_{g_2}+R_{g_1}}$。

解此方程得到 U_{GSQ}，再代入式（3.19）和式（3.20）求得 I_{DQ}，所以

$$V_{DSQ}=V_{DD}-I_{DQ}(R_d+R_s)$$

R_{g_3} 可取到几兆欧，以减少对输入信号的分流，从而增大交流时的输入电阻。

习题（三）

3-1 试分析习题图 3.1 的直流通道和交流通道。

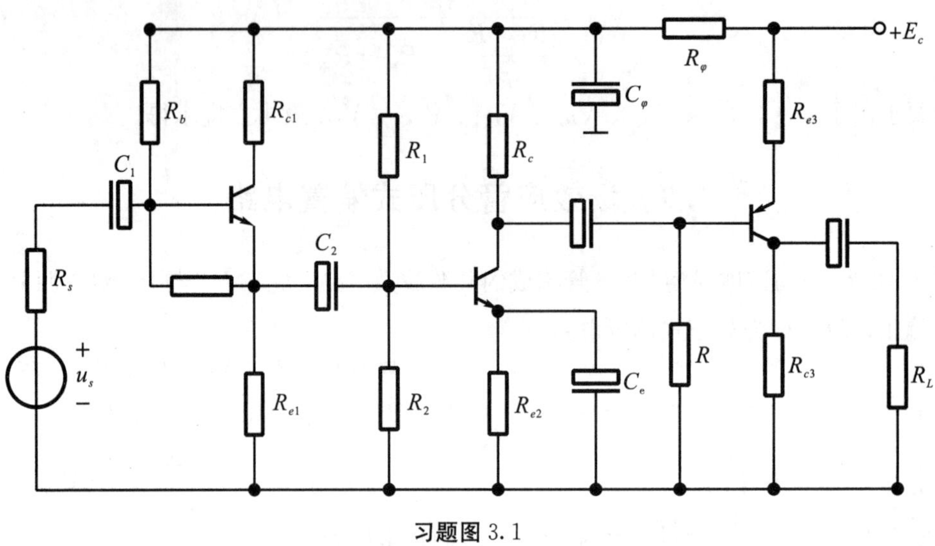

习题图 3.1

3-2 试分析习题图 3.2 的直流通道和交流通道。

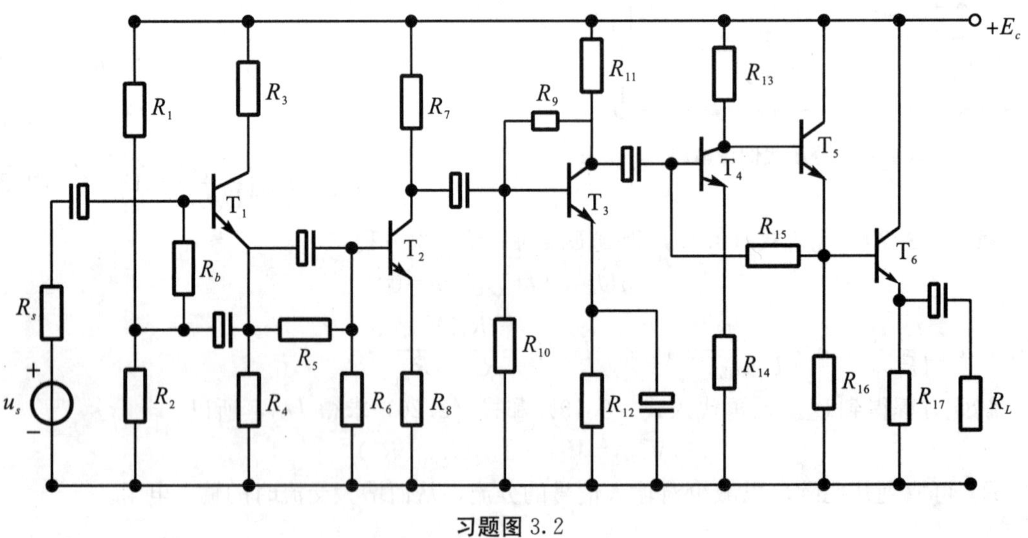

习题图 3.2

3-3　试分析习题图 3.3 的直流通道和交流通道。

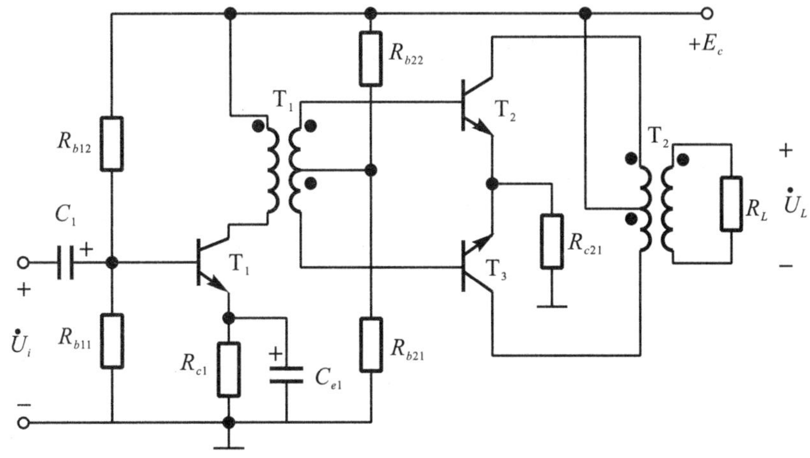

习题图 3.3

3-4　试分析习题图 3.4 的直流通道和交流通道。

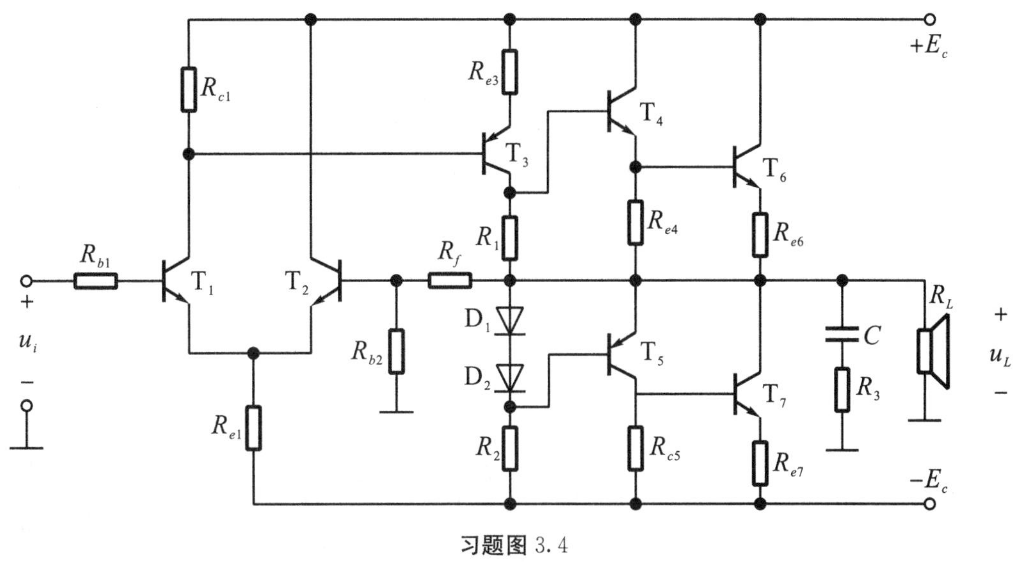

习题图 3.4

第4章　放大器的交流等效电路分析

要分析一个放大器通常有两种办法：一种叫做特性曲线图解法，另一种叫做等效电路计算法。这两种方法各有自己的优缺点，使用时往往是取长补短地进行综合考虑。

为了分析一个放大器的特性，必须先对用以描述一个放大器的有关名词、术语加以介绍，这就是4.1要讨论的内容。

4.1　放大器的时频分析与卷积运算

放大器是一个能将微弱的交变输入信号（如电压 u_i、电流 i_i、功率 P_i）转变成强大的交变输出信号（如电压 u_L、电流 i_L、功率 P_L）的装置。日常生活中最简单的放大器就是扩音机。

4.1.1　放大器的结构与时频分析

由于三极管和场效应管具有以弱制强的能力，所以三极管和场效应管是组成一个放大器的核心部分。然而为了使三极管和场效应管能够正常工作，以及为了给交变信号的活动创造一个广阔的天地，又必须给三极管和场效应管加以适当的偏置，即设置恰当的直流工作点 Q，也就是说，偏置电路是组成放大器的一个重要组成部分。除此以外，输入信号源（具有一定内阻 R_s 的电压源 u_s 或电流源 I_s）和输出外接负载 R_L 也是一个放大器不可缺少的部分。因此，一个共射放大器的方块结构图如图4.1所示。

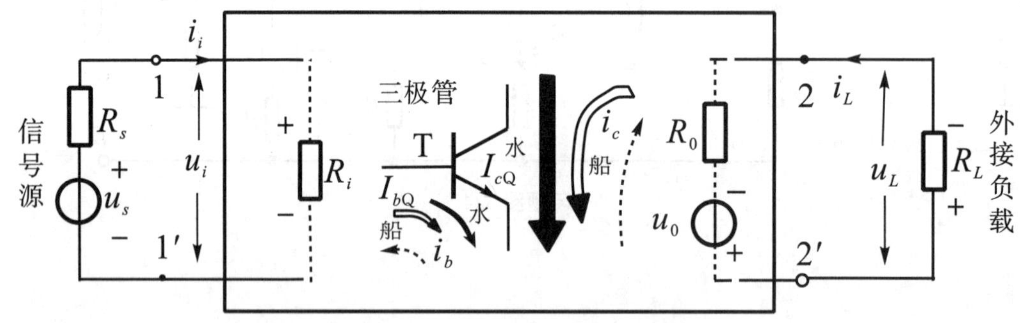

图4.1　放大器（扩音机）的方块结构图

端子1—1′叫做放大器的输入端，被放大的信号 u_i 叫做输入电压，i_i 叫做总输入电流，总输入电流 i_i 所流经的电路叫做输入回路，$R_i=\frac{u_i}{i_i}$叫做放大器的输入电阻，$P_i=u_ii_i$ 叫做输入功率瞬时值，i_b 叫做晶体管的输入电流。

端子2—2′叫做放大器的输出端，u_0 叫做 u_i 经放大后在外接负载 R_L 断开时的输出电动势，R_0 叫做放大器从2—2′端朝内部看过去的阻力，称为放大器的输出电阻，i_c 叫做晶体管的输出电流，i_c 所流经的电路叫做输出回路，i_L 叫做外接负载 R_L 上的输出电流，$u_L=i_LR_L$ 叫做输出电压，$P_L = u_L i_L$ 叫做输出功率瞬时值，它将被外接负载 R_L 所吸收。

一个人说话或唱歌的声音（低音、中音、高音等）能无失真地放大增强。从理论上讲，声音是一个音量 u 的大小随时间 t 和频率 f 而变的时频信号，用 $u(t,f)$ 表示，例如唱国歌里的“我们万众一心，冒着敌人的炮火”这 13 个字就是音量 $u(t,f)$ 在 8 个拍节 t 中幅值从 18～58 之间随音调 f(1、2、3、4、5、6、7）不停地跳动，如图 4.2(a) 所示。

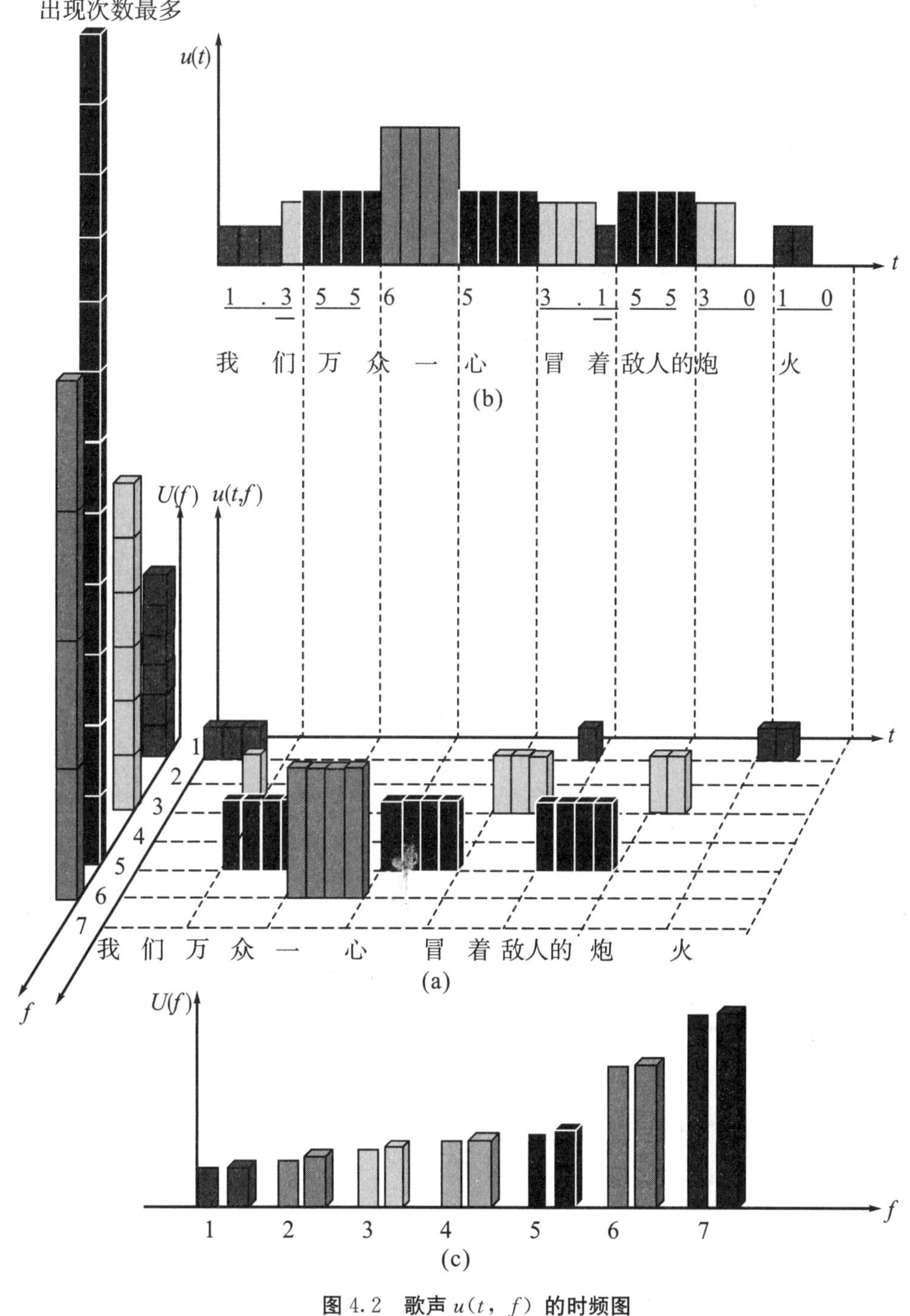

图 4.2　歌声 $u(t,f)$ 的时频图

若把 $u(t,f)$ 的音量投影到时间 t 轴上就是 $u(t,f)$ 随 t 而变的时间序列 $u(t)$，如图 4.2(b) 所示；若投影到频率 f 轴上就是 $u(t,f)$ 随 f 而变的频率序列 $U(f)$，如图 4.2(c)所示。最后需要指出：$u(t,f)$、$u(t)$、$U(f)$ 它们都是对国歌中那 13 个字所发出的声音进行描述，其中 $u(t,f)$ 属二维时频信号，$u(t)$ 是一维时间信号，$U(f)$ 是一维频率信号，三者各自的总能量（体积）都是相等的，只是对同一个问题用不同的表述方式而已。

4.1.2 声音信号的形成与卷积运算

1）声音的形成（以《黄河大合唱》为例）

“风在吼、马在叫、黄河在咆哮”，这些声音从何而来？

（1）风在吼，是风速作用到树的枝干、物体上，激起振动发出的声音。

（2）马在叫，是气流作用到马的声带、口腔上，激起振动发出的声音。

（3）黄河在咆哮，是水浪作用到沙石、水体上，激起振动发出的声音。

2）卷积的引入

开会时用的扩音机，就是一个以话筒为信号源 u_s，喇叭为外接负载 R_L 的多级放大器（即由前置级、末前级、末级组成）。其方块图如图 4.3 所示。

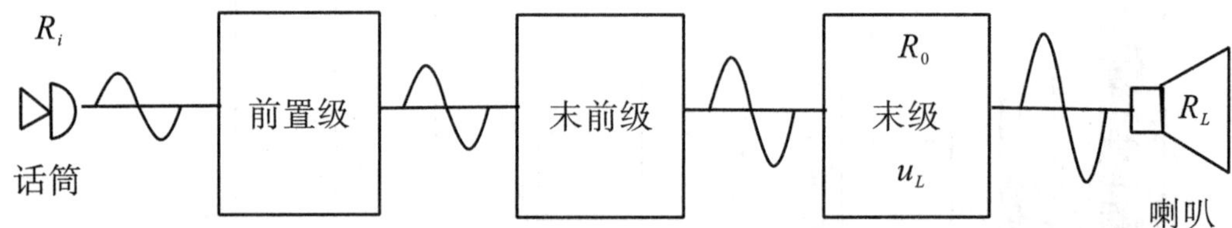

图 4.3　扩音机多级放大流程方块图

这实质上就是当前最流行的卷积运算系统。什么是卷积呢？

（1）卷积定义：卷积是信号通过系统的响应。

上面人说的话是信号，整个放大器是系统，喇叭发出的声音是响应。又例如常言道“人不劝善不善，钟不敲不响”等，都是生活中的卷积。

下面用棒打钟为例说明卷积的过程：

“棒”好似信号领域的 $\delta(t)$ 函数；“钟”比喻成客观存在的系统，它的几何尺寸决定了系统的性能，钟大声音低沉，钟小声音清脆。当棒敲到钟上那瞬间（$t=0$），让钟发出声音在空中传播，声音就是系统的响应，声音的波形好似 $a(t)$ 函数。卷积系统原型如图 4.4(a) 所示。$\delta(t)$ 序列的作用如图 4.4(b) 所示。

图 4.4(a)　卷积系统原型

（2）卷积公式的导出［见图 4.4(c)］。

①$\delta(t)$ 的移位序列作用于系统的输出响应：

a. $t=0$ 时刻得 $\delta(0)=1$ 作用于系统，就有输出响应 $a(t)$。

b. $t=1$ 时刻得 $\delta(t-1)=1$ 作用于系统，就有输出响应 $a(t-1)$。

c. $t=2$ 时刻得 $\delta(t-2)=1$ 作用于系统，就有输出响应 $a(t-2)$。

总之，$t=k$ 时刻得 $\delta(t-k)=1$ 作用于系统，就有输出响应 $a(t-k)$。

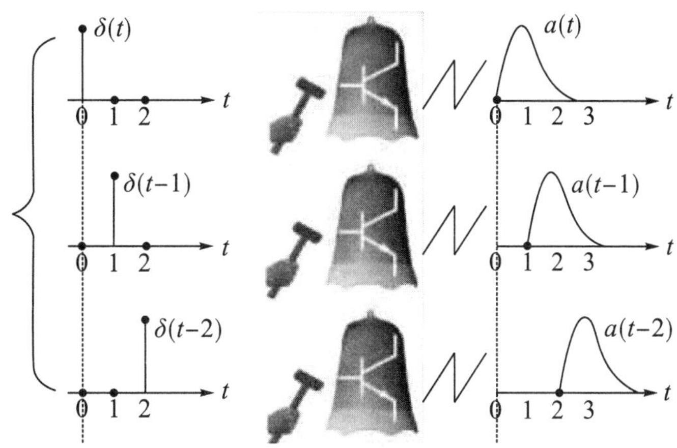

图 4.4(b)　$\delta(t)$ 序列的作用

②$u_s(k)$ 加权于 $\delta(t)$ 序列后作用于系统的输出响应：

a. $k=0 \rightarrow u_s(0)\delta(t)$作用于系统，就有输出响应 $u_s(0)a(t)$。

b. $k=1 \rightarrow u_s(1)\delta(t-1)$作用于系统，就有输出响应 $u_s(1)a(t-1)$。

c. $k=2 \rightarrow u_s(2)\delta(t-2)$作用于系统，就有输出响应 $u_s(2)a(t-2)$。

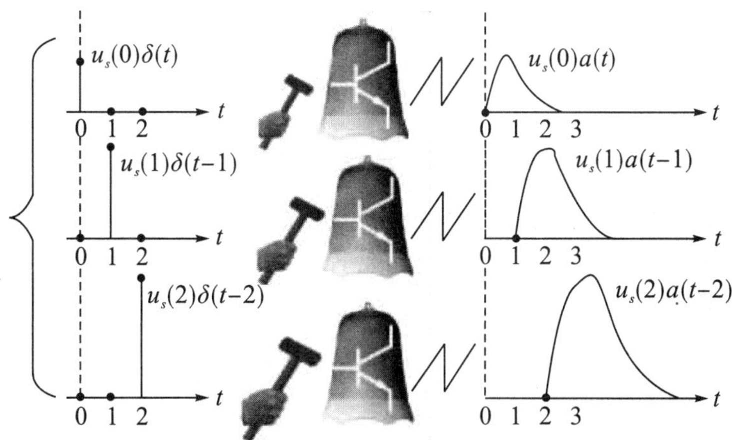

图 4.4(c)　卷积公式导出

(3) 卷积的模拟计算［见图 4.4(d)］。

总之，$u_s(k)\delta(t-k)$作用于系统，就有输出响应为$u_s(k)a(t-k)$，即左右两边相乘求和，从而得到下面输入与输出的卷积公式。

输入信号公式：$u_s(t)=\sum_{k=0}^{N-1}u_s(k)\delta(t-k)$。

输出卷积公式：$u_L(t)=\sum_{k=0}^{N-1}u_s(k)a(t-k)$。

移位、相乘、求和是计算卷积的三大步骤，但要牢记$(t-k)\geqslant 0$才是因果系统。例如图中的$u_L(t)=\sum_{k=0}^{N-1}u_s(k)a(t-k)$有：

$t=1.2\to u_L(1.2)=a(1.2-0)+u_s(1)a(1.2-1)$得 A 点
$t=2.4\to u_L(2.4)=a(2.4-1)+u_s(2)a(2.4-2)$得 B 点
$t=3.2\to u_L(3.2)=a(3.2-1)+u_s(2)a(3.2-2)$得 C 点

把图中 A、B、C 三点连接起的曲线用粗线表示，粗线包围的面积也就是卷积的结果。

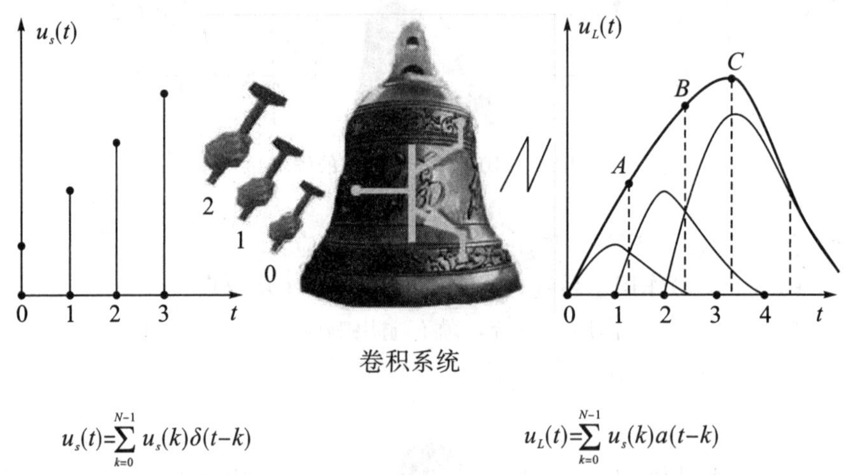

图 4.4(d)　卷积的模拟计算

注：①t 的取值变化的时间叫“移位”。

②k 是在 t 取某值时刻激励信号的“激励次数”。

③各输出响应的重叠面积相加叫“求和”。

(4) 卷积的数字计算。

从前面对$u_L(t)=\sum_{k=0}^{N-1}u_s(k)a(t-k)$的计算中得知，每给一个 t 值，如 $t=1.2$，$t=3$ 时，就看在该 t 之内还有多少次冲击响应作用于该系统，比如是 2 次还是 3 次等，这就是 k 变化的范围。为此，特别是在 $t=0$ 的起始时刻，首先要把 $u_s(t)$ 和 $a(t)$ 变成 $u_s(k)$ 和 $a(-k)$(反转 180°) 后再去看当把 $u_s(k)$ 固定不动，而把 $a(-k)$ 恢复成 $a(t-k)$ 再看随 t 而变的右移一步之后，才去找这一步中的 $a(t-k)$ 又与固定不动的 $u_s(k)$ 有多少次 k 在作两者上下位置对应相乘叠加求和的结果，是否放到了 $a(t-k)$ 中 t 所对应的输出 $u_L(t)$ 处。在已知 $u_s(t)$ 和 $a(t)$ 时，求线性卷积的步骤如图 4.4(e) 所示。

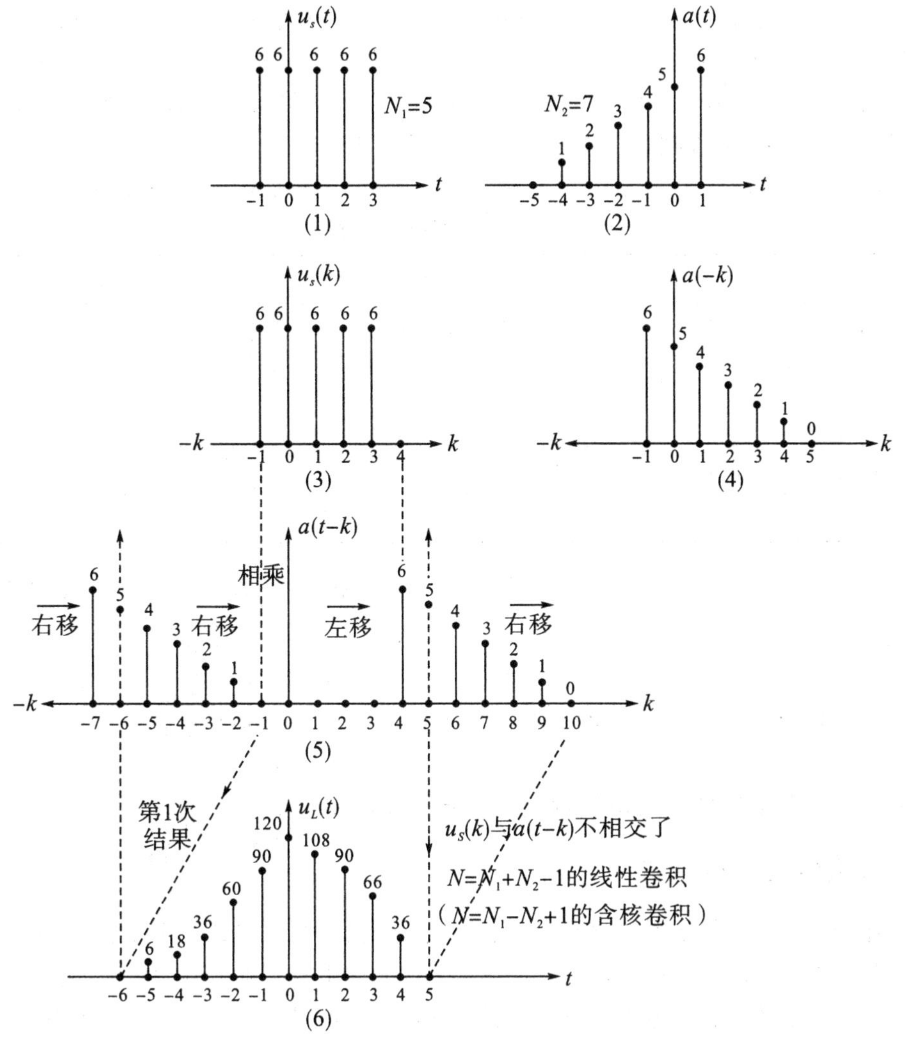

图 4.4(e)　求线性卷积示意图

①作变量替换：将图(1) 中 $u_s(t)$ 和图(2) 中 $a(t)$ 的 t 变换成 k，即变换成 $u_s(k)$ 和 $a(k)$。

②翻卷：将 $a(k)$ 翻卷成图(4) 中的 $a(-k)$。

③移位：以图(5) 中 $a(t-k)$ 的坐标原点纵轴（幅度为 5 之处）为依托，从 $-\infty$向 $+\infty$ 依次移动。

④对应相乘求和：将图(5) 中 $a(t-k)$ 随 t 每移动一次都必须与固定不动的 $u_s(k)$ 上下对应位置之处的值相乘求和，以得到 $a(t-k)$ 坐标原点 $t=-6$，纵轴（幅度为 5）依托处的卷积值，并放到输出图(6) $u_L(t)$ 的 $u_L(-6)$ 中。

由卷积过程可以看出，在移动图(5)$a(t-k)$ 的过程中，若 $a(t-k)$ 与 $u_s(k)$ 相交面积越大，输出 $u_L(t)$ 也越大，若 $a(t-k)$ 与 $u_s(k)$ 不相交，其输出 $u_L(t)$ 就为 0。

有时怕在对应相乘求和时出现混乱，可用表 4.1 先将 $u_s(k)$ 的各处之值排成一行不动，如放在表中间的 6，6，6，6，6；再将 $a(t-k)$ 的值也排成一行，如放在表左边的 6，5，4，3，2，1，0；然后将左边的 6，5，4，3，2，1，0 从 $-\infty$向右移动，一旦左边这 6，5，

4，3，2，1，0 中最右边一位 0 与表中间的 6，6，6，6，6 最左边第一位 6 对齐，这时的输出就是这第一个刚对齐的位置上下两个数字相乘求和的结果 0×6 放到 $u_L(t)$ 的 $t=-6$ 之处；接着将 6，5，4，3，2，1，0 向右再移动一位，这时的输出就是这上下两个对齐位相乘求和的结果 1×6+0×6 放到 $u_L(t)$ 的 $t=-5$ 之处；依次下去，有 3 位对齐 4 位对齐，直到整个 6，5，4，3，2，1，0 与 6，6，6，6，6 无对齐位不相交的 $t=5$ 时为止。

表 4.1　卷积计算的图解

$a(t-k)$ →							$u_s(k)$							$u_L(t)=u_s(t)*a(t)$
6	**5**	**4**	**3**	**2**	**1**	**0**	**6**	**6**	**6**	**6**	**6**			
	6	5	4	3	2	1	0							0×6=0
		6	5	4	3	2	1	0						1×6+0×6=6
			6	4	4	3	2	1	0					2×6+1×6+0×6=18
				6	5	4	3	2	1	0				……

对于有限长序列 $u_s(t)(0\leqslant t\leqslant N_1-1)$ 和有限长序列 $a(t)(0\leqslant t\leqslant N_2-1)$，它们的线性卷积长度为

$$N=N_1+N_2-1=5+7-1=11$$

若是含核卷积 $N_2=3$，则卷积长度为

$$N=N_1-N_2+1=5-3+1=3$$

最后，将两个序列的卷积总结成**翻转**、**移位**、**相乘**、**求和**八个字。

4.1.3　放大器的分析方法

放大器的分析方法是指为求解放大器的各项技术指标所采取的一些办法，总的来说分成两类：一是特性曲线图解法；二是等效电路计算法。这里暂不讲它们的求解过程，只就它们利用的工具、求解的办法、适用的范围、各自的优缺点加以介绍，以利于读者在实际工作中取长补短地进行综合运用。

1）特性曲线图解法

所谓特性曲线图解法，就是利用图 3.1 所示的三极管的输入输出特性曲线，通过作图的办法来求解放大器的基本指标。

（1）利用的工具：特性曲线。

（2）求解的办法：作图。

（3）适用的范围：低频大信号的功率输出级。

（4）优点：直观。它不仅可以直观地帮助我们合理地安排负载线与工作点，而且还可以直观地帮助我们理解电路参数（E_c、R_b、R_c、R_L 等）对负载线与工作点的影响，指导我们正确地选择电路参数，以便在大信号运用的情况下也能得到不失真的输出波形。

（5）缺点：离开了特性曲线就无法求解；高频时特性曲线测不准；小信号时作图的误差较大；作图较麻烦，特别是 A_u、R_i、R_0 用作图法求解更麻烦，而频率特性 f_l、f_h 根本无法用图解法求解。然而等效电路计算法能弥补图解法的这些缺点。

2）等效电路计算法

所谓等效电路计算法，就是利用放大器的等效电路，通过解回路方程或节点方程的办法

来求解放大器的基本指标。

（1）利用的工具：等效电路。

（2）求解的办法：解回路方程或节点方程。

（3）适用的范围：低频、中频、高频小信号。

（4）优点：简捷。只要掌握了晶体管等效电路中的各种参数和外部电路的各参数，就可以很快地定量计算出放大器的各种指标。

（5）缺点：不直观，且不宜用于大信号的情况。

最后必须指出，这两种方法不是彼此孤立的，而是互相联系、互相补充的。在设计和制作一个放大器时，总是把这两种方法综合起来考虑，尤其是在调试一个放大器时，为使输出波形不失真，就需要应用特性曲线图解法。

4.2　三极管共射基本偏置放大器等效分析

一个三极管共射基本偏置阻容耦合放大器的电路形式如图 4.5 所示。

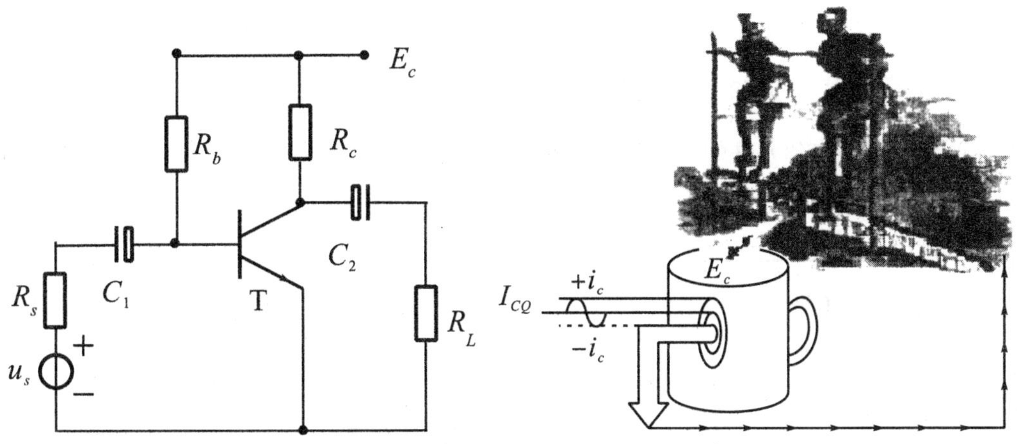

图 4.5　三极管共射基本偏置阻容耦合放大器电路

4.2.1　电路中各元件的主要作用

由于电路中各元件在静态（即 $u_s=0$）和动态（即 $u_s\neq0$）时所起的作用不同，下面分别从这两个方面来分析。

（1）供电电源 E_c。

供电电源 E_c 常采用 1.5 V、9 V、12 V 的干电池或专用的稳压电源，如图 4.5 所示。

静态时：E_c 通过 R_b 和 R_c 使三极管 T 的发射结处于合适的正偏，集电结处于合适的反偏，并提供静态直流电能。

动态时：E_c 的一部分静态直流电能在输入信号 u_s 的控制下转换成交变的输出电能 u_Li_L。

（2）直流负载电阻 R_c。

静态时：R_c 使 T 的集电结处于合适的反偏。

动态时：R_c 用以获得交变的信号输出。

(3) 偏置电阻 R_b。

静态时：R_b 使 T 的发射结处于合适的正偏。

动态时：R_b 起到分流输入信号的作用。

(4) 三极管 T。

静态时：利用它的电流分配特性（$I_e=I_b+I_c$），使三极管各极处于合适的直流（直流电压和直流电流）值。

动态时：同样利用它的电流分配特性（$i_e=i_b+i_c$），起到以弱制强的作用，即当基极输入信号为 i_b 时，集电极输出信号为 βi_b。

(5) 隔直耦合电容 C_1 和 C_2（通常是电解电容）。

静态时：C_1 和 C_2 起到隔断直流的作用，以保证静态工作点不受信号源和外接交流负载的影响。

动态时：C_1 和 C_2 起到耦合交变信号的作用。

(6) ±⏀是信号源标识符号，描述它的是信号源提供的电动势 u_s 和相应的信号源内阻 R_s。例如，声音经话筒转变为电信号，作为输入扩音器的信号源 u_s。

(7) 外接交流负载电阻 R_L（如喇叭）。它是一个获取纯交变电能的元件。

4.2.2 直流通道上叠加交流信号

在明确了电路中各元件的作用后，不难给出静态时放大器在以直流电源 E_c 为源头作用下的直流通道，如图 4.6(a) 所示。

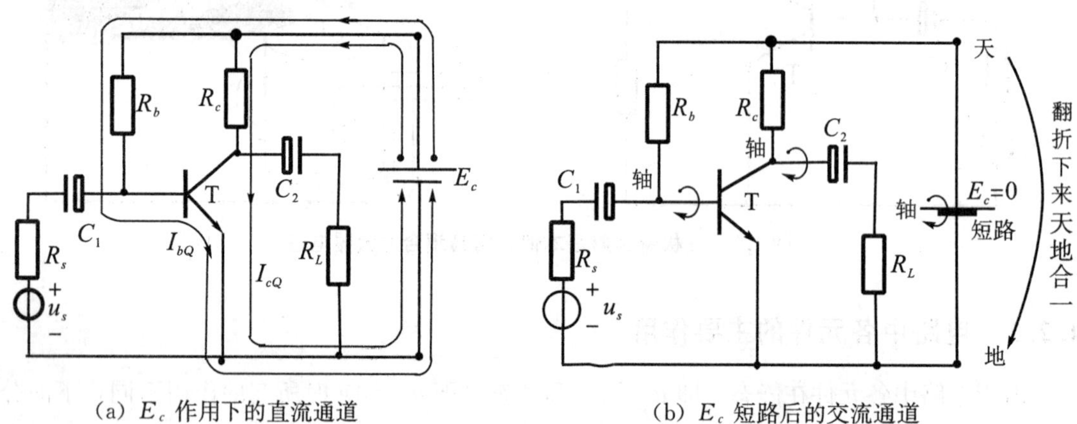

(a) E_c 作用下的直流通道　　(b) E_c 短路后的交流通道

图 4.6　基本偏置阻容耦合放大器的直流通道与交流通道

因直流电源 E_c 主要是起偏置作用，在计算 I_{bQ}、I_{cQ}和 V_{ceQ}时都是以 E_c 为源头列出方程，一旦解出 I_{cQ}和 V_{ceQ}，E_c 就完成了它在电路中的作用。因此在讨论交流信号时，应把直流电源 E_c 去掉，即令 $E_c=0$，也就是把 E_c 看成短路，如图 4.6(b) 所示（事实上直流电源 E_c 的内阻 $r_{内}$都是接近于 0 的）。这时输入回路在 u_s 作用下的交流信号 i_{R_b} 和输出回路在 βi_b 作用下的交流信号 i_{R_c} 都会畅通无阻地穿过电源 E_c 的内部，直接流入地端。同时，原来与 E_c 正端相接的 R_b 和 R_c 上端就可以基极和集电极为轴点倒折到地端，实质上就是把 E_c 的正端和负端用导线连接起来，从而达到“天地合一”的目的，然后再以三极管的基极和集电极为轴心把 R_b 和 R_c 从“天上”翻折到“地下”来，于是一个完整的交流信号就流通了，其简化图如图 4.7(a)

所示，这是画交流信号流通的基础，必须牢牢地记住。对中高频信号，C_1 和 C_2 呈现的阻抗趋于 0，也可看成短路，这时的交流信号流通的简化图如图 4.7(b) 所示。

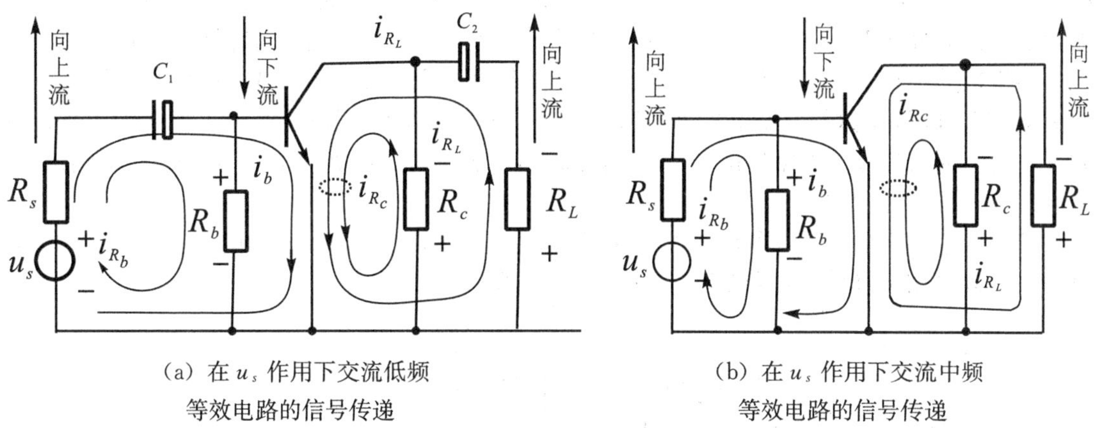

(a) 在 u_s 作用下交流低频等效电路的信号传递　　(b) 在 u_s 作用下交流中频等效电路的信号传递

图 4.7　在 u_s 作用下交流低频与中频等效电路中信号的流通简化

画交流通道时必须掌握如下四个原则：

(1) 将直流电源 E_c 的正负极短路。

(2) 以三极管基极和集电极为轴心实现“天地合一”。

(3) 对输入回路而言，交流电流起于信号源 u_s 正端，止于信号源 u_s 负端，如 i_{R_b} 和 i_b。

(4) 对输出回路而言，以输入 u_s 形成的 i_b 进而产生的 i_c (=βi_b) 为源头，在输出回路中必须以 i_b 的流向为基准，βi_b 起于三极管的发射极（或集电极），止于三极管的集电极（或发射极），如 i_{R_c} 和 i_{R_L}。

在电流流过发射极时，必须满足 $i_e=i_b+\beta i_b$，其方向始终随 i_b 而变。对发射极箭头这个标识符而言，它既可沿发射极箭头“顺江而下”，也可“逆水行舟”。例如当 u_s 的极性变为上负下正时，i_b 和 βi_b 就是与射极箭头方向相反的，也就是在“逆水行舟”。若第一级的 i_{b_1} 和 βi_{b_1} 是沿发射极箭头方向在“顺江而下”，则第二级的 i_{b_2} 和 βi_{b_2} 就是在作射极箭头方向上的“逆水行舟”，第三级又是“顺江而下”，如此继续下去，就是信号 u_s 从前级向后级一环扣一环、从左至右按正弦波的方式传播下去。

4.3　三极管 T 型等效电路的导出

三极管与二极管一样，都不是线性元件，但在小信号运用时，也是可以当成线性元件来处理，即在小信号运用下，三极管可以用线性元件来等效。但是，由于三极管的导电机理与二极管有所不同，因此在三极管的等效电路中，除有电阻 R、电容 C 这些线性元件外，还有一个非常特殊的受控电流源——βi_b。

4.3.1　三极管共基极 T 型等效电路（输出与输入同相）

由于三极管的工作原理是建立在一个正偏 PN 结和一个反偏 PN 结基础上的，因此我们可以先用一个正偏 PN 结（首先要把 $r_d \triangleq r_e$）和一个反偏 PN 结串联起来构成一个基区宽度 W 很宽的电路。但若基区宽度 W 太宽，从发射区扩散到基区的电子就无法移动到集电

结边沿形成 I_{cn}，因此实际应用中的三极管基区一般都很薄。此时，从发射区扩散到基区的电子绝大部分都会冲到集电结的边缘，并被这里的反向电场 $V_{b'c}$ 吸入集电极而形成 I_{cn}，此时有 $I_{cn}=\beta I_r$。对于交流小信号而言，有 $i_c=\beta i_b$，且不受 cb' 之间直流电压 $V_{b'c}$ 的变化 $\Delta V_{b'c}$ 所控制。因为此时 $V_{b'c}\gg\Delta V_{b'c}$，所以 i_c 可以看成是全由 $V_{b'c}$ 从集电结边缘把扩散到此的电子吸入集电极的，也就是说，i_c（$=\beta i_b$）几乎不随加在它两端的电压 $\Delta V_{b'c}$ 而变化，因此，i_c 在集电结上可用 βi_b 这样一个受控电流源（如图 4.8 所示符号 -◇-）来等效。另外，考虑到基区很薄，掺杂又少，对基极电流 i_b 的流动阻力就大，所以还必须引入一个基区体电阻 $r_{b'b}$（一般 $r_{b'b}=0.2\ \text{k}\Omega$ 左右）。

综上所述，在如图 4.8 所示的共基 T 型等效电路中，$C_{b'e}$ 为发射结电容，$C_{b'c}$ 为集电结电容。为减少文字符号，我们令 $C_{b'e}=C_d+C_{te}\approx C_d$，$C_{b'c}=C_{tc}$。

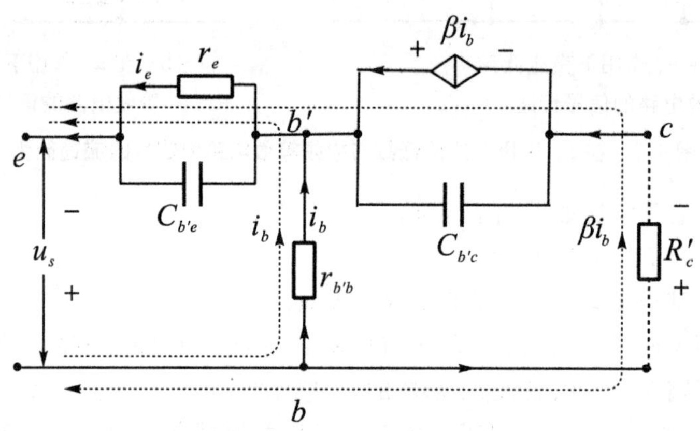

图 4.8 共基 T 型等效电路

4.3.2 三极管共射极 T 型等效电路（输出与输入反相）

图 4.9 为共射 T 型等效电路。虽然图 4.9 是一个完整的共射 T 型等效电路，但在实际工程应用中，它总是被分成中频等效和高频等效两种形式进行分析。中频是指一个放大器工作在该频段时，既把串联的耦合电容短路，也把并联的分布电容断开，即只讨论纯电阻所起的作用。

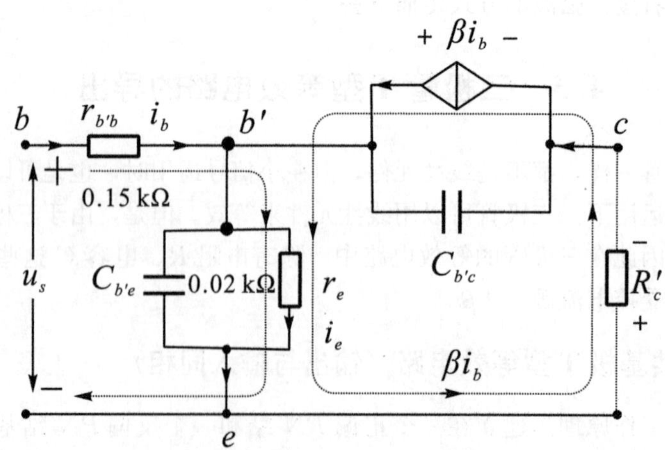

由于 $u_s=i_b r_{b'b}+(1+\beta)i_b r_e$ 与输出 $u_{ce}=-\beta i_b R'_c$ 是反符号的，因此输出与输入反相

图 4.9 共射 T 型等效电路

1. 共射 T 型中频等效的输入回路与输出回路

若在图 4.9 中给输入端接上一个外加信号源：其电动势为 u_s，内阻为 R_s（一般 10 多欧），同时在输出端接上一个负载电阻 $R_c' = R_c // R_L$，这样就构成一个标准的共射中频等效电路，如图 4.10 所示。由它可以非常方便地计算出该放大电路的放大倍数 A_u 和输入电阻 R_i 及输出电阻 R_0。但为了把整个电路以 u_s 为源头的输入回路和以 βi_b 为源头的输出回路显示得更清楚，有必要把跨接在输入与输出之间的 T 型共用元件 r_e 按电压恒等原则（T 型密勒效应）分别折算到输入回路与输出回路中去（也可反算回来）。

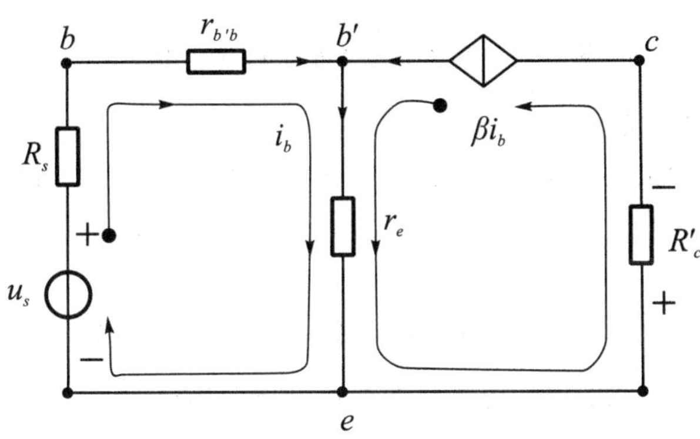

图 4.10　共射 T 型电路的中频等效

（1）对共用 r_e 按电压恒等原则折合。

共射电路中 r_e 上的电压 $u_{b'e}$，既有从图 4.10 左边来的 i_b 成分，也有从图 4.10 右边来的 βi_b 成分，也就是说，r_e 在 b' 到 e 之间产生的电压 $u_{b'e}$，根据叠加原理，有

$$u_{b'e} = i_b r_e + \beta i_b r_e = i_b \cdot (1+\beta) r_e = \beta i_b \cdot \frac{1+\beta}{\beta} r_e \tag{4.1}$$

（2）输入回路的形成。

公式（4.1）中，$u_{b'e}$ 的第二个等式表明，$u_{b'e}$ 可由 i_b 流过（$1+\beta$）r_e 这个总电阻来产生，而 i_b 又是由 u_s 形成的，因此我们以 u_s 为源头，将 u_s 形成 i_b 所流经的 $r_{b'b}$ 和 $(1+\beta)r_e$ 串联成一个完整的电压输入回路，如图 4.11 左边所示。对该输入回路而言，有

$$u_s = i_b \cdot [R_s + r_{b'b} + (1+\beta) r_e] = i_b \cdot (R_s + r_{be}) \tag{4.2}$$

$$r_{be} = r_{b'b} + (1+\beta) r_e = r_{b'b} + r_{b'e} \tag{4.3}$$

（3）输出回路的形成。

公式（4.1）中，$u_{b'e}$ 的第三个等式表明，$u_{b'e}$ 也可由 βi_b 流过 $\frac{1+\beta}{\beta} r_e$ 这个总电阻来产生，即

$$u_{b'e} = \beta i_b \cdot \frac{1+\beta}{\beta} r_e \tag{4.4}$$

因此，共射电路的输出端可看作以 βi_b 为源头，将 βi_b 所流经的 $\frac{1+\beta}{\beta} r_e$ 与 R_c' 串联成一个完整的电流输出回路，如图 4.11 右边所示。若将左边的（$1+\beta$）r_e 与右边的 $\frac{1+\beta}{\beta} r_e$ 相并，依然是 r_e。

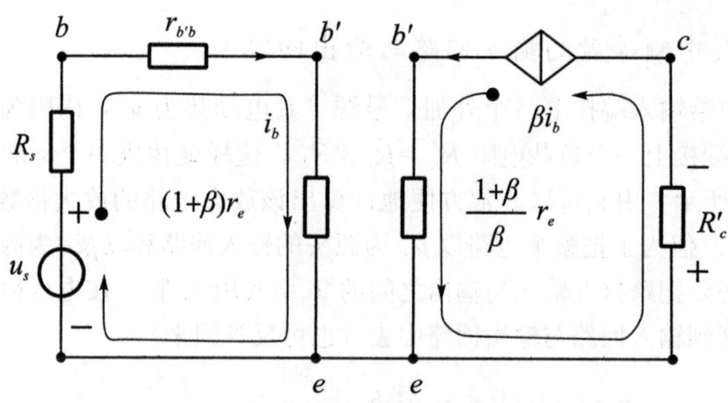

图 4.11　共射 T 型电路的输入输出回路

（4）输出回路的电压源表示。

若再将以 βi_b 为源头的电流输出回路以电压输出回路的方式表示出来，则有

$$u_0=\beta i_b\left(\frac{1+\beta}{\beta}r_e+R'_c\right)\equiv i_L(R_0+R'_c) \tag{4.5}$$

如图 4.12 所示，u_0 为电压源的输出电动势，$R_0=\frac{1+\beta}{\beta}r_e$ 为电压源的内阻（也叫输出电阻），R'_c 为纯粹的负载电阻，$i_L=\beta i_b$ 为总负载电流。如设 $R_s=0.01\ \text{k}\Omega$，$r_{b'b}=0.15\ \text{k}\Omega$，$r_e=0.02\ \text{k}\Omega$，$\beta=49$，则 $(1+\beta)r_e=1\ \text{k}\Omega$，$R_0=0.03\ \text{k}\Omega$，$R'_c=3\ \text{k}\Omega /\!/ 2\ \text{k}\Omega=1.2\ \text{k}\Omega$；若 $i_L=1\ \text{mA}$，则 $u_0=1.23\ \text{V}$。

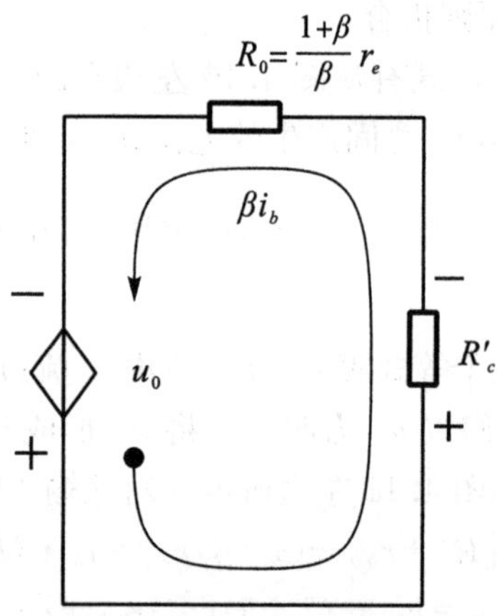

图 4.12　输出回路电压源表示

从图 4.12 可以看出，由于 $R_0=\frac{1+\beta}{\beta}r_e$ 且非常小，又隐含在 b' 到 e 之内，对 u_0 的损耗可以忽略不计（但直接略去又不合理）；另外，βi_b 在 R_0 上面损失的能量也很小，u_0 绝大部分能量都传到 ce 之外的 R'_c 上去了，即 $u_{ce}=u_L=-\beta i_b R'_c$，因此共射电路带负载的能力还是很强的（即并联的用户多）。

2. 共射 T 型高频等效的输入回路与输出回路

首先必须强调，在讨论高频电路时，$i_e=i_b+\beta i_b$ 这个关系对 $r_{b'b}$、r_e 和 βi_b 这三个独立元件是永恒的，它是三极管工作的核心，任何时候都不能脱离这个主体。即使工作在高频时，$C_{b'e}$ 和 $C_{b'c}$ 也只起微弱的分流作用，它所分走的电流完全由 i_b、βi_b、i_e 在 $C_{b'e}$ 和 $C_{b'c}$ 两端所呈现的电阻上形成的电压决定。例如，$u_{b'e}$是由$i_e r_e=(1+\beta)i_b r_e$决定的，i_b越大，$u_{b'e}$也就越大，高频时$C_{b'e}$分走i_b的成分i就越多；同样$u_{b'c}$之间的电压越大，i_b和βi_b从$C_{b'c}$流走的电流i_1和i_2也就越多，如图 4.13 所示。

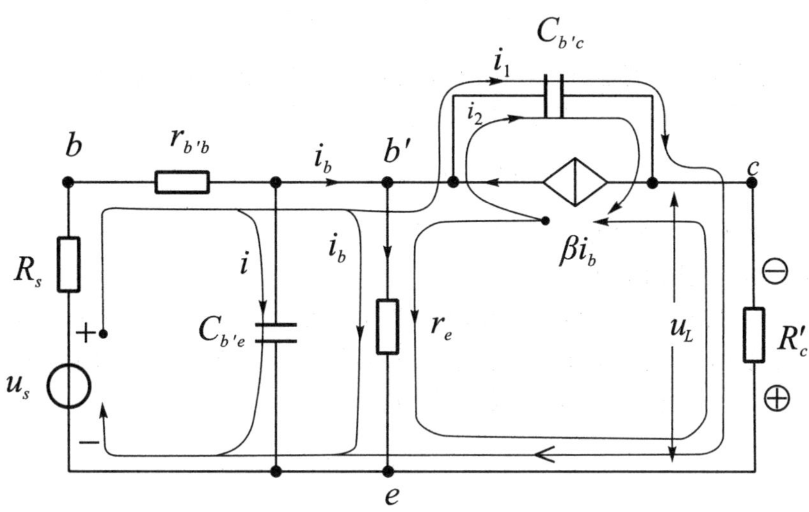

图 4.13　共射 T 型电路的完整等效

对共射电路的高频等效也必须从图 4.13 出发，因$C_{b'e}$已与r_e并联，它对i_b的分流i是自然的，唯有$C_{b'c}$以π型方式跨接在b'点和c点之间，它既可使输入的i_b从b'流到c（形成i_1），也可使输出电流βi_b在$C_{b'c}$上自动闭合（形成i_2），使真正流过R'_c的电流（βi_b-i_2）减少了。因此，有必要重点分析$C_{b'c}$对输入i_b与输出βi_b的分流作用，并将这种影响按折合前后所分电流恒等的原则（π型密勒效应）把$C_{b'c}$折合到输入回路与输出回路中去，以便于今后的定量计算。

(1) 将$C_{b'c}$折合到输入回路。

为了将$C_{b'c}$对输入电流i_b的分流作用形成的i_1折合到$b'e$之间，根据折合前后所分电流恒等的原则，由电路的接法可知，从$C_{b'c}$左边的b'点到e点之间的电压为

$$u_{b'e}=i_b(1+\beta)r_e$$

而从$C_{b'c}$右边的c点到e点之间的电压为

$$u_{ce}=u_L=-\beta i_b R'_c$$

从b'点通过$C_{b'c}$流到c点的折前电流为

$$i_1=\frac{u_{b'e}-u_L}{\dfrac{1}{j\omega C_{b'c}}}\overset{\Delta}{=}j\omega C_{b'c}\cdot f(u_{b'e})$$

即i_1是$u_{b'e}$的函数，它充分表明i_1已是从b'点经过c点流到e点的，保证了折合前后所分电流恒等的原则。

下面予以推证：

$$i_1=\frac{u_{b'e}-u_L}{\dfrac{1}{j\omega C_{b'c}}}=(u_{b'e}-u_L)j\omega C_{b'c}=\left(\frac{u_{b'e}}{u_{b'e}}-\frac{u_L}{u_{b'e}}\right)u_{b'e}j\omega C_{b'c}=j\omega C_{b'c}(1-k)u_{b'e}$$

其中

$$k=\frac{u_L}{u_{b'e}}\xlongequal{\text{略去}C_{b'c}\text{的分流}}\frac{-\beta i_b R'_c}{(1+\beta)r_e i_b}\approx-\frac{R'_c}{r_e}$$

所以

$$i_1=\mathrm{j}\omega C_{b'c}\left(1+\frac{R'_c}{r_e}\right)u_{b'e}=\mathrm{j}\omega C_M u_{b'e} \tag{4.6}$$

由 i_1 的表达式可以清楚地看出，电流 i_1 与 b'—e 间的电压 $u_{b'e}$ 成正比，所以 $C_{b'c}$ 对输入信号分流 i_1 的作用犹如在 b'—e 间跨接一个电容 C_M，即

$$C_M=(1+\frac{R'_c}{r_e})C_{b'c} \tag{4.7}$$

则发射结电容 C'_{be} 可表示为 $$C'_{be}=C_{b'e}+C_M \tag{4.8}$$

(2) 将 $C_{b'c}$ 折合到输出回路。

为了将 $C_{b'c}$ 对输出电流 βi_b 的分流作用形成的 i_2 折合到 ce 之间，还是要从 $u_{b'e}$ 到 $u_{ce}=u_L$ 之间的电压说起，因为这时的 βi_b 也是从 b' 点通过 $C_{b'c}$ 分流的，通过前面的计算已求得 $u_{b'e}$ 和 u_L，所以从 b' 通过 $C_{b'c}$ 流到 c 点的折前电流 i_2 为

$$i_2=\frac{u_{b'e}-u_L}{\frac{1}{\mathrm{j}\omega C_{b'c}}}\overset{\Delta}{=}\mathrm{j}\omega C_{b'c}\cdot f(u_L)$$

即 i_2 是 u_L 的函数，它充分表明 i_2 已是迈过 b' 点从 e 点流到 c 点的，保证了折合前后所分电流恒等。

下面予以推证：

$$i_2=(u_{b'e}-u_L)\mathrm{j}\omega C_{b'c}=\left(\frac{u_{b'e}}{u_L}-\frac{u_L}{u_L}\right)u_L\mathrm{j}\omega C_{b'c}=\left(\frac{1}{k}-1\right)u_L\mathrm{j}\omega C_{b'c}\approx-\mathrm{j}\omega C_{b'c}u_L \tag{4.9}$$

因此，将 $C_{b'c}$ 折合到输出回路中仍为 $C_{b'c}$。前面的负号表示 u_L 与 $u_{b'e}$ 是反相的，i_2 是从 b' 点流到 c 点的。

通过以上两点分析，可把图 4.13 所示的高频等效电路进一步画成如图 4.14 所示的共射高频等效电路，它是我们分析共射电路高频特性的重要基础，必须牢牢记住。

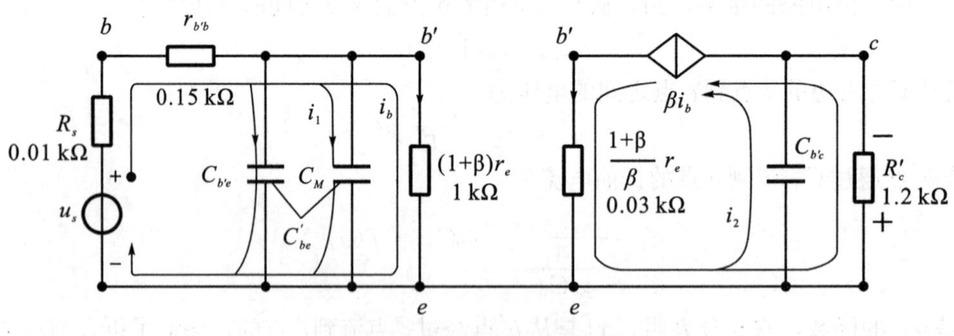

图 4.14　共射电路的高频等效

3. 等效电路中各物理参数的取值

$\beta=10\sim100$

$f_\beta\approx\frac{f_T}{\beta}$

$r_e=\dfrac{0.026}{I_e}\approx 10\sim 100\ \Omega=0.01\sim 0.1\ \text{k}\Omega$，取 $0.02\ \text{k}\Omega$（$I_e=1.3\ \text{mA}$）

$C_{b'e}=\dfrac{I_e}{163\beta f_\beta}\times 10^6\approx 50\sim 500\ \text{pF}$

$C_{b'c}\approx 5\sim 50\ \text{pF}$

$r_{b'b}=\dfrac{f_T}{K_P 8\pi f^2 C_{b'c}}\approx 30\sim 300\ \Omega\approx 0.15\ \text{k}\Omega$　（K_P 是功率放大倍数）

4.3.3　共基极与共集极 T 型等效中频电路

1. 对共基 T 型电路的共用元件 $r_{b'b}$ 按电压恒等原则折合

对图 4.8 所示的共基 T 型等效电路，考虑中频时应把 $C_{b'e}$ 和 $C_{b'c}$ 断开，在外加信号 u_s 的作用下形成的 i_b 会从 b' 点流过共用元件 $r_{b'b}$ 再到 e 点，i_b 在 $r_{b'b}$ 上形成的电压为 $u_{b'b}=i_b r_{b'b}$。

（1）将 $u_{b'b}$ 按 $i_b=\dfrac{i_e}{1+\beta}$ 表示成：

$$u_{b'b}=\frac{i_e}{1+\beta}r_{b'b}=i_e\cdot\frac{r_{b'b}}{1+\beta}\tag{4.10}$$

式（4.10）说明，将 $r_{b'b}$ 折合到发射极要缩小（$1+\beta$）倍，这时由以 u_s 为源头引起的 i_e 所流经的路径 $R_s+r_e+\dfrac{r_{b'b}}{1+\beta}$ 就可构成以 i_e 为准的共基电路的输入回路，如图 4.15 左边所示。

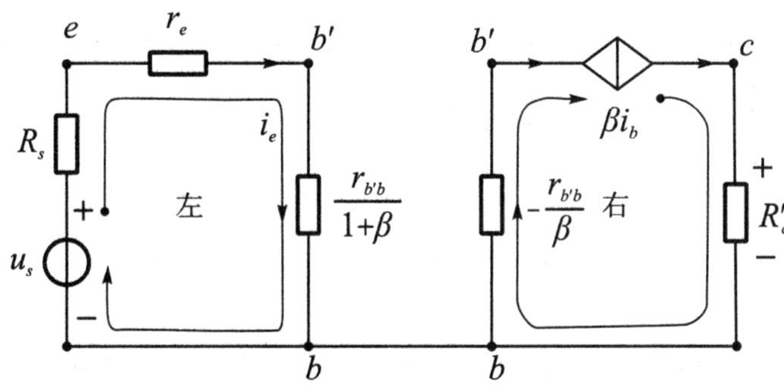

图 4.15　共基中频 T 型等效的输入输出回路

（2）将 $u_{b'b}$ 按 $i_b=\dfrac{\beta i_b}{\beta}$ 表示成：

$$u_{b'b}=\frac{\beta i_b}{\beta}r_{b'b}=\beta i_b\cdot\frac{r_{b'b}}{\beta}\tag{4.11}$$

式（4.11）说明，将 $r_{b'b}$ 折合到集电极去要缩小 β 倍，又因 $u_{b'b}=i_b r_{b'b}$ 是正值（即 i_b 是由 b' 点通过 $r_{b'b}$ 流到 b 点的），而共基电路的真实 βi_b 是按顺时针方向从 $\dfrac{r_{b'b}}{\beta}$ 的下朝上流的，由此形成的电压应是 $u_{bb'}=\beta i_b\cdot\dfrac{r_{b'b}}{\beta}$，这与 $u_{b'b}$ 刚好反向。为保证原先的 $u_{b'b}\equiv i_b r_{b'b}$，只好令输出回路中的 $\dfrac{r_{b'b}}{\beta}$ 为 $-\dfrac{r_{b'b}}{\beta}$，因此以 βi_b 为源头的输出回路应以 R'_c 和 $-\dfrac{r_{b'b}}{\beta}$ 的串联形成，如图 4.15 右边所示。

2. 对共集 T 型电路的共用元件（r_e+R_e'）按电压恒等原则折合

对于共集电路，有

$$u_{b'c}=i_e\ (r_e+R_e')\ =(1+\beta)i_b(r_e+R_e')=\frac{1+\beta}{\beta}\beta i_b(r_e+R_e') \tag{4.12}$$

（1）将公式（4.12）中 $u_{b'c}$ 的第二个等式经恒等变换可表示成：

$$u_{b'c}=i_b\cdot[(1+\beta)r_e+(1+\beta)R_e] \tag{4.13}$$

由此可得到，以 u_s 为源头引起 i_b 所流经的 $R_s+r_{b'b}+(1+\beta)r_e+(1+\beta)R_e$ 的共集输入回路，如图 4.16 左边所示。

（2）将公式（4.12）中 $u_{b'c}$ 的第三个等式经恒等变换可表示成：

$$u_{b'c}=\beta i_b\cdot\frac{1+\beta}{\beta}(r_e+R_e') \tag{4.14}$$

由此可得到，以 βi_b 为源头的共集输出回路应以 $\frac{1+\beta}{\beta}r_e+\frac{1+\beta}{\beta}R_e'$ 的串联形成，如图 4.16 右边所示。

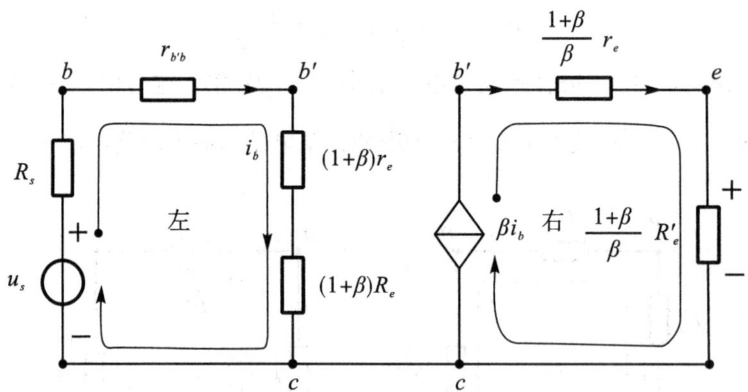

图 4.16　共集 T 型中频等效的输入输出回路

注意：由于图 4.15 和图 4.16 输出回路中的 $\frac{r_{b'b}}{\beta}$ 和 $\frac{1+\beta}{\beta}r_e$ 的值都很小，而 βi_b 流过 $\frac{r_{b'b}}{\beta}$ 和 $\frac{1+\beta}{\beta}r_e$ 在其上产生的电压也很小，故完全可以忽略不计。所以从此以后这三个输出回路中都将 $\frac{r_{b'b}}{\beta}$ 和 $\frac{1+\beta}{\beta}r_e$ 去掉，为计算输出电压带来极大的方便。

4.4　共射放大电路的带通频率特性

放大器一般不是在单一的频率上工作，而是工作在一段频率范围内，例如图 4.3 所示的扩音机，为了得到良好的声音，就必须放大 250～3500 Hz 频率范围（又叫做带通）内的所有信号。实际上一个扩音机就是一个音频功率放大器，由于电路中的耦合电容 C_1、C_2 的分压和旁路电容 C_e、晶体管的发射结电容 C_{be}' 以及集电结电容 $C_{b'c}$ 的分压和分流，将使一个放大器对不同频率的信号具有不同的放大能力和相位移动，结果使输出的信号产生失真，所以研究放大器的放大倍数 A_u 与工作频率 f 之间的关系，掌握它的分析方法，对于设计和使用放大器都有着重要的意义。

在分析一个放大器的放大倍数与工作频率之间的关系时，往往采用“分频段”讨论的办法。例如，把一个放大器的放大倍数与工作频率之间的关系分成低频段、中频段、高频段分别进行分析讨论，这样不但使计算简化，而且物理概念也比较清楚。

(1) 通常所说的中频段是指该放大器工作在这个频率范围内，电路的电抗元件和晶体管的极间电容通通被认为不起作用，即把耦合电容和旁路电容都看成短路（把两极板接在一起），而把晶体管的极间电容 $C_{b'e}$、$C_{b'c}$ 看成开路（把两极板拉得很开），结果使该放大器的放大倍数与工作频率无关，如图 4.17 所示的从 f_l 到 f_h 的平行线段。

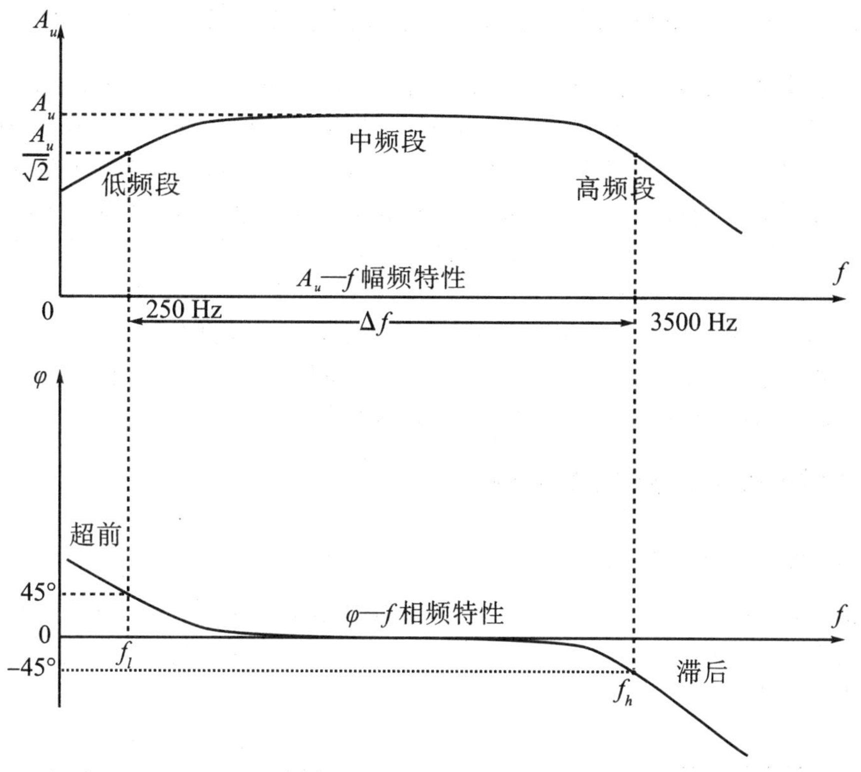

图 4.17　扩音机的频率特性

(2) 通常所说的低频段是指该放大器工作在这个频率范围内，耦合电容 C_1 和 C_2 不能被看成短路，它的容抗 $X_C=\frac{1}{\mathrm{j}\omega C}$将随工作频率 $f=\frac{\omega}{2\pi}$的降低而增大，从而使得信号源 u_s 经 C_1 降压后作用到三极管 b—e 间的电压减小，致使 i_b 和βi_b 也随之减小，同时 βi_b 流过 C_2 时也要降压，使真正流过 R_L 的电流 i_L 减少，导致 R_L 上产生的压降 u_L 也跟着减少，最后 u_L/u_s 比值大幅度下降，如图 4.17 左边的下滑弧线。此外，因 C_1 与 r_{be}和 C_2 与 R_L 都是组成的微分电路，又因 C_1 和 C_2 上的电压不能突变（靠电荷的积累形成），而信号的突变部分（属于高频信号）首先体现在 r_{be}和 R_L 上，所以使得输出信号 u_L 必然超前输入信号 u_s 一个相位 φ_1。因此，人们又把这种具有微分输入形式的放大器叫做高频放大器，因为 C_1 和 C_2 对高频没有损失。

(3) 通常所说的高频段是指三极管工作在这个频段上的极间电容 C'_{be}、$C_{b'c}$不能被看成开路（两极板靠得很拢，有漏电作用），而是认为 C'_{be}对输入信号 i_b 和 $C_{b'c}$对输出信号 i_c 都有分流作用，结果同样使真正作用到三极管输入端的信号 i_b 和输出端的信号 i_L 大为减少，从而使整个放大器的放大倍数 A_u 下降，如图 4.17 右边的下滑弧线；同时还因 R_s 与 C'_{be} 和 R_c 与 $C_{b'c}$ 都是组成的积分电路，又因 C'_{be} 和 $C_{b'c}$ 上的电压不能突变，此时本来就与 C'_{be} 和 $C_{b'c}$ 并联的 r_{be} 和 R_L 上的电压也不能突变，所以使得输出信号 u_L 必然落后于输入信号 u_s 一个相位 φ_2。

综上所述，我们把一个放大器对不同频率信号的放大能力和相位移动叫做该放大器的频率特性，而把工作频率与放大量之间的关系叫做幅频特性，用 $A_u—f$ 表示，把工作频率与相位移动之间的关系叫做相频特性，用 $\varphi—f$ 表示。一个扩音机的频率特性如图 4.17 所示。图中，横坐标代表输入信号频率 f，纵坐标分别代表放大器的放大倍数 A_u 和相位 φ。

在工程中，人们又把使放大倍数下降到中频段放大倍数的$\frac{A_u}{\sqrt{2}}\approx 70\% A_u$ 时所分别对应的频率分别叫做放大器的低端截止频率 f_l 和放大器的高端截止频率 f_h。相应的低频相位移为 $\varphi_l=45°$，是由 C_1 和 C_2 与三极管的串联对瞬时充电的短路效应使得 i_b、i_L 提前到达造成的；高频相移为 $\varphi_h=-45°$，是由 C'_{be} 和 $C_{b'c}$ 与三极管的并联对瞬时充电的短路效应使得 i_b、i_L 滞后到达造成的。而把从 f_l 到 f_h 的这个频率范围 $\Delta f=f_h-f_l$ 叫做放大器的通频带。在通频带内，低频端和高频端放大倍数的下降仅在 70%以内，相位移动也只在45°～−45°之间。例如，一个扩音机的 $f_l=250$ Hz，$f_h=3\ 500$ Hz，当它的放大倍数下降到中音频频段的 70%时，人的耳朵还听不出这种下降所带来的影响，但如果还使 $f<f_l$，则声音听起来会不饱满，如若还使 $f>f_h$，声音就会不清晰。由此可见，若能找出一个电路，它的低端截止频率 f_l 和高端截止频率 f_h 都朝两边扩展就显得非常重要。

4.4.1 共射极放大电路的中频特性

1. 电路及中频等效电路

简单偏置共射极放大电路如图 4.18 所示，当它工作在中频时，可将 C_1 和 C_2 及 C_e 短路，这时的交流等效电路如图 4.19 所示。通过计算可求得中频时的电压放大倍数 A_u、输入电阻 R_i、输出电阻 R_0。

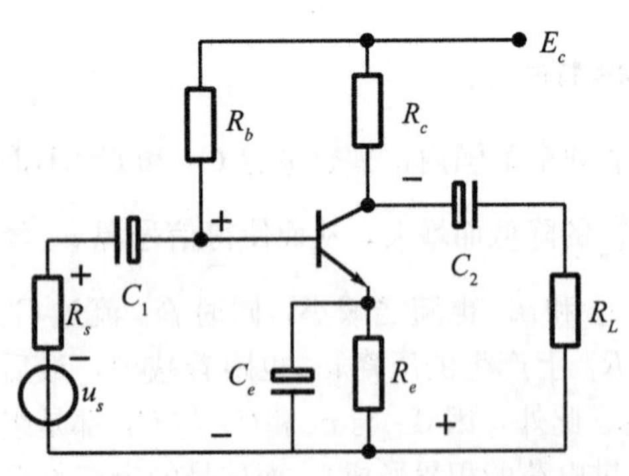

图 4.18 简单偏置共射极放大电路

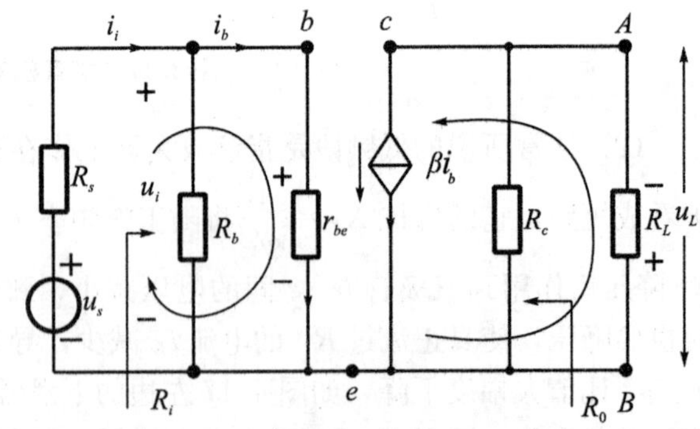

图 4.19 中频时的交流等效电路和输入与输出的关系

2. A_u、R_i、R_0 的计算

1) 电压放大倍数 A_u

电压放大倍数 A_u 定义为外接负载 R_L 上的输出电压 u_L 与信号源提供的 u_s 之比。

因为 $u_L=-\beta i_b R'_c$（$R'_c=R_c /\!/ R_L$），在 $R_b \gg r_{be}$ 的前提下可认为 R_b 不分流，犹如断开，即 $i_i=i_{R_b}+i_b \approx i_b$，则 $u_s=i_b(R_s+r_{be})$，故

$$A_u=\frac{u_L}{u_s}=\frac{-\beta i_b R'_c}{i_b(R_s+r_{be})}=\frac{-\beta R'_c}{R_s+r_{be}} \tag{4.15}$$

这表明 A_u 与 β 和 R'_c 成正比，与（R_s+r_{be}）成反比（照理 R_s 不应包含在内），且输出与输入反向呈 180°，就是后面所说的反相运用，即 u_b 为正时 u_L 为负。式（4.15）是今后用瞬时极性法判别放大器正负反馈的重要依据，必须牢牢记住。

2）输入电阻 R_i

对如图 4.19 所示的放大器，输入电阻 R_i 定义为以 u_s 为源头（含 R_s）向右朝放大器内部看进去，在放大器的直接输入电压 u_i 作用下，整个放大器对由 u_i 形成的输入电流 i_i 所呈现出的一种阻力，即

$$R_i=\frac{u_i}{i_i} \tag{4.16}$$

对如图 4.19 所示的电路有 $i_i=i_{R_b}+i_b$，在工程上 R_b 取值都很大，它与 r_{be} 并联后的分流作用极小，可认为 $i_i \approx i_b$，而 $u_i \approx i_b r_{be}$，故

$$R_i=\frac{u_i}{i_i}=\frac{i_b r_{be}}{i_b}=r_{be} \tag{4.17}$$

结论：在 $R_b \gg r_{be}$ 的前提下，一个单纯的共射极放大电路的放大器输入电阻 $R_i=r_{be}$ 完全由放大器内部元件决定，而与信号源无关，在有了 R_i 后，一个放大器的输入部分可用 u_s、R_s、R_i 三者的串联来表示，即图 4.19 中对 e 点左边的独立部分。

3）输出电阻 R_0

（1）求 R_0 的计算法。

一个放大器在输入端总是有一个外接信号源，在输出端总是有一个外接负载 R_L，这两个元件都是掌握在用户手中，因此放大器输入电阻 R_i 和输出电阻 R_0 都应该是表征放大器本身特性的一个固定参数。对图 4.19 所示的放大器，输出电阻 R_0 应定义为先把原放大器的输入信号 u_s 短路后，再把放大器的外接负载 R_L 断开，换接上一个反向的外加作用电压 u_0，即令 $u_s=0$，在图 4.19(c) 中就是把 u_s 这个圆圈压扁成一个黑色的粗线用━表示后，再从放大器的输出端反向朝放大器内部用 u_0 作用进去，看整个放大器对由 u_0 作用所形成的反向电流 i_0 所呈现出的一种阻力，即

$$R_0=\left.\frac{u_0}{i_0}\right|_{\substack{R_L \to \infty \\ u_s=0}} \tag{4.18}$$

对如图 4.19 所示的电路，现在因 $u_s=0$，即将 u_s 短路接地，使得 R_s 与 r_{be} 闭合成一个 $i_b=0$ 的空回路。又因 $i_b=0$，使 $\beta i_b=0$，这相当于把输出回路中的电流源 βi_b 断开，这时电路变成图 4.20 所示的电路。为保证外加的 u_0 在 R_c 上形成的电流与原 βi_b 在 R_c 上形成的电流方向都是从下向上流的，则 u_0 应是下正上负；又因 u_0 与输入回路没有任何联系，只作用在一个 R_c 上，则有 $u_0=i_0 R_c$，按输出电阻的定义，有

$$R_0=\left.\frac{u_0}{i_0}\right|_{\substack{R_L \to \infty \\ u_s=0}}=\frac{i_0 R_c}{i_0}=R_c \tag{4.19}$$

结论：一个单纯的共射极放大电路其输出电阻 $R_0=R_c$ 与外加 u_0 的大小无关，完全由放大器的内部元件所决定（u_0 越大，i_0 越大，但其比值 R_0 永远恒定）。

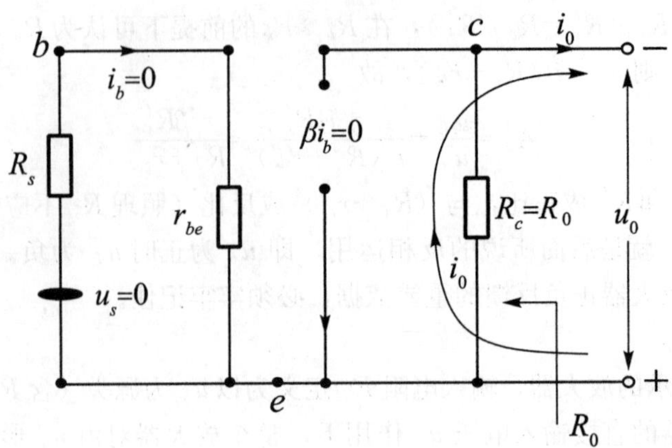

图 4.20　求 R_0 时将 $R_L \to \infty$，$u_s=0$ 看 u_0 的作用

（2）求 R_0 的测量法。

为测输出电阻 R_0，可把如图 4.19 所示的一直处于工作状态的放大器看成是一个黑箱。首先将外接负载 R_L 断开（向右移动 R_L 使之脱离 AB 点），有 $i_L=0$，使之变成如图 4.21 所示的形式，有 $\beta i_b=i_0=i'_0$，测得（算得）AB 间的开路电压 $u_0=i_0R_0$。然后将 R_L 向左移接到 AB 点，又测得（算得）$u_L=i_0(R_0 /\!/ R_L)<u_0$。显然 u_L 的减少是由 R_0 对 i_0 的分流造成的，即 $i_0=i'_0+i_L$，且有 $u_L=i_LR_L$。另外，因为我们已把放大器看成一个黑箱，只认为 u_L 的减少是 i_L 向左流回放大器内部时被 R_0i_L 降掉了的，于是从宏观上看就应有 $i_L(R_L+R_0)=u_L+i_LR_0\equiv u_0$，满足这个等式的电路如图 4.22 所示。这就是中学时学的全电路欧姆定律：开路电压等于电动势。

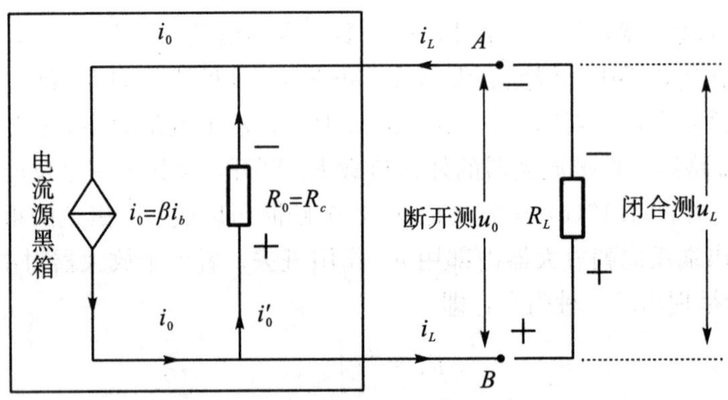

图 4.21　R_L 断开测 u_0 及 R_L 接通测 u_L 的电路示意图

由此可以解得

$$R_0=\frac{u_0-u_L}{i_L}=\frac{u_0-u_L}{\dfrac{u_L}{R_L}}=\left(\frac{u_0}{u_L}-1\right)R_L \tag{4.20}$$

结论：式（4.20）是已知放大器的开路电压 u_0 和闭路电压 u_L 及外接负载 R_L 时测试 R_0 的好方法，也是在保证 i_L 不变的前提下，电流源 $\beta i_b=i_0$ 与电压源 u_0 之间互换的好方法，必须牢牢记住。

至此，一个共射放大器的输出端既可用 $i_0=\beta i_b$ 的电流源与 $R_0=R_c$ 和 R_L 的并联方式表示，如图 4.21 所示；也可用 $u_0=i_0R_0=\beta i_bR_c$ 的电压源与 $R_0=R_c$ 和 R_L 的串联方式表示，如图 4.22 所示。

综上所述，一个共射放大电路的完整简化结构也就是一个最简单的扩音机，如图 4.23 所示，它完全是由两个电压源的级联而成。

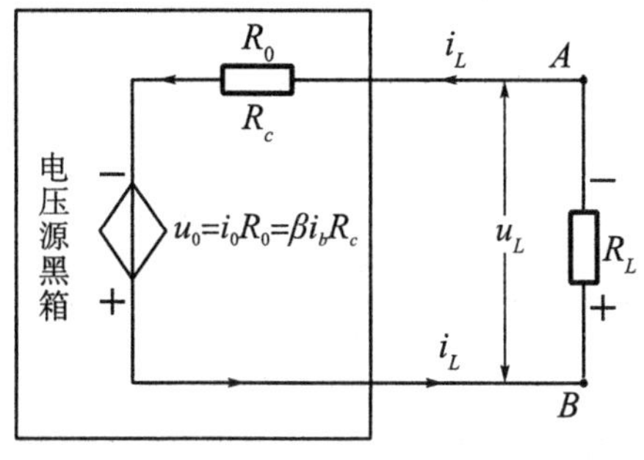

图 4.22　将 4.21 所示的电流源转化成电压源

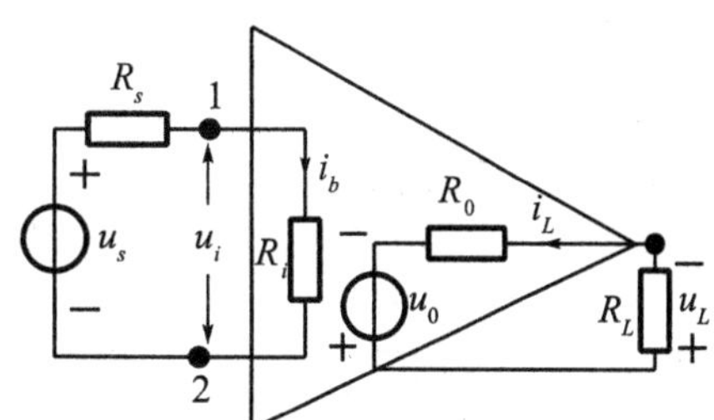

图 4.23　共射放大器（扩音机）的简化表示

4.4.2　共射极放大电路的低频特性

1. 低频等效电路

当放大器工作在低频时，C_1 和 C_2 的降压作用不能忽略，而 $C_{b'e}$ 和 $C_{b'c}$ 可看成开路，所以低频时的等效电路如图 4.24 所示。

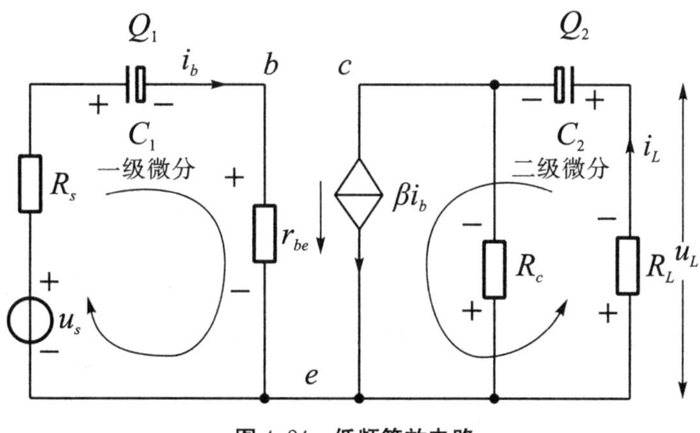

图 4.24　低频等效电路

在认为 $R_b \gg r_{be}$ 的前提下计算 A_l 是比较方便的。

2. 计算低频放大倍数 A_l

由于 C_1 的降压，使流过 r_{be} 上的 i_b 减小，导致 βi_b 减小；又因 C_2 的降压作用使 R_L 上的电压进一步减小，最终使放大倍数下降。同时，在 RC 串联回路中，只有以电流 i 作为参考基准，其电阻 R 上的电压 u_R 与电流 i 是同相位的，而电容 C 上的电压 u_C 是靠电流 i_C 充电积累（也叫积分）起来的电荷 Q 形成的，$u_C=\frac{Q}{C}$，这种电荷 Q 的积累是需要时间的。对图 4.25(a) 的 $r_{be}C_1$ 充放电电路，若用 $E=6$ V 的电压作用于 $r_{be}=1$ kΩ，$C_1=10$ μF 上，其

u_{C_1}和$u_{r_{be}}$的波形分别如图4.25(b)(c)所示，$\tau_1 = r_{be}C_1 = 10^3 \times 10 \times 10^{-6} = 10^{-2}$ S=10 mS，所以电容C_1上的电压u_{C_1}始终是落后于充电电流i_{C_1}的。往往是起初的充电电流i_C很大，但此时的电荷Q_1最少，而当充满电荷时，C_1上的电荷Q值最大，而充电电流i_{C_1}已减小到0。因此对电容而言，i_{C_1}始终是超前u_{C_1} 90°，然而i_{C_1}流过r_{be}，这也是$u_{r_{be}}$超前u_s的根本原因；或者直接说成是两级RC电路的微分效应造成的u_L超前于u_s。下面通过数学计算来证明这个问题。

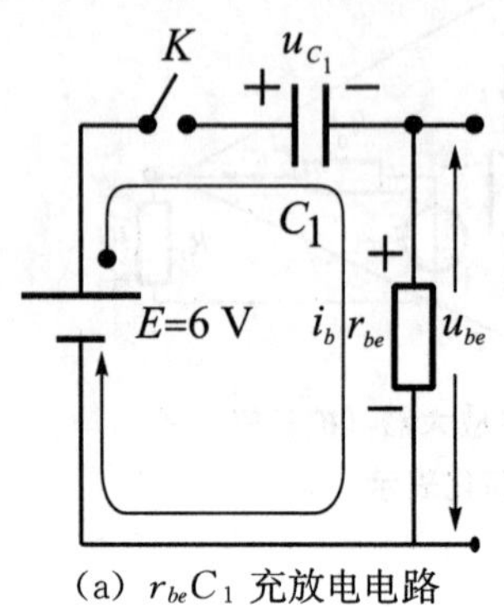

(a) $r_{be}C_1$充放电电路

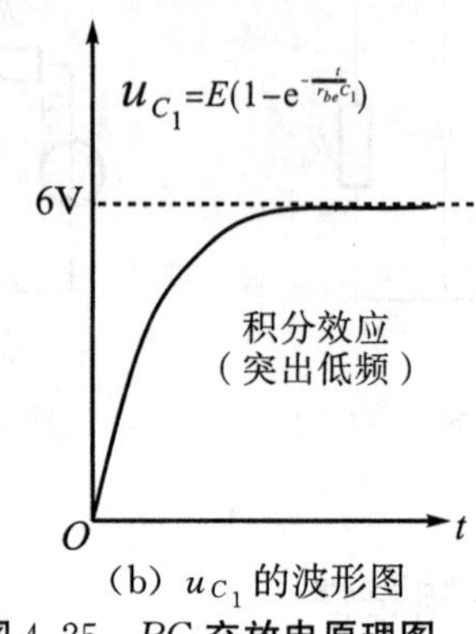

(b) u_{C_1}的波形图

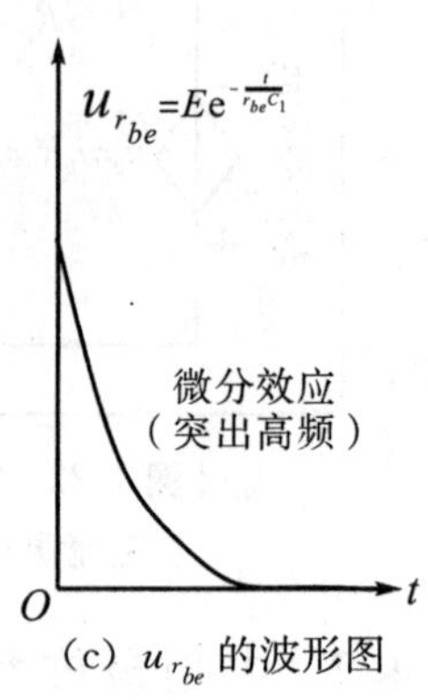

(c) $u_{r_{be}}$的波形图

图4.25 RC充放电原理图

根据放大倍数的定义：

$$A_l = \frac{u_L}{u_s} \tag{4.21}$$

因为

$$u_L = -i_L R_L$$

而

$$i_L = \frac{u_{ce}}{R_L + \frac{1}{j\omega C_2}}$$

因

$$u_{ce} = \beta i_b \left[R_c \mathbin{/\mkern-6mu/} \left(R_L + \frac{1}{j\omega C_2} \right) \right] = \beta i_b \frac{R_c \cdot \left(R_L + \frac{1}{j\omega C_2} \right)}{R_c + R_L + \frac{1}{j\omega C_2}} \tag{4.22}$$

将u_{ce}代入$i_L = \dfrac{u_{ce}}{R_L + \frac{1}{j\omega C_2}}$中，得

$$i_L = \frac{\beta i_b \dfrac{R_c \cdot \left(R_L + \frac{1}{j\omega C_2} \right)}{R_c + R_L + \frac{1}{j\omega C_2}}}{R_L + \frac{1}{j\omega C_2}} = \frac{\beta i_b R_c}{R_c + R_L + \frac{1}{j\omega C_2}}$$

再由$u_L = -i_L R_L$，得

$$u_L = -i_L R_L = \frac{-\beta i_b R_c \cdot R_L}{R_c + R_L + \frac{1}{j\omega C_2}} \tag{4.23}$$

对式（4.23）分子、分母同除以（R_c+R_L），得

$$u_L=-i_LR_L=\frac{-\beta i_bR_c'}{1+\dfrac{1}{j\omega C_2(R_c+R_L)}} \tag{4.24}$$

又因输入信号

$$u_s=i_b\left(R_s+r_{be}+\frac{1}{j\omega C_1}\right)$$

因 $R_b\to\infty$，故 $i_s=i_b$，所以有

$$A_l=\frac{u_L}{u_s}=-\frac{\dfrac{\beta i_bR_C'}{1+\dfrac{1}{j\omega C_2(R_c+R_L)}}}{i_b\left(R_s+r_{be}+\dfrac{1}{j\omega C_1}\right)} \tag{4.25}$$

对式（4.25）分子、分母同除以（R_s+r_{be}），得

$$A_l=\frac{u_L}{u_s}=-\frac{\dfrac{\dfrac{\beta i_bR_c'}{R_s+r_{be}}}{1+\dfrac{1}{j\omega C_2(R_c+R_L)}}}{i_b\left[\dfrac{R_s+r_{be}}{R_s+r_{be}}+\dfrac{1}{j\omega C_1(R_s+r_{be})}\right]}$$

因共射极放大电路的中频电压放大倍数 $A_u=-\dfrac{\beta R_c'}{R_s+r_{be}}$，所以

$$A_l=\frac{A_u}{\left[1+\dfrac{1}{j\omega C_1(R_s+r_{be})}\right]\left[1+\dfrac{1}{j\omega C_2(R_c+R_L)}\right]}$$

对分母中分式的分子、分母同乘以 j，得

$$A_l=\frac{A_u}{\left[1+\dfrac{j}{j^2\omega C_1(R_s+r_{be})}\right]\left[1+\dfrac{j}{j^2\omega C_2(R_c+R_L)}\right]}$$

又因 $j^2=-1$，则

$$A_l=\frac{A_u}{\left[1-\dfrac{j}{2\pi fC_1(R_s+r_{be})}\right]\left[1-\dfrac{j}{2\pi fC_2(R_c+R_L)}\right]} \tag{4.26}$$

在式（4.26）中，令

$$f_{l_1}=\frac{1}{2\pi C_1(R_s+r_{be})},\qquad f_{l_2}=\frac{1}{2\pi C_2(R_c+R_L)}$$

则

$$A_l=\frac{A_u}{\left(1-j\dfrac{f_{l_1}}{f}\right)\left(1-j\dfrac{f_{l_2}}{f}\right)} \tag{4.27}$$

当工作频率 $f=f_{l_1}$ 和 $f=f_{l_2}$ 时，式（4.27）就变成

$$A_l=\frac{A_u}{(1-j)^2}=\frac{A_u}{1-2j-1}=\frac{jA_u}{2} \tag{4.28}$$

式中，f_{l_1}，f_{l_2} 分别是输入、输出回路的截止频率。

式（4.28）说明：当放大器的工作频率 $f=f_{l_1}$ 和 $f=f_{l_2}$ 时，其放大倍数 A_l 只有中频 A_u 的一半，且 A_l 相位超前 $A_u 90^{\circ}$。

A_l 的模为

$$|A_l|=\frac{|A_u|}{\sqrt{1+\left(\frac{f_e}{f}\right)}}$$

A_l 的相位为

$$\varphi_L=\arctan\left(\frac{f_e}{f}\right)$$

对数曲线为

$$20\lg|A_l|=20\lg|A_u|-20\lg\sqrt{1+\left(\frac{f_e}{f}\right)^2}$$

为使低频的幅度不至于太小，只有用加大 C_1 和 C_2 的容量让$\frac{1}{\omega C}$的降压更小些。

4.4.3 共射极放大电路的高频特性

1. 高频等效电路

当放大器工作在高频时，C_1 和 C_2 的容抗$\frac{1}{\omega C}$要减少，可近似看成短路，但这时 $C'_{be}=C_{b'e}+C_M$，由于 C'_{be}与 $r_{b'e}$并联和 $C_{b'c}$与 R_L 并联，二者对高频的分流作用不可忽略，其等效电路如图 4.26 所示。C'_{be}会使 i_b 和βi_b 减少，$C_{b'c}$会使流过 R_L 上的电流减小，使得放大器工作在高频时放大倍数下降；又因 $r_{b'e}$和 $C'_{b'e}$以及 R_L 和 $C_{b'c}$都处于并联地位，两个电容的电位都是靠充电积累的电荷 Q 来提升的，更何况 r_{be}和 R_L 上的电流 i_b 和 i_L 还是由 C'_{be}和 $C_{b'c}$的放电来形成的。这将使得 i_b 更落后于 $u_{C'_{be}}$，以及 i_L 更落后于 $u_{C_{b'c}}$，最终使得 u_L 比 u_s 滞后，或者直接说成是两级 RC 电路的积分效应造成的 u_L 滞后于 u_s。下面通过数学计算来证明这个问题。

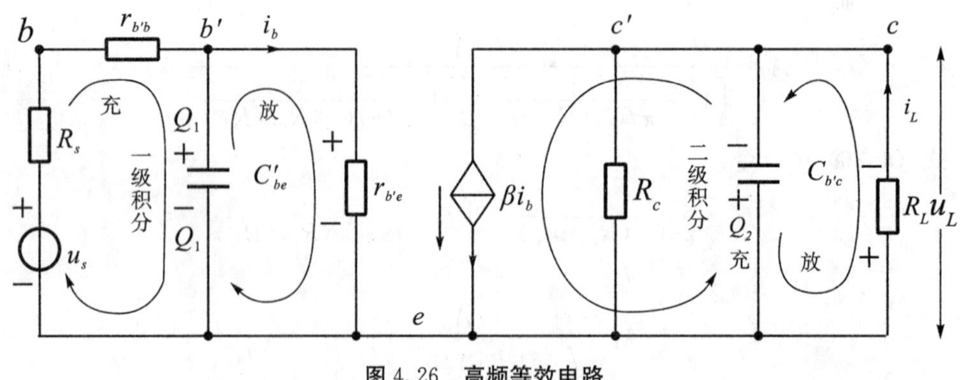

图 4.26 高频等效电路

2. 计算高频放大倍数 A_h

根据放大倍数的定义

$$A_h=\frac{u_h}{u_s}$$

且

$$u_h = -\beta i_b (R_c' // \frac{1}{j\omega C_{b'c}}) \tag{4.29}$$

$$R_c' // \frac{1}{j\omega C_{b'c}} = \frac{R_c' \frac{1}{j\omega C_{b'c}}}{R_c' + \frac{1}{j\omega C_{b'c}}} = \frac{R_c'}{1 + j\omega C_{b'c} R_c'} \tag{4.30}$$

由于

$$i_b = \frac{i_s (r_{b'e} // \frac{1}{j\omega C_{be}'})}{r_{b'e}} = \frac{i_s \frac{r_{b'e}}{1 + j\omega C_{be}' r_{b'e}}}{r_{b'e}} = i_s \frac{1}{1 + j\omega C_{be}' r_{b'e}}$$

将其代入式 (4.29)，得

$$u_h = -\beta i_s \frac{1}{1 + j\omega C_{be}' r_{b'e}} \frac{R_c'}{1 + j\omega C_{b'c} R_c'} \tag{4.31}$$

又因

$$u_s = i_s \left[R_s + r_{b'b} + (r_{b'e} // \frac{1}{j\omega C_{be}'}) \right] = i_s \left(R_s + r_{b'b} + \frac{r_{b'e}}{1 + j\omega C_{be}' r_{b'e}} \right)$$

$$A_h = \frac{u_h}{u_s} = \frac{-\beta i_s \frac{1}{1 + j\omega C_{be}' r_{b'e}} \frac{R_c'}{1 + j\omega C_{b'c} R_c'}}{i_s \left(R_s + r_{b'b} + \frac{r_{b'e}}{1 + j\omega C_{be}' r_{b'e}} \right)} \tag{4.32}$$

对式 (4.32) 分子、分母同乘以 $1 + j\omega C_{be}' r_{b'e}$，得

$$A_h = \frac{u_h}{u_s} = \frac{-\beta \frac{1 + j\omega C_{be}' r_{b'e}}{1 + j\omega C_{be}' r_{b'e}} \frac{R_c'}{1 + j\omega C_{b'c} R_c'}}{(R_s + r_{b'b})(1 + j\omega C_{be}' r_{b'e}) + \frac{r_{b'e}(1 + j\omega C_{be}' r_{b'e})}{1 + j\omega C_{be}' r_{b'e}}}$$

$$= \frac{\frac{-\beta R_c'}{1 + j\omega C_{b'c} R_c'}}{R_s + r_{b'b} + r_{b'e} + j\omega C_{be}' r_{b'e} (R_s + r_{b'b})} \tag{4.33}$$

对式 (4.33) 分子、分母同除以 $R_s + r_{b'b} + r_{b'e}$，得

$$A_h = \frac{\frac{\frac{-\beta R_c'}{R_s + r_{b'b} + r_{b'e}}}{1 + j\omega C_{b'c} R_c'}}{\frac{R_s + r_{b'b} + r_{b'e}}{R_s + r_{b'b} + r_{b'e}} + \frac{j\omega C_{be}' r_{b'e} (R_s + r_{b'b})}{R_s + r_{b'b} + r_{b'e}}}$$

又因为

$$A_u = \frac{-\beta R_c'}{R_s + r_{b'b} + r_{b'e}}$$

所以

$$A_h = \frac{A_u \frac{1}{1 + j\omega C_{b'c} R_c'}}{1 + j\omega C_{be}' [r_{b'c} // (R_s + r_{b'b})]}$$

对上式分子、分母同乘以 $1 + j\omega C_{b'c} R_c'$，得

$$\begin{aligned} A_h &= \frac{A_u}{\{1+\mathrm{j}\omega C'_{be}[r_{b'e} \ /\!/ \ (R_s + r_{b'b})]\}(1+\mathrm{j}\omega C_{b'c}R'_c)} \\ &= \frac{A_u}{\{1+\mathrm{j}2\pi fC'_{be}[r_{b'e} \ /\!/ \ (R_s + r_{b'b})]\}(1+\mathrm{j}2\pi fC_{b'c}R'_c)} \end{aligned} \tag{4.34}$$

令 $f_{h_1}=\dfrac{1}{2\pi C'_{be}[r_{b'e} /\!/ (R_s+r_{b'b})]}$，$f_{h2}=\dfrac{1}{2\pi C_{b'c}R'_c}$，则

$$A_h=\frac{A_u}{(1+\mathrm{j}\dfrac{f}{f_{h_1}})(1+\mathrm{j}\dfrac{f}{f_{h_2}})}$$

当 $f=f_{h_1}$ 和 $f=f_{h_2}$ 时，有

$$A_h=\frac{A_u}{(1+\mathrm{j})^2}=\frac{A_u}{1+2\mathrm{j}-1}=\frac{A_u}{2\mathrm{j}}$$

对上式分子、分母同乘以 j，则有

$$A_h=\frac{\mathrm{j}A_u}{2\mathrm{j}^2}=\frac{-\mathrm{j}A_u}{2} \tag{4.35}$$

式（4.35）说明：当放大器工作在 $f=f_{h_1}$ 和 $f=f_{h_2}$ 时，高频放大倍数 A_h 是中频放大倍数 A_u 的一半，且滞后 90°，如图 4.17 右边所示。

A_h 的模为

$$|A_h|=\frac{|A_u|}{\sqrt{1+\left(\dfrac{f}{f_h}\right)^2}}$$

A_h 的相位为

$$\varphi_h=-\arctan^{-1}\frac{f}{f_h}$$

对数曲线为

$$20\lg|A_h|=20\lg|A_u|-20\lg\sqrt{1+\left(\frac{f}{f_h}\right)^2}$$

为使高频时的放大倍数不至于太小，可在 R_L 下面串联一个电感 L，当 $f=\dfrac{\omega}{2\pi}$上升时，ωL 也随着上升，从而提高了（$R_L+\omega L$）上的输出电压 u_L。

4.5 共集电极放大电路分析

我们把三极管的基极作为输入，发射极作为输出，而把集电极作为输入、输出公用地端的电路称为共集电极电路。识别共集电极电路的最大特点是集电极上没有电阻而是直接与电源 E_c 正极相接，最典型的电路和中频时的交流电路分别如图 4.27 和图 4.28 所示。图中，R_b 是偏置电阻；C_1 和 C_2 为输入与输出耦合电容；R_e 为发射极直流负载电阻，静态时为三极管提供合适的工作点，动态时获得交变的信号输出；R_L 为外接交流负载电阻。

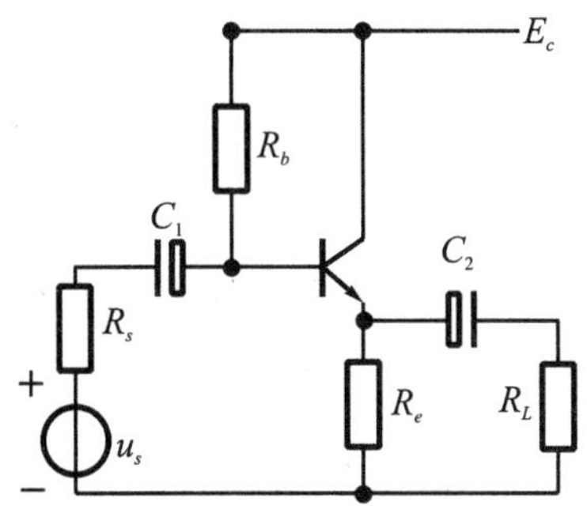

图 4.27　共集电极放大电路

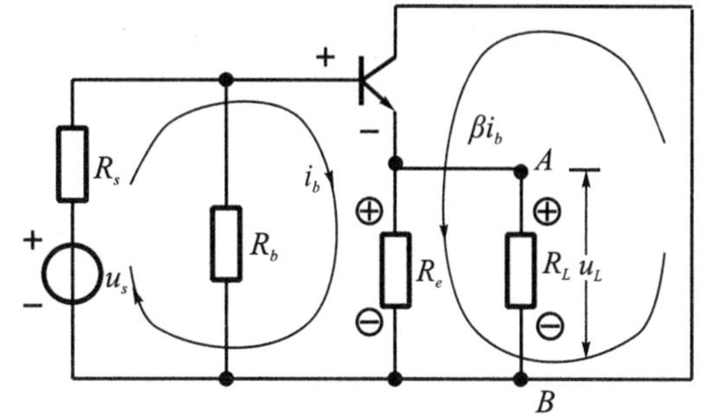

图 4.28　共集电极交流电路

4.5.1　中频等效电路及电压放大倍数 A_u

在认为 $R_b \gg r_{be}$ 的情况下，若还把原共射电路三极管 be 之间用 r_{be} 代替，ce 之间用 βi_b 与 $\frac{1+\beta}{\beta}r_e$ 的串联 c 极作为输入、输出共用代替，就得到如图 4.29 所示的共集放大电路的中频等效电路。它是计算 A_u、R_i 和 R_0 的基础。

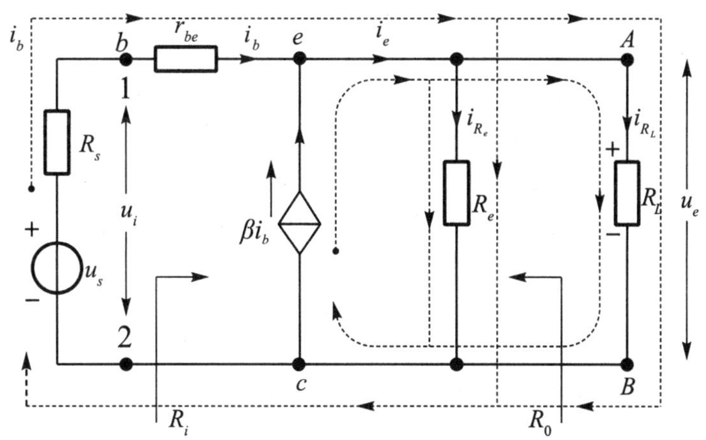

图 4.29　求共集 A_u 和 R_i 的等效电路

根据电压放大倍数的定义

$$A_u = \frac{u_L}{u_s} = \frac{u_e}{u_s}$$

而

$$u_e = i_e R_e' = (1+\beta) i_b R_e'$$

这里 $R_e' = R_e // R_L$。

又因 $u_s = i_b(R_s + r_{be}) + i_e R' = i_b[R_s + r_{be} + (1+\beta)R_e']$，则

$$A_u = \frac{u_e}{u_s} = \frac{(1+\beta) i_b R_e'}{i_b[R_s + r_{be} + (1+\beta)R_e']} = \frac{(1+\beta)R_e'}{R_s + r_{be} + (1+\beta)R_e'} \tag{4.36}$$

式（4.36）说明，共集电极电路的 $A_u < 1$，表明无电压放大能力，且输入、输出相位相同，又是幅度略小于输入，所以人们常称它为射极跟随器（即输出的幅度与相位都随输入变化）。

4.5.2　求输入电阻 R_i 和输出电阻 R_0

1. 求输入电阻 R_i

输入电阻是从图 4.29 中 1、2 两点之间往三极管内部看进去所显示出的阻力。定义输入电阻为

$$R_i=\frac{u_i}{i_b}=\frac{i_b r_{be}+i_e R_e'}{i_b}=\frac{i_b r_{be}+(1+\beta)i_b R_e'}{i_b}=r_{be}+(1+\beta)R_e' \tag{4.37}$$

结论：输入电阻 R_i 是很大的，它可从 u_s 那里获得更多的信号，同时也说明把发射极上的电阻折合到基极应扩大（$1+\beta$）倍（其根源还在于二极管的 $U_T=0.026$ V 不变）。在有了 R_i 后，它可与 u_s、R_s 三者组成一个串联电路来表示共集电路的输入端。

2. 求输出电阻 R_0

定义输出电阻为

$$R_0=\frac{u_0}{i_0}\bigg|_{\substack{u_s=0\\R_L\to\infty}}$$

分析：当令图 4.30 中 $u_s=0$ 时，就是将 u_s 正负极短路，即使 R_s+r_{be} 直接接地，同时就有 $i_b=0$ 和 $\beta i_b=0$，致使 βi_b 电流源完全断开，但因输出端 $R_L\to\infty$，而又在射极跟随器输出端外加了一个下正上负的作用电压 u_0，它首先会在 R_e 上形成电流 i_{R_e} 和在 $r_{be}+R_s$ 上形成一个新的 i_b，如图 4.30 中的虚线圈所示。但 i_b 绝不是孤立的，它与已断开的 βi_b 受控电流源是不可分割的，即只要在此出现了 i_b，前面已断开的 βi_b 就会马上复活，则图 4.30 立刻变成如图 4.31 所示的形式。这才是我们计算共集电路输出电阻的依据，从输出端 A 处虚线圈中流出的三股电流有

$$i_0=i_{R_e}+\beta i_b+i_b$$

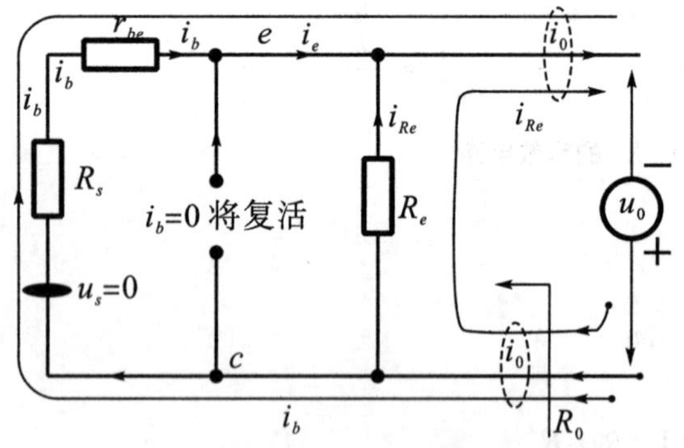

图 4.30　βi_b 即将复活前的电路

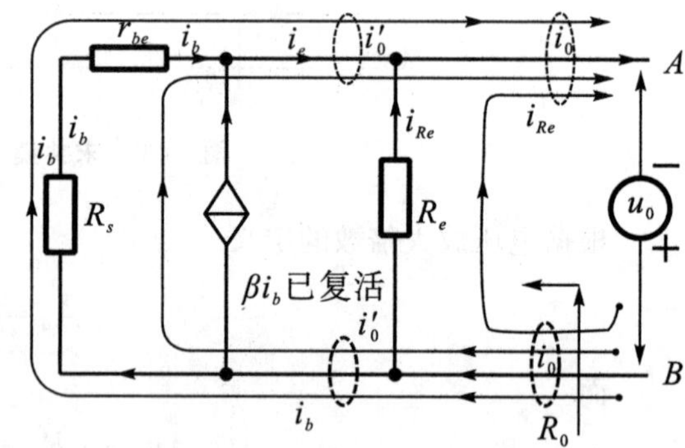

图 4.31　求共集 R_0 的电路

其中：$i_b=\dfrac{u_0}{R_s+r_{be}}$，$\beta i_b=\dfrac{\beta u_0}{R_s+r_{be}}$，$i_{R_e}=\dfrac{u_0}{R_e}$，则

$$i_0'=\frac{u_0}{R_s+r_{be}}+\frac{\beta u_0}{R_s+r_{be}}=u_0\frac{1+\beta}{R_s+r_{be}}$$

$$R_0'=\frac{u_0}{i_0'}=\frac{R_s+r_{be}}{1+\beta}$$

$i_0=i_0'+i_{R_e}$ 是两股电流之和，则 R_0 就是两个电阻 R_0' 和 R_e 的并联，即

$$R_0=\frac{u_0}{i_0}=\frac{R_s+r_{be}}{1+\beta}//R_e \tag{4.38}$$

式（4.38）表明：输出电阻 R_0 是非常小的，这是射极输出器带负载能力很强的根本原因，同时也表明了把基极上的电阻（R_s+r_{be}）折合到发射极上去时，应缩小（$1+\beta$）倍才能保证 $u_T=0.026$ V 不变。在有了 R_0 与 u_0 之后，它可与 R_L 三者串联起来表示共集电路的输出端，如图 4.32 所示。与前面分析的共射放大电路一样，也可用测量法获得 R_0。总之，一个完整的共集电极放大器等效电路如图 4.33 所示。

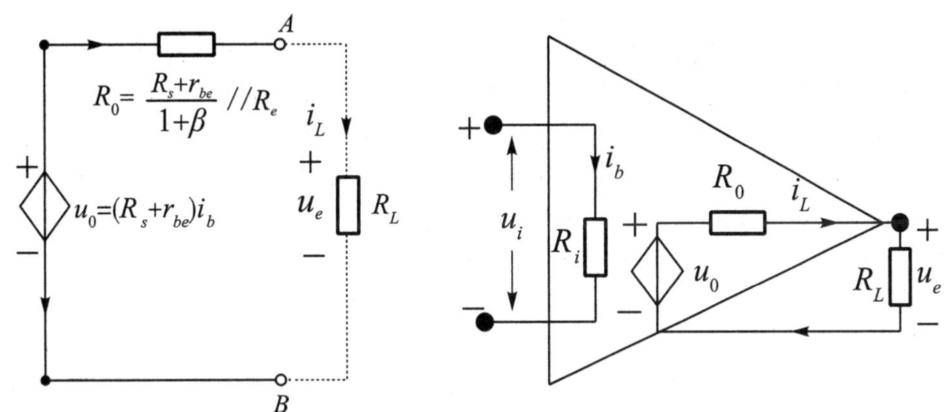

图 4.32　将共集放大输出端转化成电压源　　图 4.33　整个共集放大电路的简化图

例题：下面是共集电路的一组参数，已知信号源的内阻 $R_s=10\ \Omega$，$r_{be}=1\ \text{k}\Omega$，$\beta=49$，$R_e=2\ \text{k}\Omega$，$R_L=3\ \text{k}\Omega$，$R_e'=R_e//R_L=1.2\ \text{k}\Omega$。

试求：

（1）中频时的电压放大倍数 A_u；

（2）输入电阻 R_i；

（3）输出电阻 R_0。

解　（1）求电压放大倍数 A_u：

$$A_u=\frac{(1+\beta)R_e'}{R_s+r_{be}+(1+\beta)R_e'}$$

$$=\frac{(1+49)\times 1.2\ \text{k}\Omega}{10\ \Omega+1\ \text{k}\Omega+(1+49)\times 1.2\ \text{k}\Omega}=\frac{60\ \text{k}\Omega}{61\ \text{k}\Omega}=0.98<1$$

（2）求输入电阻 R_i：

$$R_i=\frac{u_i}{i_b}=r_{be}+(1+\beta)R_c'$$

$$=1\ \text{k}\Omega+(1+49)\times 1.2\ \text{k}\Omega=61\ \text{k}\Omega\text{(很大)}$$

（3）求输出电阻 R_0：

$$R_0=\frac{u_0}{i_0}=R_e\ //\ \frac{R_s+r_{be}}{1+\beta}$$

$$=2\ \text{k}\Omega\ //\ \frac{1\ 010\ \Omega}{50}=(2\ 000\ //\ 20)\ \Omega=20\ \Omega\text{(很小)}$$

总结：由于共集电极电路的输入电阻 R_i 很大，它可从信号源 u_s 那里获得更多的信息；

而输出电阻 R_0 很小，使放大器成为一个恒压源，可以接更多的负载。此外，还可利用 R_i 很大、R_0 很小这两个特点，把共集电极电路当作电阻匹配器使用，它可使输入功率无损失地传到输出端，就好像是水管流通中不同孔径之间的一个过渡接头一样。

下一章要讲的推挽功率放大器和运算放大器的末级，都是用的共集电极电路。

4.6 放大器输出波形的失真

4.6.1 频率失真

如果一个放大器的输出波形在形状上与原输入波形有所不同，我们就说输出波形发生了失真。现在要问：输出波形为什么会与输入波形不同呢？从幅频特性曲线可以看出，一个放大器并不是对所有频率的信号都具有同等的放大能力，而是对过低频率的信号和过高频率的信号放大能力不足，使得输出信号中的低频分量和高频分量都发生失真，我们把这种因不同频率信号的放大能力不同而造成的失真叫做频率失真。例如，设一输入信号 u_s［图 4.34(a) 中的实线］是由基波 1000 Hz（$1f$）和 3 次谐波 3000 Hz（$3f$）两条虚线叠加而成，具体的波形如图 4.34(a) 所示。当把这个 u_s 送入放大器后，如果该放大器对 $1f$ 的放大 1.8 倍，而对 $3f$ 的放大量只有 1.2 倍，如图 4.34(b) 所示，则输出波形 u_L［图 4.34(c) 中的实线］仍由 $1.8\times1f$ 和 $1.2\times3f$ 叠加而成，就会发生失真，具体的波形如图 4.34（c）所示。注意：在工程上加大耦合电容 C_1 和 C_2 的容量可减少低频失真，在负载电阻 R_L 上串接一个电感线圈 L 可减少高频失真。

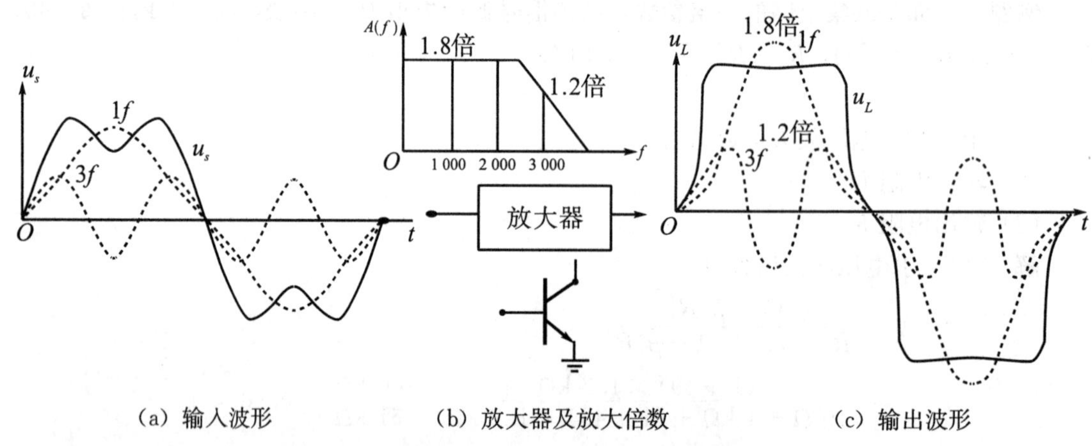

(a) 输入波形　(b) 放大器及放大倍数　(c) 输出波形

图 4.34　放大器对 u_s 中 $3f$ 放大不足引起的频率失真

4.6.2 相位失真

从放大器相频特性曲线也可以看出，一个放大器并不是对所有频率的信号都具有同等的相移作用，而是放大器本身耦合电容的微分效应能使低频信号超前于输入信号，放大器本身分布电容的积分效应能使高频信号滞后于输入信号，这将使放大器的输出波形 u_L 在形状上与原输入信号 u_s 有所不同，从而发生失真，我们称为相位失真。如设输入信号 u_s［图 4.35(a) 中的实线］还是由 $1f$ 和 $3f$［图 4.35(a) 中的两条虚线］叠加而成，当把这个信号 u_s 送入放大器后，如果该放大器对 $3f$ 向右相移 180°，则输出波形 u_L［图 4.35(c) 中的实线］还由 $1f$ 和 $3f$ 叠加而成，就会发生失真，具体的波形如图 4.35(c) 所示。由图中可以看出，两者的 u_L 是不相同的。在工程上，希望放大器的冲激响应具有奇对称或偶对称的形式目的是减少相位失真。

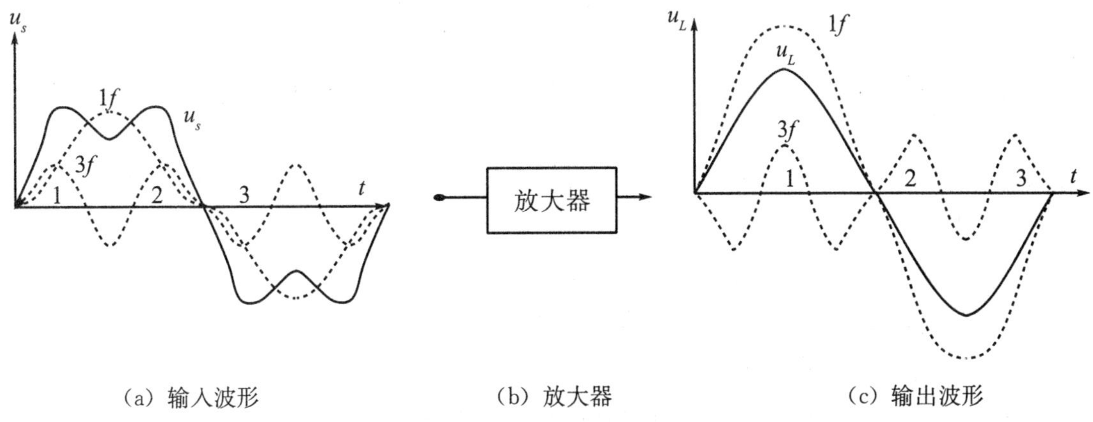

(a) 输入波形　　(b) 放大器　　(c) 输出波形

图 4.35　放大器对 u_s 中 $3f$ 相移 180°后引起的相移失真

需要指出的是，频率失真和相位失真都是由整个放大器的电抗元件包括三极管的 $C_{b'e}$ 和 $C_{b'c}$ 引起的，而电抗元件又属于线性元件，故这两种失真统称“线性失真”。往往在发生频率失真的同时，也伴随着相位失真。由于人耳对频率失真特别敏感，因此频率失真是衡量一个音频放大器的重要指标。例如，低频失真将使声音不饱满，高频失真将使声音不清晰。又由于人的眼睛对相位失真特别敏感，因此相位失真是衡量视频放大器的重要指标。例如，低频相位失真将使图像出现拖尾，高频相位失真将使图像轮廓不清。

总之，频率失真使语音信号的音质、音色变差，相位失真使图像信号出现多边效应，引起图像拖尾。

习题（四）

4-1 请画出 P84 图 4.18 的直流通道，画出三极管中频时的共射、共基、共集经等效折合的等效电路。

4-2 已知一个三极管在低频时的共射电流放大系数 $\beta_0=100$，特征频率 $f_T=80\ \text{MHz}$，求：

（1）当频率为多大时，三极管的 $|\dot{\beta}|\approx 70$？

（2）当静态电流 $I_{CQ}=2\ \text{mA}$ 时，三极管的跨导 g_m 为多大？

（3）此时三极管的发射结电容 $C_{b'e}$ 为多大？

4-3 已知单管共射放大电路的中频电压放大倍数 $\dot{A}_{um}=-200$，$f_l=10\ \text{Hz}$，$f_h=1\ \text{MHz}$。

（1）画出放大电路的波特图；

（2）分别说明当 $f=f_l$ 和 $f=f_h$ 时，电压放大倍数的模 $|\dot{A}_l|$、$|\dot{A}_h|$ 和相角 φ_l、φ_h 各等于多少，并说明放大倍数下降和相位超前、滞后的原因。

4-4 假设两个单管共射放大电路的对数幅频特性分别如习题图 4.1（a）和（b）所示。

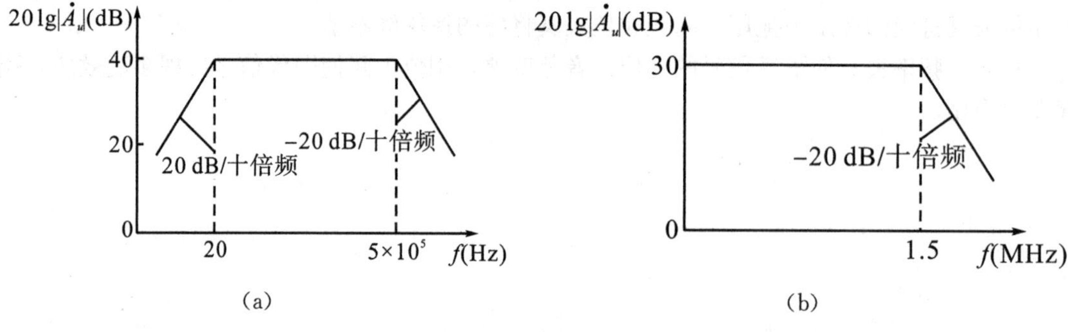

习题图 4.1

（1）分别说明两个放大电路的中频电压放大倍数 A_u 各等于多少，下限频率 f_l、上限频率 f_h 和通频带 B_W 各等于多少；

（2）试判断两个放大电路分别采用何种耦合方式（阻容耦合还是直接耦合）；

（3）分别示意地画出两个放大电路相应的对数相频特性。

4-5 已知某单管共射放大电路电压放大倍数的表达式为

$$\dot{A}_u=-80\frac{1}{\left(1-\mathrm{j}\frac{320}{f}\right)\left(1+\mathrm{j}\frac{f}{43\times 10^4}\right)}$$

（1）说明放大电路的中频对数增益 $20\lg|\dot{A}_{um}|$、下限频率 f_l 和上限频率 f_h 各等于多少；

（2）画出放大电路的波特图。

4-6　在习题图 4.2 所示的放大电路中，已知三极管的 $\beta=50$，$r_{be}=1.6\ \text{k}\Omega$，$r_{bb'}=300\ \Omega$，$f_T=100$ MHz，$C_{b'c}=4$ pF，试求下限频率 f_l 和上限频率 f_h。

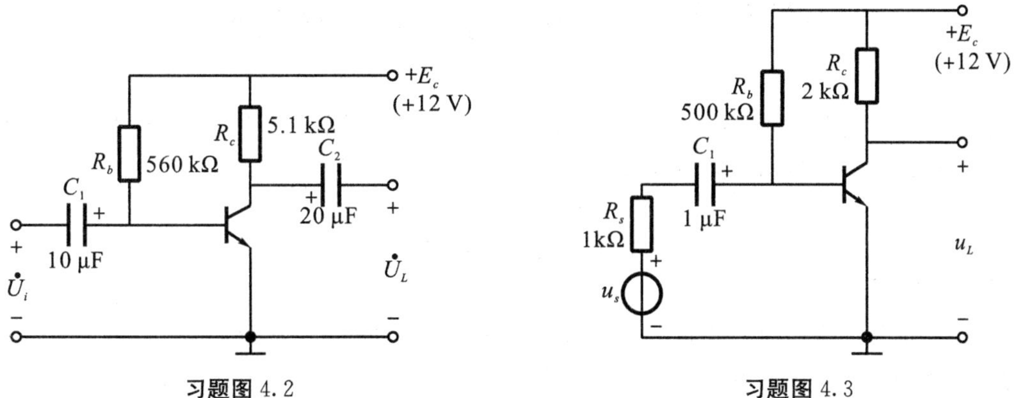

习题图 4.2　　　　习题图 4.3

4-7　在习题图 4.3 中，已知三极管的 $r_{bb'}=200\ \Omega$，$r_{b'e}=1.2\ \text{k}\Omega$，$g_m=40$ mS，$C'=500$ pF。

（1）试画出包括外电路在内的简化高频等效电路；

（2）估算中频电压放大倍数 $\dot{A}_{um}$、上限频率 f_h 和下限频率 f_l（可以作合理简化）；

（3）画出对数幅频特性和相频特性。

4-8　在一个两级放大电路中，已知第一级的中频电压放大倍数 $\dot{A}_{um1}=-100$，下限频率 $f_{l1}=10$ Hz，上限频率 $f_{h1}=20$ kHz，第二级的 $\dot{A}_{um2}=-20$，$f_{l2}=100$ Hz，$f_{h2}=150$ kHz，试问该两级放大电路总的对数电压增益等于多少分贝？总的上、下限频率约为多少？

第5章　差分运放与推挽功放

目前差分运算放大器与推挽功率放大器已成为一个不可分割的整体，为节省篇幅，本章先讲运放的前级差分放大，后讲运放的末级推挽功放。

5.1　差分放大器

把输入信号的瞬时值分成两份，分别加到两放大器的输入端（两个输入信号之差叫差模信号，两个输入信号之和的平均叫共模信号），再经放大后取其差值作为输出的放大电路称为差分放大器。这里，两支三极管的输入与输出犹如一个跷跷板在绕中心轴对称地上下跷动，轴心就是输入与输出的公共零点。这在工程实践中用得特别多。

5.1.1　差分放大器的组成及工作原理

1. 组成

差分放大器是由两个对称的单管放大器组合而成，有两个输入端（1、2）和两个输出端（3、4），具体电路如图5.1所示。

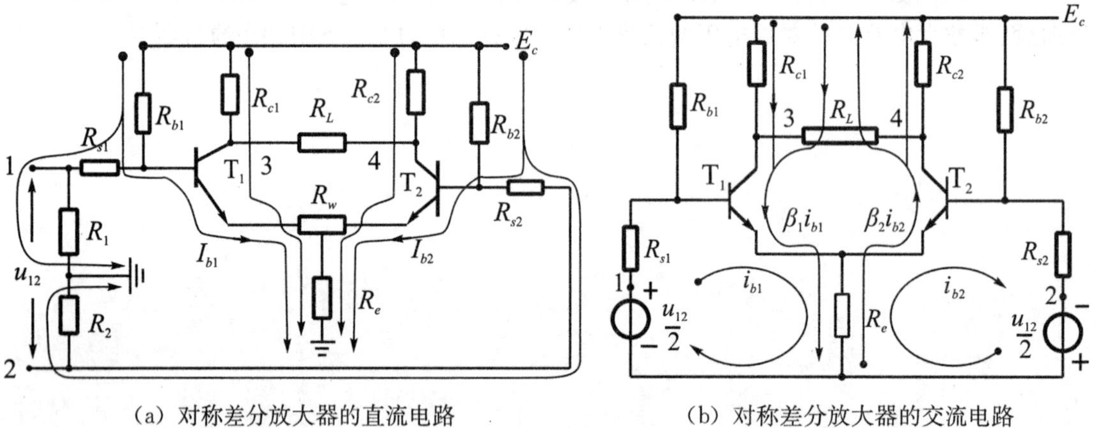

（a）对称差分放大器的直流电路　　（b）对称差分放大器的交流电路

图5.1　差分放大器

2. 工作原理

1）没有输入信号时的静态情况

对图5.1(a) 所示的差分放大器电路，在无任何外加信号时，若对每个单边放大有零点即工作点漂移，例如因某种原因（如温度上升）使得两个集电极电流 I_c 有一个增量$\Delta I_{c1}\uparrow$（共模信号）和 $\Delta I_{c2}\uparrow$（共模信号），相应的集电极电位都下降 $\Delta I_{c1}R_{c1}$和$\Delta I_{c2}R_{c2}$，而输出电压的变化 $\Delta U_{34}=\Delta I_{c1}R_{c1}-\Delta I_{c2}R_{c2}$，只要电路器件对称，就有 $\Delta I_{c1}=\Delta I_{c2}$，故 $\Delta U_{34}=\Delta I_{c1}R_{c1}-\Delta I_{c2}R_{c2}=0$，即总的输出是无零点漂移的，其实就是电路不完全对称，即 $\Delta I_{c1}\neq$

ΔI_{c2}，总的零点漂移也比单管输出的小。其原因是在共同的射极上有一个较大的 R_e 对两者的漂移起到了强烈的负反馈作用，即由于漂移电流 ΔI_{c1} 和 ΔI_{c2} 是以相同方向流过 R_e 的，所以共模信号 $\Delta U_e = \Delta I_e R_e \doteq (\Delta I_{c1} + \Delta I_{c2}) R_e$，将使得 e 点对地的电位升高，在原基极电位不变的前提下使得两管的 $\Delta U_{be}\downarrow \to \Delta I_b \downarrow \to \Delta I_c \downarrow$，所以只要 R_e 足够大，即使 I_e 增加很少一点就会导致不少的 $\Delta U_e \uparrow \to \Delta U_{be} \downarrow \to \Delta I_b \downarrow \to \Delta I_c \downarrow$，可见 R_e 的控制作用是很灵敏的。

2）有输入信号作用时的动态情况

当有输入信号 u_{12} 直接作用到 1、2 端时，由于 R_1 和 R_2 的分压作用，两管各自对公共地端的输入为 $\pm\frac{u_{12}}{2}$，如图 5.1(b) 和图 5.2 所示，即 $u_1 = +\frac{u_{12}}{2}$，$u_2 = -\frac{u_{12}}{2}$，我们称这种输入状态为差动输入，这也是差分放大器命名的由来。

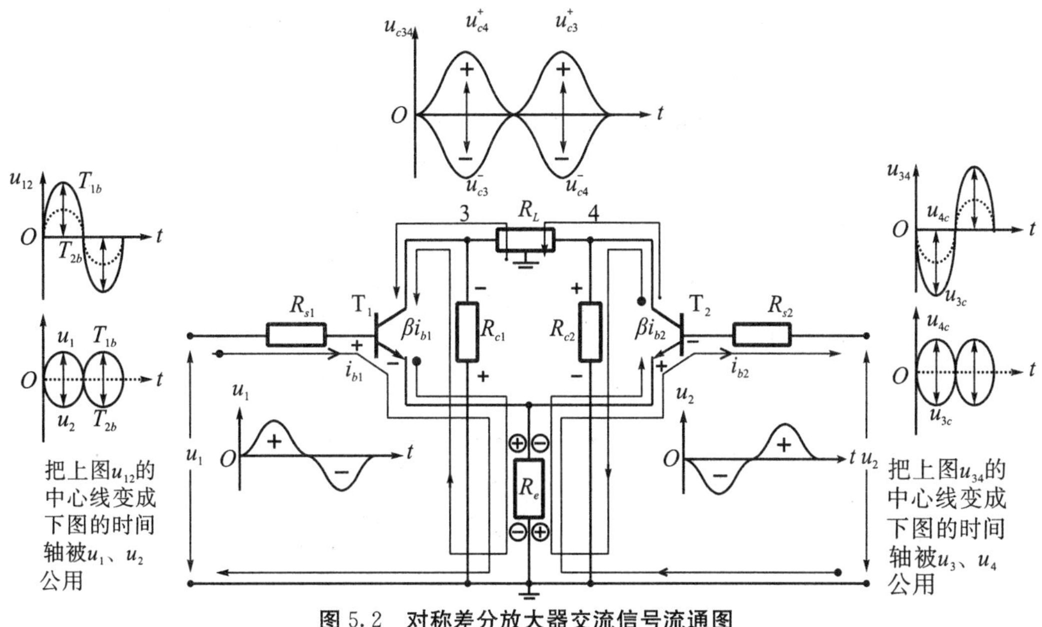

图 5.2　对称差分放大器交流信号流通图

在 T_1 的基极受到正电位 $+\frac{u_{12}}{2}$ 的作用下使得 $i_{b1}\uparrow \to i_{c1}\uparrow \to u_{c1}\downarrow$，即集电极到地为负。这时要特别注意，当 i_{c1} 流过 R_e 形成的 $u_e \doteq i_{c1}R_e$ 会提高 T_1 的射极正电位，使得 $u_{be1}\downarrow \to i_{b1}\downarrow \to \beta_1 i_{b1}\downarrow \to u_{L1}\downarrow \to A_{u3}\downarrow$，也就是说，$R_e$ 的负反馈已使 A_{u3} 下降；而 T_2 的基极到地又在负电位 $-\frac{u_{12}}{2}$ 的作用下使得 $i_{b2}\downarrow \to i_{c2}\downarrow \to u_{c2}\uparrow$，即集电极到地为正。这里要特别注意，当 i_{c2} 流过 R_e 形成的 $u_e \doteq -i_{c2}R_e$ 会提高 T_2 的射极负电位，使得 $u_{eb2}\downarrow \to i_{b2}\downarrow \to \beta_2 i_{b2}\downarrow \to u_{L2}\downarrow \to A_{u4}\downarrow$，也就是说，$R_e$ 的负反馈已使 A_{u4} 下降。此外，由于输入信号 $\pm\frac{u_{12}}{2}$ 所引起的 i_{c1} 和 i_{c2} 是以相反的方向流过 R_e 的（这叫差模信号），在电路完全对称的情况下有 $i_{c1}=i_{c2}$，将使得 R_e 上两极性相反的真实负反馈电压仅在 R_e 上互相抵消，对外无法显示出来，这犹如 R_e 对两负反馈信号接了旁路电容短路一样，这时可把 R_e 的上、下接点 R_e 直接接到地。也就是说，当 R_e 对 T_1、T_2 各自输出电流 $\beta_1 i_{b1}$ 和 $\beta_2 i_{b2}$ 时，强烈的真实负反馈是没有在交流等效的输入电路中用 R_e 体现出来的，这也是在计算差分放大器的 A_u 时，无法在表达式的分母中体现 R_e 的根本原因。总之，在把双端输入 u_{12} 的作用分成 $u_1 = +\frac{u_{12}}{2}$，$u_2 = -\frac{u_{12}}{2}$ 的

情况下，由图 5.2 所示的交流信号流通图可清楚地看出 u_{c3} 和 u_{c4} 随 u_1 和 u_2 的变化。注意：u_1 和 u_2 是以 u_{12} 的等分中心虚线变成公用地的，u_3 和 u_4 是以 u_{34} 的等分中心虚线变成公用地的。因此，把 R_L 从中分成两半到地，$\beta_1 i_{b1}$ 会向下流过 R_L 靠 3 的这边，$\beta_2 i_{b2}$ 会向上流过 R_L 靠 4 的这边。

5.1.2 差分放大器的指标计算

1. 双端差动输入时的情况

所谓双端差动输入，是指先把输入信号 u_{12} 经 R_1 和 R_2 分成两份，再把其中的 $+\frac{u_{12}}{2}=u_1$ 加到 T_1 的基极到地之间形成 i_{b1}，而把 $-\frac{u_{12}}{2}=u_2$ 加到 T_2 的基极到地之间形成 i_{b2}。

1）简化电路与等效电路

双端差动输入在忽略 R_{b1} 和 R_{b2} 的分流作用后的等效电路如图 5.3 所示。

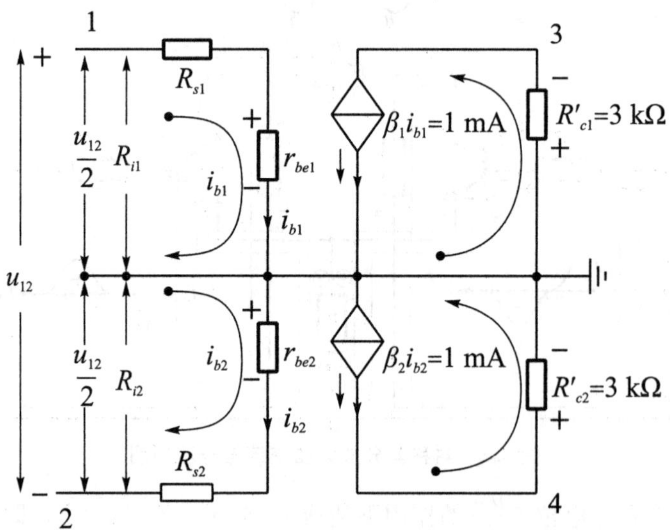

图 5.3 双端差分电路的反相等效电路

2）放大倍数 A_u 的计算

两管的反相电流负反馈使放大倍数下降。从图 5.3 所示的等效电路图可以看出：若 $u_{12}=2$ V，则 $u_1=1$ V，$u_2=-1$ V，若 $i_{c1}=i_{c2}=1$ mA，$R'_{c1}=R'_{c2}=3$ kΩ，则 $u_{c3}=-3$ V，$u_{c4}=3$ V，$u_{34}=-6$ V。用公式计算如下：

$$i_{b1}=\frac{u_{12}}{2(R_{s1}+r_{be1})}$$

$$u_3=-i_{b1}\beta_1 R'_{c1}=-\frac{u_{12}\beta_1 R'_{c1}}{2(R_{s1}+r_{be1})}\quad \left(R'_{c1}=R_{c1}\ /\!/\ \frac{R_L}{2}\right)$$

故

$$A_{u1}=\frac{u_3}{u_{12}}=-\frac{\beta_1 R'_{c1}}{2(R_{s1}+r_{be1})}\quad \text{(因 } R_e \text{ 的负反馈，只有单管的一半)} \tag{5.1}$$

同理，从图 5.3 可以看出：

$$A_{u2}=\frac{u_4}{u_{12}}=\frac{\beta_2 R'_{c2}}{2(R_{s2}+r_{be2})}$$（因 R_e 的负反馈，只有单管的一半）

而双端输入、双端输出时的放大倍数为

$$A_u=\frac{u_{34}}{u_{12}}=\frac{u_3-u_4}{u_{12}}=-\frac{\dfrac{u_{12}\beta_1 R'_{c1}}{2(R_{s1}+r_{be1})}+\dfrac{u_{12}\beta_2 R'_{c2}}{2(R_{s2}+r_{be2})}}{u_{12}}\overset{\text{对称时}}{=\!=\!=}-\frac{\beta R'_c}{R_s+r_{be}} \tag{5.2}$$

因两管的 i_e 都反相流过 R_e，使得在 R_e 上形成的负反馈都无法从公式中体现出来，这就造成双端输入、双端输出时的放大倍数与单管放大倍数一样。由此可见，差分放大器是把各自的放大能力通过 R_e 的强烈负反馈用于克服直流的零点漂移和交流的不稳定去了。

3）输入电阻 R_{i12} 的计算

要计算 1、2 端的输入电阻，应先分别计算 R_{i1} 和 R_{i2}，由 $\frac{u_{12}}{2}$ 和 $-\frac{u_{12}}{2}$ 所引起的 i_{b1} 和 i_{b2}，以及图 5.3 可以得到：

$$R_{i1}=R_{s1}+r_{be1},\quad R_{i2}=R_{s2}+r_{be2}$$

$$R_{i12}=R_{i1}+R_{i2}=2(R_s+r_{be})\ \text{（单管的 2 倍）} \tag{5.3}$$

4）输出电阻 R_{i34} 的计算

要计算 3、4 端的输出电阻，应先分别计算 R_{i3} 和 R_{i4}，当把 R_L 断开后，由图 5.3 朝 T_1 和 T_2 的集电极看去，有

$$R_{i3}=R_{c1},\quad R_{i4}=R_{c2}$$

$$R_{i34}=R_{i3}+R_{i4}=2R_c\ \text{（单管的 2 倍）} \tag{5.4}$$

2. 单端差动输入时的情况

所谓单端差动输入，是指把输入信号 $u_{12}=u_i$ 直接加到 T_1 的基极到地之间，如图 5.4 所示。

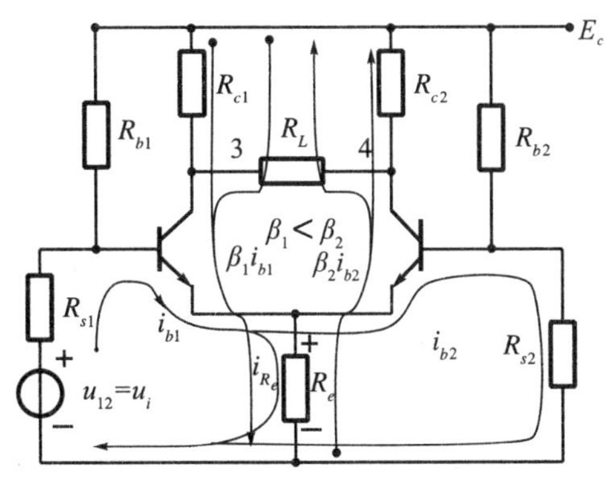

图 5.4　单端差分输入的交流示意图

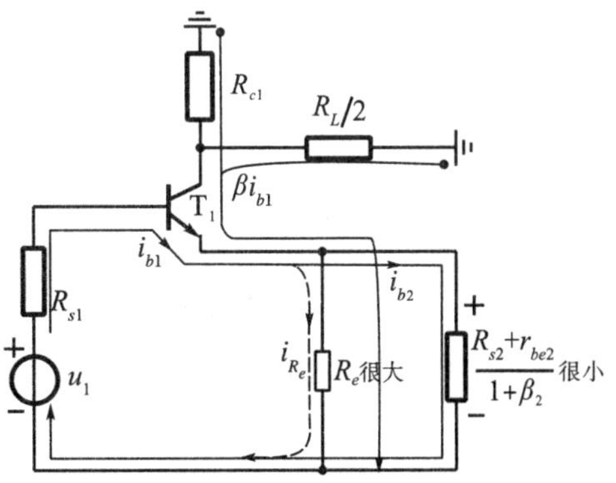

图 5.5　单端差分输入电路的简化图

1）电路及等效电路

对图 5.4 所示电路，在 u_i 作用下由 $i_{b1}=i_{R_e}+i_{b2}$，在 $R_e\gg r_{be}$ 的前提下有 $i_{b1}\approx i_{b2}$。为说明 i_{b2} 的大小，可把 T_2 当成 T_1 的射极负载来考虑。根据把 T_2 基极上的电阻 $R_{s2}+r_{be2}$ 折合到射极要缩小（$1+\beta_2$）倍的原则，可得到如图 5.5 所示的简化电路。为了克服零点漂移，通常选 $R_e\gg\frac{R_{s2}+r_{be2}}{1+\beta_2}$，即 R_e 对 u_i 形成的 i_b 而言可看成开路，于是 $i_{b2}\approx i_{b1}$ 成立。这样就可进一步把整个输入回路简化成如图 5.6 所示的 1、2 端的单回路形式。由整个输入回路可直接写出：

$$u_i = i_{b1}(R_{s1} + r_{be1}) + i_{b2}(R_{s2} + r_{be2})$$

即作用到两管基射间的电压都为 $i_b r_{be}$，可认为 $i_{b1} = i_{b2}$，即两者大小相等、极性相反，使电路又变成表面上是单端输入 u_i，而实质上又是由 u_i 形成的 i_{b1} 和 i_{b2} 分别对 T_1 和 T_2 进行输入，从而又达到了双端输入的效果。这时 $u_i = u_{12}$，又变成了双端输入的形式，对输出回路而言，$\beta_1 i_{b1} = i_{c1}$ 和 $\beta_2 i_{b2} = i_{c2}$ 以相反的方向流过 R_e。当两电流大小相等相互抵消后，使 $u_{R_e} = 0$，这时 R_e 就由对输入回路的 $i_{b1} = i_{b2}$ 之流通从断开转变成 R_e 对输出回路的 $\beta_1 i_{b1}$ 和 $\beta_2 i_{b2}$ 是短路了，即 R_e 对两输入回路是断开的，而对两输出回路又是短路且各自独立闭合的。也就是说，$\beta_1 i_{b1}$ 和 $\beta_2 i_{b2}$ 各自都有自己独立的输出回路。这样，图 5.6 的 3、4 端又成为整个差分放大器的输出端了。三个回路的公共点就是 e 处。

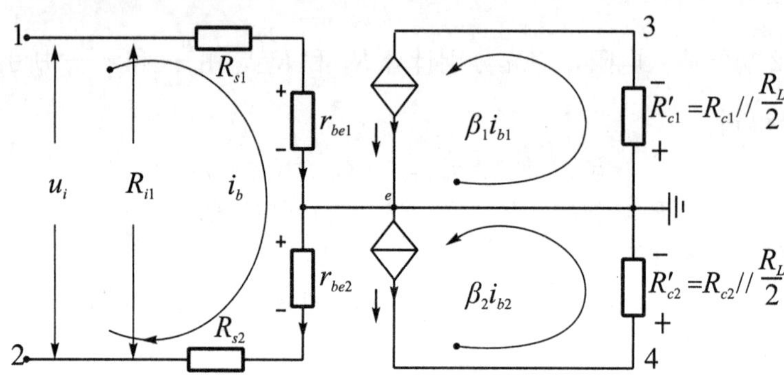

图 5.6　单端差分输入的等效电路

2）A_u 的计算

由前面的输入回路方程 u_i 可直接写出：

$$i_b = i_{b1} = i_{b2} = \frac{u_i}{R_{s1} + r_{be1} + r_{be2} + R_{s2}} = \frac{u_i}{2(R_s + r_{be})}$$

$$u_3 = -\beta_1 i_{b1} R'_{c1} = -\frac{u_i \beta_1 R'_{c1}}{2(R_s + r_{be})}$$

$$A_{u1} = \frac{u_3}{u_i} = -\frac{\beta_1 R'_{c1}}{2(R_s + r_{be})} \quad \text{（单管的一半）}$$

从图 5.6 可以看出：

$$A_{u2} = \frac{u_4}{u_i} = \frac{\beta_2 R'_{c2}}{2(R_s + r_{be})} \quad \text{（单管的一半）} \tag{5.5}$$

从图中还可以看出：

$$A_u = \frac{u_3 - u_4}{u_i} = -\frac{\dfrac{u_i \beta_1 R'_{c1}}{2(R_s + r_{be})} + \dfrac{u_i \beta_2 R'_{c2}}{2(R_s + r_{be})}}{u_i}$$

$$= -\frac{\beta R'_c}{R_s + r_{be}} \tag{5.6}$$

这就是单端输入、双端输出时的放大倍数。它也与单管放大倍数一样，还是牺牲其中的一支三极管的放大作用而用于克服对直流的零点漂移和交流的负反馈了。

3）输入电阻 R_{i1} 的计算

由图 5.6 所示的整个输入回路可以看出：

$$R_{i1} = 2(R_s + r_{be}) \tag{5.7}$$

4）输出电阻 R_{i34} 的计算

由图 5.6 所示的整个输出回路可以看出：

$$R_{i3}=R_{c1}，R_{i4}=R_{c2} \tag{5.8}$$

$$R_{i34}=R_{i3}+R_{i4}=2R_c \tag{5.9}$$

通过以上分析可以得出如下结论：

（1）对差分放大器而言，凡是双端输出，放大倍数都与单管一样；而单端输出时的放大倍数只为单管的一半，似乎零点漂移的减小是靠牺牲另一半放大倍数换来的。

（2）输入电阻不论是双端输入还是单端输入，都为 $2(R_s+r_{be})$。

（3）输出电阻在双端输出为 $2R_c$，单端输出为 R_c。

5.2　差分放大器的改进

5.2.1　电源 E_e 的引入

从前面的分析可知，R_e 对零点漂移起负反馈作用，而对差分信号不起负反馈作用，所以用加大 R_e 的办法来减小零点漂移是很好的，但如果 R_e 太大，则 E_c 在 R_e 上的损失太多，而真正作用到管子上的有效电压就很小，这将使放大器的动态范围减小（即 I_{cQ} 和 U_{ceQ} 都小）。为了不减小放大器的动态范围，我们人为地引入一个电源 E_e 专门为 R_e 供电，在 $|-E_e|=E_c$ 的前提下，可使 T_1、T_2 的发射极对交直流电永远处于零电位，可保证多级差分放大器级联时永远处于零输入和零输出的状态，同时可防止差分放大器受外界信号的干扰，这样不仅可以充分发挥电源 E_e 的作用，而且可以保证在 $I_{cQ}=\frac{I_{eQ}}{2}$ 之值较大的情况下取得一个很大的 R_e，于是既可做到差模增益很大，又可做到共模漂移极小。

5.2.2　恒流“R_e”和有源“r_{ce}”的引入

前面引入的 E_e 虽有好处，但必须多准备一套电源，为此需另想办法。例如，只要能找到一个直流电阻很小的“R_e”，则对 E_c 的损失就少，而这个“R_e”的交流电阻 $r_{交}$ 又很大，当共模信号以同方向流过 $r_{交}$ 时，负反馈极强对电路的稳定性很好，而当差模信号以相反方向流过 $r_{交}$ 时，所产生的电压相互抵消后为 0。也就是说，它对差模信号没有丝毫影响，这岂不很好吗？而晶体三极管 ce 间的电压与流过 ce 间的电流 I_c 的伏安曲线就具有这样的特性，如图 5.7 所示，即当 $U_{ce}\geqslant 2$ V 时，直流电阻 $R_{直}=\frac{U_{ce}}{I_{cQ}}$ 还是很小的，则 $R_{直}$ 对 E_c 的损失就很少，可是 $r_{交}=\frac{\Delta U_{cQ}}{\Delta I_{cQ}}=r_{ce}$ 则非常大，它对同向的共模信号的负反馈作用就很强，而对总的差模信号电压降为 0，因此用一支三极管 T_3 代替上面的 R_e 是非常好的。于是我们把这个三极管的恒流“R_e”给 T_3 的射极再接一个 R_3，其稳定作用更好。其具体电路如图 5.8 所示。有的教材也把这个恒流“R_e”用一个电流源-⏀-来表示。

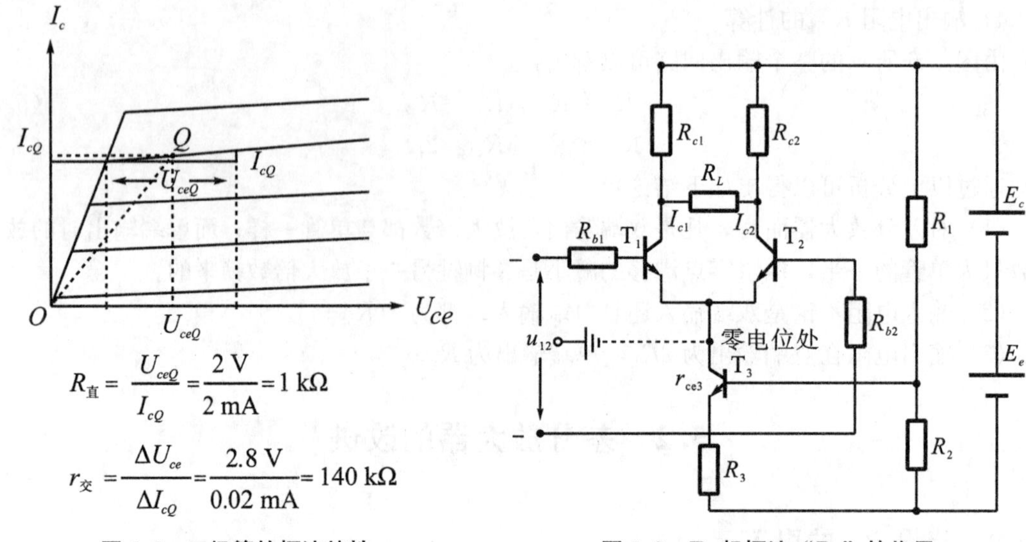

图 5.7　三极管的恒流特性　　　　图 5.8　T_3 起恒流“R_e”的作用

这样就可以做到当 $I_{c3}=I_{e3}$ 接入一个 R_3 后，它的负反馈作用将使得 I_{c3} 更加稳定，从而保证了 $I_{c1}=I_{c2}=\frac{I_{c3}}{2}$ 的稳定，可使差分放大器的两集电极间得到一个纯净的信号输出。

归纳起来，恒流“R_e”的好处有以下三点：

(1) 对直流电源 E_c 的损耗很少。

(2) 对直流 I_{c1} 和 I_{c2} 的直流负反馈很强，可使两管的工作点特别稳定。

(3) 对交流 i_{c1} 和 i_{c2} 各自显示出的交流电阻“r_{ce3}”都很大，只因流向相反而使得“u_{e12}”为 0。由此可以看出，对每支三极管，当它工作在放大状态时，都有直流电阻“R_{ce3}”很小而交流电阻“r_{ce3}”很大的特点。“R_{ce3}”小，对直流 E_e 的损耗小，“r_{ce3}”大，对反相信号的负反馈很强，使其工作非常稳定。

利用同样的思想，当把一支工作在放大状态的三极管 T_2 串接在 T_1 的集电极时，就可把 T_2 的 ce 之间看成一个有源负载“r_{ce2}”来使用，其典型的接法如图 5.9 所示。把 T_2 的 r_{ce2} 与 R_L 并联成 R_c'（$=r_{ce2}\,/\!/R_L$），可提高放大器的放大倍数。

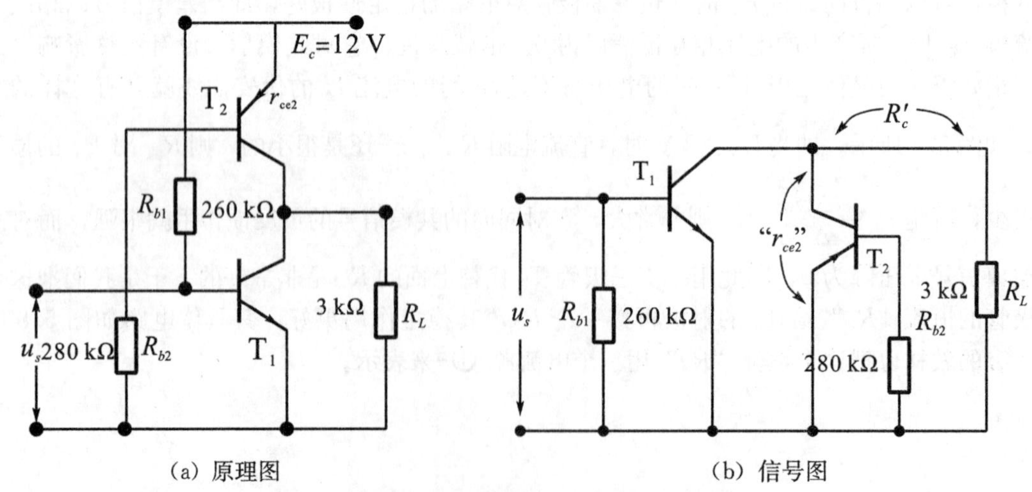

(a) 原理图　　　　(b) 信号图

图 5.9　有源负载“r_{ce}”电路

5.3　集成差分放大器的偏置电路

因差分放大器本身就有双入双出、双入单出、单入双出、单入单出四种形式，在它的后面还有中间级和输出级等，作为整个集成差分的输入级，每种电路对直流供电都有一定的要求。下面重点分析集成差分放大器各三极管的静态电流在一个偏置电路的一个基准电流 I 带动下，它所对应的 I_{c2} 是如何向各差分管供电的三种情况。

5.3.1　由镜像电流源供电的偏置电路

镜像电流源的偏置电路如图 5.10 所示。

电源"E_c"通过电阻 R 和 T_1 产生一个基准电流 I，由图 5.10 可得：

$$I=\frac{E_c-U_{be}}{R}\approx\frac{E_c}{R}$$

然后通过基准电流 I 的带动形成的 I_b 在 T_2 和 T_3 的集电极得到相应的 I_{c2} 和 I_{c3}，再向两支差分管供电。由于 $U_{be1}=U_{be2}$，而 T_1 和 T_2 是做在同一硅片上两个相邻的三极管，它们的工艺、结构和参数都比较一致，因此可以认为

$$I_{b1}=I_{b2}，\ I_{c1}=I_{c2}$$

由 $I_{c2}=I_{c1}=I-2I_b=I-2\frac{I_{c2}}{\beta}\to I=I_{c2}(1+\frac{2}{\beta})$，即

$$I_{c2}=\frac{I}{1+\frac{2}{\beta}} \tag{5.10}$$

当满足条件 $\beta\gg2$ 时，式（5.10）可简化为

$$I_{c2}\approx I=\frac{E_c-U_{be1}}{R} \tag{5.11}$$

由于输出的电流 I_{c2} 和基准电流 I 基本相等，它们之间的关系如同照镜子镜中的像，所以这种恒流源电路称为镜像电流源偏置电路。这时 I_{c2} 就可给两支差分管等供电，同时 I_b 还可带动与 T_2 并列的 T_3 成为镜像。

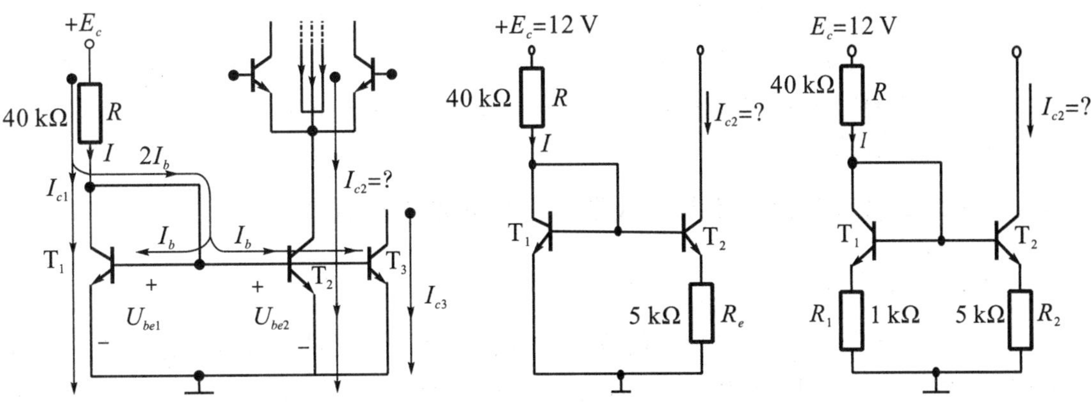

图 5.10　镜像电流源偏置电路　　图 5.11　微电流源偏置电路　　图 5.12　比例电流源偏置电路

5.3.2　由微电流源供电的偏置电路

为了得到微安级的输出电流 I_{c2}，可在镜像电流源的基础上，给 T_2 发射极接入一个电阻 R_e，如图 5.11 所示，这种电路称为微电流源偏置电路。

引入 R_e 后，将使 $U_{be2}<U_{be1}$，此时可使 $I_{c2}\ll I_{c1}$，即在 R_e 阻值不太大的情况下，得到一个比较小的输出电流 I_{c2}。

由图 5.11 可得：

$$U_{be1}-U_{be2}=I_{e2}R_e\approx I_{c2}R_e$$

根据二极管方程，在测得 U_{be1} 和 U_{be2} 后可得：

$$I_{c2}=\frac{U_{be1}-U_{be2}}{R_e}\quad (U_{be1}-U_{be2}>0) \tag{5.12}$$

5.3.3　由比例电流源供电的偏置电路

在镜像电流源基础上，对 T_1、T_2 的发射极分别接入两个电阻 R_1 和 R_2，即可组成比例电流源偏置电路，如图 5.12 所示。

由图 5.12 可得：

$$U_{be1}+I_{e1}R_1=U_{be2}+I_{e2}R_2$$

由于 T_1、T_2 是做在同一硅片上的两个相邻的三极管，因此可以认为 $U_{be1}=U_{be2}$，则

$$I_{e1}R_1=I_{e2}R_2$$

如果两管的基极电流可以忽略，由上式可得输出电流为

$$I_{c2}=\frac{R_1}{R_2}I_{c1}\approx\frac{R_1}{R_2}I=\frac{R_1}{R_2}\,\frac{E_c}{R+R_1} \tag{5.13}$$

由此可见，两个三极管的集电极电流之比近似与发射极电阻的阻值成反比，故称为比例电流源。

5.4　功率放大电路的主要特点

功率放大器与电压放大器的主要区别在于，前者要向负载提供足够大的输出功率。功率放大器通常作为多级放大器的输出级。例如，驱动仪表，使指针偏转；驱动扬声器，使之发声；驱动自动控制系统中的执行单元等。总之，要求放大器有足够大的输出功率，这样的放大电路称为功率放大器。

5.4.1　对功率放大器的要求与放大器中三极管的工作状态

1. 对功率放大器的要求

对功率放大器的一个要求是根据负载 R_L 的需要，给 R_L 提供足够的输出功率。为此，功率放大器的输出电压和输出电流都应有足够大的变化量。功率放大器的一个重要的技术指标是负载 R_L 上的最大输出功率，就是在正弦输入信号作用下，输出波形不超过规定的非线性失真指标时，放大器的最大输出电压 u_{Lm} 与最大输出电流 i_{Lm} 有效值的乘积。采用共集极接法时，外接负载 $R_L=R_e$，则最大输出功率可表示为

$$P_{om}=\frac{u_{em}}{\sqrt{2}}\cdot\frac{i_{em}}{\sqrt{2}}=\frac{1}{2}u_{em}i_{em} \tag{5.14}$$

式中，u_{em} 和 i_{em} 分别为射极输出的正弦电压 u_e 和正弦电流 i_e 的最大幅值。

对功率放大器的另一个要求是具有较高的效率。因整个放大器得到的功率 P_c 是由直流电源 E_c 提供的，而输给负载的功率 P_0 只是 P_c 中的一部分，如果功率放大器的效率不高，这不仅造成能量浪费，而且消耗在放大器内部的电能将转换成热量，使管子、元件等温度升高。因此，不得不选用更大容量的放大管和其他元件，这样很不经济。

放大器的效率可表示为

$$\eta=\frac{P_0}{P_c} \tag{5.15}$$

2. 放大器中三极管的工作状态

在功率放大器中，三极管通常工作在大信号状态，使得管子特性曲线的非线性问题充分暴露出来。一般来说，功率放大器输出波形的非线性失真要比小信号放大器严重得多。

由于功率放大器的输出电压和输出电流的变化量都比较大，因此，电路中三极管的集电极电压、集电极电流和集电极耗散功率等也相应较大。为了保证安全，上述三个参数不要超过规定的极限值 U_{ce0}、I_{CM} 和 P_{CM}。

在功率放大器中，由于三极管的工作点在大范围内变化，因此，当对电路进行分析时，一般不采用小信号的微变等效电路法的 $\beta=\frac{\mathrm{d}I_c}{\mathrm{d}I_b}$、$r_{be}=\frac{\mathrm{d}V_{be}}{\mathrm{d}I_b}$ 来求解 A_u、R_i、R_0 等，而是针对三极管的整个输入、输出曲线 u_{be}—i_b 和 i_c—u_{ce} 所波及的范围，对共集电路，由直流负载线方程 $E_c=i_eR_e+u_{ce}$ 与 i_c—u_{ce} 曲线的相交所组成的直观图形来解析放大器的静态和动态工作过程，即通常所说的“图解法”。

5.4.2　推挽功率放大器

早年的推挽功率放大器多采用变压器耦合的方式，但变压器体积庞大，比较笨重，消耗铜材，而且在低频和高频时要产生相移，使之产生自激振荡。更重要的是，变压器耦合无法实现集成化。因此，目前的发展趋势是倾向于采用无输出变压器的直接耦合推挽功率放大器。

1. 具有交越失真的同相推挽功率放大器

最简单的推挽功率放大器是把一个 NPN 管和一个 PNP 管的两个基极接在一起作为输入端，把两个发射极接在一起再接上负载 R_e 作为输出端，并对两个集电极分别接正负电源 $\pm E_c$。该共集电极工作方式如图 5.13 所示，其工作过程如下：

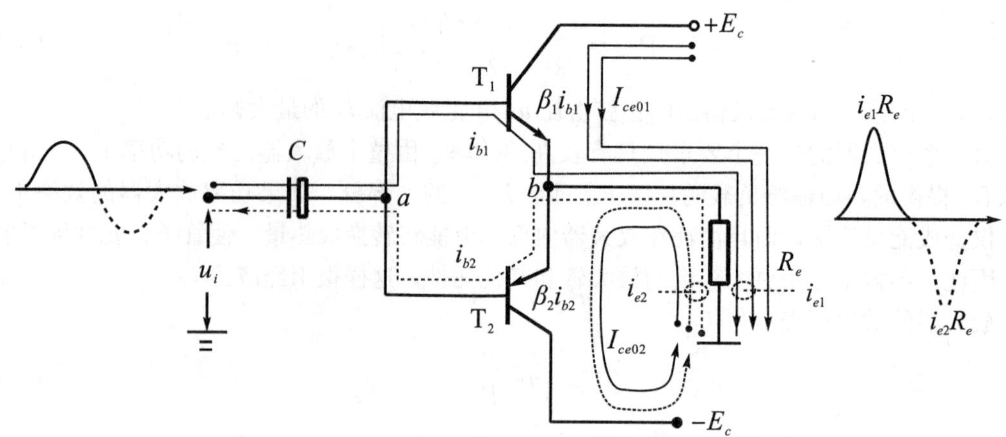

图 5.13 有交越失真的推挽功放（输出与输入同相）

(1) 静态时，因 T_1、T_2 基射极之间无偏置，使得 I_{b1}、I_{b2} 均为 0，两基极犹如断开，两支三极管只有穿透电流 I_{ce01}、I_{ce02} 流过，但因 I_{ce01} 和 I_{ce02} 流过 R_e 时方向相反，可互相抵消，并不在 R_e 上产生电压降即 $V_e \equiv 0$，用以保证零输入时的零输出状态。

(2) 动态时，u_{i+} 通过 C 和 R_e 对 T_1 发射结正偏形成 i_{b1}，在 i_{b1} 的带动下，$+E_c$ 会提供 $\beta_1 i_{b1}$ 流过 R_e，从而形成上正下负的输出电压：

$$u_{e+} = (1+\beta_1)i_{b1}R_e = i_{e1}R_e$$

这时 u_{i+} 通过 C 和 R_e 对 T_2 发射结反偏，所以 T_2 截止。接着当 u_{i-} 到来时，u_{i-} 通过 C 和 R_e 对 T_2 发射结正偏形成 i_{b2}，在 i_{b2} 的带动下，$-E_c$ 会提供 $\beta_2 i_{b2}$ 流过 R_e，从而形成下正上负的输出电压：

$$u_{e-} = -(1+\beta_2)i_{b2}R_e = -i_{e2}R_e$$

这时 u_{i-} 通过 C 和 R_e 对 T_1 发射结反偏，所以 T_1 截止。

总之，u_i 经过由 u_{i+} 到 u_{i-} 变化一个周期，从 R_e 上也分别取得了由 $\pm E_c$ 提供 $\pm i_e$ 在 R_e 上获得的电压 u_e 与 u_i 同相输出，实现了 T_1、T_2 轮流导通的推挽式工作状态，就像一个人的左右手在轮番出击一样，所以叫推挽。

即经过由 u_{i+} 到 u_{i-} 变化一周期时，从 R_e 上分别取得了由 $\pm E_c$ 提供 $\pm i_e$ 流过 R_e 使扩音机的喇叭 R_e 上获得了与 u_i 同极性的输出（叫出入同相）发声，实现了在微弱交变信号 u_i 的控制下，把 $\pm E_c$ 的直流电能转变成随输入信号 u_i 变化而变化的强大输出 u_e，这就是功率放大器的功能。

这个电路很简单，在大信号输入时，将 $\pm E_c$ 的直流电能转变成随输入信号 u_i 而变的交变电能，但当输入信号 u_i 幅度过小时，无法迈过三极管输入特性曲线底部的弯曲部分，使得发射极电流 i_e 无法随 u_i 变化而线性变化，即在 u_e 幅度较小时出现如图 5.13 右边所示的交越失真，而不是一个标准的正弦波。

2. 无交越失真的推挽功率放大器

图 5.13 所示的电路产生交越失真的根本原因是静态时 T_1、T_2 的发射结没有适当的正偏。只要设计一个电路能保证 T_1、T_2 的发射结有 0.3 V 左右的正偏，把 T_1、T_2 输入特性曲线底部弯曲的死区迈过就对了，如图 5.14 所示的直流电路就能达到这一目的。

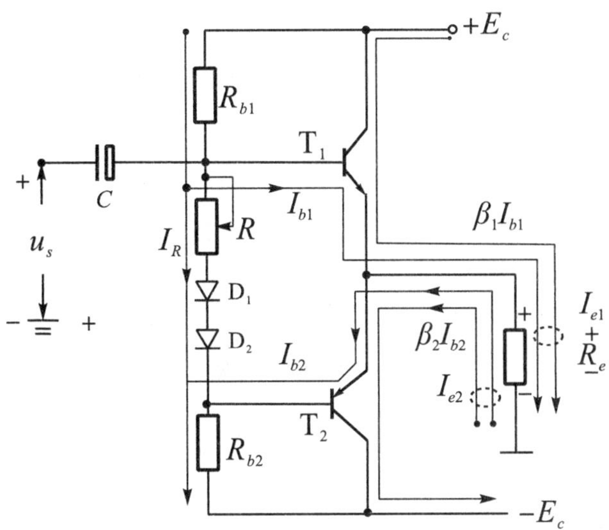

图 5.14　无交越失真的推挽功放的直流通道

R_{b1}、R_{b2}是 T_1 和 T_2 的基极直流偏置电阻，通常取值较大。R、D_1、D_2 三个元件是专门为 T_1、T_2 发射结提供合适正向偏置的元件，即使把 R 调到 0，也有 D_1 和 D_2 在为 T_1 和 T_2 的发射结提供正偏，这时整个电路的直流电流为 I_R、I_{b1}、I_{b2}、$I_{c1}=\beta_1 I_{b1}$、$I_{c2}=\beta_2 I_{b2}$，用以保证零输入时有零输出状态。

动态时，首先认为 R_{b1} 和 R_{b2} 较大，且不分流的前提下，若再把 $\pm E_c$ 短路接地得到如图 5.15 所示的电路，u_{i+} 还是通过 C 和 R_e 起到加强 I_{b1}、削弱 I_{b2} 的作用，在 I_{b1} 基础上加强的部分是 i_{b1} 和 βi_{b1}，在 R_e 上产生的电压 $u_{e+}=i_{e1}R_e$；而 u_{i-} 是以虚线的方式（方向与 u_{i+} 刚好相反）通过 C 和 R_e 起到加强 I_{b2}、削弱 I_{b1} 的作用，在 I_{b2} 基础上加强的部分是 i_{b2} 和 βi_{b2}，在 R_e 上产生的电压 $u_{e-}=-i_{e2}R_e$。一个周期内，$\pm i_e$ 同样在 R_e 上输出没有交越失真的正弦波。

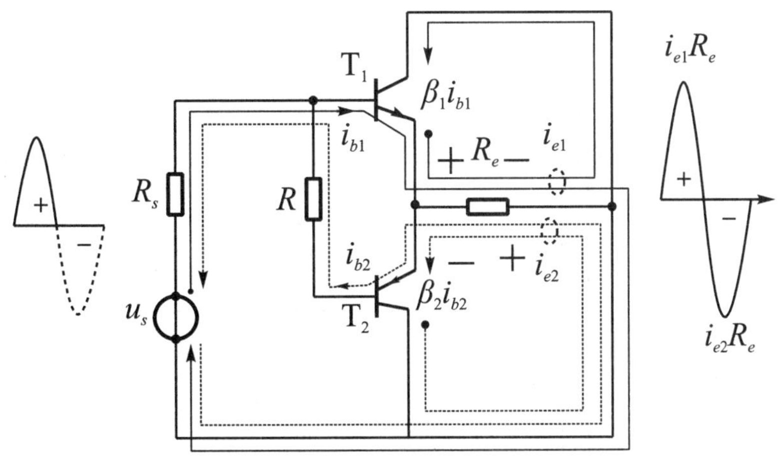

图 5.15　R_{b1} 和 R_{b2} 很大时的交流电路

5.5　推挽功放主要参数的估算

5.5.1　用输出曲线图解功放的工作过程

由于功率放大器是工作在大信号状态，因此只能利用三极管的输出特性曲线 i_c—u_{ce} 和由 R_e 决定的负载线的交点来描述三极管的工作轨迹，以分析推挽电路的主要参数。

为了直观地显示出推挽功放中两个三极管的工作情况，必须作出放大器的负载线，列出负载线方程 $E_c=u_{ce1}+i_{e1}R_e$，当 $i_{e1m}=\dfrac{E_c}{R_e}$ 最大时，$i_{e1m}R_e=E_c$，则 $u_{ce1s}=0$；当 $i_{e1}=0$ 最小时，$i_{e1}R_e=0$，则 $u_{ce1m}=E_c$。同理，$E_c=u_{ce2}+i_{e2}R_e$，当 $i_{e2m}=\dfrac{E_c}{R_e}$ 最大时，$i_{e2m}R_e=E_c$，则 $u_{ce2s}=0$；当 $i_{e2}=0$ 最小时，$i_{e2}R_e=0$，则 $u_{ce2m}=E_c$。于是在图 5.16 中利用 T_1 和 T_2 的输出特性曲线可画出 AQ_0B 这条负载线，它是两支三极管工作时 Q 点运动的轨迹，其中 NPN 型三极管 T_1 的输出特性曲线位于图中左上方，纵坐标为 i_{c1}、i_{e1}，横坐标为 u_{ce1}，向右；PNP 型三极管 T_2 的输出特性曲线位于图中右下方，纵坐标为 i_{c2}、i_{e2}，横坐标为 $-u_{ce2}$，向左。

静态时，乙类（导通角为 180°）推挽电路中两个三极管的集电极电流均为 0，两管的集电极电压分别为 $u_{ce1m}=E_c$，$u_{ce2m}=-E_c$，则两管的静态工作点均在图 5.16 中横坐标上的 Q_0 点处。对于甲乙类（导通角大于 180°）推挽电路来说，虽然在 $u_i=0$ 时 T_1 和 T_2 均已有一个微小的集电极电流，但因电流值很小，故甲乙类电路中两个三极管的静态工作点与图中的 Q_0 点靠得很近，也可近似认为甲乙类推挽电路的静态工作点也在图 5.16 中的 Q_0 点处。

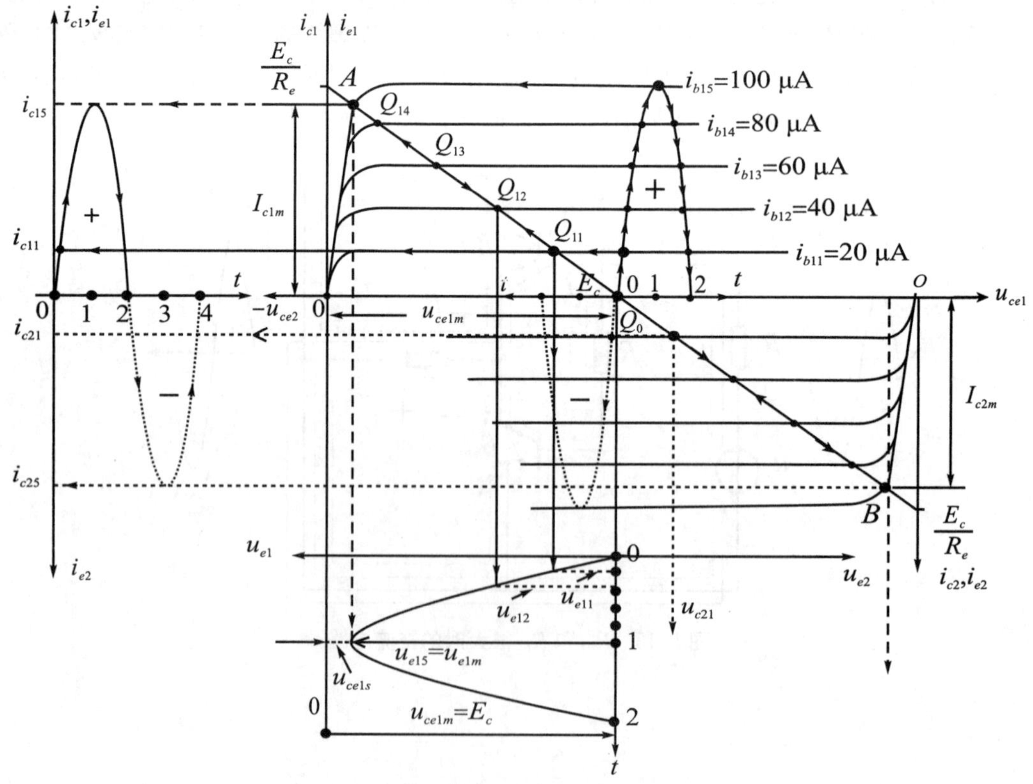

图 5.16　推挽电路的图解法

5.5.2 用图解法求最大输出功率

当加上正弦输入电压 u_i 时，两个三极管的工作点 Q 将分别沿着负载线 Q_0A 和 Q_0B 移动。在 u_i 的正半周，T_1 导通，随 u_i 正值的逐步增大，T_1 的 i_{b10} 逐步上升到 $i_{b11}=20\ \mu\text{A}$，T_1 的工作点就由 Q_0 沿负载线朝左上方上升到 Q_{11}，并以 Q_{11} 点为中心与横轴平行向左延伸，找到相应的 $i_{c11}=\beta_1 i_{b11}=2\ \text{mA}$，设 $\beta_1=100$，$i_{e11}=(1+\beta_1)i_{b11}=2.02\ \text{mA}$，以及以 Q_{11} 点为中心垂直向下延伸，找到相应的 $u_{e11}=i_{e11}R_e=2.02\ \text{mA}\times 1\ \text{k}\Omega=2.02\ \text{V}$，$u_{ce11}=E_c-u_{e11}=12\ \text{V}-2.02\ \text{V}=9.98\ \text{V}$；接着又因 u_i 上升使得 $i_{b12}=40\ \mu\text{A}$，T_1 的工作点由 Q_{11} 沿负载线左上方升到 Q_{12} 继续得 i_{c12}、i_{e12}、u_{e12}、u_{ce12}。T_1 又重复前面的过程，依次下去，直到 $i_{b15}=100\ \mu\text{A}$ 时，T_1 的工作点 Q_1 沿负载线 Q_0A 向左上方移动到 A 处，这时 T_1 的集电极电流 $i_{c1m}=10\ \text{mA}$，$i_{e1m}=10.1\ \text{mA}$，$u_{e1m}=i_{e1m}R_e=10.1\ \text{mA}\times 1\ \text{k}\Omega=10.1\ \text{V}$ 最大，而 $u_{ce1s}=E_c-u_{e1m}=12\ \text{V}-10.1\ \text{V}=1.9\ \text{V}$ 饱和电压降最小。整个正半周 i_{b1}、i_{c1}、i_{e1}、u_{e1}、u_{ce1} 的波形如图5.16左上边的实线所示，从时间轴看就是 $t=0\sim 1$ 这一段。当 u_i 从正的最大值 u_{im} 逐渐回落下降时，三极管 T_1 的工作点 Q_1 又沿负载线 AQ_0 从 A 处回头向右下方移动直到 Q_0 处为止。在 u_i 的负半周，T_2 导通，T_2 的工作点 Q_2 沿负载线 Q_0B 向右下方移动直到 B 处，T_2 的集电极最大电流为 i_{c2m}、i_{e2m}、u_{e2m}，整个负半周 i_{b2}、i_{c2}、i_{e2}、u_{e2}、u_{ce2} 的各波形如图5.16右下边的虚线所示。

由图5.16可见，三极管 T_1 射极最大电压 $u_{e1m}=E_c-u_{ce1s}$，式中 u_{ce1s} 为第一支三极管的饱和电压降，则三极管 T_1 的射极最大电流为

$$i_{e1m}=\frac{E_c-u_{ce1s}}{R_e} \tag{5.16}$$

同理，对第二支三极管有 $u_{e2m}=E_c-u_{ce2s}$，则三极管 T_2 的射极最大电流为

$$i_{e2m}=\frac{E_c-u_{ce2s}}{R_e} \tag{5.17}$$

当 T_1 和 T_2 轮流工作一个周期后，两支三极管输出的最大功率为 u_{em} 和 i_{em} 有效值的乘积，即

$$P_{om}=\frac{u_{em}}{\sqrt{2}}\frac{i_{em}}{\sqrt{2}}=\frac{1}{2}u_{em}i_{em}=\frac{(E_c-u_{ces})^2}{2R_e} \tag{5.18}$$

当满足条件 $u_{ces}\ll E_c$ 时，可将式（5.18）中的 u_{ces} 忽略，此时可得到两支三极管的最大输出功率为

$$P_{om}\approx\frac{E_c^2}{2R_e} \tag{5.19}$$

由于 T_1 和 T_2 是轮流工作的，前后半周都有 $\dfrac{E_c^2}{2R_e}$ 的功率输出，所以 R_e 是满负荷的，只是 T_1 和 T_2 各有一半的休息时间，同样 E_c 和 $-E_c$ 也是在间断性地供电，这一次展现了推挽功放“招之即来，来之能战，战之能胜”的特色。

5.5.3 求输出效率

当输出最大功率时，放大电路的效率等于最大输出功率 P_{om} 与直流电源提供的功率 P_c 之比。而直流电源提供的功率 P_c 等于电源电压 E_c 与半个正弦波周期内三极管集电极电流

的平均值$\frac{2i_{em}}{\pi}$的乘积，即

$$P_c = E_c \times \frac{1}{\pi}\int_0^{\pi} i_{em}\sin\omega t\,\mathrm{d}(\omega t) = \frac{2}{\pi}E_c i_{em} \approx \frac{2E_c^2}{\pi R_e} \tag{5.20}$$

因此，当忽略饱和电压降 u_{ces}时，由式（5.18）和式（5.20）可得到电路的效率为

$$\eta = \frac{P_{om}}{P_c} \approx \frac{E_c^2}{2R_e} / \frac{2E_c^2}{\pi R_e} = \frac{\pi}{4} \approx 78.5\%$$

如果考虑三极管的饱和电压降，则乙类和甲乙类互补对称电路的效率将低于此值。

5.5.4 功率三极管的极限参数

在论述功率放大电路的特点时已经强调，应注意功率放大电路中三极管的极限参数，防止三极管的工作点超出其安全工作范围。也就是说，对于功率放大电路中三极管的集电极最大电流、集电极最大反向电压以及集电极最大功率损耗等参数应进行必要的核算，并以此作为选择功率三极管的主要依据。

1. 集电极最大允许电流 I_{CM}

由图 5.16 可知，在推挽电路中，流过三极管的最大集电极电流为

$$I_{CM} = \frac{E_c - u_{ces}}{R_L} \approx \frac{E_c}{R_e} \tag{5.21}$$

因此，选择功率三极管时，其集电极最大允许电流应为

$$I_{CM} > \frac{E_c}{R_e} \tag{5.22}$$

2. 集电极最大允许反向电压 U_{ce0}

由图 5.13 可知，在推挽电路中，两个三极管的集电极电压之和等于 $2E_c$，即

$$u_{ce1m} + u_{ec2m} = 2E_c$$

或

$$u_{ce1m} + |u_{ce2m}| = 2E_c$$

当 T_2 导通至短路而 T_1 处于截止时，T_1 的集电极承受反向电压最大值为 $2E_c$。因此，功率三极管的集电极最大允许反向电压应为

$$U_{ce0} > 2E_c \tag{5.23}$$

3. 集电极最大允许耗散功率 P_{CM}

实践证明，推挽电路每个三极管的最大管耗大约等于最大输出功率的 1/5。因此，在选择功率三极管时，其集电极最大允许耗散功率应为

$$P_{CM} > 0.2P_{om} \tag{5.24}$$

以上对三极管极限参数 I_{CM}、U_{ce0}和 P_{CM}的估算结果是在理想情况下得出的。在实践工作中选用功率三极管时，应留有适当的裕量。另外，有些大功率的三极管还必须根据手册上的要求，安装规定尺寸的散热片。

5.6 复合管的推挽功率放大电路

如果功率放大电路输出端的负载电流比较大，则要求提供给功率三极管基极的推动电流

也比较大，例如在如图 5.15 所示的互补对称电路中，功率三极管的最大集电极电流为 2.5 A，设功率管的 β 为 20，则需要向功率三极管的基极提供 125 mA 的推动电流。要求前置放大级供给如此之大的电流显然是不现实的。为了解决这个矛盾，可以考虑在输出级采用复合管。假设组成复合管的两个三极管的电流放大倍数分别为 $\beta_1=50$，$\beta_2=20$，若功率三极管的最大集电极电流仍为 2.5 A，则此时只需向复合管的基极提供 2.5 mA 的推动电流。

5.6.1　复合管的常用接法

接法的原则：以前级三极管的类型为基准，如图 5.17 所示。

(1) 若前级是 NPN 管，且把 i_{e1} 作为后级的 i_{b2}，则后级需用同型管 NPN，如图 5.17(a) 所示。若把 i_{c1} 作为后级的 i_{b2}，则后级需用异型管 PNP，如图 5.17(c) 所示。

(2) 若前级是 PNP 管，且把 i_{e1} 作为后级的 i_{b2}，则后级需用同型管 PNP，如图5.17(b) 所示。若把 i_{c1} 作为后级的 i_{b2}，则后级还需用异型管 NPN，如图 5.17(d) 所示。

无论由相同或不同类型的三极管组成复合管时，外加直流偏置电压应保证前后两个三极管均为发射结正向偏置，集电结反偏，使两管都工作在放大区，并最终能保证 $i_e=i_b+i_c$ 这个原则。同时，i_e 处于复合管的射极，i_c 处于复合管的集电极，这是看电路时的重要基础。

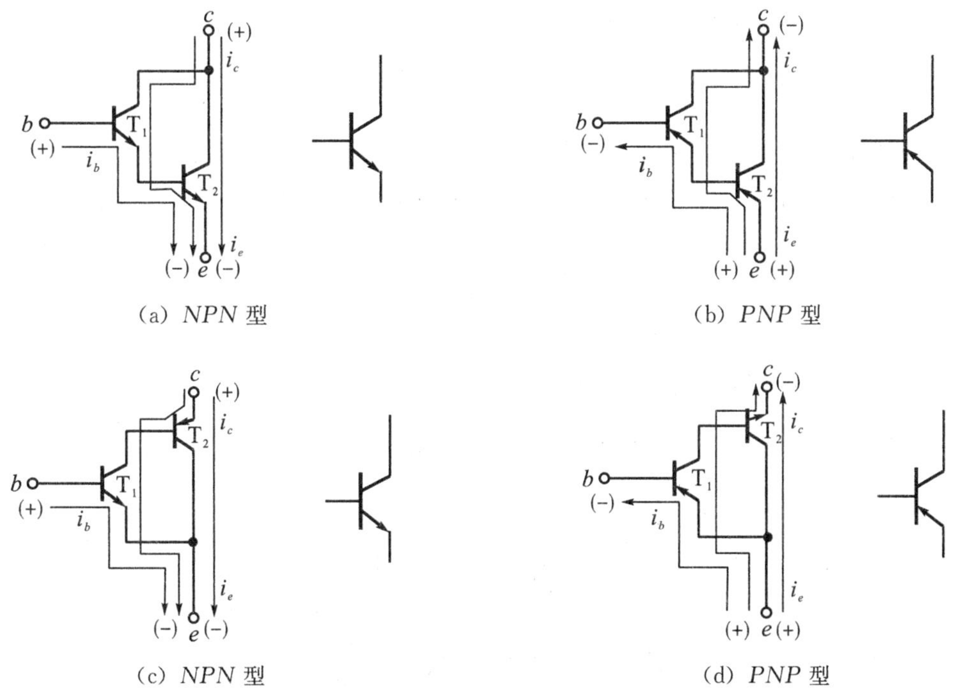

图 5.17　复合管的组成

5.6.2　复合管的 β 和 r_{be}

1. 由相同类型的三极管组成的复合管

由两个 NPN 三极管组成的复合管如图 5.17(a) 所示。现在来分析一下，该复合管的 β 和 r_{be} 各为多大。

三极管的 β 等于其 i_c 与 i_b 的变化量之比，由图 5.17(a) 可见，复合管的 $i_b=i_{b1}$，而

i_c 为

$$i_c = i_{c1} + i_{c2} = \beta_1 i_{b1} + \beta_2 i_{b2} = \beta_1 i_{b1} + \beta_2 (1+\beta_1) i_{b1} = (\beta_1 + \beta_2 + \beta_1 \beta_2) i_{b1}$$

所以复合管的共射电流放大系数为

$$\beta = \frac{i_c}{i_b} = \beta_1 + \beta_2 + \beta_1 \beta_2 \approx \beta_1 \beta_2 \tag{5.25}$$

三极管的输入电阻 r_{be} 应是其 u_{be} 与 i_b 的变化量之比。由图 5.17(a) 可见，复合管的 u_{be} 为

$$u_{be} = i_{b1} r_{be1} + i_{b2} r_{be2} = i_{b1} [r_{be1} + (1+\beta_1) r_{be2}]$$

则复合管的输入电阻为

$$r_{be} = \frac{u_{be}}{i_b} = r_{be1} + (1+\beta_1) r_{be2} \tag{5.26}$$

由此可见，这种复合管的共射电流放大倍数和输入电阻均比一个三极管的 β 和 r_{be} 提高了很多倍。

2. 由不同类型的三极管组成的复合管

利用与前面类似的方法可以分析得到，如图 5.17(c) 和 5.17(d) 所示由不同类型三极管所组成的复合管，其 β 和 r_{be} 分别为

$$\beta = \beta_1 (1+\beta_2) \approx \beta_1 \beta_2 \tag{5.27}$$

$$r_{be} = r_{be1} \tag{5.28}$$

综上所述，对图 5.17 所示的几种复合管的分析结果，可以得到以下结论：

(1) 由两个相同类型的三极管组成的复合管，其类型与原来相同。复合管的 $\beta \approx \beta_1 \beta_2$，复合管的 $r_{be} = r_{be1} + (1+\beta_1) r_{be2}$。

(2) 由两个不同类型的三极管组成的复合管，其类型与前级三极管相同。复合管的 $\beta \approx \beta_1 \beta_2$，复合管的 $r_{be} = r_{be1}$。

5.6.3 复合管组成推挽放大电路

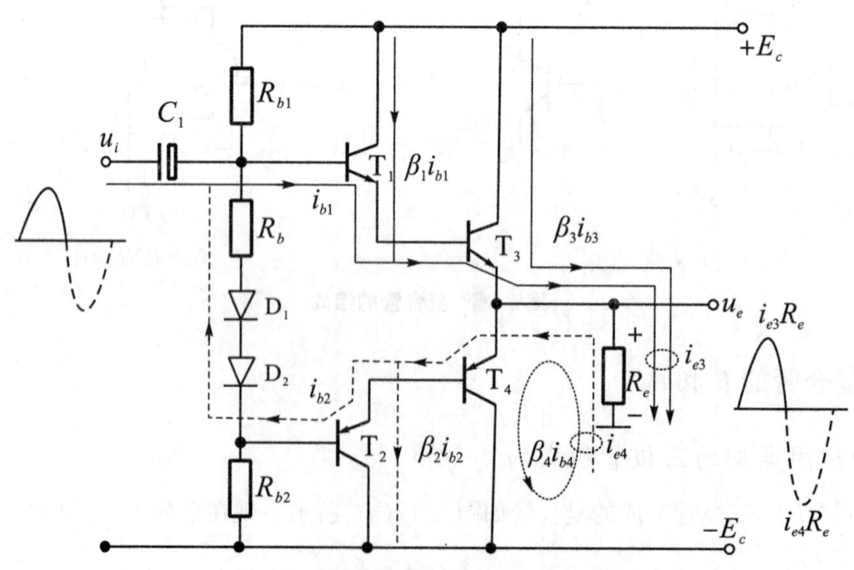

图 5.18 由复合管组成的推挽放大电路

图 5.18 示出了一个复合管组成的甲乙类推挽放大电路，其中 *NPN* 型三极管 T_1 和 T_3 组成 *NPN* 型复合管，*PNP* 型三极管 T_2 和 T_4 组成 *PNP* 型复合管，二者实现互补。其直流通道和交流通道与图 5.14 完全相同，只是多了两支三极管。

这种对称放大电路存在一个缺点：大功率三极管 T_3 是 *NPN* 型，而 T_4 是 *PNP* 型，它们的类型不同，很难做到二者的特性互补对称。

为了克服这个缺点，可使 T_3 和 T_4 采用同一类型甚至同一型号的三极管，如二者均为 *NPN* 型，而 T_2 则用另一类型的三极管，如 *PNP* 型，如图 5.19 所示。此时 T_2 与 T_4 组成的复合管为 *PNP* 型，可与 T_1、T_3 组成的 *NPN* 型复合管实现互补，这种电路称为准互补对称电路。在图 5.19 中，接入电阻 R_{e1} 可改变 i_{e1} 中有多少成为 i_{b3}，同理接入 R_{c2} 可改变 i_{c2} 中有多少成为 i_{b4}，以保证 T_3 和 T_4 的基极电流 I_{b3} 和 I_{b4} 并使得 T_3 和 T_4 的静态工作点尽可能一致。其直流通道和交流通道的分析与图 5.14 也基本相同，只是多了一个 R_{e1} 和 R_{c2} 的分流作用。

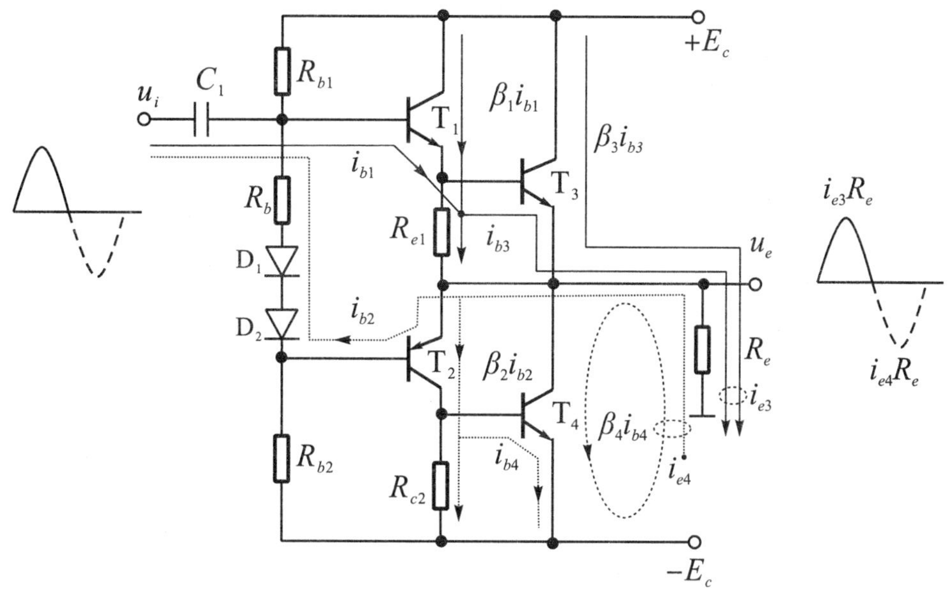

图 5.19　由复合管组成的推挽放大交流电路

5.7　差分集成推挽功率放大器分析

为分析一个典型的差分集成推挽功率放大器的工作情况，首先需画出它的直流通道，如图 5.20 所示。

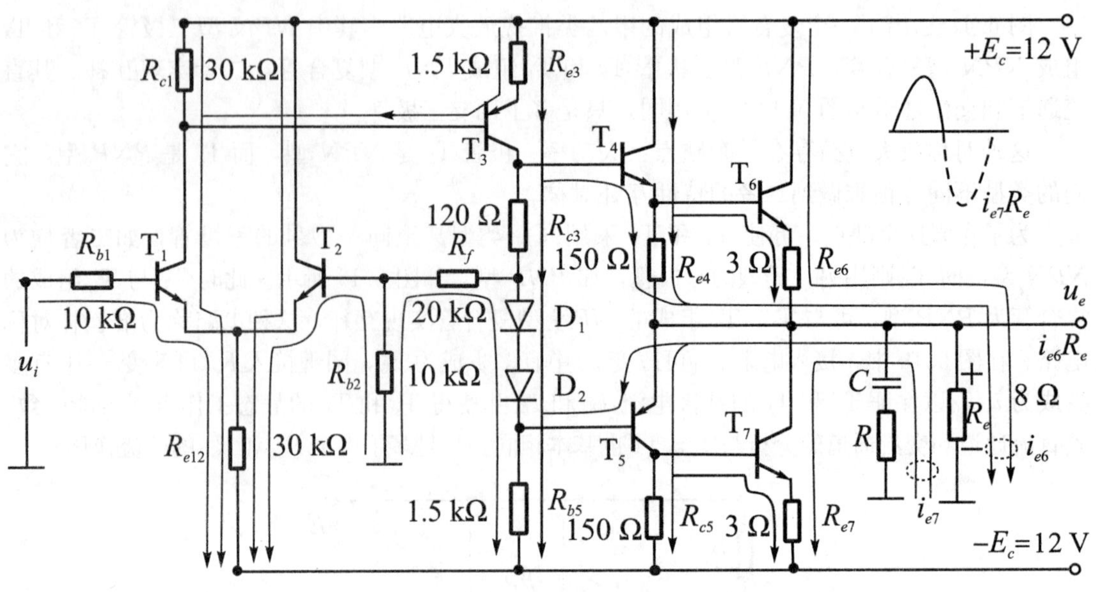

图 5.20　差分集成推挽功率放大器的直流通道

5.7.1　差分集成推挽功放的直流通道

对于直流通道，按先从$+E_c$到地然后再从地到$-E_c$的原则和流过三极管时有$I_e=I_b+I_c$的思路画出直流电流的走向，可以看出它沿电流方向的电压依次降低。

如图 5.20 所示的差分功放整个电路由前级、中间级、末级三部分组成。前级是由T_1、T_2组成的单端输入、单端输出差分放大电路，R_{b1}、R_{b2}是基极偏置电阻，R_{e12}对T_1、T_2的直流起负反馈作用，以稳定T_1、T_2的静态工作点Q。对交流而言，i_{c1}与i_{c2}始终是以大小相等方向相反的方式流过R_{e12}，使得其上的总电流为 0，这时R_{e12}起到了虚断的作用，从而提高了单端输入差分放大器的输入电阻。R_{c1}为T_1的负载电阻，把T_1放大后的信号经R_{c1}传到中间放大级T_3的基射之间，经T_3放大后又从T_3的集电极输出，作为由复合管T_4、T_6和T_5、T_7组成的推挽功放的输入信号。当u_{c3}为正时，T_4、T_6导通，$+E_c$提供的强大电流在R_e上形成正的信号输出；同样，当u_{c3}为负时，T_5、T_7导通，这时D_1、D_2因有静态偏置，电阻R_{c3}可实现i_{b5}的反向导通，并经D_2、D_1、R_{c3}回到T_3集电极，$-E_c$提供的强大电流在R_e上形成负的信号输出（与R_e并联的C、R起到平衡喇叭线圈的电感效应，使得喇叭呈纯阻性）。

另外需要指出的是，R_f在静态时，$-E_c$通过它使D_1、D_2正偏，动态时u_{c3}的输出信号通过R_f实现对T_2基极上的并联负反馈。i_f一方面流入T_2基极起抵消i_{b2}的作用；另一方面i_f流过R_{b2}形成的正电压阻止i_{b2}的流出，使差分电路更加稳定。整个差分推挽功放交流信号的流通图如图 5.21 所示。

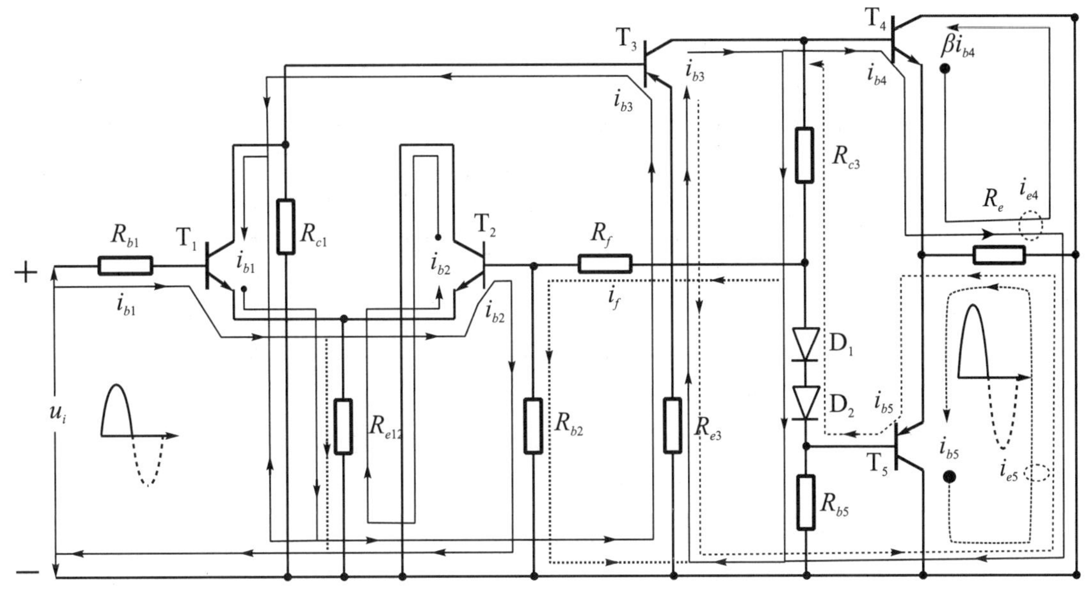

图 5.21　在 u_i 作用下交流信号的流通图

5.7.2　差分集成推挽功放的交流通道

对于交流通道，按先从 u_i 正端出发最后回到 u_i 负端形成的 i_b，再形成 βi_b，从而构成一个闭合圈的原则，画出交流电流的走向。对图 5.21 而言，沿电流方向电压依次降低。

(1) $+u_i$ 作用到差分放大器的输入端时对各级形成的电流 i_{b1}、$\beta_1 i_{b1}$、i_{b3}、$\beta_3 i_{b3}$、i_{b4}、$\beta_4 i_{b4}$，如图中实线的箭头所示，在 R_e 上形成左正右负的输出电压。而 T₂ 管在交流时只是 i_{e2} 起对消 i_{e1} 的作用，使 R_{e12} 上的电压为 0，因此在画 T₁ 输出回路的等效电路时，只需保证 T₁ 射极接地电位就行了，没有必要把 T₂ 再画出来。T₃ 是中间级，必须单独等效，而 T₄ 与 T₅ 是轮流工作，等效时只画其中的 T₄ 就可以了。

(2) $-u_i$ 作用到差分放大器的输入端时对各级形成的电流 i_{b1}、$\beta_1 i_{b1}$、i_{b3}、$\beta_3 i_{b3}$、i_{b5}、$\beta_5 i_{b5}$ 与 u_{i+} 时的方向完全反向，以图中虚线的方向流过 R_e，输出右正左负的电压。而 T₅ 的等效电路完全可用 T₄ 来代替，只是 $i_{b5}=i_{b4}$，其流通方向随 $\beta_3 i_{b3}$ 而定。

(3) T₃ 通过 i_f 对 T₂ 引入的负反馈：假设 i_{b3} 的上升使得 $\beta_3 i_{b3}$ 上升，又使得 i_f 上升，当 i_f 流过 R_{b2} 时产生的 u_{be2} 提高了 T₂ 基极的电位，又使得 (u_i-u_{be2}) 的值减小，从而使 i_{b2} 和 i_{b1} 减少，直至使 i_{b3} 降下来，最终使整个电路变得非常稳定。

综上所述，一个完整的单端输入、单端输出差分作用到 T₃ 上，进而使 T₄（含 T₅）轮番工作的完整等效电路如图 5.22 所示。

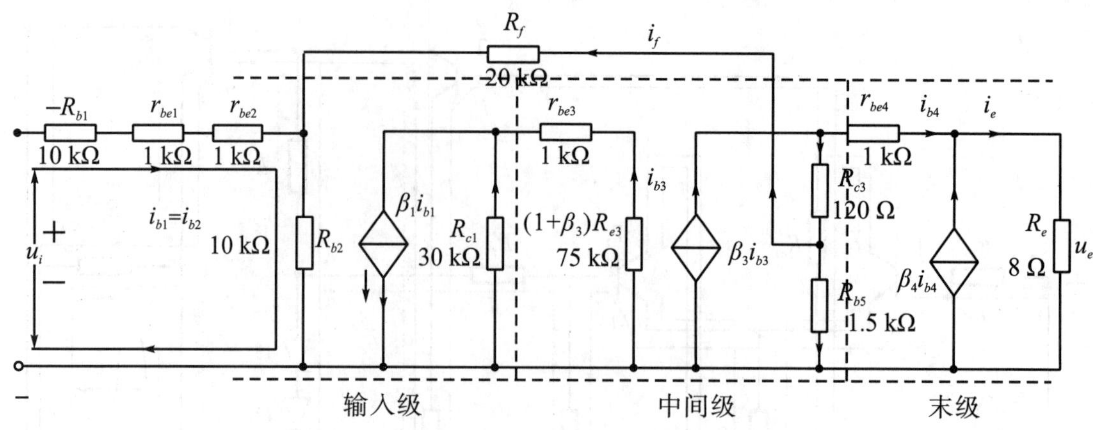

图 5.22　差分集成推挽功放的交流等效电路图

5.7.3　差分集成推挽功放的等效计算

从图 5.22 所示的微变等效电路出发可依次求得：

$$i_{b1}=\frac{u_i}{R_{b1}+r_{be1}+r_{be2}+R_{b2}}$$

$$i_{b3}=\beta_1 i_{b1}\frac{R_{c1}}{R_{c1}+[r_{be3}+(1+\beta_3)R_{e3}]}$$

$$i_{b4}=\beta_3 i_{b3}\frac{R_{c3}+R_{b5}}{(R_{c3}+R_{b5})+[r_{be4}+(1+\beta_4)R_e]}$$

$$i_e=(1+\beta_4)i_{b4}$$

$$u_e=i_eR_e$$

由此可见，在忽略 R_f 反馈的情况下，只要知道 u_i 和三极管的 β_1、β_3、β_4 以及相应的电阻值，不难求得 $u_e=i_eR_e$ 的大小，但这样做过于烦琐。实质上，因末级工作在大信号状态时，用图解法可以直接求出 i_{em} 和 u_{em} 的数值，并很快求得输出的功率，即

$$P_{om}=\frac{i_{em}}{\sqrt{2}}\cdot\frac{u_{em}}{\sqrt{2}}=\frac{E_c^2}{2R_e} \tag{5.29}$$

5.7.4　差分集成推挽功放的集成表示

若要求图 5.22 的输入电阻 R_i 和输出电出 R_0，可把反馈支路 R_f 断开，这时 $R_i=R_{b1}+r_{be1}+r_{be2}+R_{b2}$，而 R_0 是在 $u_s=0$ 的前提下进行的，这时图中所有的电流源 $\beta_1 i_{b1}$、$\beta_3 i_{b3}$、$\beta_4 i_{b4}$ 全部断开。但对末级而言，为了保证外加电压 u_0 能在 r_{be4} 上形成从左至右流动的 i_{b4}，则 u_0 的下端必须为正，上端为负，这样才能保证复合后的 $\beta_4 i_{b4}$ 方向朝上，所以在外加电压 u_0 的作用下，首先会形成 $i_{b4}=\frac{u_0}{R_{c3}+R_{b5}+r_{be4}}$，而在 i_{b4} 的带动下，$\beta_4 i_{b4}$ 立刻复活，此时的末级电路如图 5.23 所示。

仿照前面图 4.28 进行分析，明显地看出这里少了一个 R_L，其原因是这里的 R_e 充当了 R_L，因此 $R_0=\frac{R_{c3}+R_{b5}+r_{be4}}{1+\beta_4}$，少了一个 R_e 与此并联，$i_0=(1+\beta_4)i_{b4}$，由 u_0 和 R_0 转化出来的电压源如图 5.24 所示。图 5.25(a) 是把图 5.20 的输入与输出结合起来，以电压源

的方式表示的集成电路。图 5.25(b) 为常用的简化形式。

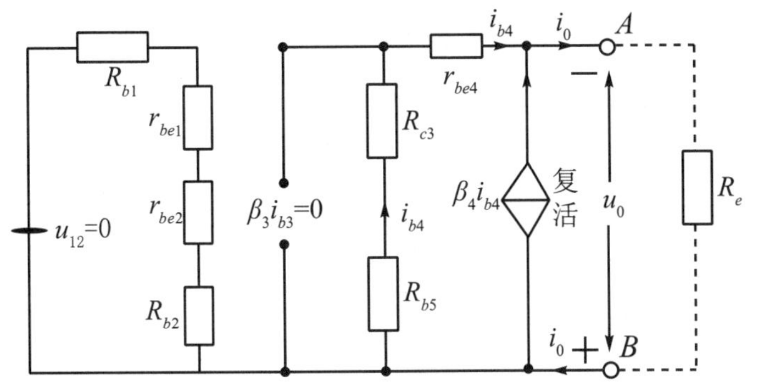

图 5.23　u_0 作用下形成 i_{b4} 和 $\beta_4 i_{b4}$

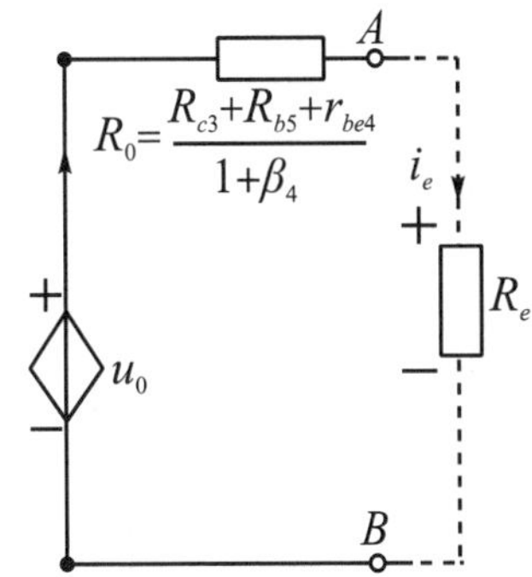

图 5.24　由 u_0、R_0 和 R_e 表示的电压源

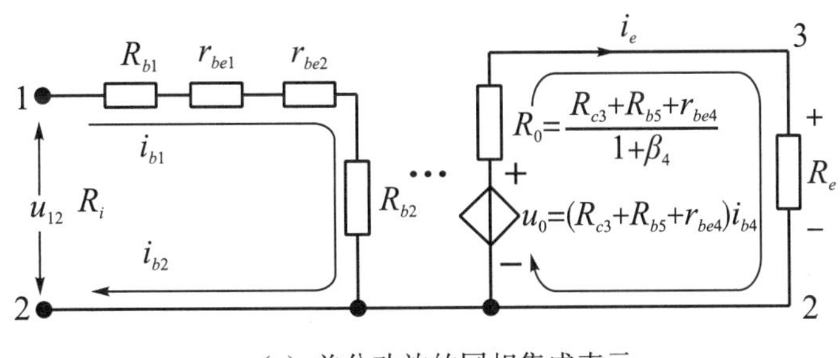

(a) 差分功放的同相集成表示

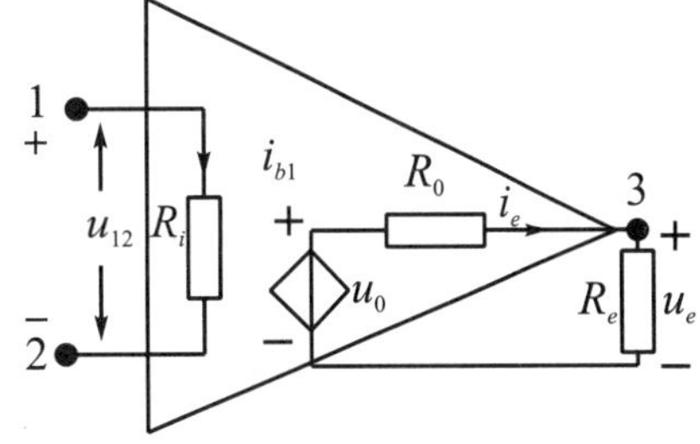

(b) 差分功放的同相简化表示

图 5.25　差分功放的集成和简化表示

例如，当 $R_{b1}=R_{b2}=10\ \text{k}\Omega$，$r_{be1}=r_{be2}=1\ \text{k}\Omega$，$R_{c3}=0.12\ \text{k}\Omega$，$R_{b5}=1.5\ \text{k}\Omega$，$r_{be5}=1\ \text{k}\Omega$，$R_e=8\ \Omega$，$i_{b4}=10\ \text{mA}$，$\beta_4=50$ 时，可以求得 $R_i=22\ \text{k}\Omega$（可见其值很大），$R_0=34\ \Omega$（可见其值很小），$u_0=4\ \text{V}$，这时喇叭上可获得 $P_{om}=2\ \text{W}$ 的功率。

5.8　LM741 差分集成推挽运放

5.8.1　静态分析

LM741 是通用型集成功放，其电路原理如图 5.26 所示，它由 ±15 V 两路电源供电。从图中可以看出，从 $+E_c$ 经 T_{12}、R_5 和 T_{11} 到 $-E_c$ 所构成的回路电流 $I=\frac{2E_c-1.4}{R_5}$，能够直接估算出来，它可作为偏置电路的基准电流源用以驱动左右两边的镜像电源。例如：左边的 T_{10} 与 T_{11} 构成微电流源，且 T_{10} 的集电极电流 I_{c10} 等于 T_9 管集电极电流 I_{c9} 与 T_3、T_4 的基极电流 I_{b3}、I_{b4} 之和，即 $I_{c10}=I_{c9}+I_{b3}+I_{b4}$；$T_8$ 与 T_9 为镜像电源关系，T_7 是作为控制 T_5、T_6 比例电流源（兼作有源负载）管的基极电流 I_{b5}、I_{b6} 的放大管，它们都是为第一级提供静态电流；右边的 T_{12} 与 T_{13} 也为镜像电源，它为第二、第三级提供静态电流 I_{c16}、I_{c17} 和 I_{c15}、I_{c14}、I_{c19}、I_{c20}。

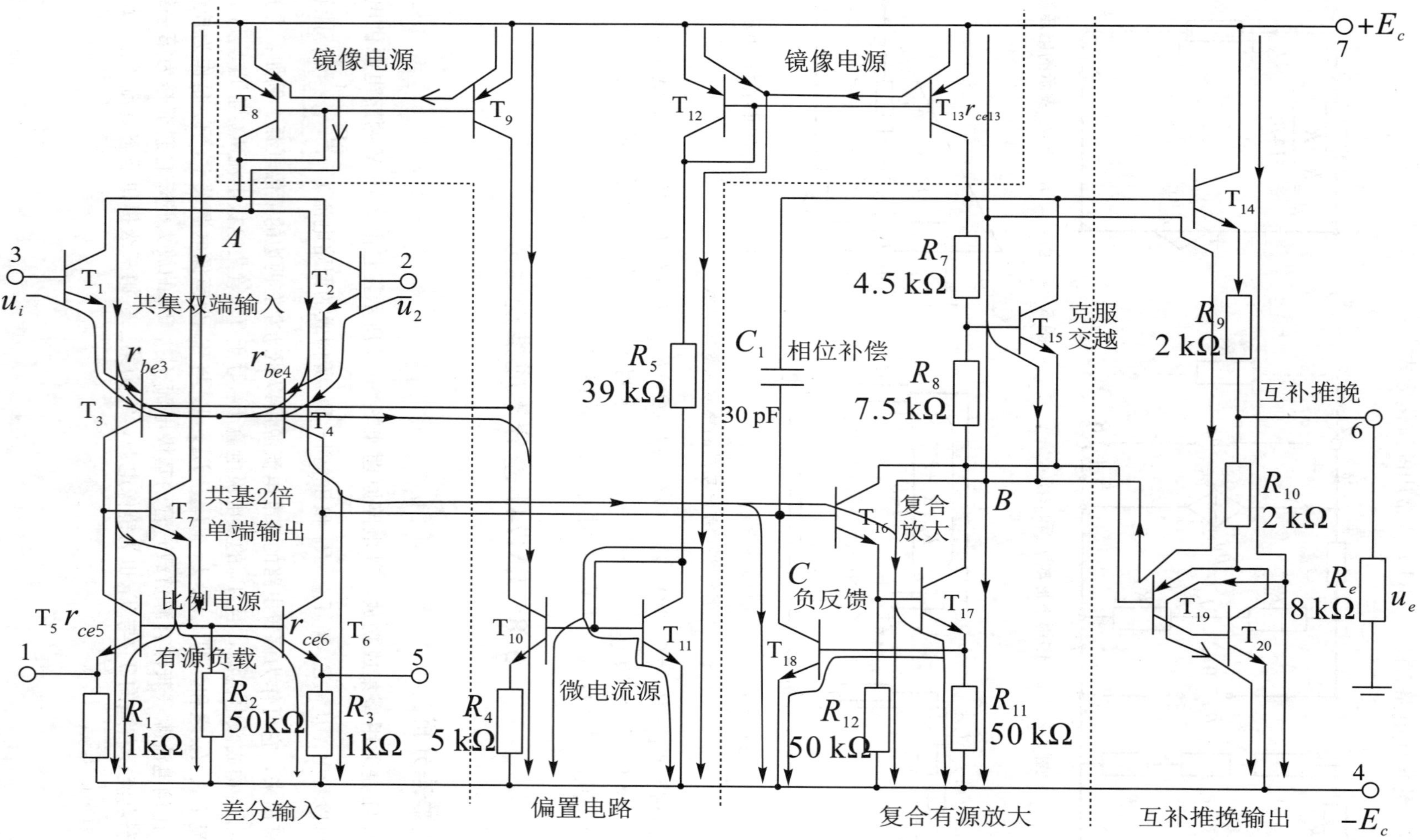

图5.26 LM741电路原理

5.8.2　动态分析

1. 输入级

如图 5.27a 所示，输入信号 u_i 加在 T_1 和 T_2 管的基极，而从 T_4 管与 T_6 管的集电极输出两倍信号给 T_{16}、T_{17}复合管予以放大，换一种方式实现了 T_1、T_2 双端输入、T_4、T_6 双端输出的对称差分放大功能，T_1 与 T_2、T_3 与 T_4 两两特性对称，构成共集－共基电路，前者是共集电路，它的射极接到 T_3、T_4 的射极，而基极 r_{be3}、r_{be4}是前级 T_1、T_2 的负载，提高了 T_1、T_2 电路的输入电阻；T_3、T_4 是共基电路，截止频率为 $f_\alpha=(1+\beta_0)f_\beta$，改善了电路的频率响应。$T_7$ 和 T_5、T_6 管构成对 i_{b7}和 i_{b5}、i_{b6}基极电流有放大作用的比例电流源，用以为 T_5、T_6 供电，同时又把 T_5、T_6 作为共基差分放大管 T_3、T_4 的共射极有源负载“r_{ce5}、r_{ce6}”，因此该输入级是可承受高输入电压、宽频带范围、强放大能力的优质电路。

T_5、T_6 与 T_7 构成的比例电流源不但作为 T_3 和 T_4 的有源负载，而且将 T_3 管集电极动态电流 i_{c3}的一部分经 T_7 放大后的 i_{b6}再转换为 i_{c6}，成为输出电流 Δi_{b16}的一部分（此处 i_{c6}是从 T_{16}的基极流向 T_6 的集电极）。由于整个电路具有对称性，当有差模信号 u_i 输入时，由 i_{b1}引起的 i_{c3}向下，由 i_{b2}引起的 i_{c4}向上，又 $\Delta i_{c5}\approx\Delta i_{c3}$（忽略 T_7 管的基极电流）$=\Delta i_{c6}$（因为$R_1<R_3$ 可调得）$\approx-\Delta i_{c4}$，即两者反向，所以 $\Delta i_{b16}=\Delta i_{c4}+\Delta i_{c6}\approx2\Delta i_{c4}$，使输出电流加倍，从而使总的电压放大倍数增大。从本质上讲，i_{b4}向上流和 i_{b6}向下流必然使得 i_{c4}向上流和 i_{c6}向下流，而这 $i_{c4}+i_{c6}$都来源于 i_{b16}，以电流相加的形式实现了对称差分输入与对称差分输出的功能。同时，该电流源电路还对共模信号起到抑制作用，即当共模信号输入时，总的 $\Delta i_{c3}=\Delta i_{c4}$；且方向都向下，由于$R_1=R_3$，$\Delta i_{c6}=\Delta i_{c5}\approx\Delta i_{c3}$（忽略了 T_7 管的基极电流），$\Delta i_{b16}=\Delta i_{c4}+\Delta i_{c6}\approx0$，相互抵消了，可见，共模信号基本不会传递到下一级，从而提高了整个电路的共模抑制比。

此外，当某种原因使输入级静态电流增大时，T_8 与 T_9 管集电极电流会相应增大，但因为 $I_{c10}=I_{c9}+I_{b3}+I_{b4}$，且 I_{c10}基本恒定，所以 I_{c9}的增大势必使 I_{b3}、I_{b4}减小，从而导致输入级静态电流 I_{c1}、I_{c2}、I_{c3}、I_{c4}减小。当某种原因使输入级静态电流减小时，各电流的变化与上述过程相反。

综上所述，输入级是一个输入电阻大、输入端耐压高、对温度漂移和共模信号抑制能力强、有较大差模放大倍数的双端输入、2 倍单端输出（犹如双端输出）的差分放大电路。

2. 中间级

中间级是以 T_{16}和 T_{17}组成的复合管为放大器，它是以微电流源的 T_{13}作为集电极有源负载“r_{ce}”的共射放大电路，具有很强的放大能力。T_{18}的基极接到 T_{17}射极，当 u_{e17}上升时，i_{b18}和 βi_{b18}都随之上升，导致 i_{b16}下降，从而使 T_{16}、T_{17}工作更稳定。

3. 输出级

输出级是准互补电路，由 T_{19}和 T_{20}复合而成的 *PNP* 型管与 *NPN* 型管 T_{14}构成互补形式，为了弥补它们的非对称性，在发射极加了两个阻值不同的电阻 R_9 和 R_{10}。R_7、R_8 和 T_{15}为输出级设置合适的静态工作点，以消除交越失真。由 T_{16}、T_{17}组成的复合管在 i_{b16}的带动下，$\beta_{16}i_{b16}$的一部分成为 i_{b14}和 $\beta_{14}i_{b14}$，从 R_e 上端流到 R_e 下端形成$u_e=(1+\beta_{16})i_{b16}R_e$，使喇叭发声，当 u_i 反向时，u_e 也随之反向。

图 5.27 中的电容 C_1 用于相位补偿，外接电位器 R_w 起调零作用，改变其滑动端，可改变 T_5 和 T_6 管的发射极电阻，以调整输入级的对称程度，使电路输入为 0 时，输出为 0。

LM741 的电压放大倍数可达几十万倍，输入电阻在 2 MΩ 以上。

在分析交流时，可把 I_{c10}、I_{c13} 两电流源断开，并把 T_8、T_9 ce 间短路到地外接调零短路更好。

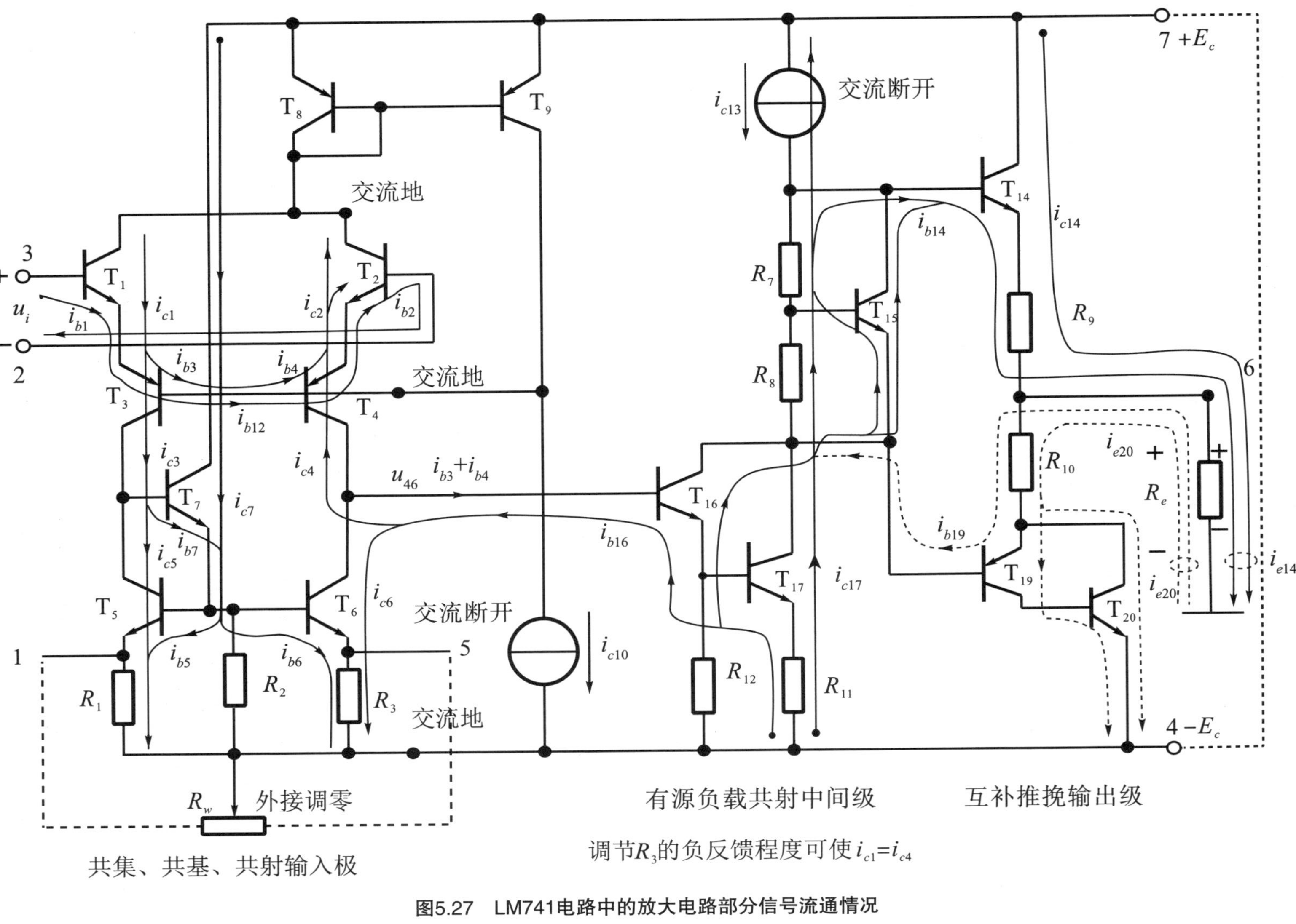

图5.27　LM741电路中的放大电路部分信号流通情况

习题（五）

5-1 什么叫差分放大器？试画出双端输入与双端输出差分放大器的电路图。

5-2 试叙述差分放大器工作点十分稳定的原因。

5-3 差分放大器两管对交流强烈的负反馈作用为什么在放大倍数的公式中无法反映出来？

5-4 差分放大器中的恒流"R_e"和有源"r_{ce}"是怎样理解的？

5-5 在习题图 5.1 所示的互补对称电路中，已知 $E_c=6$ V，$R_L=8\ \Omega$，假设三极管的饱和管压降 $U_{ces}=1$ V。

（1）试估算电路的最大输出功率 P_{om}；

（2）估算电路中直流电源消耗的功率 P_c 和效率 η。

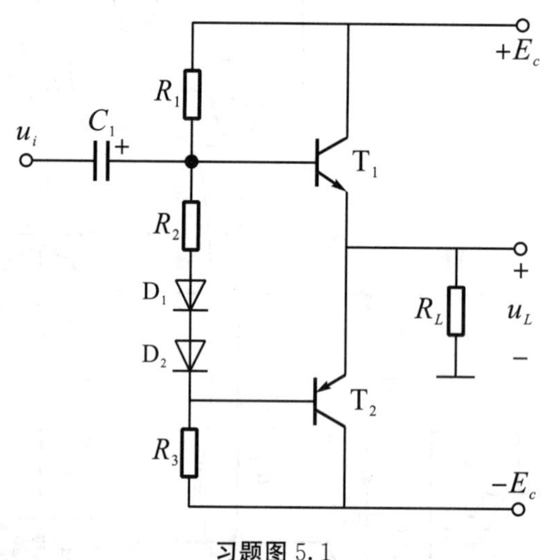

习题图 5.1

5-6 在习题图 5.1 所示的电路中，求：

（1）三极管的最大功耗等于多少？

（2）流过三极管的最大集电极电流等于多少？

（3）三极管集电极和发射极之间承受的最大电压等于多少？

（4）为了在负载上得到最大功率 P_{om}，输入端应加上的正弦波电压有效值大约等于多少？

5-7 分析习题图 5.2 中的电路原理，试回答：

（1）静态时，负载 R_L 中的电流应为多少？如果不符合要求，应调整哪个电阻？

（2）若输出电压波形出现交越失真，应调整哪个电阻？如何调整？

（3）若二极管 D_1 或 D_2 的极性接反，将产生什么后果？

（4）若 D_1、D_2、R_2 三个元件中任一个发生开路，将产生什么后果？

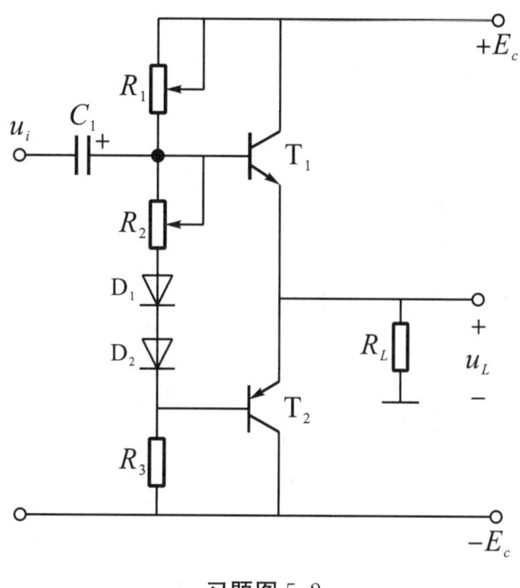

习题图 5.2

5-8　试分析习题图 5.3 中各复合管的接法是否正确。如果认为不正确，请扼要说明原因；如果接法正确，说明所组成的复合管的类型（*NPN* 或 *PNP*），指出相应的电极，并列出复合管的 β 和 r_{be} 的表达式。

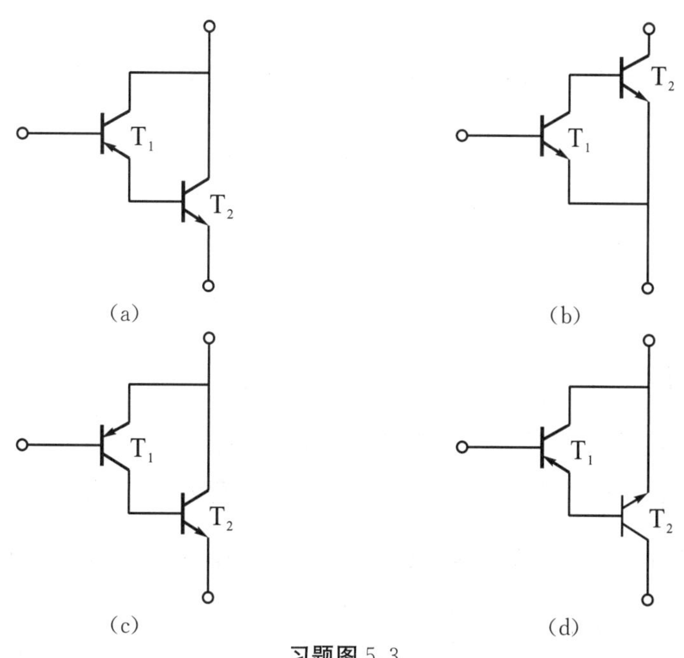

习题图 5.3

5-9　在习题图 5.4 所示的由复合管组成的互补对称放大电路中，已知电源电压 $E_c=16$ V，负载电阻 $R_L=8$ Ω，设功率三极管 T_3、T_4的饱和管压降 $U_{ces}=2$ V，电阻 R_{e3}、R_{e4}上的压降可以忽略。

（1）试估算电路的最大输出功率 P_{om}；

（2）估算功率三极管 T_3、T_4的极限参数 I_{CM}、$U_{(BR)ce0}$和 P_{CM}；

（3）假设复合管总的 $\beta=600$，则要求前置放大级提供给复合管基极的电流最大值 I_{Bm} 等于多少？

（4）若本电路不采用复合管，而用$\beta=20$的功率三极管，此时要求前置放大级提供给三极管基极的电流最大值I_{Bm}等于多少？

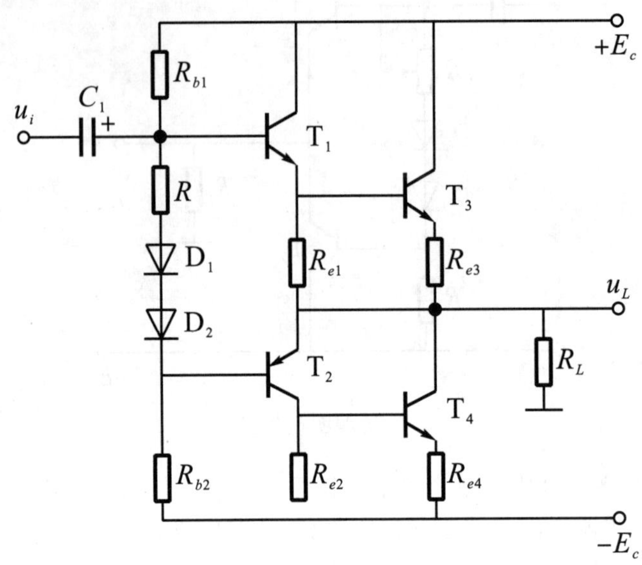

习题图 5.4

5-10 分析习题图 5.5 所示的功率放大电路，要求：

（1）说明放大电路中共有几个放大级，各放大级包括哪几个三极管，分别组成何种类型的电路。

（2）分别说明以下元件的作用：R_1、D_1和D_2；R_3和C；R_f。

（3）已知$E_c=15$ V，$R_1=8\ \Omega$，T_6、T_7的饱和管压降$U_{ces}=1.2$ V，当输出电流达到最大时，电阻R_{e6}和R_{e7}上的电压降均为 0.6 V，试估算电路的最大输出功率。

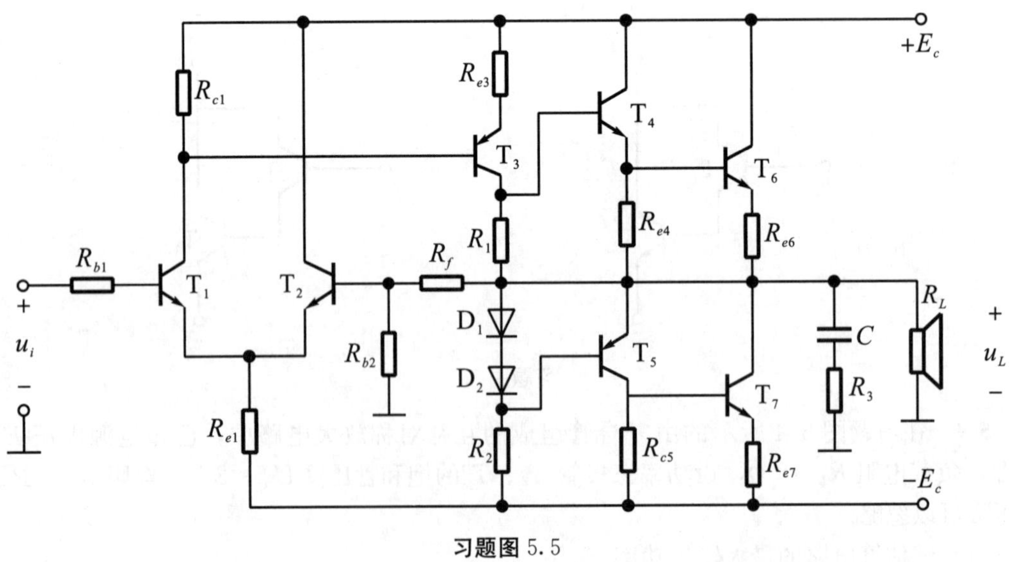

习题图 5.5

通信电路部分

第 6 章　负反馈放大器

6.1　负反馈放大器的四种类型

所谓反馈，就是将放大器的输出量回送到放大器的输入端。若回送到放大器输入端的信号是增强了最原始的输入信号，就叫正反馈，它是产生振荡的基础；若回送到放大器输入端的信号是削弱了最原始的输入信号，就叫负反馈。在电子电路领域，任何时候都离不开负反馈的作用，否则电路就无法稳定地工作。

6.1.1　电流串联负反馈电路

在讲偏置电路时曾说过：对共射电路，凡三极管射极上的电阻 R_e 都是起电流负反馈作用的，图 6.1(a) 是它的交流信号流通情况。因 R_e 是输入回路与输出回路的共用元件，由 $i_e=i_b+\beta i_b$ 流过 R_e 形成的射极电压 u_e，就是反馈电压 u_f，即 $u_e=(i_b+\beta i_b)R_e\stackrel{\Delta}{=}u_f$，它既属输入回路也属输出回路。从输入回路看，若 $R_e=0$，在 R_s 很小时有 $u_s=u_{be}=0.6$ V，全加到了三极管 be 之间。设由这 0.6 V 形成的电流（$i_b+\beta i_b$）$=1$ mA，这时若取 $R_e=0.4$ kΩ，则 $u_f=$（$i_b+\beta i_b$）$\cdot R_e$ 主要随输出电流 βi_b 的增加而上升至 $u_f=1$ mA$\times$0.4 kΩ$=$0.4 V，它会因 $u_s\equiv u_{be}+u_f=0.2$ V$+$0.4 V$=$0.6 V，这 u_f 的上升引起 u_{be} 从原来的 0.6 V 下降到0.2 V，这会导致 i_b 和 βi_b 都减少。综上所述有：①u_f 正比于输出电流 βi_b；②$u_s\equiv u_{be}+u_f$，实现了电压相加；③u_f 上升使得输出电流 βi_b 下降。由此得出，该电路属电流串联负反馈电路。

6.1.2　电压串联负反馈电路

图 6.1(b) 是由两级放大器 T_1 和 T_2 构成的一个原理性电压串联负反馈电路。在信号源 u_s 作用下引起的 T_1 之 i_{b1} 和相应的 $\beta_1 i_{b1}\equiv i_{b2}$，以及再由 T_2 的 $\beta_2 i_{b2}\equiv i_f+i_L$，在图中的流通情况依次由相应的 i_{b1}，$\beta_1 i_{b1}=i_{b2}$，βi_{b2} 三个回路箭头所示方向标出。从中看出，R_{e1} 是输入回路与输出回路的共用元件，其上形成的 $u_{f1}=i_{e1}R_{e1}$ 起到抵消 u_{be1} 的作用，同时也是 T_2 管的集电极到地之间的输出电压 u_{c2} 经 R_f 和 R_{e1} 分压后的 $u_{f2}=\dfrac{u_{c2}}{R_f+R_{e1}}R_{e1}$ 再次对 T_1 放大器的输入端形成电压串联负反馈的分压电阻，而 R_L 是 T_2 的外接交流负载电阻。实际上与这 R_L 并联的还有（R_f+R_{e1}），对 T_2 管而言，总的交流负载电阻 R_L' 可得：

$$R_L'=R_L\,/\!/\,(R_f+R_{e1})$$

综上所述有：①反馈电压 $u_{f2}=\dfrac{R_{e1}}{R_L+R_{e1}}u_{c2}$ 与输出电压成正比；②$u_s=u_{be1}+u_{f2}$ 实现了两输入电压相加；③有 u_{f2} 的上升使得 u_{be} 的下降至使 i_{b1}，i_{b2}，u_{c2} 的下降。由此得出结论，该两级放大器属于电压串联负反馈电路。它是今后分析同相运算放大器的重要基础，千万要牢牢记住。

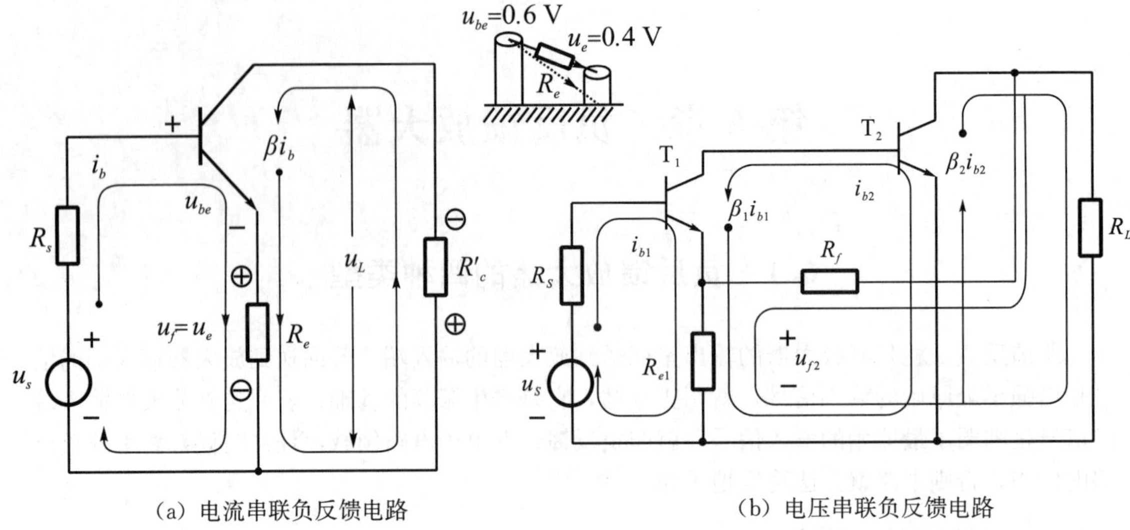

(a) 电流串联负反馈电路　　(b) 电压串联负反馈电路

图 6.1　串联负反馈电路

6.1.3　电压并联负反馈电路

对共射电路，凡基集之间的电阻都是起电压并联负反馈作用的，图 6.2(a) 所示是它的交流信号流通情况。由于 R_f 是接在三极管的 bc 之间，使输出与输入之间发生了牵联，由此引起将输出信号回送到输入端而形成反馈。先设输入电压 $u_{be}=0.6$ V，由此引起的 βi_b 为1 mA，若 $R_c'=3$ kΩ，则 $u_{ce}=-\beta i_b R_c'=-3$ V。又设 $R_f=36$ kΩ，则反馈电流 $i_f=\dfrac{u_{be}-u_L}{R_f}=\dfrac{0.6\ \text{V}-(-3\ \text{V})}{36\ \text{k}\Omega}=0.01$ mA，是正比于输出电压 u_L 的。同时 i_f 又是从基极 b 最高电位 0.6 V（在地平线上）流到集电极 c 最低电位 −3 V（在地平线下）的，起到了分走 i_s 的作用，而实质上是输出电流 βi_b 从射极出发分成两股流回集电极的，只是其中的 i_f 是从 e 极反向流到 b 极，直接与 $i_b=i_s$ 进行对消，i_f 上升会使原始 i_b 和 βi_b 下降。综上所述有：①i_f 正比于输出电压 u_L；②$i_s=i_b+i_f$，实现了电流相加；③i_f 的上升使得 βi_b 减少，从而导致 u_L 减少。由此得出，该电路属电压并联负反馈电路。

6.1.4　电流并联负反馈电路

图 6.2(b) 是由两级放大器构成的电流并联负反馈电路交流信号流通情况。由于 R_f 是接在第一支三极管的基极到第二支三极管的射极之间，使得输出电流 i_{c2} 的一部分从 R_{e2} 的下端分流形成 i_f，且 i_f 反向流过第一支三极管的 eb 之间，起到直接抵消原始 $i_b=i_s$ 的作用，然后 i_f 再经 R_f 流回到第二支三极管射极 R_{e2} 的上端，又因 i_f 既正比于输出电流 i_{c2}，还满足电流相加 $i_s=i_{b1}+i_f$，且 i_f 上升使 i_{b1} 减小，从而导致 i_{c2} 减少。由此得出，该电路属电流并联负反馈电路。

至此，负反馈中的四种模式都见到了，它的反馈元件对直流起到稳定工作点 Q 对交流起到稳定放大器总体性能的作用。

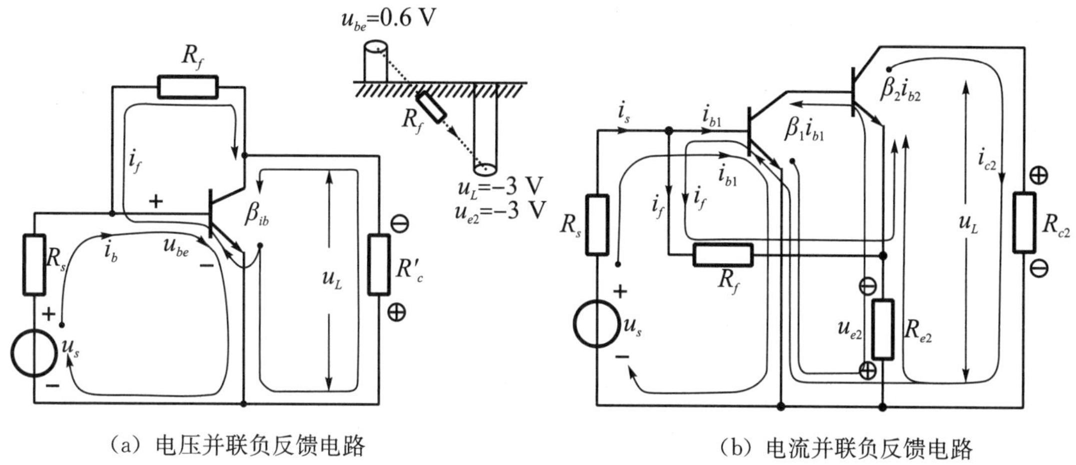

（a）电压并联负反馈电路　　　　（b）电流并联负反馈电路

图 6.2　并联负反馈电路

6.2　交流负反馈对增益带宽的影响

6.2.1　交流负反馈能使放大倍数下降（1＋*FA*）倍

为使分析方法通用化，先设放大器的原始输入信号为 x_s，放大器的放大倍数为 A，放大器的输出信号为 x_L，其结构如图 6.3 所示，其中，$A=\dfrac{x_L}{x_i}=\dfrac{x_L}{x_s}\bigg|_{x_f=0}$，是无负反馈时的放大倍数。

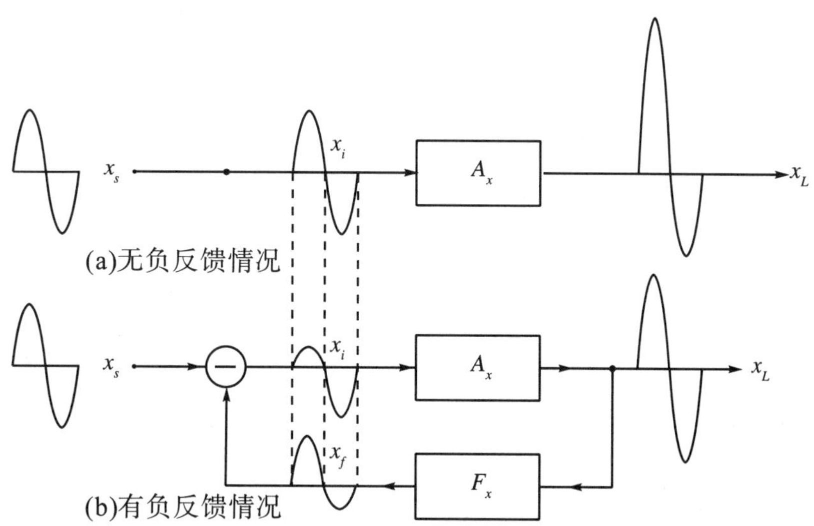

图 6.3　负反馈电路一般框图

而有负反馈时，它是从输出端通过一个反馈网络 F 将 x_L 的一部分 $Fx_L=x_f$ 回送到放大器的输入端，并与原始输入信号 x_s 相减成为 $x_i=x_s-x_f$ 后再送入放大器被 A 放大。例如：设 $x_s=2$ mV，通过 A 放大后 $x_L=200$ mV，则可求得 $A=\dfrac{x_L}{x_s}=100$，这就是无反馈时的情况。为了分析负反馈，先从 $x_L=200$ mV 中回收 $x_f=0.5$ mV，这时 $x_i=x_s-x_f=$

2 mV−0.5 mV=1.5 mV，再通过放大器放大后有 $x_L=Ax_i=100\times1.5\ \text{mV}=150\ \text{mV}$，果真比无反馈时小了 50 mV，这时 $A_f=\frac{x_L}{x_s}=\frac{150\ \text{mV}}{2\ \text{mV}}=75$，比 $A=100$ 小多了，由此可得

$$A_f=\frac{x_L}{x_s}=\frac{x_L}{x_i+x_f}=\frac{x_L}{x_i+Fx_L}=\frac{\frac{x_L}{x_i}}{1+F\frac{x_L}{x_i}}=\frac{A}{1+FA}$$

通常表示成

$$A_f=\frac{A}{1+FA} \tag{6.1}$$

即有负反馈时，放大器的放大倍数依然是输出 x_L 与原始 x_s 之比，虽然它比无负反馈时缩小了（1+FA）倍，但使整个放大电路变得更加稳定，这是负反馈给人们带来的最大好处。

当环路增益 $AF\gg1$ 时的深度负反馈情况下

$$A_f=\frac{A}{1+FA}=\frac{A}{FA}=\frac{1}{F} \tag{6.2}$$

6.2.2 交流负反馈能克服波形失真并展宽频带

1. 克服波形失真

先设一个无负反馈放大器的输入波形 x_s 和输出波形 x_L，如图 6.3(a) 所示，显然 x_s 是上下对称的，但经 A 放大后 x_L 变成正半波幅度大，负半波幅度小了，产生了失真。如图 6.3(b) 所示，现通过 F 网络后的 $x_f=Fx_L$，也是正半波幅度大，负半波幅度小，而经过 $x_i=x_s-x_f$ 之后，x_i 就变成正半波幅度小，负半波幅度大了；再把这个 x_i 送入 A 放大，A 本想给正半波的幅度以极大的优惠，可这时的 x_i 正半波已被削弱了，而 x_i 负半波反而还有所增强。因此，通过这样一种处理，结果是 A 对正半波的优惠与 A 对负半波的抑制相互抵消，最终获得一个对称的正弦波输出，消除了失真。

2. 展宽高低频带

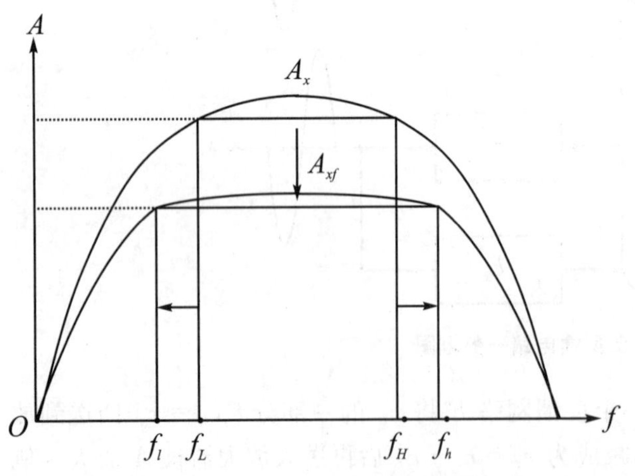

图 6.4 负反馈展宽了频带

(1) 无负反馈时，放大器对中频信号 x_s 的放大能力很强，所以幅频特性曲线是中间幅度高，两边幅度低，如图 6.4 上部曲线所示的 A 幅度与（$f_L\sim f_H$）频段。

(2) 有负反馈时，首先是 $x_f=Fx_L$，因 x_L 大，则 x_f 也大，它与 x_s 经抵消后得到 $x_i=x_s-x_f$，将有更大幅度的下降，然后再通过 A 放大，因为此时的 x_i 已比无反馈时小很多，所以最终的输出反而比无负反馈时小得多，即整个中频段幅度都下降得多。当工作到原始幅频特性的低频端（高频端）时，由于无反馈时的 x_{Ll} 比中频时的幅度小，因此这时的 $x_{fl}=Fx_{Ll}$之值也相应小得多，而 x_{fl}与同样低频（高频）时的

x_{sl}相抵消后得到$x_{il}=x_{sl}-Fx_{Ll}$之值与中频相比反而还下降得少些，再将这个新的x_{il}被同等A放大后，其幅度下降得并不多，即对低频（高频）幅度反而下降得很少。也就是说，负反馈对低频（高频）的增益在往低频（高频）的两边频方向扩展，即总的幅频特性曲线虽下降了，但总的频带展宽了，呈现出一个幅度比中频时低而频带更宽的一个梯形，如图 6.4 下部所示曲线的A_{xf}幅度与（$f_l \sim f_h$）频段。通常所说的 70%幅度处的带宽增益的乘积是一个常数就是这样形成的，犹如把一个矩形框先竖着放然后再横着放，两者的截面面积都是一样大的。

6.3　虚短虚断概念与两类运放导出

长期以来，负反馈放大与集成运放中的“虚短虚断”和主要参数的快速计算，一直是阻碍读者深入研学的关键，本书从深度负反馈的逐步加强和对反馈元件R_e、R_f的双向等效折合后，再计算i_b、u_{be}、输入阻抗R_{if}、输出阻抗R_{0f}、放大倍数A_{uf}，并绘制出反相、同相集成运放简图和u_{sc}电位变化趋势，以达到直观形象、记忆深刻、一劳永逸、运用自如之目的。

三极管发射结信号趋于零是放大器“虚短虚断”的本质。三极管发射结正偏、集电结反偏是放大器能正常工作的基础，例如发射结$V_{PN}=0.7$ V，集电结$V_{PN}=-3$ V，若在此基础上引入的负反馈能使三极管发射结上的输入信号u_{be}趋于零，则发射结多子的额外扩散形成的基极电流i_b也趋于零，即当u_{be}趋于零时就有i_b也同时趋于零：（$u_{be}\to 0$），（$i_b \to 0$）这就是放大器同时出现“虚短虚断”的本质，场效应管更是如此，这与原先从$A_u=\dfrac{u_c}{u_i}\to\infty$使$u_i\to 0$定义的虚短虚断是完全不同的概念。工程上常把“虚短虚断”理解成似短非短、似断非断，星星之火可以燎原。

6.3.1　电流串联负反馈的虚短虚断与反相运放之导出

1. R_e 负反馈引起的虚短虚断

对图 6.5 放大器由R_e引起的电流串联负反馈之双向等效折合，按下面两个步骤进行：

(1) 用带反馈电压的$u_{ef}=(1+\beta)i_b \cdot R_e \equiv i_b \cdot (1+\beta)R_e$，就可把右边$i_b$后面的$(1+\beta)R_e$电阻串联到以$i_b$为输入回路的电路中，如图 6.6 左边所示。

(2) 用带反馈电压的$u_{ef}=(1+\beta)i_b \cdot R_e \equiv \beta i_b \cdot \dfrac{1+\beta}{\beta}R_e$，又可把右边$\beta i_b$后面的$\dfrac{1+\beta}{\beta}R_e$电阻串联到以$\beta i_b$为输出回路的电路中，如图 6.6 右边所示。

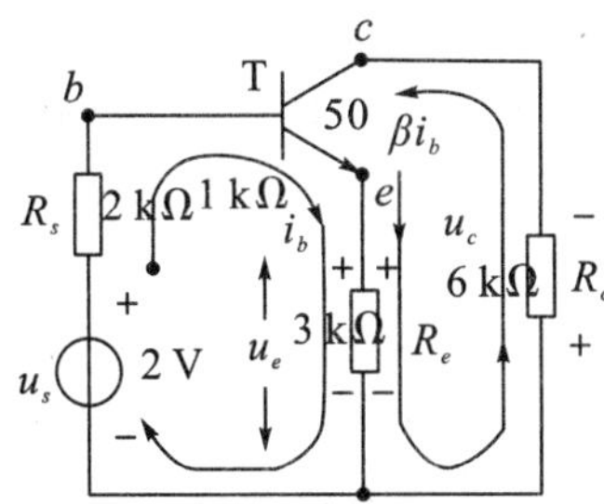

图 6.5　电流串联负反馈简化图

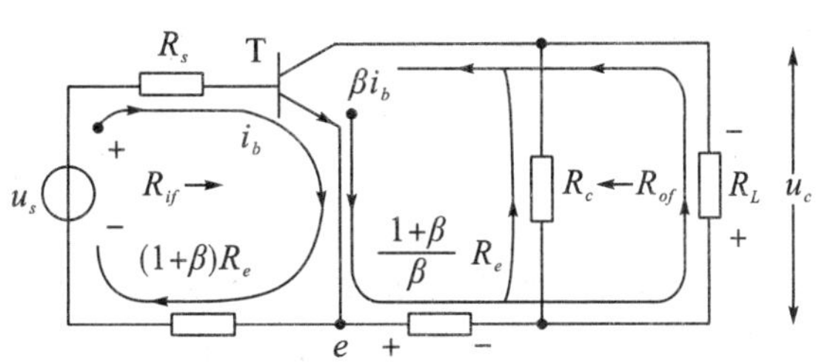

图 6.6　电流串联负反馈折合简化图

先对输入回路列出以 i_b 为标准的回路方程有

$$i_b=\frac{u_s}{R_s+r_{be}+(1+\beta)R_e} \tag{6.3}$$

将图 6.5 中$u_s=2$ V，$R_s=2$ kΩ，$r_{be}=1$ kΩ，$\beta=50$，$R_e=3$ kΩ，$R_c'=6$ kΩ 的数值代入式（6.3），分别计算无反馈和有反馈时的相应i_b、u_{be}。

当$R_e=0$ 无反馈时，由$u_s=i_b(R_s+r_{be})$ 求得$i_b=0.666$ mA，$u_{be}=i_b\cdot r_{br}=0.666$ V，都相当大。

当$R_e=3$ kΩ 有反馈时，由$u_s=i_b[R_s+r_{be}(1+\beta)\cdot R_e]$ 求得$i_b=0.0128$ mA，$u_{be}=i_b\cdot r_{br}=0.0128$ V，两者就因有$R_e=3$ kΩ 才使得原$i_b=0.666$ mA，$u_{be}=0.666$ V，很快就有同时下降到趋于零的特征。

从图 6.6 中又看出，有反馈时的输入阻抗已由原来的$R_i=r_{be}$变成

$$R_{if}=r_{b'b}+(1+\beta)(r_e+R_e) \tag{6.4}$$

显然这是电路中R_e引起的电流串联负反馈造成的输入阻抗增加，它可使放大器能从βi_b中获得更多的反馈电压u_{ef}。R_e越大，$u_{ef}=(1+\beta)i_b\cdot R_e$也越大，当$R_e$的上升使$u_{be}=u_b-u_{ef}$趋于零时，三极管发射区扩散到基区的电子也趋于零，有$u_{be}=u_b-u_{ef}$和i_b同时趋于零的现象，这就是虚短与虚断的本质。事实上，这种三极管 *be* 间“星火燎原”的起始点，在工程应用上对“电压而言”可看成是“短路或映射而过”，对“电流而言”可看成是“断开或拒之门外”。

从图 6.6 中还看出，有反馈时的$\dfrac{1+\beta}{\beta}$是串联在βi_b回路中，它对输出阻抗没有影响，即：

$$R_{of}=R_c \tag{6.5}$$

2. 反相运放的导出

由图 6.6 的输出回路可求得$u_c=-\beta i_b\cdot R_c'$，则该反馈放大器的电压放大倍数：

$$A_{uf}=\frac{u_c}{u_s}=\frac{-\beta i_b R_c'}{i_b[R_s+r_{be}+(1+\beta)R_e]}\approx-\frac{R_c'}{R_e}=-\frac{6\ \text{k}\Omega}{3\ \text{k}\Omega}=-2 \tag{6.6}$$

这从图 6.6 中可知，当放大器处于深度负反馈时，在 R_e 逐渐增大的前提下，认为输入回路中的电阻 $(1+\beta)R_e\gg R_s+r_{be}$可把这右边的趋于零忽略不计。此后再看随 R_e 逐渐增大，使射极电位u_{ef}逐渐升高直至 u_{be}几乎趋于零，这就在 *be* 之间同时出现了虚短与虚断现象。

虚短时，在工程上把三极管的 *b* 和 *e* 看成接在一起了，由 u_s 形成的电流 i_b 在电阻 $(1+\beta)$ R_e上产生的电压就是输入电压，即$u_s=i_b\cdot(1+\beta)R_e$。

虚断时，三极管的 *b* 和 *e* 几乎断开，在三极管的 *ce* 之间由原 i_b 激起的 βi_b这个电流源，它在输出回路中产生的电压为：$u_{ec}=(1+\beta)i_b\cdot R_e+\beta i_b\cdot R_c'=u_e+u_c$，其中$u_c$就为输出电压。

根据放大器的电压放大倍数定义，有

$$A_{uf}=\frac{u_c}{u_s}=-\frac{\beta i_b\cdot R_c'}{(1+\beta)i_b\cdot R_e}\approx-\frac{R_c'}{R_e} \tag{6.7}$$

回想一下前面的整个分析过程，到求得A_{uf}后，整个电路的宏观功能仅由 R_e 和R_c' 表示出来；其余的部分（包括偏置）都可装在一个标有正负极性和两个输入端 *b*、*e* 及一个输出端 *c* 的三角形黑箱内。这就是单级电流串联负反馈的反相集成运放图，由它可直接求得$A_{uf}=$

$-\frac{6\ \text{k}\Omega}{3\ \text{k}\Omega}=-2$就非常简单。作用信号 u_s 与输出电压 u_c 的电位变化趋势如图 6.7 所示。

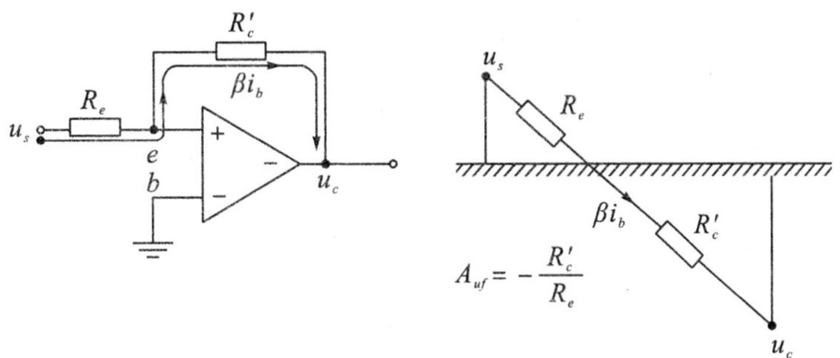

图 6.7　u_s与u_c的电位变化趋势

6.3.2　电压并联负反馈的虚短虚断与反相运放之导出

1. R_f 负反馈引起的虚短虚断

对图 6.8 放大器由R_f引起的电压并联负反馈之双向等效折合：

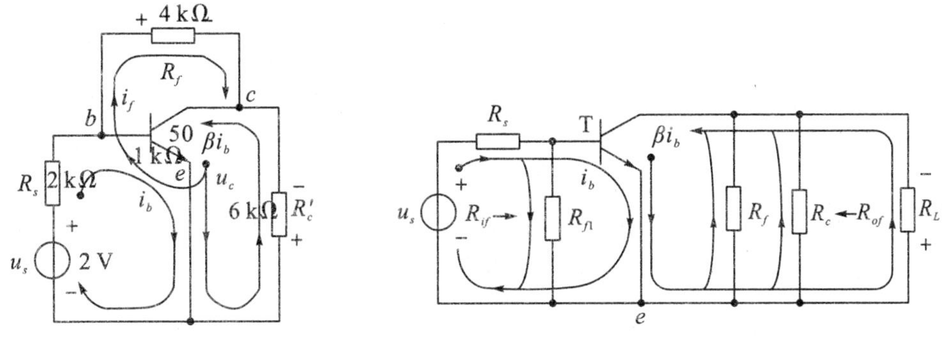

图 6.8　电压并联负反馈简化图　　**图 6.9　电压并联负反馈折合简化图**

首先，把R_f从三极管基极 b 到 c 的接法，通过（$u_{be}-u_{ce}$）的压差除以R_f所获得的电流 i_f用输入电压u_{be}表达出来，然后再把i_f变成是用 u_{ce}除以R_f的形式表达出来。所以：

(1) 用 $i_f=\frac{u_{be}-u_{ce}}{R_f}=\frac{\left(1-\frac{u_{ce}}{u_{be}}\right)u_{be}}{R_f}=\frac{(1-k)u_{be}}{R_f}\approx\frac{-ku_{be}}{R_f}$。

因为

$$k=-\frac{\beta i_b R_c'}{i_b r_{be}}=-\frac{\beta R_c'}{r_{be}}$$

所以

$$i_f=-\frac{\beta R_c'}{r_{be}R_f}u_{be}\triangleq-\frac{u_{be}}{R_{f1}}$$

其中

$$R_{f1}=\frac{r_{be}R_f}{\beta R_c'} \tag{6.8}$$

于是，就把原图中 R_f 从 b 到 c 的接法改成从 b 到 e 之间的 R_{f1}了，它会旁路i_s的成分。

(2) 用 $i_f=\frac{u_{be}-u_{ce}}{R_f}=\frac{\left(\frac{u_{be}}{u_{ce}}-1\right)u_{ce}}{R_f}\approx\frac{-u_{ce}}{R_f}$。

这样就直接把 i_f 表示成 u_{ce} 除以 R_f 的形式了，它说明原来 R_f 的一端可继续维持在 c 端，而 R_f 另一端可从 b 直接接到 e 了，它会旁路 βi_b 的成分。

通过①②两次对 R_f 的等效折合可得到如图 6.9 所示的电路，先对输入回路列出以 i_b 为标准的回路方程有

$$R_{if}=R_{f1}\,/\!/\,r_{be}=\frac{r_{be}R_f}{\beta R_c'+R_f}\ll r_{be} \tag{6.9}$$

使u_s作用到三极管 be 之间的电压u_{be}要减少很多，从而使i_b也要减少。

$$i_b=\frac{u_sR_{if}}{(R_s+R_{if})r_{be}}=\frac{u_sR_f}{R_s(R_f+\beta R_c')+r_{be}R_f} \tag{6.10}$$

根据u_s作用于放大器的i_b输入回路，将图 6.8 中$u_s=2$ V，$R_s=2$ kΩ，$r_{be}=1$ kΩ，$\beta=50$，$R_f=4$ kΩ，$R_c'=6$ kΩ 的数值代入式（6.10）中，计算有反馈时的相应参数，得$i_b=\frac{u_sR_f}{R_s(R_f+\beta R_c')+r_{be}R_f}=0.013$ mA，$u_{be}=i_b\cdot r_{be}=0.013$ V，它与$R_f\to\infty$无反馈时的原$i_b=0.668$ mA，$u_{be}=i_b\cdot r_{be}=0.666$ V 相比，0.013 mA、0.013 V 这两者都有同时趋于零的特征。

从图 6.8 可见，R_{f1}随着R_f的减小而减小，它会从i_s中分走更多的电流，使真正流入三极管 b、e 之间的电流i_b减少。当i_b减到接近于零时（虚断与虚短同时出现），i_s 几乎全部流过R_{f1}了，这时u_s的电压几乎全降在R_s上，即有$u_s=i_sR_s$，这就是 be 间虚短的典型应用。

从图 6.9 中还可以看出，R_f经双向等效折合后，它与R_c处于并联，所以输出阻抗$R_{of}=R_c\,/\!/\,R_f<R_c$。这表明，该电压并联负反馈电路会使原放大器的输出阻抗减小，根据全电路欧姆定律：输出阻抗R_{of}减小后，将使放大器的输出电压u_{ec}在R_{of}上的内耗减少，致使放大器会有更多的电压u_{ec}向外接负电阻R_L供电，即与无反馈时相比，放大器能带上更多的外接负载。

2. 反相集成运放的导出与u_{sc}的变化趋势

由图 6.8 的输出回路可求得输出电压：

$$u_c=-\beta i_b\cdot R_c'=-\frac{\beta u_s\cdot R_fR_c'}{R_s(R_f+\beta R_c')+r_{be}\cdot R_f} \tag{6.11}$$

电压放大倍数：

$$A_{uf}=\frac{u_c}{u_s}=-\frac{\beta R_fR_c'}{R_s(R_f+\beta R_c')+r_{be}R_f}\approx-\frac{R_f}{R_s}=-\frac{4\text{ k}\Omega}{2\text{ k}\Omega}=-2 \tag{6.12}$$

这完全可以通过等式的左端精确计算得到 1.95 的结果，但在工程上R_f比$\beta R_c'$要小很多，例如$R_f=4$ kΩ≪50×6 kΩ。因此由等式右边的 $R_f/R_s=2$ 也只差 0.05，所以怎样由R_s和R_f来构成一个运算放大器，还得回到图 6.8 中去更易看到R_f减少时βi_b 是怎样从射极 e 到基极 b 再通过 R_f 流到集电极 c 的。这实质上是电路在深度负反馈R_f取值变小前提下，使 i_f 逐渐上升到 i_b 和u_{be}同时趋于零时（虚短虚断），当用 be 虚短（短路）就有$i_s=\frac{u_s}{R_s}$，$u_s=i_sR_s$ 就是放大器的输入电压。再用 be 虚断（断开）就有i_f必须与i_s贯通，即$i_f=i_s$。于是在R_f上的电压$u_{R_f}=i_fR_f$就是放大器的输出电压（R_f与R_c'处于并联地位）。根据电压放大倍数的定义

$$A_{u_f}=-\frac{u_{R_f}}{u_s}=-\frac{R_f}{R_s} \tag{6.13}$$

这是把 $i_f=i_s$ 在 R_s 上的电压与 i_f 在 R_f 上的电压转化成 R_f 与 R_s 之比，即 $A_{uf}=-\frac{R_f}{R_s}$。整个电路的宏观功能仅由 R_s 和 R_f 表示出来，其余部分（包括偏置）全装在一个标有正负极性的两个输入端 b、e 和一个输出端 c 的三角形黑箱内，这就是单级电压并联负反馈的反相集成运放，可直接求得 $A_{uf}=-\frac{4\ \text{k}\Omega}{2\ \text{k}\Omega}=-2$。$u_s$ 与 u_c 的电位变化趋势如图 6.10 所示。

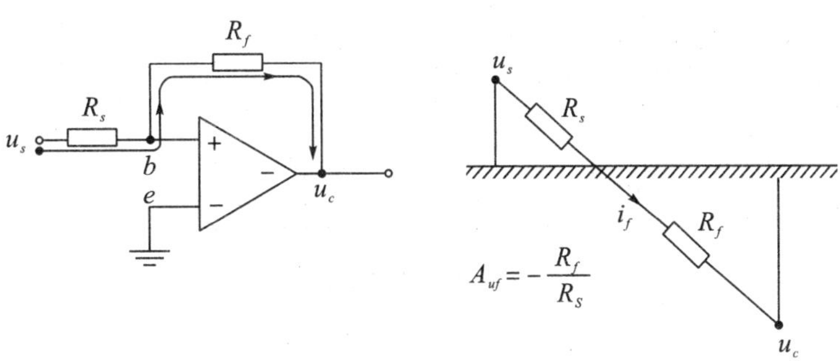

图 6.10　u_s与u_c的电位变化趋势

6.3.3　电压串联负反馈的虚短虚断与同相运放之导出

1. 由R_{e1}和R_f引起的虚短虚断

由图 6.11 可以看出，总体电路为电压串联负反馈。

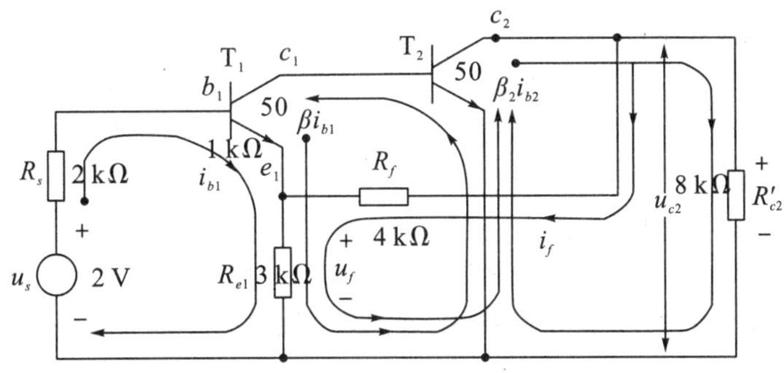

图 6.11　两级电压串联负反馈简化图

(1) 用T_1的R_{e1}对第一级有电流串联负反馈的作用，因此首先应把i_{b1}在R_{e1}上产生的反馈电压：$u_{e1}=(1+\beta_1)i_{b1}\cdot R_{e1}\equiv i_{b1}\cdot(1+\beta_1)R_{e1}$，这样就可把$i_{b1}$后面的 $(1+\beta_1)R_{e1}$电阻串接到以 i_{b1}为输入的回路中去。

(2) 由 T_2 反馈电流 i_f 在R_{e1}上产生的电压：

$$u_{e1f}=\frac{u_{c2}}{R_f+R_{e1}}R_{e1}$$

因$u_{c2}=\beta_2(\beta_1 i_{b1})R'_{c2}$，代入其中得

$$u_{e1f}=\frac{\beta_2(\beta_1 i_{b1})R'_{c2}}{R_f+R_{e1}}R_{e1}=i_{b1}\cdot\beta_1\beta_2R'_{c2}F_u$$

其中

$$F_u = \frac{R_{e1}}{R_f + R_{e1}}$$

这样又把$\beta_1\beta_2 R'_{c2} F_u$电阻串到以$i_{b1}$为输入的回路中去了。

(3) 因 T_2 的反馈电流$i_f = \frac{u_{c2}}{R_f + R_{e1}}$，就可把$R_f + R_{e1}$直接接到 T_2 的 u_{c2}到地之间，所以对图 6.11 经过（1）（2）（3）次等效折合的简化如图 6.12 所示。

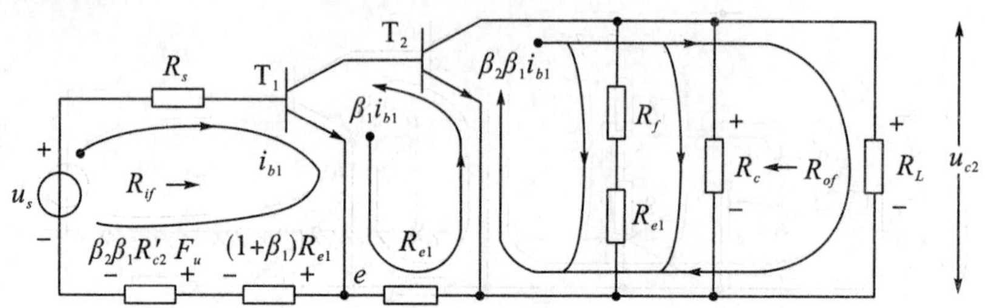

图 6.12　电压串联负反馈折合简化图

由图 6.12 输入回路列出以i_{b1}为标准的回路方程，有

$$i_{b1} = \frac{u_s}{R_s + r_{be1} + (1+\beta_1)R_{e1} + \beta_1\beta_2 R'_{c2} F_u}，F_u = \frac{R_{e1}}{R_{e1} + R_f} \tag{6.14}$$

将图 6.11 中$u_s = 2$ V，$R_s = 2$ kΩ，$r_{be1} = 1$ kΩ，$\beta_1 = 50$，$R_{e1} = 3$ kΩ，$R_f = 4$ kΩ，$r_{be2} = 1$ kΩ，$\beta_2 = 50$，$R'_{c2} = 8$ kΩ 的数值代入式（6.14），可求得：

$$i_{b1} = \frac{u_s}{R_s + r_{be1} + (1+\beta_1)R_{e1} + \beta_1\beta_2 R'_{c2} F_u} = 0.00023 \text{ mA}，u_{be1} = i_{b1} \cdot r_{be1} = 0.00023 \text{ V}$$

这说明通过两级负反馈使运放的输入端比单级更具同时趋于零的特征。

由图 6.12 看出输入阻抗

$$R_{if} = r_{be1} + (1+\beta_1)R_{e1} + \beta_1\beta_2 R'_{c2} F_u \gg r_{be1} + (1+\beta_1)R_{e1} \tag{6.15}$$

这表明i_{e1}和i_f能给$\beta_1\beta_2 R'_{c2} F_u$提供更多的反馈电压，进一步加强了负反馈的作用，促使虚短与虚断更快地同时到来。

从图 6.12 中也看出输出阻抗

$$R_{of} = R_{c2} /\!/ (R_f + R_{e1}) < R_{c2} \tag{6.16}$$

这表明输出阻抗的减少可使放大器能接更多的外接负载。这个电路在信号处理的同相运用中得到了广泛应用。

2. 同相运放的导出与 u_{sc} 的变化趋势

从图 6.12 的宏观分布中一眼可看出r_{be2}是T_1的R'_{c1}，则前级就是标准的电流串联负反馈放大器，由$A_{uf1} = -\frac{r_{be2}}{R_{e1}}$，后级仅是一个以$r_{be2}$为输入的无反馈放大器，在认为$R_{e1} + R_f < R'_{c2}$时$A_{uf2} = -\frac{\beta_2(R_{e1} + R_f)}{r_{be2}}$，所以$A_{uf} = A_{uf_1} \cdot A_{uf2} = \beta_2 \frac{R_{e1} + R_f}{R_{e1}}$也得到了一个较好的结果，只是前面多了$\beta_2$这个固定的器件参数。该两级电压串联负反馈的集成运放如图 6.13 所示。

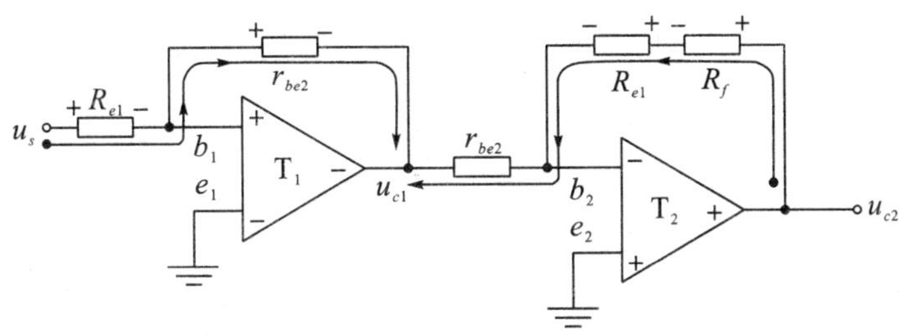

图 6.13　两级电压串联负反馈集成运放

u_s到u_{c2}的电位变化趋势如图 6.14 所示。从图中可看出，前级的r_{be2}和后级的r_{be2}上电位的极性完全相反可以抵消，真正起作用的只有前级的R_{e1}和后级的$(R_{e1}+R_f)$，现在怎样只用R_{e1}和$(R_{e1}+R_f)$这两个元件构成一个新的集成运放就是我们要达到之目的。因u_s处于前级的输入正端，u_{c2}处于后级的输出正端（显然$u_s \ll u_{c2}$），由前级b_1e_1之间的虚短可求得$i_s=\frac{u_s}{R_{e1}}$，由后级b_2e_2之间的虚短可求得$i_f=\frac{u_{c2}}{R_{e1}+R_f}$。若设$i_s=i_f$，则有$\frac{u_s}{R_{e1}}=\frac{u_{c2}}{R_{e1}+R_f}$，所以

$$A_{uf}=\frac{u_{c2}}{u_s}=\frac{R_{e1}+R_f}{R_{e1}}=1+\frac{R_f}{R_{e1}} \tag{6.17}$$

于是就完成了任务，但问题出在i_s是从左向右流，i_f是从右向左流，两者都在b_1e_1处、b_2e_2处到地下去了，r_{be2}上的电压可以相互抵消，剩下只考虑地平面之上的部分：u_s只作用到R_{e1}到地平线形成i_s；u_{c2}只作用到$(R_{e1}+R_f)$到地平线形成i_f。R_{e1}上既有$i_s=\frac{u_s}{R_{e1}}$，也有$i_f=\frac{u_{c2}}{R_{e1+R_f}}$，即$R_{e1}$上的反馈电压$u_{ef}=(i_s+i_f)R_{e1}$，起到了双重负反馈的作用，这样就将$T_1$、$T_2$这两个集成运合成一个集成运放了。其构成原则是：

(1) u_s与u_{c2}必须接到同一个集成运放的前后两个正端，才叫同相。

(2) i_s、i_f都必须同时从R_{e1}的上端流到地，即e_1到c_2间只保留R_f就够了。

(3) i_s必须尽可能与i_f相等。

能满足以上三条件的同相集成运放如图 6.15 所示。

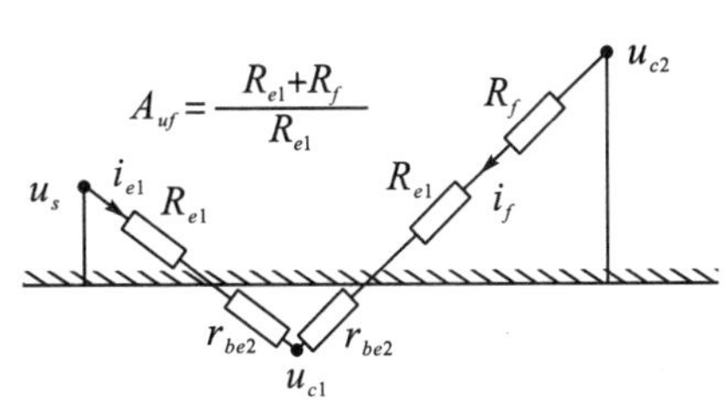

图 6.14　u_s到u_{c2}的电位变化趋势

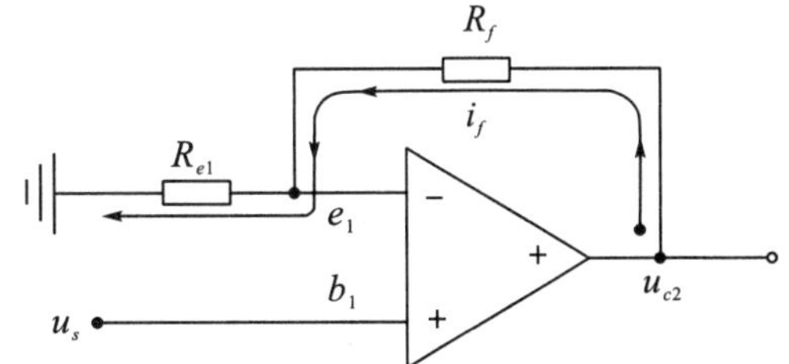

图 6.15　电压串联负反馈的运放表示

u_s可通过b_1e_1间的虚短将u_s"映射而过"到e_1到地之间，而作用到R_{e1}上的电流$i_s=\frac{u_s}{R_{e1}}$，同时R_{e1}上也有i_f的成分$i_f=\frac{u_{c2}}{R_{e1}+R_f}$。实际$R_{e1}$上有$i_{b1}+\beta_1 i_{b1}+i_f$三股电流同时通过，但工程上只抓主要环节，必须尽力保证$i_f=i_s$才使问题变得简单。

下面再从电路计算的角度来分析同相集成运放的构成，若把由图 6.12 的i_{c2}输出回路作定量计算有

$$i_{c2}=\beta_2 i_{b2}=\beta_2(\beta_1 i_{b1}),\quad u_{c2}=\beta_1\beta_2 i_{b1}R'_{c2} \tag{6.18}$$

$$A_{uf}=\frac{u_{c2}}{u_s}=\frac{\beta_1\beta_2R'_{c2}}{R_s+r_{be1}+(1+\beta_1)R_{e1}+\beta_1\beta_2R'_{c2}F_u}=\frac{1}{F_u}=\frac{R_{e1}+R_f}{R_{e1}}=1+\frac{R_f}{R_{e1}} \tag{6.19}$$

这表明该两级同相放大器在深度负反馈$R_s+r_{be1}+(1+\beta_1)R_{e1}\ll\beta_1\beta_2R'_{c2}F_u$的前提下，由$u_s$形成的$i_{b1}$，经$\beta_1 i_{b1}$和$\beta_2 i_{b2}$的两级转化后，在$R_{e1}$和$R_f$上形成的电压完全可由它的两个核心元件$R_{e1}$和$R_f$与一个标有三极管$b_1e_1c_2$符号的三角形黑箱（使$b_1e_1$间具有虚短虚断特性）的集成运放（如图6.15所示），再应用b_1e_1间的虚短使u_s“映射而过”就加到了e_1到地之间，于是有$i_s=\frac{u_s}{R_{e1}}$，$u_s=i_sR_{e1}$，又用b_1e_1间虚断使i_s“拒之门外”只能与i_f一起贯通，即$i_f=i_s$，还有$u_{c2}=\frac{u_s}{R_{e1}}(R_{e1}+R_f)$，则：

$$A_{uf}=\frac{u_{c2}}{u_s}=1+\frac{R_f}{R_{e1}} \tag{6.20}$$

6.3.4 电流并联负反馈的虚短虚断与同相运放之导出

1. 由R_{e2}和R_f引起的虚短虚断

由图6.16可以看出，R_{e2}对T_2本级有电流串联负反馈，再由电路中R_f将这种负反馈传递到T_1前级，所以总体电路叫电流并联负反馈，对T_1前级而言有：

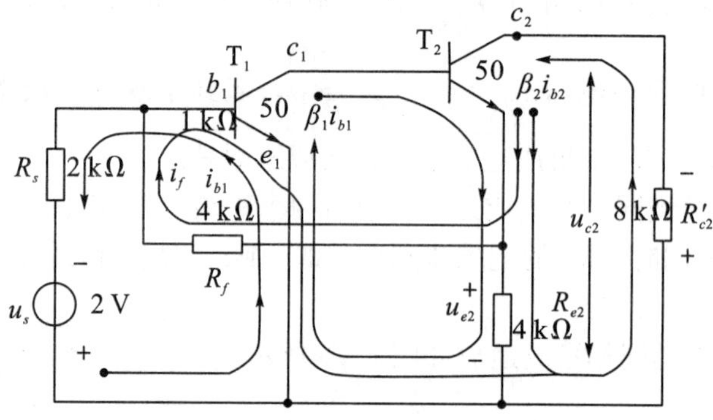

图6.16 电流并联负反馈简化图

(1) 用$i_f=\frac{u_{e2}-u_{be1}}{R_f}=\frac{\left(\frac{u_{e2}}{u_{be1}}-1\right)u_{be1}}{R_f}\approx\frac{k'u_{be1}}{R_f}$。

这已表明i_f是u_{be1}的函数了。

因$u_{e2}=(1+\beta_2)i_{b2}R_{e2}=(1+\beta_2)(\beta_1 i_{b1})R_{e2}$，而$u_{be1}=i_{b1}r_{be1}$，则

$$k'=\frac{u_{e2}}{u_{be1}}=\frac{(\beta_1+\beta_1\beta_2)i_{b1}R_{e2}}{i_{b1}r_{be1}}=\frac{(\beta_1+\beta_1\beta_2)R_{e2}}{r_{be1}}$$

$$i_f=\frac{\frac{(\beta_1+\beta_1\beta_2)\ R_{e2}}{r_{be1}}u_{be1}}{R_f}\triangleq\frac{u_{be1}}{R_{f1}}$$

其中

$$R_{f1}=\frac{r_{be1}R_f}{(\beta_1+\beta_1\beta_2)R_{e2}}$$

这个 R_{f1}就是直接接到 T_1 管 be_1 之间的等效电阻了，它有旁路i_s的作用。

(2) $i_f=\dfrac{u_{e2}-u_{be1}}{R_f}=\dfrac{\left(1-\dfrac{u_{be1}}{u_{e2}}\right)u_{e2}}{R_f}\triangleq\dfrac{u_{e2}}{R_f}$。

这 R_f 就与 R_{e2}并联了。

综上（1）（2）两点，既可将 R_f 折合到 T_1 的 be 之间，也可将 R_f 折合到 T_2 射极 e_2 到地之间，如图 6.17 所示，由输入回路列出以i_{b1}为标准的回路方程有：

$$R_{if}=R_{f1}\,/\!/\,r_{be1}=\frac{r_{be1}R_f}{R_f+(\beta_1+\beta_1\beta_2)R_{e2}}<r_{be1} \tag{6.21}$$

有旁路i_{b1}的作用：

$$i_{b1}=\frac{u_sR_{if}}{(R_s+R_{if})r_{be1}}=\frac{u_sR_f}{R_s[R_f+(\beta_1+\beta_1\beta_2)R_{e2}]+r_{be1}R_f} \tag{6.22}$$

将图 6.16 中的$u_s=2$ V，$R_s=2$ kΩ，$r_{be1}=1$ kΩ，$\beta_1=50$，$R_{e2}=4$ kΩ，$R_f=4$ kΩ，$r_{be2}=1$ kΩ，$\beta_2=50$，$R'_{c2}=8$ kΩ 的数值代入式（6.22）可求得：

$$i_{b1}=\frac{u_sR_f}{R_s[R_f+(\beta_1+\beta_1\beta_2)R_{e2}]+r_{be1}R_f}=0.0004\text{ mA},\quad u_{be1}=i_{b1}\cdot r_{be1}=0.0004\text{ V}$$

这说明通过两级负反馈使输入端比单级更具同时趋于零的特征。

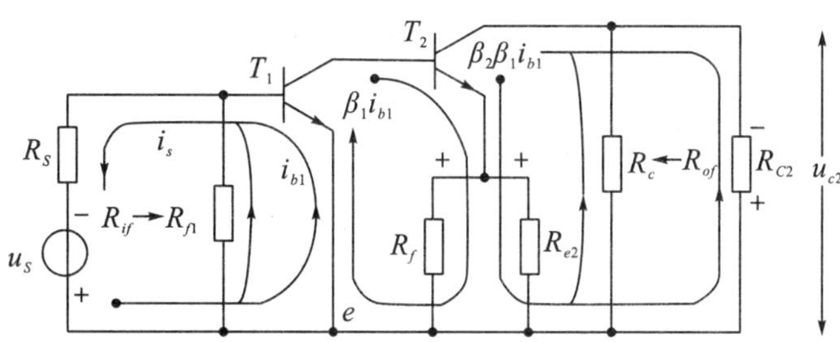

图 6.17　电流并联负反馈折合简化图

从图 6.17 的输出回路可以看出R_f与R_{e2}都与直接输出无关，所以

$$R_{of}=R_{c2}$$

2. 同相集成运放的导出与 u_{sc}之变化趋势

由图 6.17 输出回路在u_s瞬时极性由负变正时，u_{c2}也将由负变正，这时有：

$$i_{c2}=\beta_2(\beta_1 i_{b1}),\quad u_{c2}=i_{c2}R'_{c2}=\beta_1\beta_2 i_{b1}R'_{c2} \tag{6.23}$$

$$A_{uf}=\frac{u_{c2}}{u_s}=\frac{\beta_1\beta_2R_fR'_{c2}}{R_s[R_f+(\beta_1+\beta_1\beta_2)R_{e2}]+r_{be1}R_f}=\frac{R_f}{R_s}\cdot\frac{R'_{c2}}{R_{e2}} \tag{6.24}$$

从图 6.16 电流并联负反馈原理图可以看出 T_1 管的R_f虽然接在T_2的射极e_2，但实质上与接在T_2基极b_2是一样的，所以R_f对前级起到了电压并联负反馈的作用，由式（6.13）得 $A_{uf1}=-\dfrac{R_f}{R_s}$，$T_2$ 管的 R_{e2} 是典型的电流串联负反馈，由式（6.7）得 $A_{uf2}=-\dfrac{R'_{c2}}{R_{e2}}$，所以 $A_{uf}=\dfrac{R_f}{R_s}\cdot\dfrac{R'_{c2}}{R_{e2}}$就非常合理，为此，用如图 6.18 所示的两个集成运放的级联来表示。

u_s与u_{c2}的电位变化趋势如图 6.19 所示。

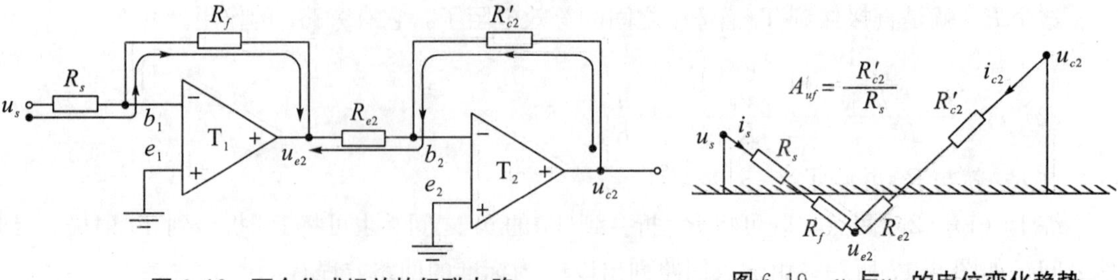

图 6.18 两个集成运放的级联电路 **图 6.19 u_s与u_{e2}的电位变化趋势**

但因 $u_{c1} \approx u_{e2}$且相位相同，从等效折合的角度看$R_f /\!/ R_{e2}$，两者的电位必然相等，则R_f 与R_e 可以约掉，所以 $A_{uf}=\frac{R'_{c2}}{R_s}$又变成怎样只由这两个核心元件$R'_{c2}$和$R_s$来组成一个新的，仅有一个三角形黑箱之同相运放呢？这完全可以仿照前面电压串联负反馈的办法摸仿下去，但最终还是归结为：用一个标有三极管$b_1e_1c_2$符号的三角形黑箱（使b_1e_1间具有虚短虚断特性），如图 6.20 所示。应用b_1e_1间的虚短使 u_s "映射而过"就加到了 e_1 到地之间，使得$i_s=\frac{u_s}{R_s}$，$u_s=i_s \cdot R_s$就是放大器的输入电压。再应用 b_1e_1 间的虚断，使i_s "拒之门外"，i_s只能与i_{c2}一起贯通即所以输出电压 $u_{c2}=i_{c2}(R'_{c2}+R_s)=\frac{u_s}{R_s}(R_s+R'_{c2})$，则

$$A_{fu}=\frac{u_{c2}}{u_s}=1+\frac{R'_{c2}}{R_s} \tag{6.25}$$

这也成了同相集成运放的典型应用。

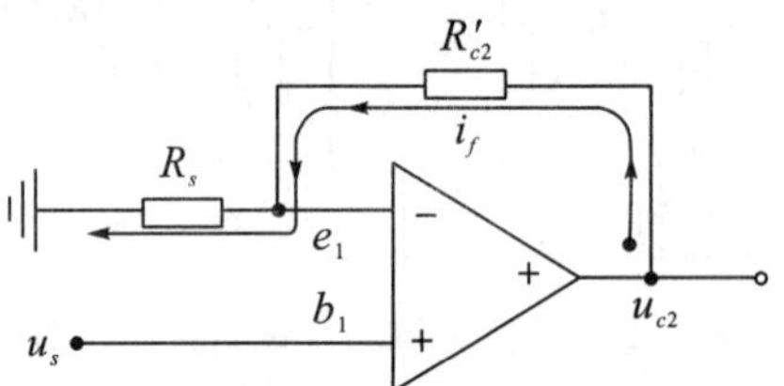

图 6.20 电流并联负反馈的同相集成运放

6.4 放大器中寄生反馈的干扰

1. 对分布电容和寄生电感所引起的振荡

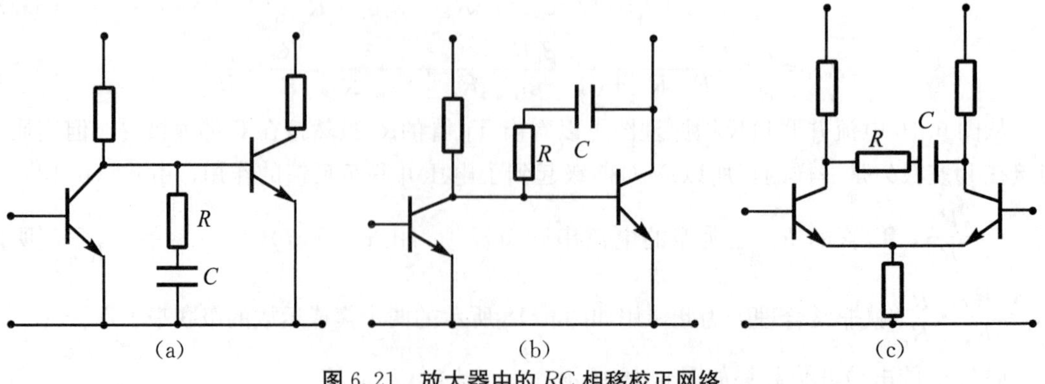

图 6.21 放大器中的 RC 相移校正网络

对分布电容和寄生电感所引起的振荡，可通过加 RC 相移校正网络来克服。

图 6.21 为放大器中的 RC 相移校正网络，其具体数值由

$$C=\frac{1}{2\pi f_n R}\Rightarrow R=\frac{1}{2\pi f_n C} \tag{6.26}$$

决定，其中 f_n 可用仪表测出，R 是随便选择的一个数值。

2. 对电源内阻 r_0 所引起的振荡

对电源内阻 r_0 所引起的振荡，可以通过加退耦电路来克服。

由电源内阻 r_0 所引起的正反馈，实质上是一个电压并联正反馈。其示意结构如图 6.22 所示。

i_{c1} 由 r_0 的下端流到上端，i_{c2} 由 r_0 的上端流到下端，由于 $i_{c2}\gg i_{c1}$，所以 r_0 上的电压是上正下负的。设该电压为 u_0，u_0 一方面迭加在 E_c 上，使 E_c 随 i_{c2} 而变，从而影响到各级的静态工作点；另一方面将通过 R_{c1}、R_{b2} 作用到 T_2 的基极上成为电压并联负反馈。同时 u_0 还通过 R_{b1} 作用到 T_1 的基极上成为电压并联正反馈，这个反馈信号再经 T_1、T_2 两次放大，使得放大器有一个很大的振荡输出，为此必须通过加如图 6.23 所示的 $R_\varphi C_\varphi$ 退耦电路将这种振荡抵消掉。

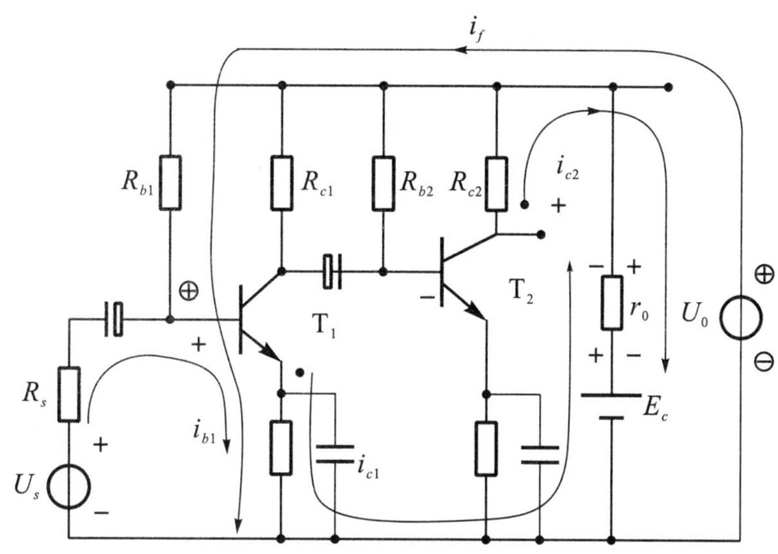

图 6.22　电源内阻 r_0 引起的正反馈

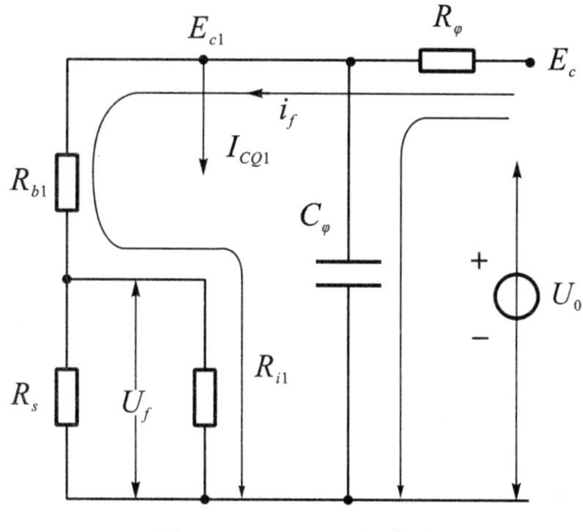

图 6.23　$R_\varphi C_\varphi$ 退耦电路

由图 6.23 可知：

$$u_f=\frac{u_\varphi}{R_{b1}+(R_s\ /\!/\ R_{i1})}(R_s\ /\!/\ R_{i1}) \tag{6.27}$$

只要 u_φ 足够小，那么 u_f 就会更小，以致无法使振荡维持下去。实践证明，只要取 $u_\varphi=(0.1\sim0.2)u_0$ 就够了。

$$u_\varphi=(0.1\sim0.2)u_0=\frac{u_0}{R_\varphi+\frac{1}{2\pi f_L C_\varphi}}\cdot\frac{1}{2\pi f_L C_\varphi}$$

$$=\frac{u_0}{\frac{2\pi f_L C_\varphi R_\varphi+1}{2\pi f_L C_\varphi}}\cdot\frac{1}{2\pi f_L C_\varphi} \tag{6.28}$$

或者

$$0.1\sim0.2=\frac{1}{2\pi f_L R_\varphi C_\varphi+1}\approx\frac{1}{2\pi f_L R_\varphi C_\varphi} \tag{6.29}$$

由此可见，只要 f_L 为已知数，而 R_φ 或 C_φ 中仍选取一个，就可将另一个算出，一般是先选 R_φ，例如这里选 $R_\varphi=\frac{E_c-E_{c1}}{1.5I_{CQ1}}$，则 $C_\varphi=(5\sim10)\frac{1}{2\pi f_L R_\varphi}$。

设 $E_c=6$ V，$E_{c1}=5$ V，$I_{CQ1}=1$ mA，$f_L=50$ Hz，则

$$R_\varphi=\frac{E_c-E_{c1}}{1.5I_{CQ1}}=\frac{6-5}{1.5\times1}=666\ \Omega$$

$$C_\varphi=(5\sim10)\frac{1}{2\pi f_L R_\varphi}=(5\sim10)\times\frac{1}{2\times3.14\times50\times666}\approx25\sim50\ \mu\text{F} \tag{6.30}$$

习题（六）

6-1　在习题图 6.1 所示的各放大电器中，试说明存在哪些反馈支路，并判断：哪些是负反馈，哪些是正反馈；哪些是直流反馈，哪些是交流反馈。如为交流反馈，试分析反馈的组态。假设各电器中电容的容抗可以忽略。

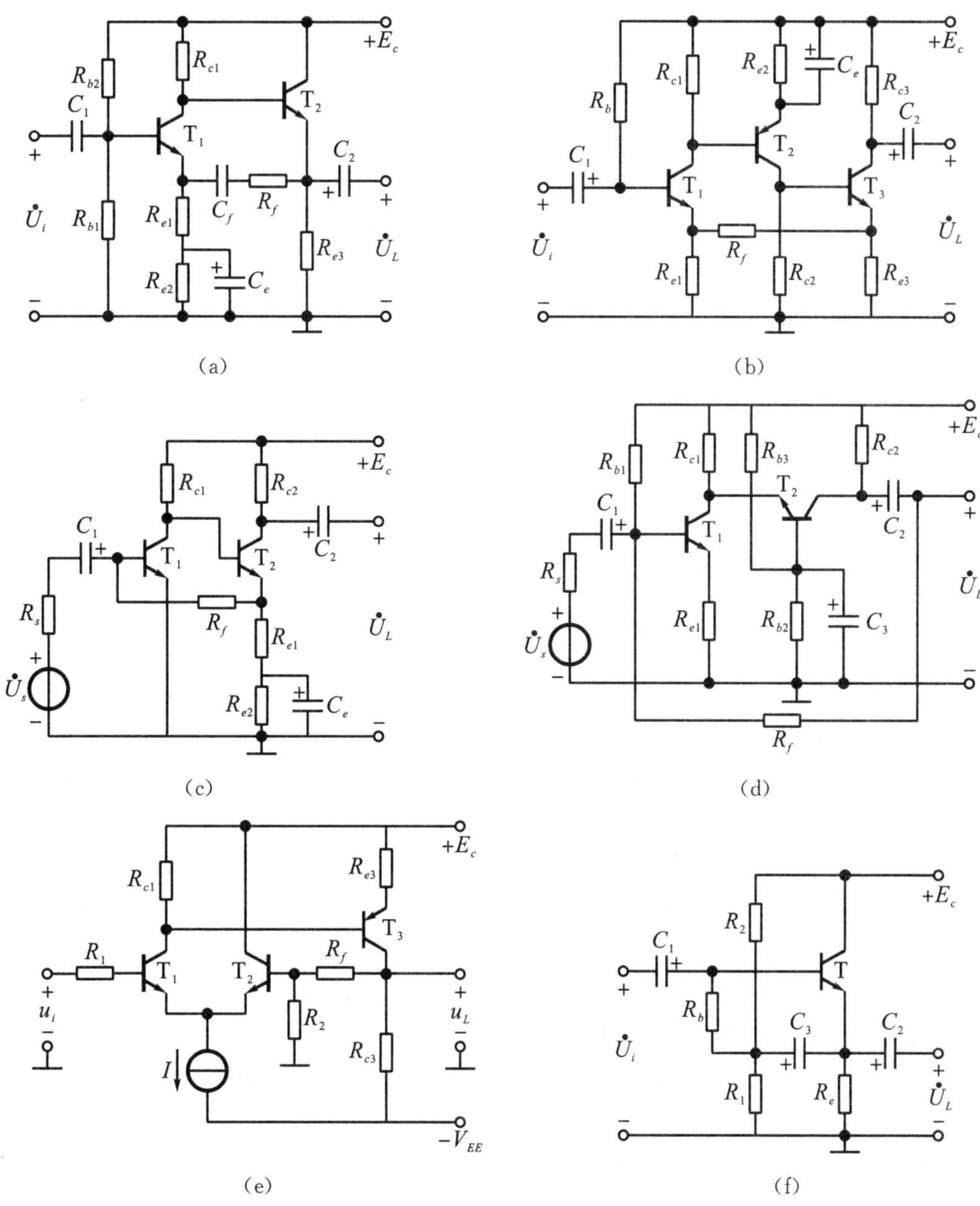

习题图 6.1

6-2 试判断习题图 6.2 所示的各电路中反馈的极性和组态。

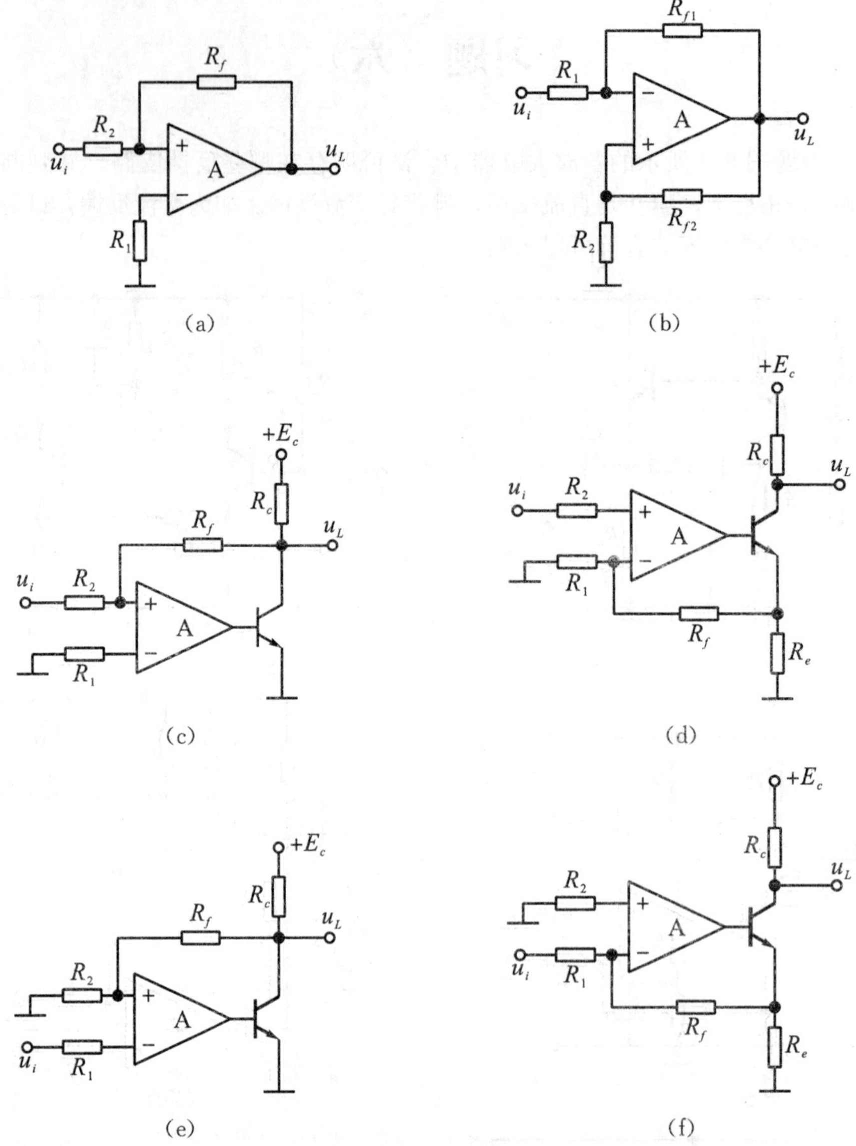

习题图 6.2

6-3 在习题图 6.1 和习题图 6.2 所示的各电路中，试说明哪些反馈能够稳定输出电压，哪些能够稳定输出电流，哪些能够提高输入电阻，哪些能够降低输出电阻。

6-4 设习题图 6.1（b）～（e）的电路满足深度负反馈的条件，试用近似估算法分别估算它们的电压放大倍数。

6-5 设习题图 6.2（c）～（f）中的集成运放均为理想运放，各电路均满足深度负反馈条件，试分别估算它们的电压放大倍数。

6-6 假设单管共射放大电路在无反馈时的$\dot{A}_{um}=-100$，$f_L=30$ Hz，$f_H=3$ kHz。如果反馈系数$\dot{F}_{uu}=-10\%$，问闭环后的$\dot{A}_{uf}$、f_{Lf}和f_{Hf}各等于多少？

6-7 在习题图 6.3 中：

（1）电路中共有哪些反馈（包括级间反馈和局部反馈），分别说明它们的极性和组态；

（2）如果要求 R_{f1} 只引入交流反馈，R_{f2} 只引入直流反馈，应该如何改变？（请画在图上）

（3）在第（2）小题情况下，上述两种反馈各对电路性能产生什么影响？

（4）在第（2）小题情况下，假设满足深度负反馈条件，估算电压放大倍数 $\dot{A}_{uf}$。

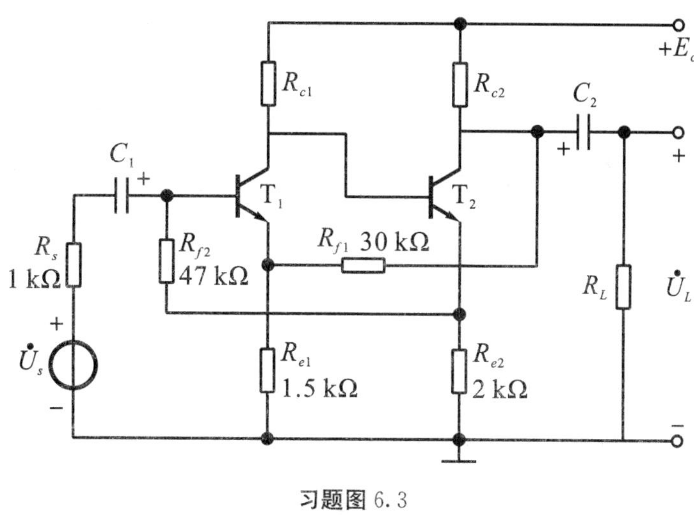

习题图 6.3

6-8　分别判断习题图 6.4 所示的各电路中反馈的极性和组态，如为正反馈，试改接成为负反馈，并估算各电路的电压放大倍数。设其中的集成运放均为理想运放。

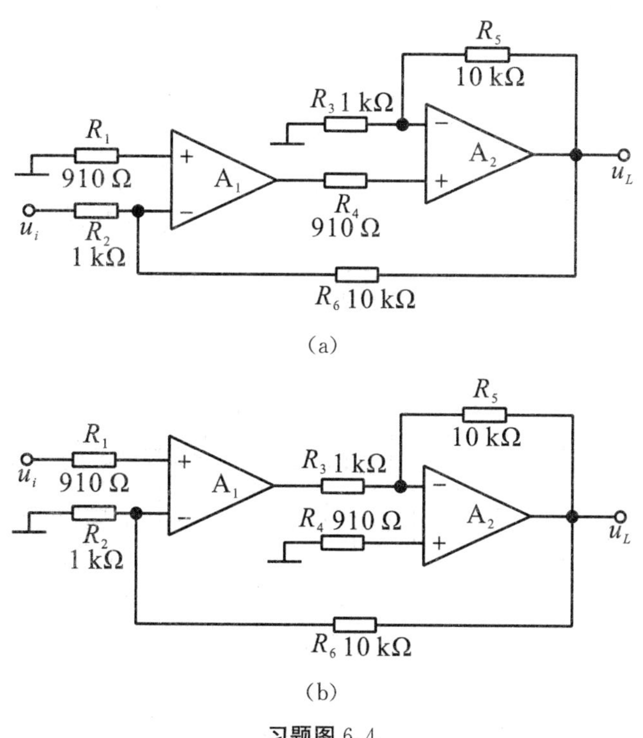

习题图 6.4

6-9　图 6.5 是 MF20 万用表前置放大级的电路原理图。

(1) 试分析电路中共有几路级间反馈，分别说明各路反馈的极性和交、直流性质，如为交流反馈，进一步分析它们的组态；

(2) 分别说明上述反馈对放大电路产生何种影响；

(3) 试估算放大电路的电压放大倍数。

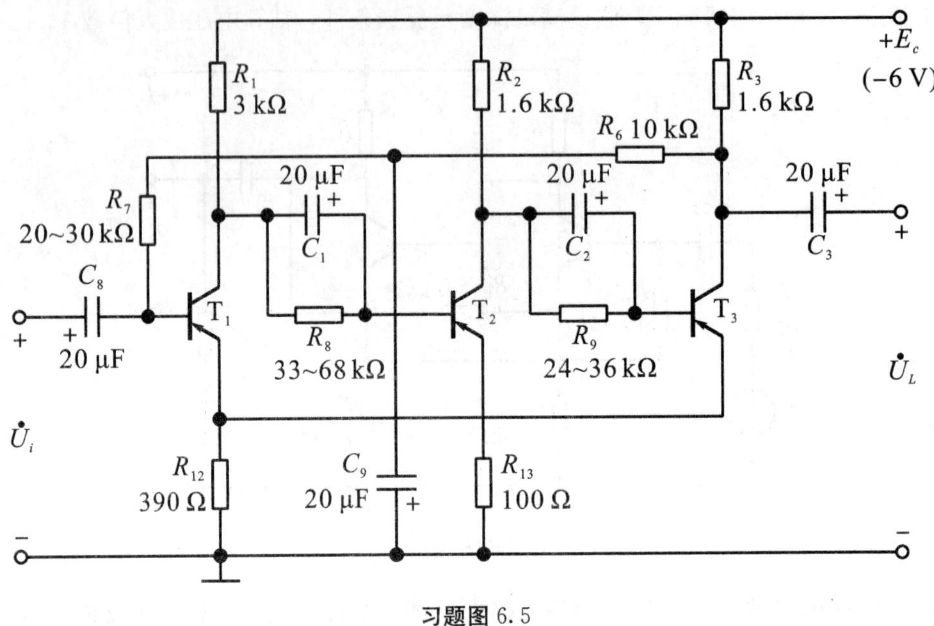

习题图 6.5

6-10 在习题图 6.6 所示的电路中，要求达到以下效果，应该引入什么反馈？将答案写在括弧内。

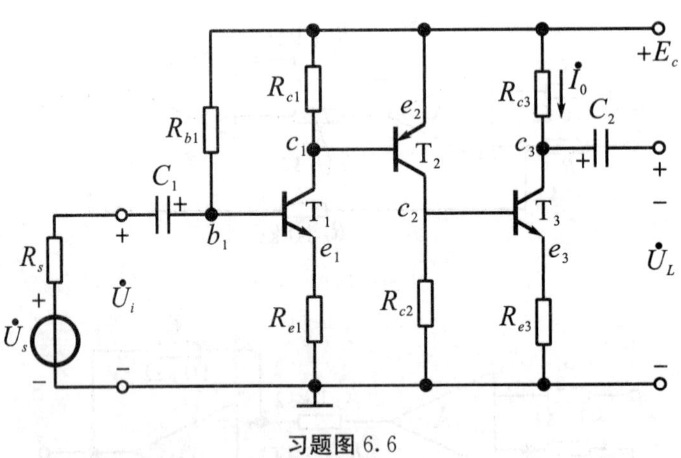

习题图 6.6

(1) 提高从 b_1 端看进去的输入电阻；

(接 R_f 从________到________)

(2) 减小输出电阻；

(接 R_f 从________到________)

(3) 希望 R_{c3} 改变时，其上的 $\dot{I}_0$（在给定 $\dot{U}_i$ 情况下的交流电流有效值）基本不变；

(接 R_f 从________到________)

(4) 希望各级静态工作点基本稳定；

(接 R_f 从________到________)

(5) 希望在输出端接上负载电阻 R_L 后，U_L（在给定 $\dot{U}_i$ 情况下的输出交流电压有效值）基本不变；

(接 R_f 从________到________)

6-11　在习题图 6.7 所示的电路中：

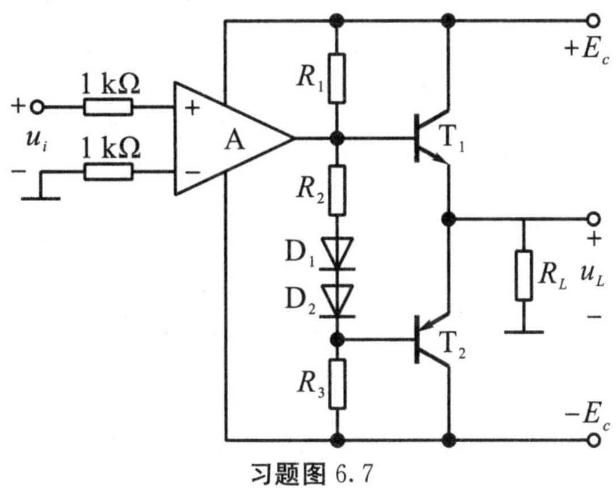

习题图 6.7

(1) 为了提高输出级的带负载能力，减小输出电压波形的非线性失真，试在电路中引入一个级间负反馈（画在图上）；

(2) 试说明此反馈的组态；

(3) 若要求引入负反馈后的电压放大倍数 $\dot{A}_{uf}=\dfrac{\dot{U}_L}{\dot{U}_i}=20$，试选择反馈电阻的阻值。

6-12　习题图 6.8 为一个扩大机的简化电路。试回答以下问题：

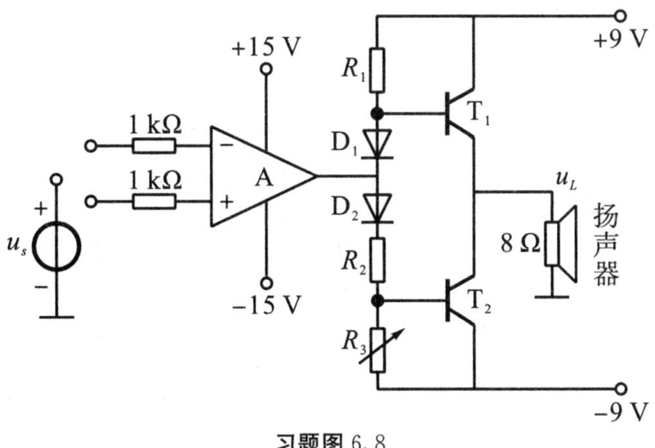

习题图 6.8

(1) 为了要实现互补推挽功率放大，T_1 和 T_2 应分别是什么类型的三极管？在图中画出发射极箭头方向。

(2) 若运算放大器的输出电压幅度足够大，是否有可能在输出端得到 8 W 的交流输出功率？设 T_1 和 T_2 的饱和管压降 U_{ces} 均为 1 V。

(3) 若集成运算放大器的最大输出电流为±10 mA，则为了要得到最大输出电流，T_1 和

T_2的β值应不低于什么数值？

（4）为了提高输入电阻，降低输出电阻并使放大性能稳定，应该如何通过R_f引入反馈？在图中画出连接方式。

（5）在第（4）题情况下，如要求当$U_s=100$ mV时$U_0=5$ V，则R_f为多少？

6-13 在习题图 6.9 所示的电路中：

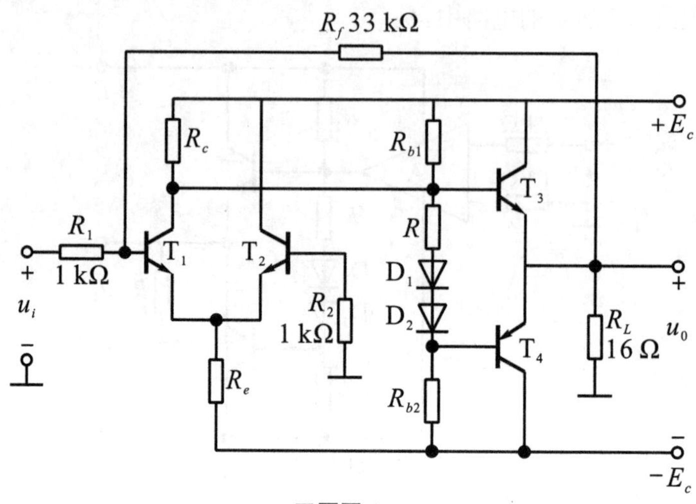

习题图 6.9

（1）要求$P_{om}\geqslant 8$ W，已知三极管T_3、T_4的饱和管压降$U_{ces}=1$ V，则E_c至少应为多大？

（2）判断级间反馈的极性和组态，如为正反馈，将其改为负反馈。

（3）假设最终满足深负反馈条件，估算$\dot{A}_{uf}=\dfrac{\dot{U}_L}{\dot{U}_i}$为多少？

6-14 在习题图 6.10 电路中：

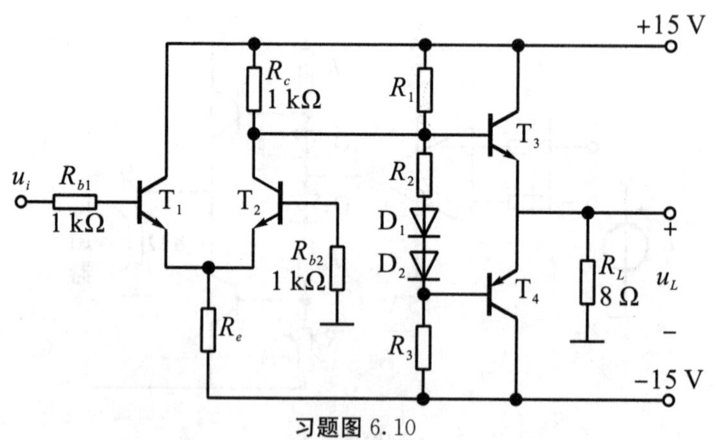

习题图 6.10

（1）设T_3、T_4的饱和管压降$U_{ces}=1$ V，试求电路的最大输出功率P_{om}为多少？

（2）为了提高带负载能力，减小非线性失真，请在图中通过R_f引入一个级间负反馈（画在图上）。

（3）如要求引入反馈后的电压放大倍数$\left|\dfrac{\dot{U}_L}{\dot{U}_i}\right|\approx 100$，则$R_f$的阻值应为多大？

第 7 章　模拟运算电路

7.1　反相求和计算

图 7.1 为具有三个输入端的反相求和电路。可以看出，这个求和电路实际上是在反相比例运算电路的基础上加以扩展得到的。

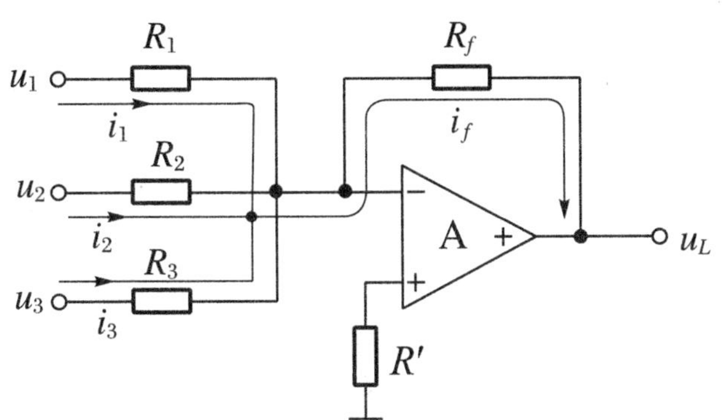

图 7.1　反相输入求和电路

为了保证集成运放两个输入端对地的电阻平衡，则要求 $R_N=R_P$，所以同相输入端电阻 R' 的阻值应为

$$R'=R_1 /\!/ R_2 /\!/ R_3 /\!/ R_f \tag{7.1}$$

由于集成运放的反相输入端“虚断”，$i_i=0$，因此

$$i_1+i_2+i_3=i_f \tag{7.2}$$

又因集成运放的反相输入端“虚短”，$u_-=u_+=i_+ \cdot R'=0$，故式 (7.2) 可写为

$$\frac{u_1}{R_1}+\frac{u_2}{R_2}+\frac{u_3}{R_3}=-\frac{u_L}{R_f} \tag{7.3}$$

则输出电压为

$$u_L=-\left(\frac{R_f}{R_1}u_1+\frac{R_f}{R_2}u_2+\frac{R_f}{R_3}u_3\right) \tag{7.4}$$

可见，电路的输出电压 u_L 反映了输入电压 u_1、u_2、u_3 相加所得的结果，即电路能够实现求和运算。如果电路中电阻的阻值满足关系 $R_1=R_2=R_3=R$，则式 (7.4) 可写为

$$u_L=-\frac{R_f}{R}(u_1+u_2+u_3) \tag{7.5}$$

通过上面的分析可以看出，反相输入求和电路的实质是利用“虚断”和“虚短”的特点，通过各路输入电流相加的方法来实现输入电压的相加。

这种反相输入求和电路的优点是：当改变某一输入回路的电阻时，仅仅改变输出电压与该路输入电压之间的比例关系，对其他各路没有影响，因此调节比较灵活方便。

【例 7.1】 假设一个控制系统中的温度、压力和速度等物理量经传感器后分别转换成为模拟电压量 u_1、u_2 和 u_3，要求该系统的输出电压与上述各物理量之间的关系为

$$u_L=-3u_1-10u_2-0.53u_3$$

现采用如图 7.1 所示的求和电路，试选择电路中的参数以满足以上关系。

解：将以上给定的关系式与式 (7.4) 比较，可得 $\frac{R_f}{R_1}=3$，$\frac{R_f}{R_2}=10$，$\frac{R_f}{R_3}=0.53$。为了避免

电路中的电阻值过大或过小，一般选电阻值在 1 kΩ~10 MΩ 之间，可先选 R_f =100 kΩ，则

$$R_1 = \frac{R_f}{3} = \frac{100}{3} = 33.3\ \text{k}\Omega$$

$$R_2 = \frac{R_f}{10} = \frac{100}{10} = 10\ \text{k}\Omega$$

$$R_3 = \frac{R_f}{0.53} = \frac{100}{0.53} = 188.7\ \text{k}\Omega$$

$$R' = R_1 \mathbin{/\!/} R_2 \mathbin{/\!/} R_3 \mathbin{/\!/} R_f = 6.87\ \text{k}\Omega$$

为了保证精度，以上电阻均应选用精密电阻。

7.2 反相积分与微分运算

7.2.1 反相积分运算

积分电路是一种应用比较广泛的模拟信号运算电路。它是组成模拟计算机的基本单元，用以实现对微分方程的模拟。同时，积分电路也是控制和测量系统中常用的重要单元，利用其充放电过程可以实现延时、定时以及各种波形的产生。

1. 电路组成

电容两端的电压 u_C 是流过电容的电流 i_C 对 C 充电 Q_C 形成的，Q_C 为电容所带电荷量，它与 i_C 之间存在着积分关系，即

$$u_C = \frac{Q_C}{C} = \frac{1}{C}\int i_C \mathrm{d}t \tag{7.6}$$

如能使电路的输出电压 u_L 与电容两端的电压 u_C 成正比，而电路的输入电压 u_i 与流过电容的电流 i_C 成正比，则 u_L 与 u_i 之间即可成为积分运算关系。利用理想运放工作在线性区时“虚断”和“虚短”的特点可以实现以上要求。

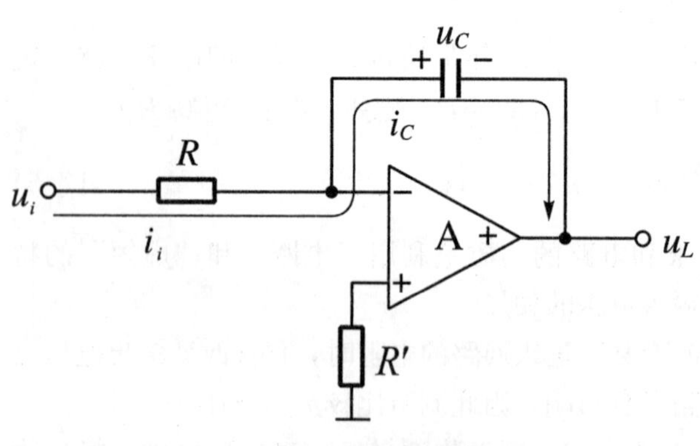

图 7.2　基本积分电路

在图 7.2 中，输入电压通过电阻 R 加在集成运放的反相输入端，并在输出端和反相输入端之间通过跨接电容 C 引入了一个深度负反馈，即可组成基本积分电路。为使集成运放两个输入端对地的电阻平衡，通常使同相输入端的电阻为

$$R' = R$$

可以看出，这种反相输入基本积分电路实际上是在反相比例电路的基础上将反馈回路中的电阻 R_f 改为电容 C 而得到的。

由于集成运放的反相输入端“虚短”，$u_- = u_+ = 0$，故

$$u_L = -u_C$$

可见，输出电压与电容两端电压成正比。又由于“虚断”，运放反相输入端的电流为零，即

$i_- = 0$，则 $i_i = i_C$，故

$$i_i = \frac{u_i}{R} = i_C$$

即输入电压与流过电容的电流成正比。由以上几个表达式可得

$$u_L = -u_C = -\frac{1}{C}\int i_C \mathrm{d}t = -\frac{1}{RC}\int u_i \mathrm{d}t \tag{7.7}$$

式中，电阻与电容的乘积称为积分时间常数，通常用符号 τ 表示，即

$$\tau = RC \tag{7.8}$$

如果在开始积分之前，电容两端已经存在一个初始电压，则积分电路将有个初始的输出电压 $u_L(0)$，此时

$$u_L = -\frac{1}{RC}\int u_i \mathrm{d}t + u_L(0) \tag{7.9}$$

【例 7.2】试用集成运放组成的运算电路实现以下运算关系：

$$u_L = -\left(10\int u_1 \mathrm{d}t + 5\int u_2 \mathrm{d}t\right)$$

要求选择电路的结构形式，并确定电路的参数值。

解：本题要求实现的运算关系中包括加法运算和积分运算，因此可以考虑选择如图 7.3 所示的电路结构。

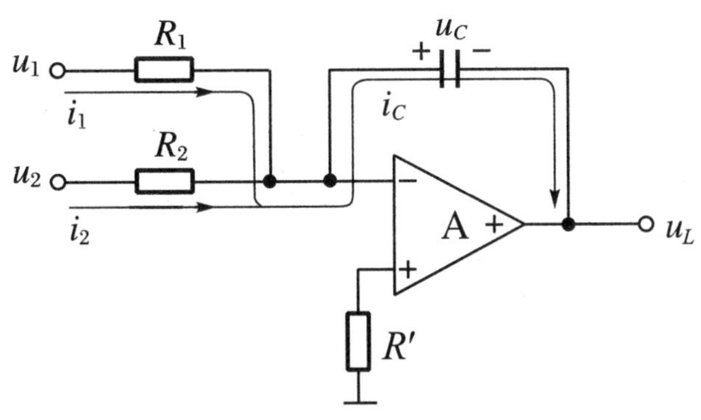

图 7.3　加法积分电路

在图 7.3 中，根据“虚断”和“虚短”，可得

$$\begin{aligned} u_L &= -u_C = -\frac{1}{C}\int i_C \mathrm{d}t \\ &= -\frac{1}{C}\int (i_1 + i_2)\mathrm{d}t \\ &= -\left(\frac{1}{R_1 C}\int u_1 \mathrm{d}t + \frac{1}{R_2 C}\int u_2 \mathrm{d}t\right) \end{aligned} \tag{7.10}$$

可见，电路能够实现加法积分运算。

为了确定电路参数值，将以上表达式与本题给定的运算关系对比，可得

$$\frac{1}{R_1 C} = 10, \quad \frac{1}{R_2 C} = 10 \times 0.5 = 5$$

选电容 $C = 1\ \mu\mathrm{F}$，则

$$R_1 = \frac{1}{10C} = \frac{1}{10 \times 10^{-6}}\ \Omega = 100\ \mathrm{k}\Omega$$

$$R_2 = \frac{1}{5C} = \frac{1}{5 \times 10^{-6}}\ \Omega = 200\ \mathrm{k}\Omega$$

还可算出

$$R' = R_1 \mathbin{/\!/} R_2 = \frac{100 \times 200}{100 + 200}\ \mathrm{k}\Omega = 66.67\ \mathrm{k}\Omega$$

可取 $R' = 66\ \mathrm{k}\Omega$。

2. 积分运算的应用

除了数学上的积分运算以外，积分电路还有许多其他方面的应用，例如可把矩形波的前沿变成上升的斜坡形，把正弦波变成余弦波，把周期的正负方波变成三角波等。

7.2.2 反相微分运算

微分是积分的逆运算。将积分电路中 R 和 C 的位置互换，即可组成基本微分电路，如图 7.4 所示。

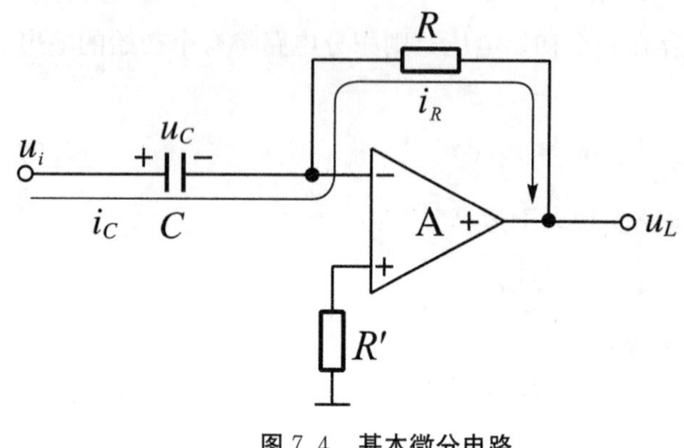

图 7.4 基本微分电路

由于“虚断”，流入运放反相输入端的电流为 0，则

$$i_C = C\frac{\mathrm{d}u_C}{\mathrm{d}t} = i_R \quad (7.11)$$

又因反相输入端“虚短”，$u_- = u_+ = 0$，可得

$$\begin{aligned} u_L &= -i_R R = -i_C R \\ &= -RC\frac{\mathrm{d}u_C}{\mathrm{d}t} \\ &= -RC\frac{\mathrm{d}u_i}{\mathrm{d}t} \end{aligned} \quad (7.12)$$

可见，输出电压 u_L 正比于输入电压 u_i 对时间的微分。

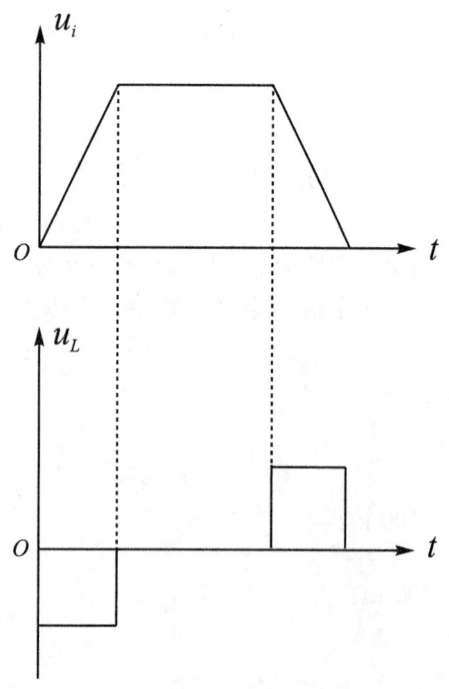

图 7.5 微分电路的输入输出波形

如果在微分电路的输入端加上一个梯形波电压，如图 7.5 所示，当 u_i 直线上升时，微分电路的输出电压 u_L 为一个固定的负电压波形；当 u_i 维持不变时，$u_L = 0$；当 u_i 直线下降时，u_L 为一个固定的正电压波形。可见，微分电路将一个梯形波转换为一负一正的两个矩形波。

微分电路也可以起移相作用。当输入电压为正弦波时，设 $u_i = U_m \sin \omega t$，则微分电路的输出电压为

$$u_L = -RC\frac{\mathrm{d}u_i}{\mathrm{d}t} = -U_m \omega RC \cos \omega t \quad (7.13)$$

可见，u_L 为余弦波，它比输入的正弦波 u_i 滞后 90°。

图 7.4 所示的基本微分电路的主要缺点是：当输入信号频率升高时，电容的容抗减小，则放大倍数增大，造成电路对输入信号中的高频噪声非常敏感，因此输出信号中的噪声成分增加，信噪比大大下降。此外，微分电路中的 RC 元件形成一个滞后的移相环节，它和集成运放中原有的滞后环节共同作用，很容易产生自激振荡，使电路的稳定性变差。

7.3　反相对数与指数运算

7.3.1　反相对数运算

为了实现对数运算电路，希望找到一种元件，其电流与电压之间存在对数或指数关系。通过第 1 章的学习已知，在一定条件下，半导体二极管的电流 i_d 与其电压 u_d 之间存在着指数关系，即 i_d 与 u_d 之间符合以下二极管方程：

$$i_d = I_S(e^{u_d/U_T} - 1) \tag{7.14}$$

式中，I_S 为二极管的反向饱和电流；U_T 为温度的电压当量，在常温下（T=300 K），U_T = 26 mV。

当 $u_d \gg U_T$ 时，式（7.14）可近似为

$$i_d \approx I_S e^{u_d/U_T}$$

$$i_d = i_R = \frac{u_i}{R}$$

$$u_d = U_T \ln\frac{i_d}{I_S} \tag{7.15}$$

即二极管的电压 u_d 和电流 i_d 之间存在对数关系。因此，可以利用二极管组成对数运算电路，如图 7.6 所示。因“虚断”，又根据“虚短”，$u_- = u_+ = 0$，有

$$\begin{aligned} u_L &= -u_d \\ &= -U_T \ln\frac{i_d}{I_S} \\ &= -U_T \ln\frac{u_i}{I_S R} \end{aligned} \tag{7.16}$$

可见，输出电压 u_L 与输入电压 u_i 之间为对数关系。

用二极管组成的基本对数运算电路存在的问题是：由于式（7.15）中的参数 U_T 和 I_S 都是温度的函数，所以运算精度受温度的影响很大。在小电流情况下，由于 u_d 值小，不能满足 $e^{u_d/U_T} \gg 1$ 的条件，因而误差较大。而在大电流情况下，二极管的伏安特性与上述方程所表达的关系也有出入，因此只在某一段很小的电流范围内比较符合对数关系。另外，输出电压的幅度较小，$|u_L|$ 值等于二极管的正向压降，而且输入信号只能是单方向的。

将双极型三极管接成二极管的形式作为反馈支路，可以获得较大的工作范围，如图 7.7 所示。

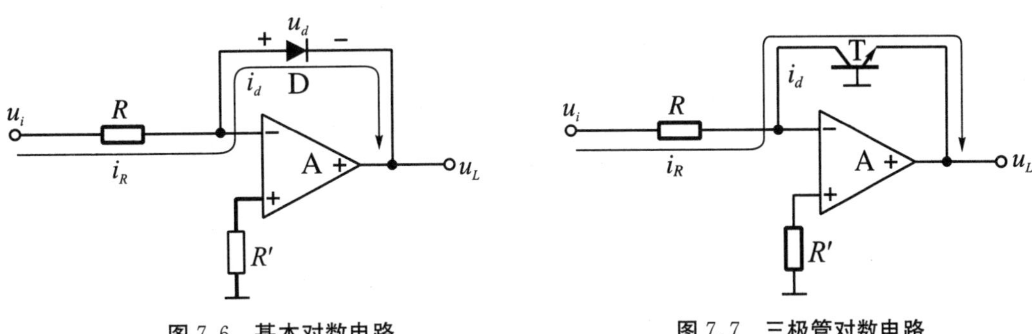

图 7.6　基本对数电路　　　　图 7.7　三极管对数电路

为了克服温度变化对 I_S 的影响，可利用两个参数相同的三极管实现温度补偿，还可采用热敏电阻补偿温度对 U_T 的影响。

7.3.2 反相指数运算

反相指数是对数运算的逆运算。只需将基本对数电路中电阻与二极管（或接成二极管形式的三极管）的位置互换，即可组成指数运算电路，如图 7.8 所示。

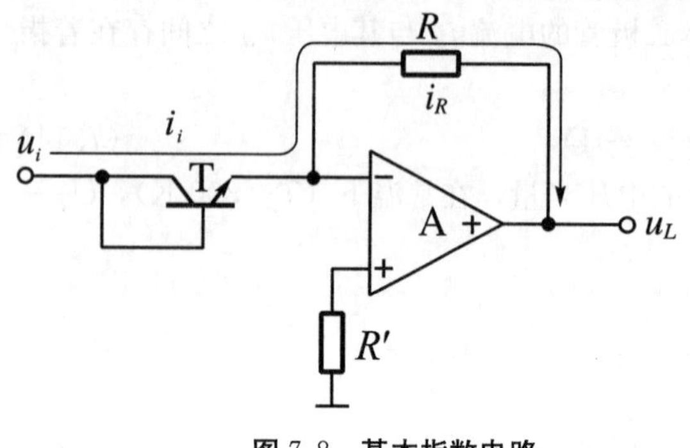

图 7.8 基本指数电路

当 $u_i>0$ 时，根据集成运放反相输入端“虚断”以及“虚短”的特点，可得

$$i_i\approx I_S e^{u_{be}/U_T}=I_S e^{u_i/U_T}=i_R \tag{7.17}$$

$$u_L=-i_R R=-i_i R=-I_S R e^{u_i/U_T} \tag{7.18}$$

可见，输出电压 u_L 正比于输入电压 u_i 的指数。

基本指数运算电路同样具有运算结果受温度影响严重等缺点，可以采用与对数电路类似的措施加以改进。

7.4 反相乘除运算

乘法和除法电路可以对两个模拟信号实现乘法或除法运算。它们既可由采用集成运放的对数及指数电路组成，也可由单片的集成模拟乘法器实现。

7.4.1 由对数及指数组成的乘除

乘法电路的输出电压正比于其两个输入电压的乘积，即

$$u_L=u_1u_2 \tag{7.19}$$

将式（7.19）求对数，成为

$$\ln u_L=\ln(u_1u_2)=\ln u_1+\ln u_2$$

再将上式求指数，可得

$$u_L=e^{\ln u_1+\ln u_2} \tag{7.20}$$

因此，先利用对数电路，再用求和电路，最后用指数电路即可完成乘法运算。这种乘法电路的方块图如图 7.9 所示。

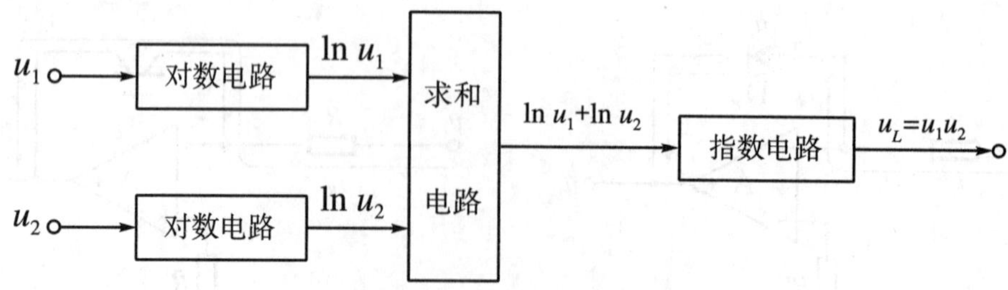

图 7.9 由对数、求和、指数组成的乘法电路

同理，对于除法电路，其输出电压正比于两个输入电压相除所得的商，即

$$u_L = \frac{u_1}{u_2}$$

将上式先求对数，可得

$$\ln u_L = \ln \frac{u_1}{u_2} = \ln u_1 - \ln u_2$$

然后再求指数，则

$$u_L = e^{\ln u_1 - \ln u_2} \tag{7.21}$$

将式（7.21）与式（7.20）对比，可知二者的差别仅在于表达式指数部分的($\ln u_1 + \ln u_2$)变为（$\ln u_1 - \ln u_2$），所以只需将图 7.9 中的求和改为减法电路，即可组成除法运算电路，如图 7.10 所示。

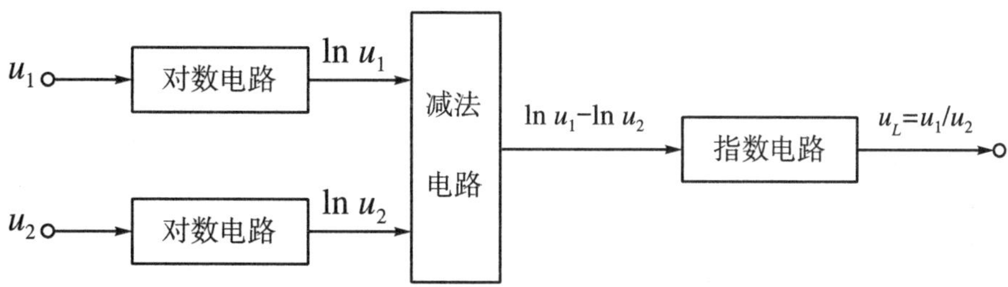

图 7.10　由对数、减法、指数组成的除法电路

7.4.2　模拟乘法运算

自从单片的集成模拟乘法器问世以来，发展十分迅速。由于其技术性能不断提高，而价格比较低廉，使用比较方便，所以应用十分广泛。

模拟乘法器的图形符号如图 7.11 所示，它通常有两个输入端和一个输出端，输出电压正比于两个输入电压之乘积，可用公式表示为

$$u_L = K u_1 u_2 \tag{7.22}$$

式中，比例系数 K 为正值时称为同相乘法器，K 为负值时称为反相乘法器。

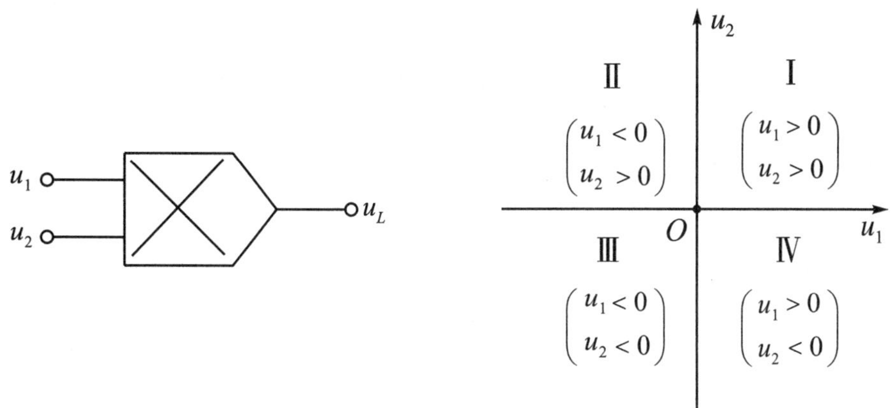

图 7.11　模拟乘法器符号

图 7.12　模拟乘法器的四个工作象限

当两个输入电压的正负极性不同时，模拟乘法器可能有四个不同的工作象限，如图

7.12 所示。如果允许两个输入电压均可有正、负两种极性，则乘法器可以在四个象限内工作，故称为四象限乘法器。如果只允许其中一个输入电压有两种极性，而另一个输入电压只允许为某一种单极性，则乘法器只能在两个象限内工作，称为二象限乘法器。如果两输入电压都分别只允许为某一种单极性，则乘法器只能在某一个象限内工作，称为单象限乘法器。

从乘法器的工作机理来说，实现乘法运算的方法很多，本节主要介绍变跨导式模拟乘法器。这种乘法器由于具有电路比较简单、成本较低、频带较宽以及运算速度比较高等优点，已被公认为是优良的通用乘法器，被许多实际的集成模拟乘法器产品所采用。

变跨导式模拟乘法器是以恒流源式差分放大电路为基础，并采用变跨导的原理形成的。前面已经知道，图 7.13 所示的恒流源式差分放大电路的输出电压为

$$u_L = -\frac{\beta R_c}{r_{be}} u_i$$

其中

$$r_{be} = r_{bb'} + (1+\beta)\frac{0.026}{I_{CQ}}$$

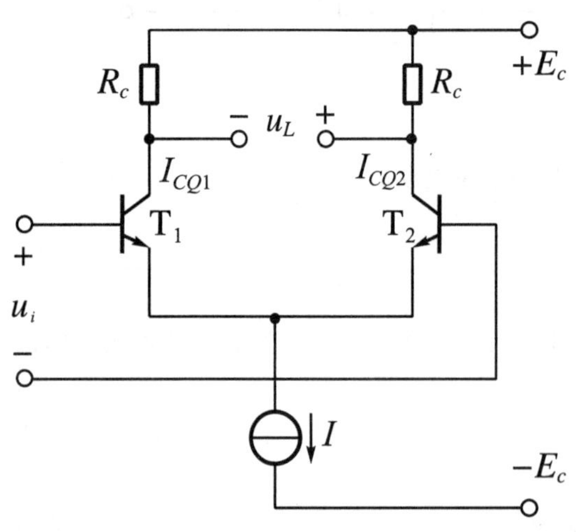

图 7.13　恒流源式差分放大电路

当三极管的 β 值足够大，而静态发射极电流 I_{CQ} 较小，且满足 $(1+\beta)\frac{0.026}{I_{eQ}} \gg r_{bb'}$ 时，可将 $r_{bb'}$ 忽略。同时，假设差分放大电路的参数对称，则每管的 I_{CQ} 等于恒流源电流的一半，即 $I_{CQ} \approx I_{EQ} = \frac{1}{2}I$，此时 r_{be} 可为

$$r_{be} \approx 2(1+\beta)\frac{0.026}{I} = (1+\beta)\frac{0.052}{I}$$

代入以上 u_L 的表达式，可得

$$u_L = -\frac{\beta R_c I}{2(1+\beta)U_T} u_i \approx -\frac{R_c I}{2U_T} u_i \tag{7.23}$$

由式 (7.23) 可见，输出电压正比于输入电压 u_i 与恒流源电流 I 的乘积。

根据上述指导思想，将另一个输入电压 u_2 加在恒流源三极管 T_3 的基极与负电源之间，如图 7.14 所示。

在图 7.14 中，当 $u_2 \gg u_{be3}$ 时，恒流源电流为

$$I = \frac{u_2 - u_{be3}}{R_e} \approx \frac{u_2}{R_e} \tag{7.24}$$

即 I 基本上与 u_2 成正比，将式 (7.24) 代入式 (7.23)，可得

$$u_L \approx -\frac{R_c}{2U_T R_e} u_1 u_2 = K u_1 u_2$$
$$K = \frac{R_c}{2U_T R_e} \tag{7.25}$$

可见，输出电压 u_L 正比于输入电压 u_1 与 u_2 的乘积，实现了乘法运算。这是今后要用到的调制原理，若 u_1 和 u_2 都是三角函数，利用积化和差公式可以得到 $\cos(\alpha \pm \beta)$ 这样两个信

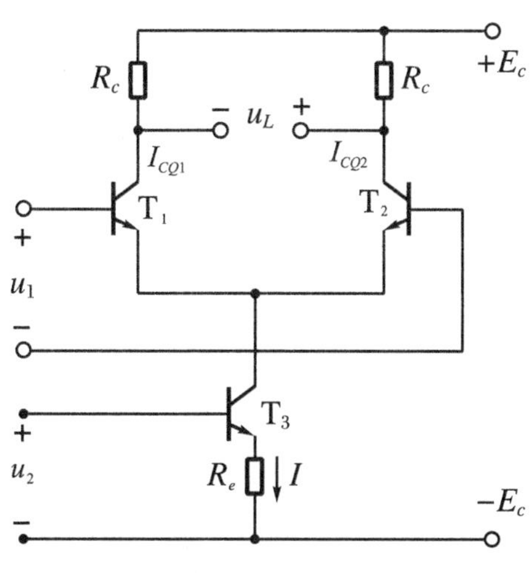

图 7.14　变跨导式乘法器原理电路

号，它是无线发射的基础（同学们必须牢牢记住）。

7.4.3　模拟乘法运算的应用

模拟乘法器的用途十分广泛，除了用于模拟信号的运算以外，还扩展到电子测量和无线电通信等领域。

1. 平方运算

将同一个输入电压接到模拟乘法器的两个输入端，即可实现平方运算，如图 7.15 所示。此时可得

$$u_L = Ku_i^2$$

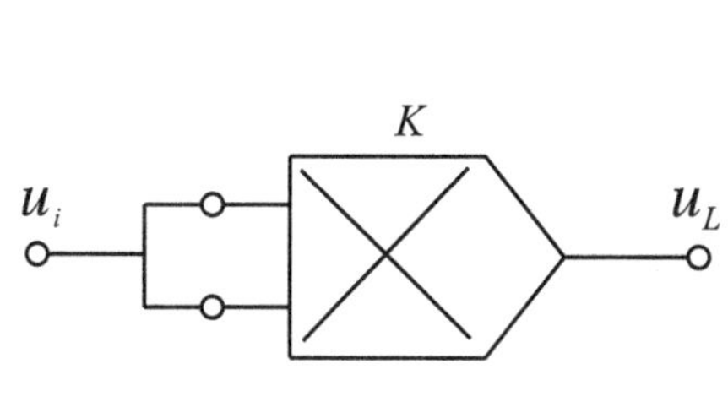

图 7.15　平方运算电路

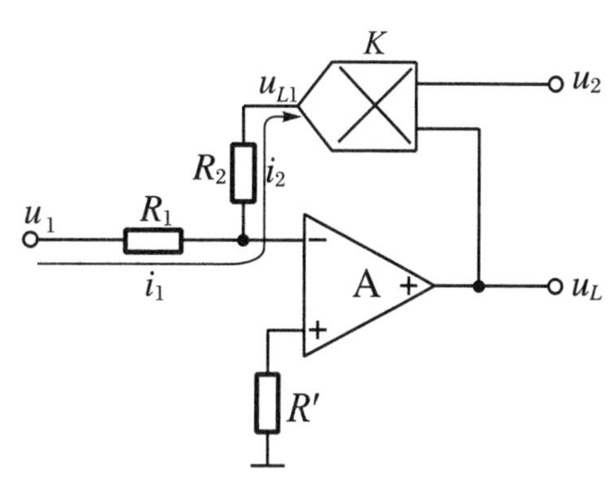

图 7.16　除法运算电路

2. 除法运算

用乘法器组成的除法电路如图 7.16 所示，由图 7.16 可得

$$u_{L1} = Ku_2u_L$$

由于理想运放反相输入端“虚断”，电流为 0，因此

$$i_1 = i_2$$

又因反相输入端“虚短”，则上式成为

$$\frac{u_1}{R_1} = -\frac{u_{L1}}{R_2} = -\frac{K}{R_2}u_2u_L$$

故

$$u_L = -\frac{R_2}{R_1K}\frac{u_1}{u_2} \tag{7.26}$$

可见，输出电压正比于两个输入电压相除所得的商。

在图 7.16 所示的除法运算电路中，为使集成运放能够稳定工作，必须引入负反馈。为此，u_1 的极性必须与 u_{L1} 相反。为了保证 u_1 与 u_{L1} 反相，如果在此电路中使用的是同相乘法器，则 u_2 的极性必须为正；反之，若所用的是反相乘法器，则 u_2 的极性必须为负。但

u_1 可以是任何极性。因此，这种电路是二象限除法器。

3. 平方根运算

在图 7.16 中，如将乘法器的两个输入端均接到集成运放的输出电压 u_L 端，即可构成平方根运算电路。此时式（7.26）中的 u_2 等于 u_L，则式（7.26）成为

$$u_L = -\frac{R_2}{R_1 K} \cdot \frac{u_1}{u_L}$$

整理上式，可得

$$u_L = \sqrt{-\frac{R_2}{R_1 K}u_1} \tag{7.27}$$

因此能够实现平方根运算。必须注意，在式（7.27）中，为了保证根号内的表达式得到正值，若系数 K 为正，则输入电压 u_1 必须为负值；反之，若 K 为负，则 u_1 必须为正值。

以上是模拟乘法器在信号运算方面的应用举例。下面再举例说明模拟乘法器在电子测量和无线电通信等领域的应用。

4. 倍频运算

如果将一个正弦波电压同时接到乘法器的两个输入端，即

$$u_1 = u_2 = U_m \sin \omega t$$

则乘法器的输出电压为

$$u_L = K u_1 u_2 = K(U_m \sin \omega t)^2 = \frac{K}{2}U_m^2(1 - \cos 2\omega t) \tag{7.28}$$

输出电压中包含两部分：一部分是直流成分；另一部分是角频率为 2ω 的余弦电压，也就是今后要用到的解调原理，它是无线接收的理论基础。此外，还可在输出端接一个隔直电容将直流成分隔离，则可得到二倍频的余弦波输出电压，从而实现了倍频作用。

习题（七）

7-1　在习题图7.1所示的运算电路中，已知$R_1=R_2=R_5=R_7=R_8=10\ \text{k}\Omega$，$R_6=R_9=R_{10}=20\ \text{k}\Omega$。

（1）试问R_3和R_4分别应选用多大的电阻？

（2）列出u_{L1}、u_{L2}和u_L的表达式。

（3）设$u_{i1}=3\ \text{V}$，$u_{i2}=1\ \text{V}$，则输出电压u_L为多少？

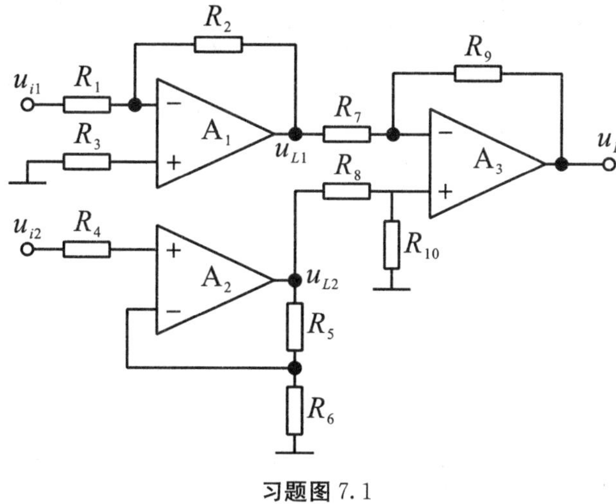

习题图7.1

7-2　在习题图7.2所示的电路中，写出其输出电压u_L的表达式。

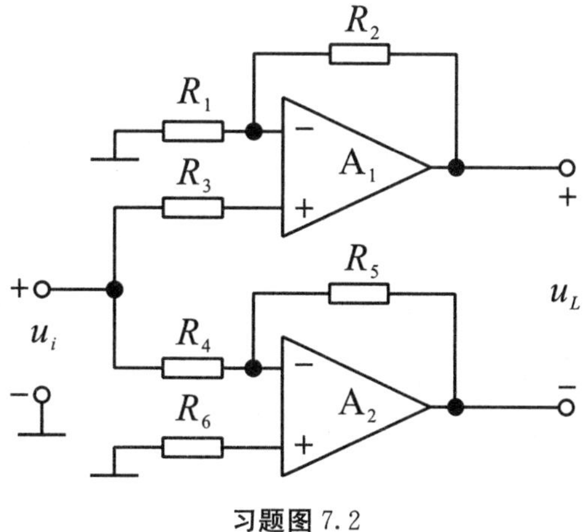

习题图7.2

7-3　试证明习题图7.3中，$u_L=\left(1+\frac{R_1}{R_2}\right)(u_2-u_1)$。

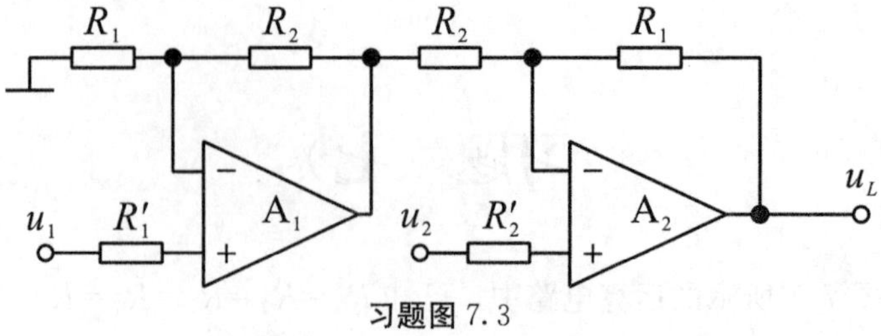

习题图 7.3

7-4 在习题图 7.4 所示的运算电路中，列出 u_L 的表达式。

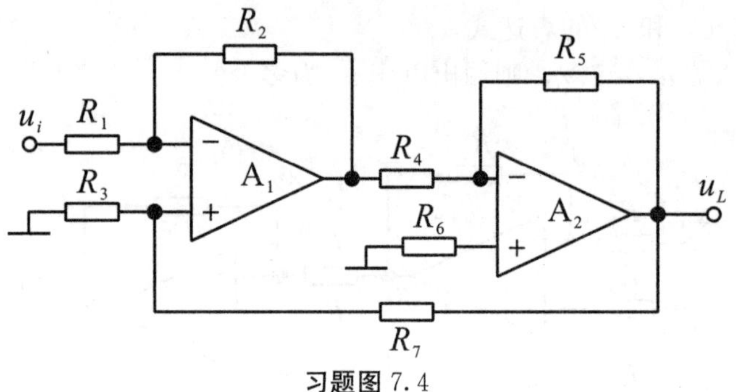

习题图 7.4

7-5 列出习题图 7.5 所示电路中输出电压 u_L 的表达式。

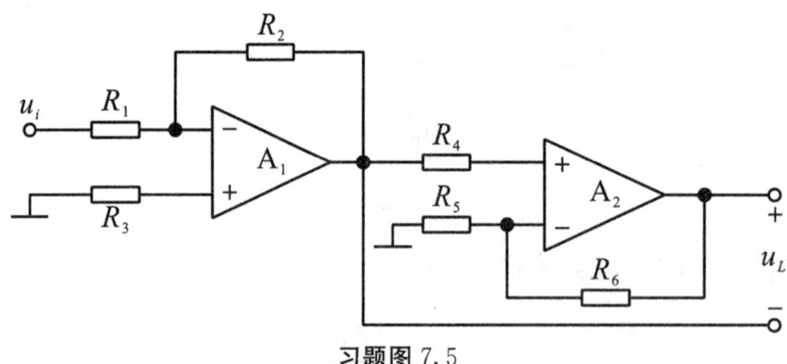

习题图 7.5

7-6 试设计一个比例运算电路，要求实现以下运算关系：$u_L=0.5u_i$。请画出电路原理图，并估算各电阻的阻值。希望所用电阻的阻值在 20～200 kΩ 的范围内。

7-7 写出习题图 7.6 所示运算电路的输入、输出关系。

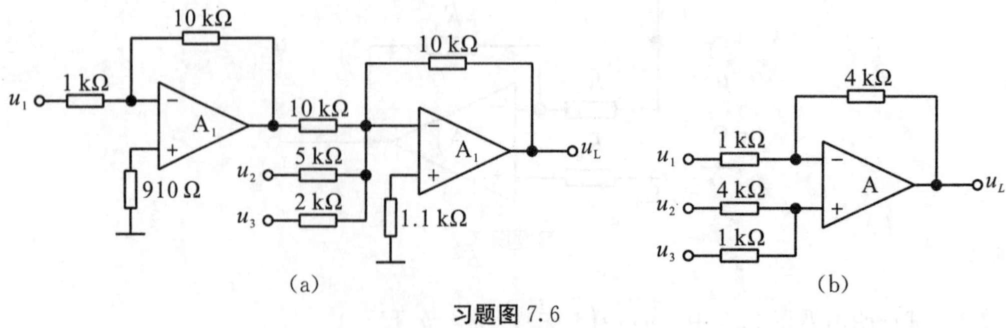

习题图 7.6

7-8 试用集成运放组成一个运算电路，要求实现以下运算关系：

$$u_L=2u_1-5u_2+0.1u_3$$

7-9　在习题图 7.7（a）所示的电路中，已知 $R_1=100\ \text{k}\Omega$，$R_2=R_f=200\ \text{k}\Omega$，$R'=51\ \text{k}\Omega$，$u_1$和 u_2的波形如习题图 7.7（b）所示，试画出输出电压 u_L 的波形，并在图上标明相应电压的数值。

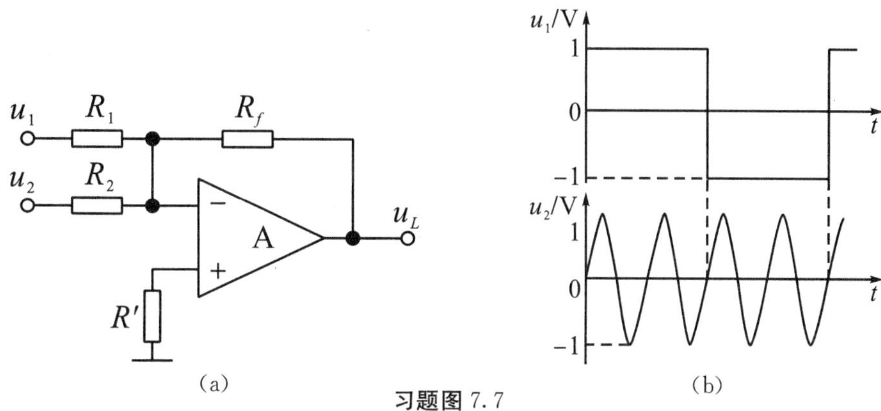

习题图 7.7

7-10　习题图 7.8 为一波形转换电路，输入信号 u_i 为矩形波。设运算放大器为理想的，在 $t=0$ 时，电容器两端的初始电压为 0。试进行下列计算，并画出 u_{L1} 和 u_L 的波形。

（1）当 $t=0$ 时，求 u_{L1} 和 u_L；

（2）当 $t=10$ ms 时，求 u_{L1} 和 u_L；

（3）当 $t=20$ ms 时，求 u_{L1} 和 u_L；

（4）将 u_{L1} 和 u_L 的波形画在下面。时间要对应并要求标出幅值，波形延长到 $t>30$ ms。

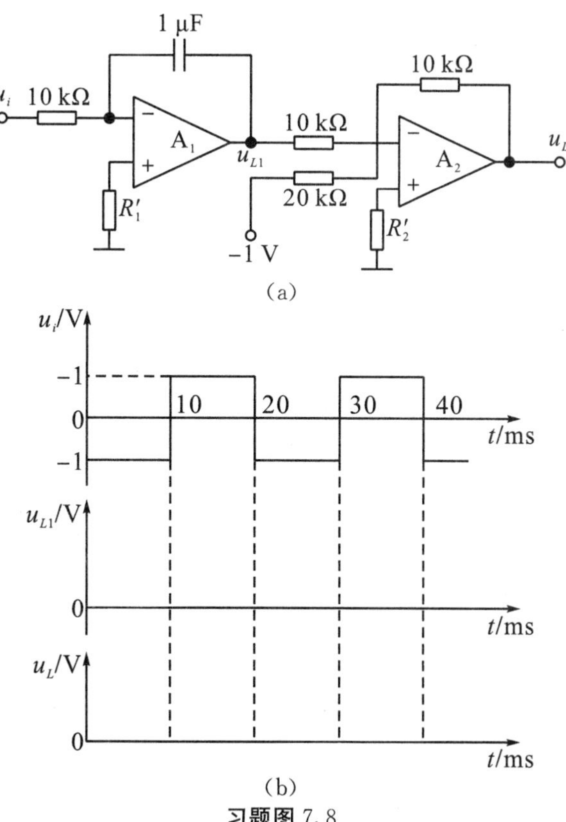

习题图 7.8

7-11 试分析习题图 7.9 所示的电路中的各集成运放 A_1、A_2、A_3和 A_4分别组成何种运算电路，设电阻 $R_1=R_2=R_3=R$，试分别列出 u_{L1}、u_{L2}、u_{L3}和 u_L的表达式。

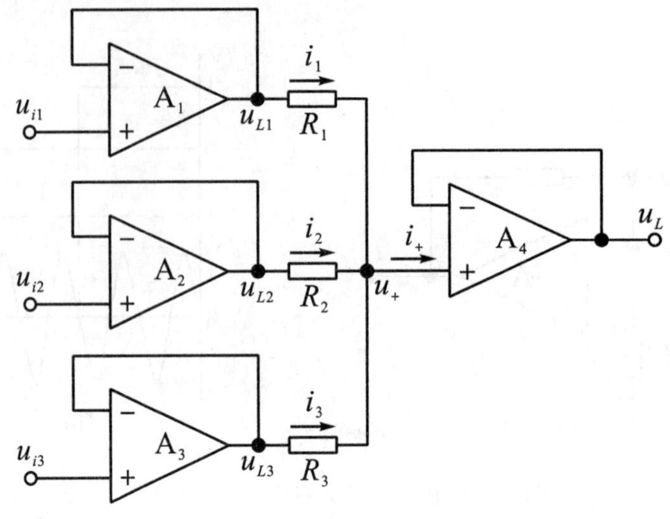

习题图 7.9

7-12 在习题图 7.10 中，设 A_1、A_2、A_3、A_4均为理想运放。

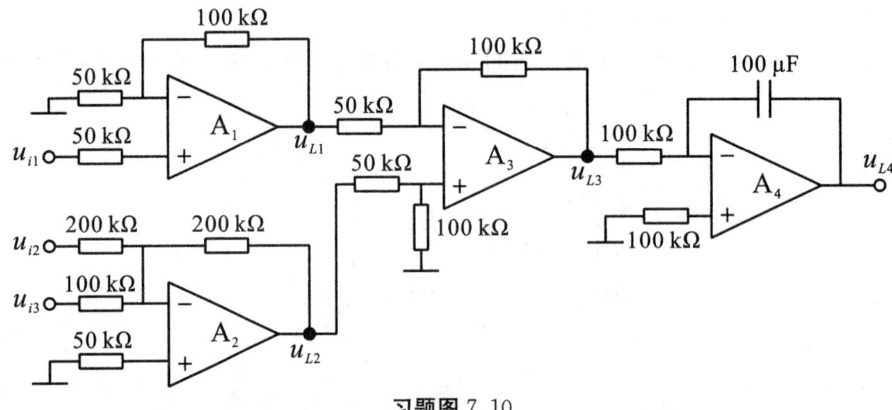

习题图 7.10

(1) A_1、A_2、A_3、A_4各组成何种基本运算电路?

(2) 分别列出 u_{L1}、u_{L2}、u_{L3}和 u_{L4}与输入电压 u_{i1}、u_{i2}、u_{i3}之间的关系式。

7-13 在习题图 7.11 (a) 中：

(1) 写出 u_L的表达式。

(2) 设 u_{i1}和 u_{i2}的波形如习题图 7.11 (b) 所示。试画出 u_L的波形，并在图上标出 $t=1$ s 和 $t=2$ s 时的 u_L值。设 $t=0$ 时电容上的电压为 0。

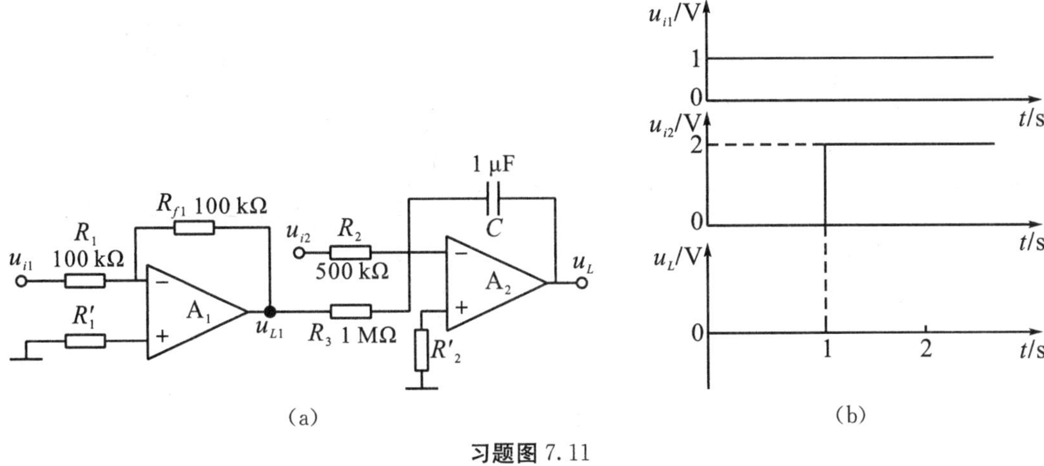

(a)　　　　(b)

习题图 7.11

7-14　设习题图 7.12 所示的电路中三极管的参数相同，各输入信号均大于 0。

（1）试说明各集成运放组成何种基本运算电路；

（2）分别列出两个电路的输出电压与其输入电压之间的关系表达式。

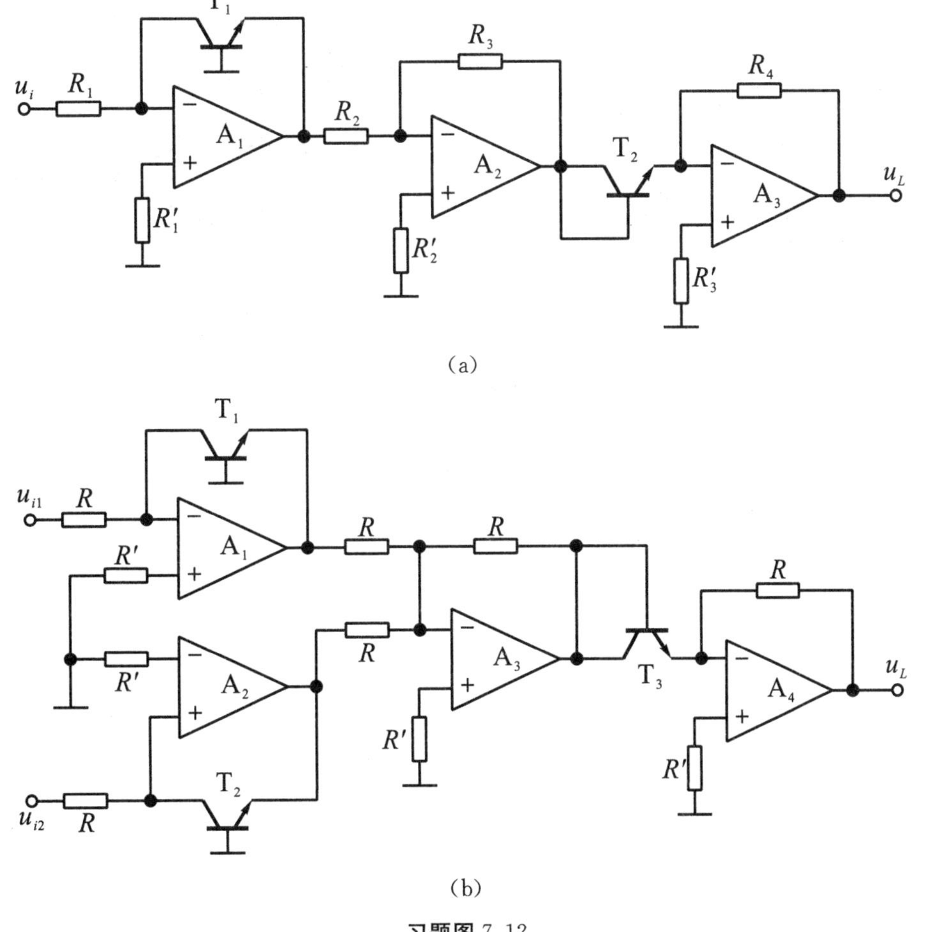

(a)

(b)

习题图 7.12

7-15　说明习题图 7.13 中各电路分别实现何种运算，写出 u_L 与 u_i 关系的表达式。

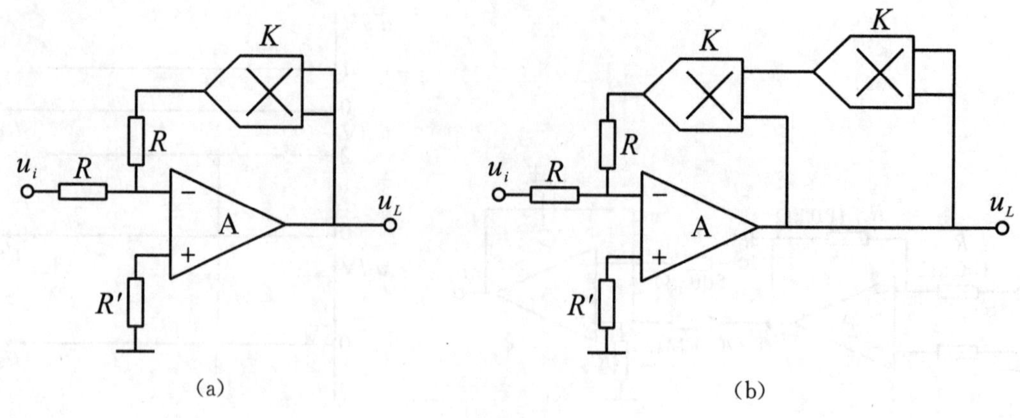

习题图 7.13

7-16 分析习题图 7.14 中各电路分别实现何种运算，列出输出电压 u_L 与各个输入电压之间关系的表达式。

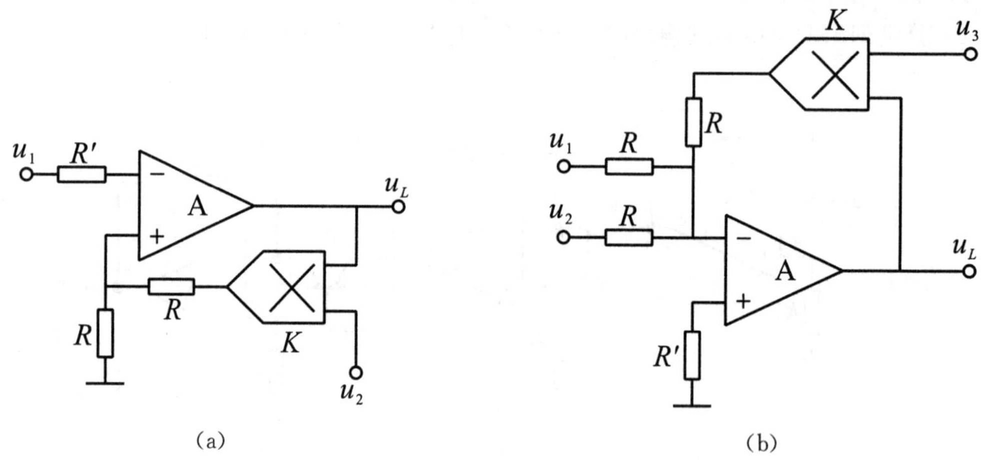

习题图 7.14

第 8 章　信号处理电路

8.1　一阶 *RC* 有源低通滤波器

8.1.1　滤波处理电路的分类

滤波电路的作用实质上是“选频”，即允许某一部分频率的信号顺利通过，而将另一部分频率的信号滤掉。因此在无线电通信、自动测量和控制系统中，常常利用滤波电路进行模拟信号处理，例如扩大机是在作声频滤波处理，收音机与电视机的不同频道是在作彼此间隔的带通与带阻滤波处理，通信雷达是在作高频滤波处理。

根据工作信号的频率范围，滤波器主要分为四大类，即低通滤波器、高通滤波器、带通滤波器和带阻滤波器。

低通滤波器是指低频信号能够通过而高频信号不能通过的滤波器；高通滤波器则与低通滤波器相反，即高频信号能通过而低频信号不能通过；带通滤波器是指频率在某一个频带范围内的信号能通过，而在此频带范围之外的信号均不能通过；带阻滤波器的性能与带通滤波器相反，即某个频带范围内的信号被阻断，但允许在此频带范围之外的信号通过。上述各种滤波器的理想特性如图 8.1 所示。

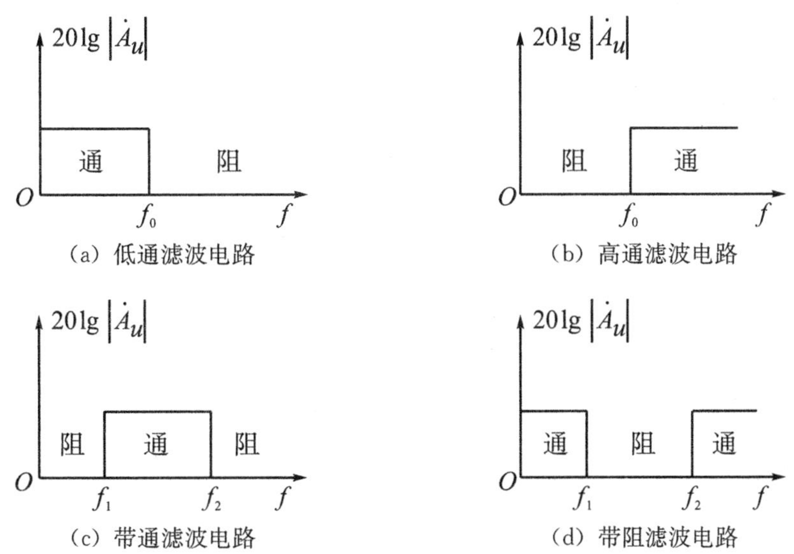

图 8.1　滤波电路的理想特性

8.1.2　一阶 *RC* 有源低通滤波处理

在 *RC* 低通电路的后面加一个集成运放，即可组成一阶低通有源滤波器，如图 8.2(a) 所示。

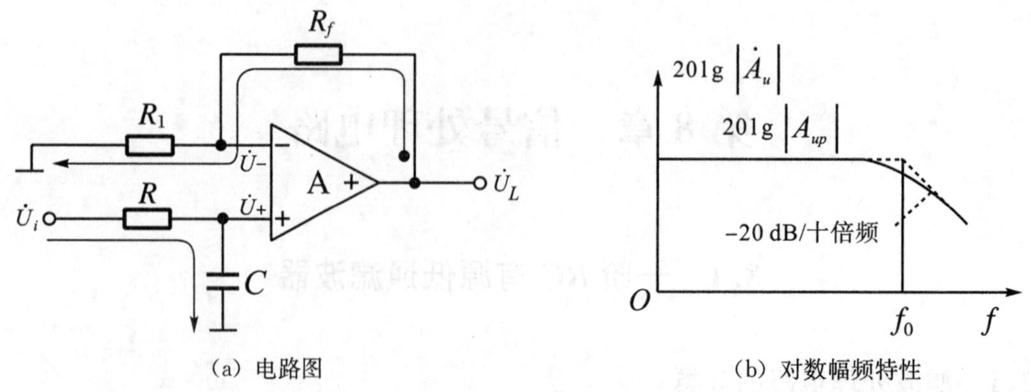

(a) 电路图　　　　(b) 对数幅频特性

图 8.2　一阶 *RC* 有源低通滤波器

由于引入了深度的负反馈，因此电路中的集成运放工作在线性区。根据“虚短”和“虚断”的特点，可求得电路的电压放大数为

$$\dot{U}_- = \frac{\dot{U}_L \cdot R_1}{R_1 + R_f} \tag{8.1}$$

$$\dot{U}_+ = \frac{\dot{U}_i \frac{1}{\mathrm{j}\omega C}}{R + \frac{1}{\mathrm{j}\omega C}} = \frac{\dot{U}_i}{1 + \mathrm{j}\omega RC} = \frac{\dot{U}_i}{1 + \mathrm{j}\frac{f}{f_0}} \tag{8.2}$$

据式（8.1）和式（8.2）可得

$\dot{A}_u = \frac{\dot{U}_L}{\dot{U}_i} = \frac{A_u p}{1+\mathrm{j}\omega RC}$，$|\dot{A}_u| = \dot{A}_{up}\frac{1}{\sqrt{1\ (\omega RC)^2}}$，$|\dot{A}_u|_{\max} = A_{up}$

当 $|\dot{A}_u| = \frac{1}{\sqrt{2}}A_{up}$ 时，$\omega = \omega_0 = \frac{1}{RC}$。

当 $|\dot{A}_u|$ 降到 $\frac{1}{\sqrt{2}}A_{up}$ 即 $0.707A_{up}$ 时的频率为

$$f_0 = \frac{\omega_0}{2\pi} = \frac{1}{2\pi RC}$$

又 $\omega = 2\pi f$

$$\frac{f}{f_0} = \frac{\frac{W}{2\pi}}{\frac{1}{2\pi RC}} = WRC$$

由 $\dot{U}_- = \dot{U}_+$ 推得

$$\dot{A}_u = \frac{\dot{U}_L}{\dot{U}_i} = \frac{1 + \frac{R_f}{R_1}}{1 + \mathrm{j}\frac{f}{f_0}} = \frac{A_{up}}{1 + \mathrm{j}\frac{f}{f_0}} \tag{8.3}$$

式中，A_{up} 和 f_0 分别称为通带电压放大倍数和通带截止频率。根据式（8.3）可画出一阶低通滤波电路的对数幅频特性，如图 8.2(b) 所示。通过与无源低通滤波器对比可以知道，一阶低通有源滤波器的通带截止频率 f_0 与无源低通滤波器相同，均与 *RC* 的乘积成反比，但引入集成运放后，通带电压放大倍数和带负载能力会得到提高。

由图 8.2(b) 可见，一阶低通滤波器的幅频特性与理想的低通滤波特性相比，差距很大。在理想情况下，希望 $f>f_0$ 时，电压放大倍数立即降为 0，但一阶低通滤波器的对数幅频特性只是以 −20 dB/十倍频的缓慢速度下降。

8.2　二阶 *RC* 有源低通滤波器

在如图 8.3(a) 所示的二阶低通滤波器中，输入电压 $\dot{U}_i$ 经过两级 *RC* 低通电路以后，再接到集成运放的同相输入端，因此，在高频段，对数幅频特性将以 −40 dB/十倍频的速度下降，与一阶低通滤波器相比，下降的速度提高一倍，使滤波特性比较接近于理想情况。

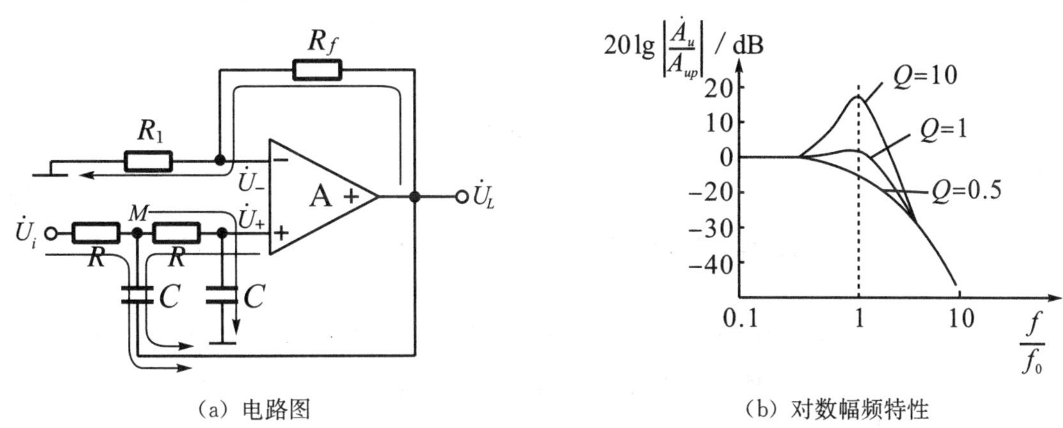

(a) 电路图　　　　(b) 对数幅频特性

图 8.3　**二阶** *RC* **有源低通滤波器**

在一般的二阶低通滤波器中，可以将两个电容的下端都接地。但是，在图 8.3(a) 中，第一级 *RC* 电路的电容不接地而改接到输出端，这种接法相当于在二阶有源滤波电路中引入了一个反馈。其目的是使输出电压在高频段迅速下降，但在接近于通带截止频率 f_0 的范围内又不要下降太多，从而有利于改善滤波特性。

已经知道，当 $f=f_0$ 时，每级 *RC* 低通电路的相位移为 −45°，故两级 *RC* 电路的总相位移为 −90°，因此，在频率接近于 f_0 但又低于 f_0 的范围内，$\dot{U}_L$ 与 $\dot{U}_i$ 之间的相位移小于 90°，则此时通过电容 *C* 引回到同相输入端的反馈基本上属于正反馈，此反馈将使电压放大倍数增大，因此，在接近于 f_0 的频段，幅频特性将得到补偿而不会下降很快。当 $f\gg f_0$ 时，每级 *RC* 电路的相位移接近于 −90°，故两级 *RC* 电路的总相位移趋近于 −180°。但是，由于 $f\gg f_0$ 时 $|\dot{A}\dot{F}|$ 的值已很小，故反馈的作用很弱。因此，此时的幅频特性与无源二阶 *RC* 低通电路基本一致，仍为 −40 dB/十倍频。由此可见，引入这样的反馈以后，将改善滤波电路的幅频特性，得到更佳的滤波效果。

在图 8.3(a) 中，根据“虚短”和“虚断”的特点可得

$$\dot{U}_+=\dot{U}_-=\frac{R_1}{R_1+R_f}\dot{U}_L=\frac{\dot{U}_L}{A_{up}} \tag{8.4}$$

设两级 *RC* 电路的电阻、电容值相等，并设两个电阻 *R* 之间 *M* 点的电位为 $\dot{U}_M$，对于该点以及集成运放的同相输入端，可分别列出以下两个节点电流方程：

$$\frac{\dot{U}_i-\dot{U}_M}{R}+\frac{\dot{U}_+-\dot{U}_M}{R}=(\dot{U}_M-\dot{U}_L)\mathrm{j}\omega C \tag{8.5}$$

$$\frac{\dot{U}_M - \dot{U}_+}{R} = \mathrm{j}\omega C \dot{U}_+ \tag{8.6}$$

由式（8.6）解得 $\dot{U}_M$，将 $\dot{U}_M$、$\dot{U}_+$ 代入式（8.5）可求得 $\dot{U}_L$ 与 $\dot{U}_i$ 的关系，于是有

$$\dot{A}_u = \frac{\dot{U}_L}{\dot{U}_i} = \frac{A_{up}}{1 + (3 - A_{up})\mathrm{j}\omega RC + (\mathrm{j}\omega RC)^2}$$

$$= \frac{A_{up}}{1 - \left(\frac{f}{f_0}\right)^2 + \mathrm{j}\frac{1}{Q}\cdot\frac{f}{f_0}} \tag{8.7}$$

式中

$$A_{up} = 1 + \frac{R_f}{R_1} \tag{8.8}$$

$$f_0 = \frac{1}{2\pi RC} \tag{8.9}$$

$$Q = \frac{1}{3 - A_{up}} \tag{8.10}$$

由上述内容可知，二阶低通滤波电路的通带电压放大倍数 A_{up} 和通带截止频率 f_0 与一阶低通滤波电路相同。

不同 Q 值时，二阶低通滤波电路的对数幅频特性如图 8.3(b) 所示。由图可见，Q 值越大，则 $f = f_0$ 时的 $|\dot{A}_u|$ 值越大。Q 的含义类似于谐振回路的品质因数，故有时称之为等效品质因数，而将 $\frac{1}{Q}$ 称为阻尼系数。由式（8.7）可知，若 $Q=1$，$f=f_0$，则 $|\dot{A}_u| = A_{up}$，由图 8.3(b) 看出，当 $Q=1$ 时，既可保持通频带的增益，而高频段幅频特性又能很快衰减，同时还避免了在 $f=f_0$ 处幅频特性产生一个较大的凸峰，因此滤波效果较好。

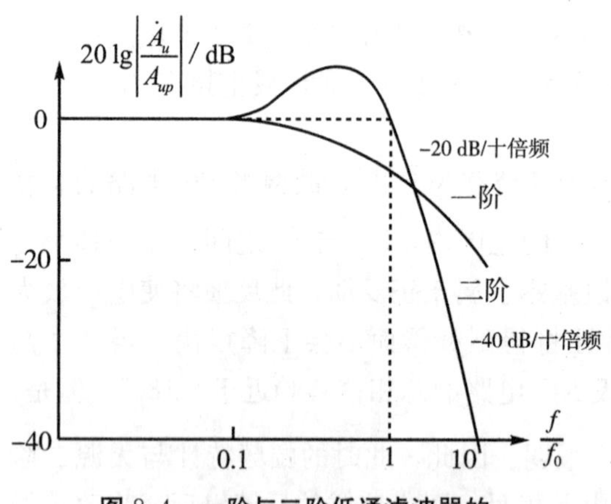

图 8.4　一阶与二阶低通滤波器的对数幅频特性（Q=1）比较

由式（8.7）可知，当 $A_{up}=3$ 时，Q 将趋于无穷大，表示电路将产生自激振荡。为了避免发生此种情况，根据 A_{up} 的表达式可知，选择电路元件参数时应使 $R_f < 2R_1$。

一阶与二阶低通滤波器的对数幅频特性的比较如图 8.4 所示。由图可见，后者比前者更接近于理想特性。

如欲进一步改善滤波特性，可将若干个二阶滤波电路串接起来，构成更高阶的滤波电路。

8.3　一阶 *RC* 有源高通滤波器

一阶 RC 有源高通滤波器，如图 8.5(a) 所示。它的对数幅频特性见图 8.5(b)，此高通滤波器的通带截止频率为

$$\dot{U}_- = \frac{\dot{U}_L R_1}{R_1 + R_f} \tag{8.11}$$

$$\dot{U}_+ = \frac{\dot{U}_i R}{\frac{1}{j\omega C} + R} = \frac{\dot{U}_i}{1 - j\frac{1}{\omega RC}} = \frac{\dot{U}_i}{1 - j\frac{f_0}{f}} \tag{8.12}$$

由 $\dot{U}_- = \dot{U}_+$ 推得

$$\dot{A}_u = \frac{\dot{U}_L}{\dot{U}_i} = \frac{1 + \frac{R_f}{R_1}}{1 - j\frac{f_0}{f}} = \frac{A_{up}}{1 - j\frac{f_0}{f}} \tag{8.13}$$

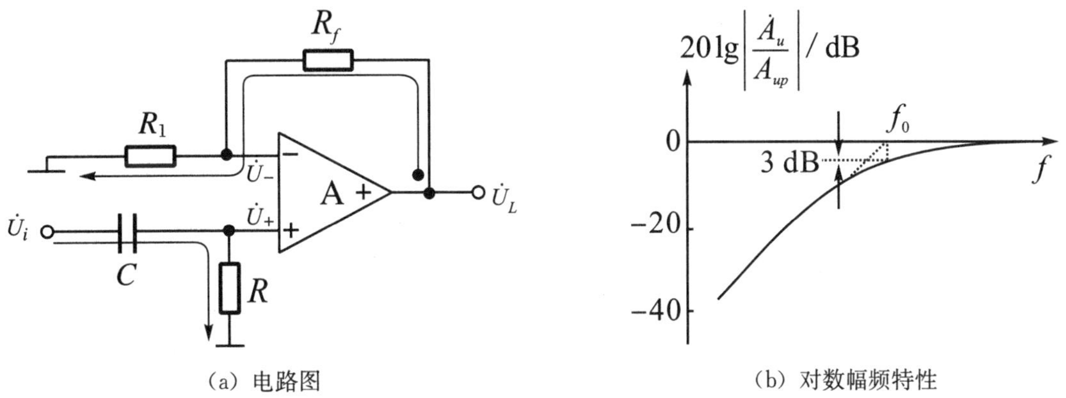

(a) 电路图　　　　(b) 对数幅频特性

图 8.5　一阶 *RC* 有源高通滤波器

8.4　二阶 *RC* 有源高通滤波器

图 8.6(a) 所示为二阶有源高通滤波器的电路图。通过对比可以看出，这个电路是在如图 8.3(a) 所示的二阶有源低通滤波器的基础上，将滤波电阻和电容的位置互换以后得到的。

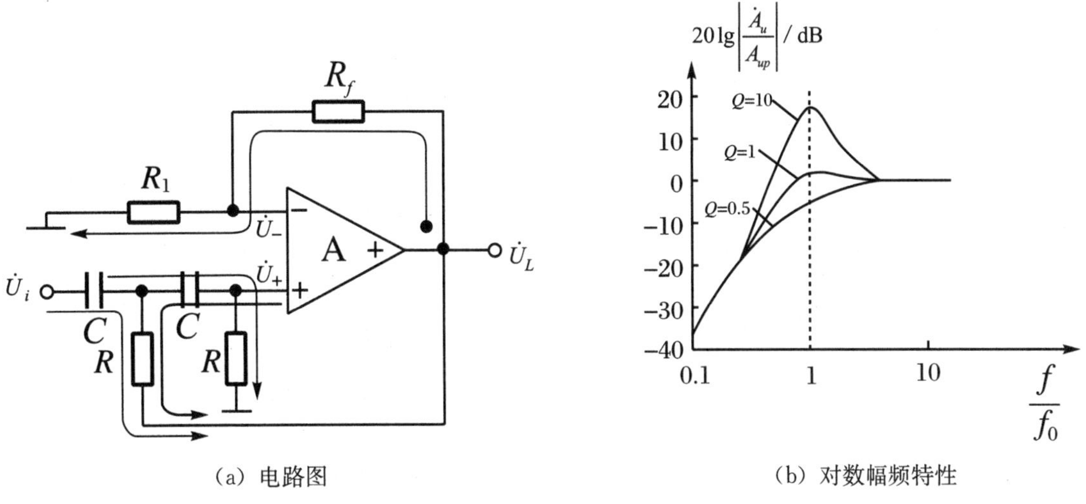

(a) 电路图　　　　(b) 对数幅频特性

图 8.6　二阶 *RC* 有源高通滤波器

利用与二阶低能滤波器类似的分析方法，可以得到二阶高通滤波器的电压放大倍数为

$$\dot{U}_+ = \dot{U}_- = \frac{R_1}{R_1 + R_f}\dot{U}_L = \frac{\dot{U}_L}{A_{up}}$$

$$\frac{\dot{U}_i - \dot{U}_M}{\dfrac{1}{\mathrm{j}\omega C}} + \frac{\dot{U}_+ - \dot{U}_M}{\dfrac{1}{\mathrm{j}\omega C}} = \frac{\dot{U}_M - \dot{U}_L}{R} \tag{8.14}$$

$$\frac{\dot{U}_+}{R} = \frac{\dot{U}_M - \dot{U}_+}{\dfrac{1}{\mathrm{j}\omega C}} = \mathrm{j}\omega C(\dot{U}_M - \dot{U}_+) \tag{8.15}$$

由式（8.15）解得 $\dot{U}_M$，将 $\dot{U}_M$ 和 $\dot{U}_+$ 代入式（8.3）可求得 $\dot{U}_L$ 与 $\dot{U}_i$ 的关系，于是有

$$\begin{aligned}\dot{A}_u = \frac{\dot{U}_L}{\dot{U}_i} &= \frac{(\mathrm{j}\omega RC)^2 A_{up}}{1 + (3 - A_{up})\mathrm{j}\omega RC + (\mathrm{j}\omega RC)^2} \\ &= \frac{A_{up}}{1 - \left(\dfrac{f_0}{f}\right)^2 - \mathrm{j}\dfrac{1}{Q}\dfrac{f_0}{f}}\end{aligned} \tag{8.16}$$

式中，A_{up}、f_0 和 Q 分别表示二阶高通滤波电路的通带电压放大倍数、通带截止频率和等效品质因数。它们的表达式与二阶低通滤波器的 A_{up}、f_0 和 Q 的表达式相同。

如果将表示高通滤波器电压放大倍数的式（8.16）与表示低通滤波器电压放大倍数的式（8.7）进行对比，可以看出，只需将式（8.7）中的 $\mathrm{j}\omega RC$ 换为$\dfrac{1}{\mathrm{j}\omega RC}$，即可得到式（8.16）。由此可知，高通滤波电路与低通滤波电路的对数幅频特性互为“镜像”关系，如图 8.6(b) 和图 8.3(b) 所示。

8.5 *RC* 有源带通滤波器处理

带通滤波器的作用是允许某一段频带范围内的信号通过，而将此频带以外的信号阻断。

从原理上说，将一个通带截止频率为 f_2 的低通滤波器与一个通带截止频率为 f_1 的高通滤波器串联起来，当满足条件 $f_2 > f_1$ 时，即可构成带通滤波器，其原理示意图如图 8.7 (a) 所示。

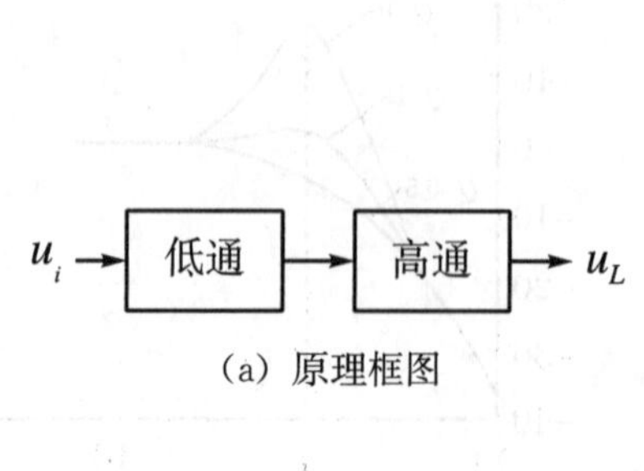

(a) 原理框图

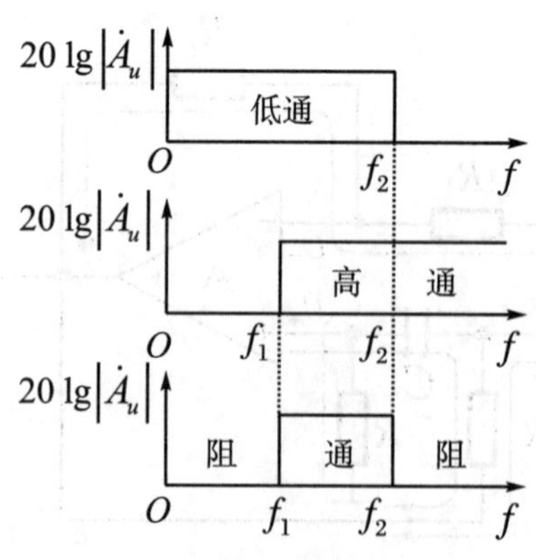

(b) 通频带宽度 $f_2 - f_1$

图 8.7 带通滤波器原理示意图

当输入信号通过电路时，低通滤波器将 $f>f_2$ 的高频信号阻断，而高通滤波器将 $f<f_1$ 的低频信号阻断，最后，只有频率范围在 $f_1<f<f_2$ 的信号才能通过电路，于是电路成为一个带通滤波器，其通频带等于 f_2-f_1，如图 8.7(b) 所示。

根据以上原理组成的带通滤波器的典型电路如图 8.8(a) 所示。输入端的电阻 R 和电容 C 组成低通电路，另一个电容 C 和电阻 R_2 组成高通电路，二者串联起来接在集成运放的同相输入端。输出端通过电阻 R_3 引回一个反馈，它的作用在前面介绍二阶低通有源滤波器时已经详细论述过。

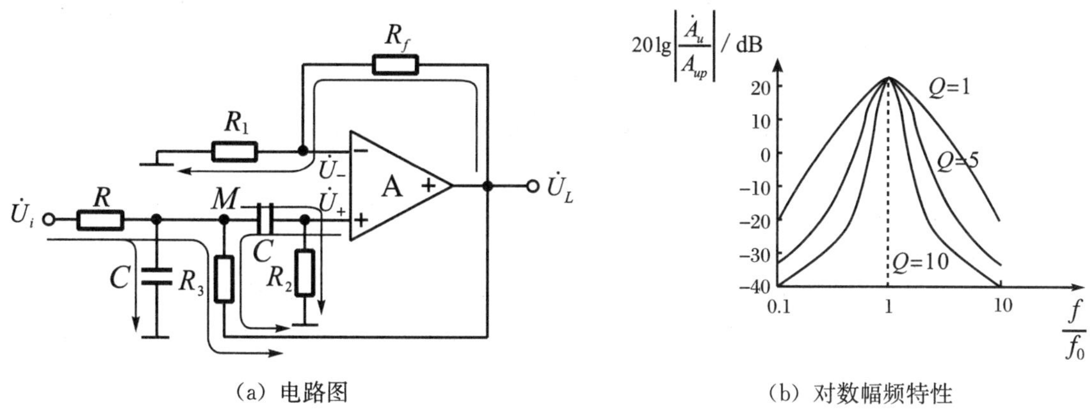

(a) 电路图　　(b) 对数幅频特性

图 8.8　带通滤波器电路及幅频特性

当 $R_2=2R$，$R_3=R$ 时，可求得带通滤波器的电压放大倍数为

$$\dot{A}_u=\frac{A_{up}}{3-A_{up}+\mathrm{j}\left(\frac{f}{f_0}-\frac{f_0}{f}\right)}=\frac{A_{uo}}{1+\mathrm{j}Q\left(\frac{f}{f_0}-\frac{f_0}{f}\right)} \tag{8.17}$$

式中

$$A_{uo}=\frac{A_{up}}{3-A_{up}}=QA_{up} \tag{8.18}$$

$$A_{up}=1+\frac{R_f}{R_1} \tag{8.19}$$

$$f_0=\frac{1}{2\pi RC}$$

$$Q=\frac{1}{3-A_{up}} \tag{8.20}$$

由式 (8.17) 可知，当 $f=f_0$ 时，$|\dot{A}_u|=A_{uo}$，电压放大倍数达到最大值，而当频率 f 减小或增大时，$|\dot{A}_u|$ 都将降低。当 $f=0$ 或 $f\to\infty$ 时，$|\dot{A}_u|$ 都趋近于 0，可见本电路具有“带通”的特性。通常将 f_0 称为带通滤波器的中心频率，A_{up} 称为通带电压放大倍数。

根据式 (8.20) 可画出不同 Q 值时的对数幅频特性，如图 8.8(b) 所示。由图可见，Q 值越大，通频率越窄，即选择性越好。一般将 $|\dot{A}_u|$ 下降至 $\frac{A_{uo}}{\sqrt{2}}$ 时所包括的频率范围定义为带通滤波器的通带宽度，用符号 B 表示。将 $|\dot{A}_u|=\frac{A_{uo}}{\sqrt{2}}$ 代入式 (8.17)，可解得带通滤波器的两个通带截止频率 f_2 和 f_1，从而得到通带宽度为

$$B = f_2 - f_1 = (3 - A_{uo})f_0 = \frac{f_0}{Q} \tag{8.21}$$

可见，Q 值越大，通带宽度 B 越小。

将式（8.19）和式（8.20）代入式（8.21），可得

$$B = (3 - A_{uo})f_0 = \left(2 - \frac{R_f}{R_1}\right)f_0 \tag{8.22}$$

由式（8.22）可知，改变电阻 R_f 或 R_1 的阻值可以调节通带宽度，但中心频率 f_0 不受影响。此外，若 $A_{up}=3$，则 A_{uo} 将趋于无穷大，表示电路将产生自激振荡。为了避免发生此种情况，在选择电阻 R_f 或 R_1 的阻值时，应保证 $R_f<2R_1$。

8.6 RC 有源带阻滤波器处理

带阻滤波器的作用与带通滤波器相反，即在规定的频带内，信号被阻断，而在此频带之外，信号能够顺利通过。

从原理上说，将一个通带截止频率为 f_1 的低通滤波器与一个通带截止频率为 f_2 的高通滤波器并联在一起，当满足条件 $f_1<f_2$ 时，即可组成带阻滤波器，其原理示意框图如图 8.9(a) 所示。

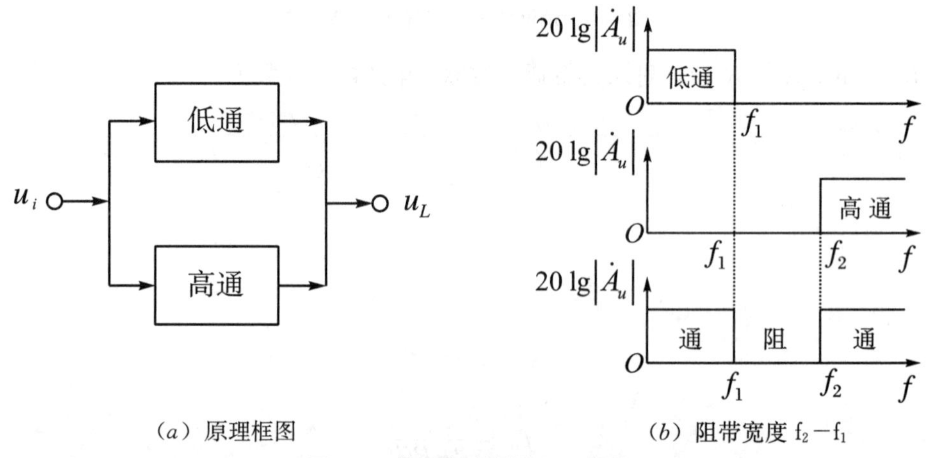

（a）原理框图　　（b）阻带宽度 f_2-f_1

图 8.9　带阻滤波器原理示意图

当输入信号通过电路时，凡是 $f<f_1$ 的信号均可从低通滤波器通过，凡是 $f>f_2$ 的信号均可以从高通滤波器通过，唯有频率范围在 $f_1<f<f_2$ 的信号被阻断，于是电路成为一个带阻滤波器，其阻带宽度为 f_2-f_1，如图 8.9(b) 所示。

常用的带阻滤波器的电路如图 8.10(a) 所示。输入信号经过一个由 RC 元件组成的双 T 型选频网络，然后接至集成运放的同相输入端。当输入信号的频率比较高时，由于电容的容抗 $\frac{1}{\omega C}$ 很小，可以认为短路，因此高频信号可以从上面由两个电容和一个电阻构成的 T 型支路通过；当频率比较低时，因 $\frac{1}{\omega C}$ 很大，可将电容视为开路，故低频信号可以从下面由两个电阻和一个电容构成的 T 型支路通过。只有频率处于低频和高频中间某一个范围的信号被阻断，所以双 T 网络具有“带阻”的特性。

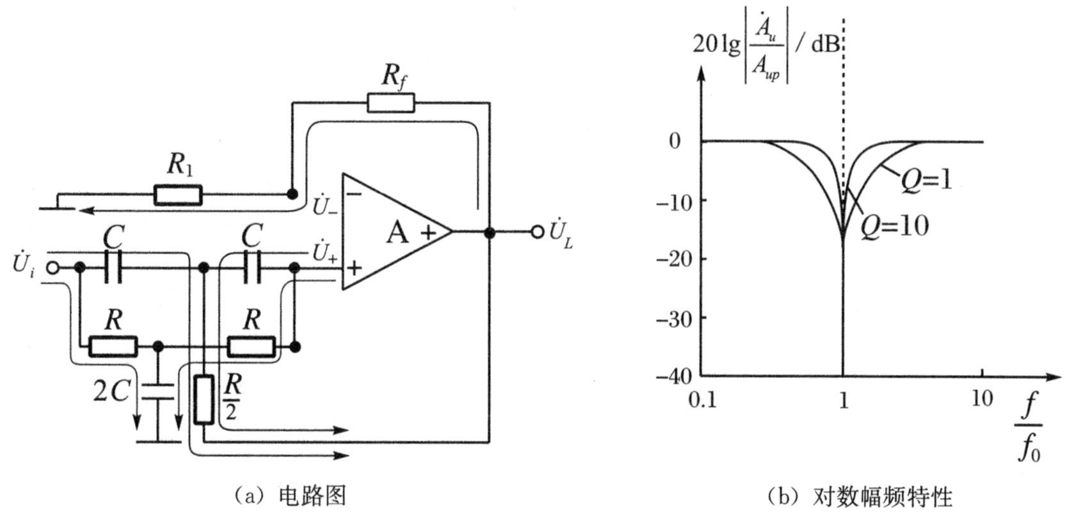

(a) 电路图　　　　(b) 对数幅频特性

图 8.10　带阻滤波电路及幅频特性

如图 8.10(a) 所示，电路对双 T 网络取值，通过分析可得到此带阻滤波器的电压放大倍数为

$$\dot{A}_u = \frac{1-\left(\frac{f}{f_0}\right)^2}{1-\left(\frac{f}{f_0}\right)^2 + \mathrm{j}2(2-A_{up})\frac{f}{f_0}} A_{up} \tag{8.23}$$

当 $f \neq f_0$ 时，有

$$\dot{A}_u = \frac{A_{up}}{1+\mathrm{j}\frac{1}{Q}\cdot\frac{ff_0}{f_0^2-f^2}} \tag{8.24}$$

式中

$$A_{up} = 1+\frac{R_f}{R_1}$$

$$f_0 = \frac{1}{2\pi RC}$$

$$Q = \frac{1}{2(2-A_{up})} \tag{8.25}$$

由式 (8.23) 可知，当 $f=f_0$ 时，$|\dot{A}_u|=0$。当 $f=0$ 或 $f\to\infty$时，$|\dot{A}_u|$均趋于A_{up}，可见本电路具有“带阻”的特性。以上 f_0 和 A_{up}分别称为带阻滤波器的中心频率和通带电压放大倍数。

根据式 (8.24) 可画出不同 Q 值时带阻滤波器的对数幅频特性，如图 8.10(b) 所示。由图可见，Q 值越大，阻带越窄，即选频特性越好。利用与前面类似的方法，可求得带阻滤波器的阻带宽度为

$$B = f_2 - f_1 = 2(2-A_{up})f_0 = \frac{f_0}{Q} \tag{8.26}$$

可见，Q 值越大，阻带宽度 B 越小。

8.7 电压比较器

电压比较器也是一种常用的模拟信号处理电路。它将模拟量输入电压与参考电压进行比较，并将比较的结果输出。比较器的输出只有两种可能的状态：高电平或低电平。在自动控制及自动测量系统中，常常将比较器应用于越限报警、模数转换以及各种非正弦波的产生和变换等。

比较器的输入信号是连续变化的模拟量，而输出信号是数字量 1 或 0，因此，可以认为比较器是模拟电路和数字电路的“接口”。由于比较器的输出只有高电平或低电平两种状态，所以其中的集成运放常常工作在非线性区。从电路结构来看，运放经常处于开环状态，有时为了使比较器输出状态的转换更加快速，以提高响应速度，也在电路中引入正反馈。

当输入电压变化到某一个值时，比较器的输出电压由一种状态转换为另一种状态，此时相应的输入电压通常称为阈值电压或门限电平，用符号 U_T 来表示。

根据比较器的阈值电压和传输特性来分类，常用的比较器有过零比较器、单限比较器、滞回比较器和双限比较器等。

8.7.1 过零比较器

1. 简单的过零比较器

阈值电压等于零的比较器称为过零比较器。处于开环工作状态的集成运放是一种最简单的过零比较器，如图 8.11(a) 所示。在图中，集成运放工作在非线性区，因此，当 $u_i<0$ 时，$u_O=+U_{OPP}$；当 $u_i>0$ 时，$u_O=-U_{OPP}$。其中，U_{OPP} 是集成运放的最大输出电压。当电流方向考虑 $\dot{U}_i<0$ 时，这种过零比较器的传输特性如图 8.11(b) 所示。

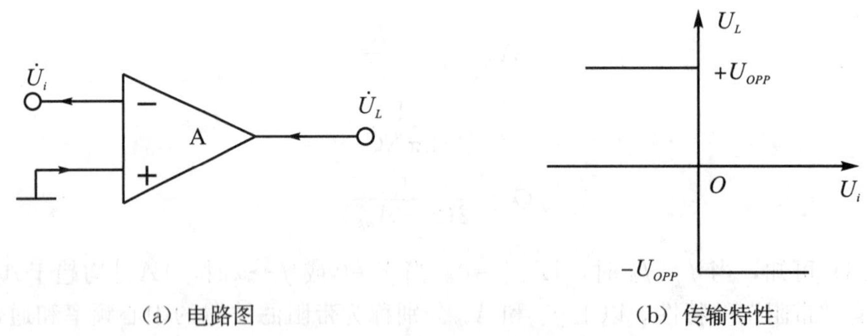

图 8.11 简单的过零比较器

图中的过零比较器采用反相输入方式，如果需要，也可采用同相输入方式。

这种过零比较器电路简单，但是输出电压幅度较高，$u_L=\pm U_{OPP}$，有时要求比较器的输出幅度限制在一定的范围，例如要求与 TTL 数字电路的逻辑电平兼容，此时则需要加上限幅的措施。

2. 利用稳压管限幅的过零比较器

利用稳压管实现限幅的过零比较器如图 8.12 (a) 和(b) 所示，假设两个背靠背的稳压管中任一个被反向击穿而另一个稳压管正向导通时，两个稳压管两端总的稳定电压均为 U_Z，而且 $U_{OPP} > U$。

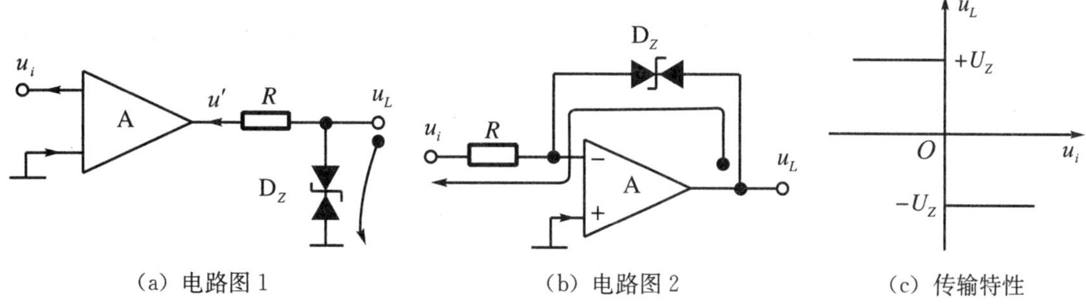

(a) 电路图 1　　(b) 电路图 2　　(c) 传输特性

图 8.12　利用稳压管限幅的过零比较器

在图 8.12(a) 中，当 $u_i<0$ 时，$u'_L=+U_{OPP}$，两个背靠背的稳压管中的下面一个被反向击穿，$u_L=+U_Z$。比较器的传输特性如图 8.12(c) 所示。

在图 8.12(b) 中，两个背靠背的稳压管接在集成运放的输出端与反相输入端之间。当 $u_i<0$ 时，集成运放输出正电压，使左边一个稳压管击穿，于是引入一个深度负反馈，则集成运放的反相输入端“虚地”，故 $u_L=+U_Z$。若 $u_i>0$，则右边一个稳压管击穿，$u_L=-U_Z$，此时比较器的传输特性如图 8.12(c) 所示。

图 8.12(a) 和(b) 中两个过零比较器的区别在于，前者的集成运放处于开环状态，工作在非线性区；而后者的集成运放当稳压管反向击穿时引入一个深度负反馈，因此工作在线性区。

8.7.2　双限比较器

在实际工作中，有时需要检测输入模拟信号的电平是否处在两个给定的电平之间，此时要求比较器有两个门限电平，这种比较器称为双限比较器。

双限比较器的一种电路如图 8.13 所示。电路中有两个集成运放 A_1 和 A_2，输入电压 u_i 各通过一个电阻 R 分别接到 A_1 的同相输入端和 A_2 的反相输入端，两个参考电压 U_{REF1} 和 U_{REF2} 分别加在 A_1 的反相输入端和 A_2 的同相输入端，其中 $U_{REF1}>U_{REF2}$，A_1 和 A_2 的输出端各通过一个二极管，然后连接在一起，作为双限比较器的输出端。

如果 $u_i<U_{REF2}$（当然更满足 $u_i<U_{REF1}$），则 A_1 输出低电平，A_2 输出高电平，此时二极管 D_1 截止，D_2 导通，输出电压 u_L 为高电平。

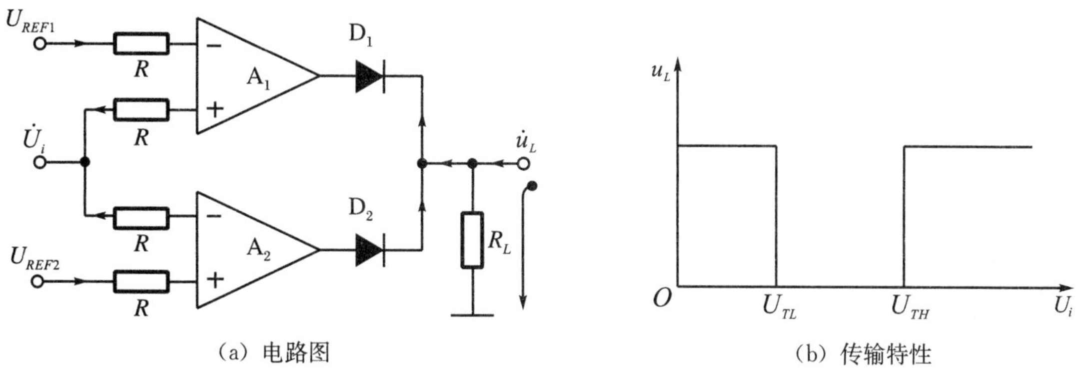

(a) 电路图　　(b) 传输特性

图 8.13　双限比较器

如果$U_i > U_{REF1}$（当然更满足$U_i > U_{REF2}$），则 A_1 输出高电平，A_2 输出低电平，于是 D_1 导通，D_2 截止，输出电压 u_L 也是高电平。

只有当$U_{REF2} < U_i < U_{REF1}$时，集成运放 A_1 和 A_2 均输出低电平，二极管 D_1 和 D_2 均截止，则输出电压 U_L 为低电平。当电流方向考虑$U_i < U_{REF2}$时，双限比较器的传输特性如图 8.13(b) 所示。

由图可见，这种比较器有两个门限电平：上门限电平U_{TH}和下门限电平U_{TL}。在本电路中，$U_{TH} = U_{REF1}$，$U_{TL} = U_{REF2}$。由于双限比较器的传输特性形状像一个窗孔，所以又称为窗孔比较器。

习题（八）

8-1　试判断习题图 8.1 中的各种电路是什么类型的滤波器（低通、高通、带通还是带阻滤波器，有源还是无源滤波，几阶滤波）。

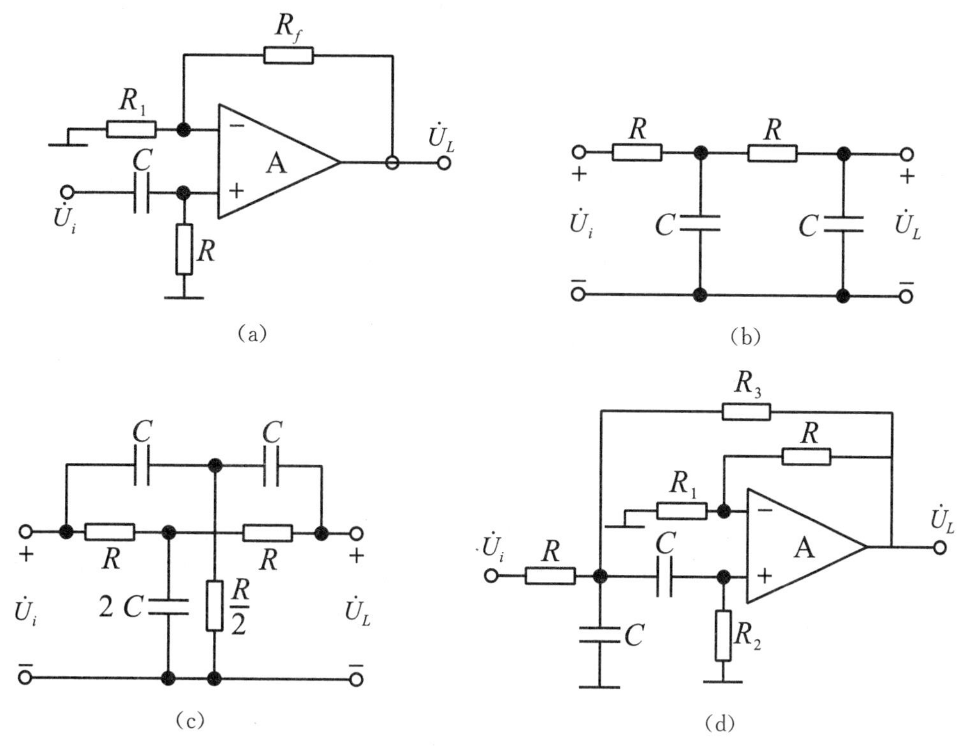

习题图 8.1

8-2　在二阶低通有源滤波电路中，设置 $R=R_1=10\ \text{k}\Omega$，$C=0.4\ \mu\text{F}$，$R_f=10\ \text{k}\Omega$。

（1）试估算通带截止频率 f_0、通带电压放大倍数 A_{up} 和等效品质因数 Q；

（2）示意画出滤波电路的对数幅频特性；

（3）如将 R_f 增大到 $100\ \text{k}\Omega$，是否可改善滤波特性？

8-3　在二阶高通有源滤波电路中，设 $R=R_1=20\ \text{k}\Omega$，$R_f=30\ \text{k}\Omega$，$C=2000\ \text{pF}$，试估算通带截止频率 f_0、通带电压放大倍数 A_{up} 和等效品质因数 Q，并示意画出滤波电路的对数幅频特性。

8-4　在习题图 8.2(a) 所示的单限比较器电路中，假设集成运放为理想运放，参考电压 $U_{REF}=-3\ \text{V}$，稳压管的反向击穿电压 $U_Z=\pm5\ \text{V}$，电阻 $R_1=20\ \text{k}\Omega$，$R_2=30\ \text{k}\Omega$。

（1）试求比较器的门限电平，并画出电路的传输特性；

（2）若输入电压 u_i 是习题图 8.2(b) 所示的幅度为 $\pm4\ \text{V}$ 的三角波，试画出比较器相应的输出电压 u_L 的波形。

8-5　在习题图 8.2(c) 所示的电路中，设 A_1、A_2 均为理想运放，稳压管的 $U_Z=\pm4\ \text{V}$，

电阻 $R_2=R_3=10\ \text{k}\Omega$，电容 $C=0.2\ \mu\text{F}$，当 $t=0$ 时电容上的电压为 0。输入电压 u_i 是一个正弦波，如习题图 8.2(d) 所示，试画出相应的 u_{L1} 和 u_{L2} 的波形，并在图上注明电压的幅值。

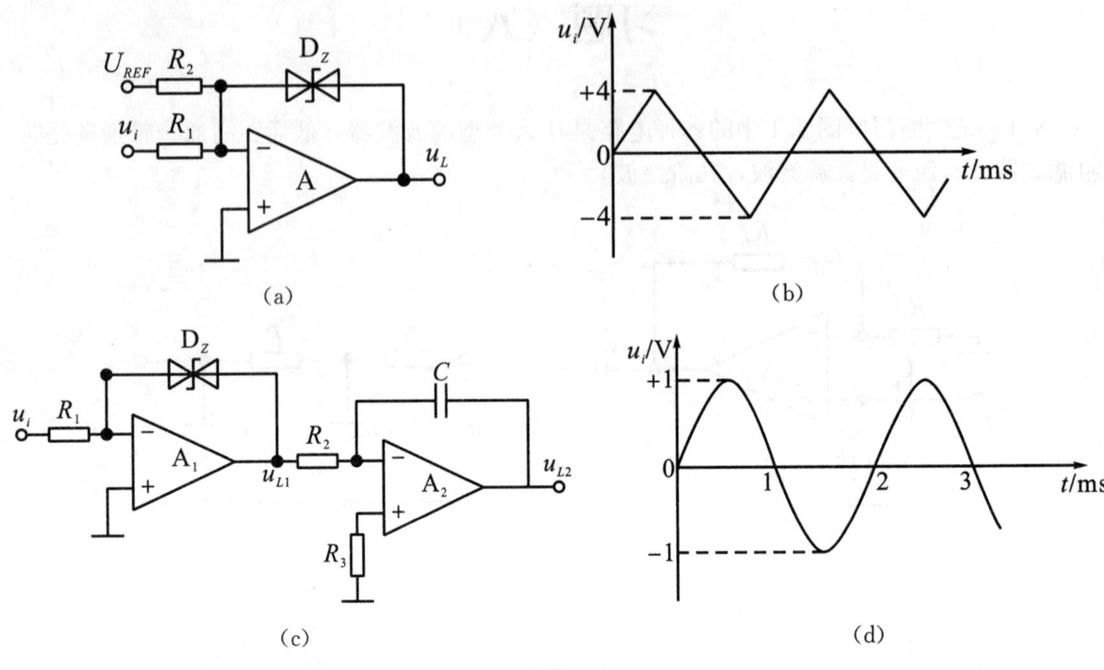

习题图 8.2

8-6 在习题图 8.3 所示的滞回比较器电路中，已知 $R_1=68\ \text{k}\Omega$，$R_2=100\ \text{k}\Omega$，$R_f=200\ \text{k}\Omega$，$R=2\ \text{k}\Omega$，稳压管的 $U_Z=\pm 6\ \text{V}$，参考电压 $U_{REF}=8\ \text{V}$，试估算其两个门限电平 U_{TH} 和 U_{TL} 以及门限宽度 ΔU_T 的值，并画出滞回比较器的传输特性。

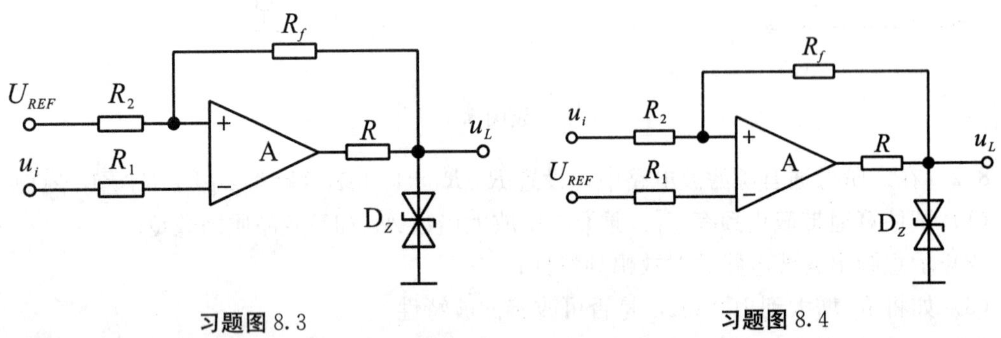

习题图 8.3　　　　习题图 8.4

8-7 习题图 8.4 是正向输入滞回比较器的电路图，试估算其两个门限电平 U_{TH} 和 U_{TL} 以及门限宽度 ΔU_T，并画出正向输入滞回比较器的传输特性。

8-8 在习题图 8.5 所示的各比较器电路中，设稳压管的稳定电压均为 $U_Z=\pm 6\ \text{V}$，分别画出它们的传输特性，并分别说明它们是什么类型的比较器。

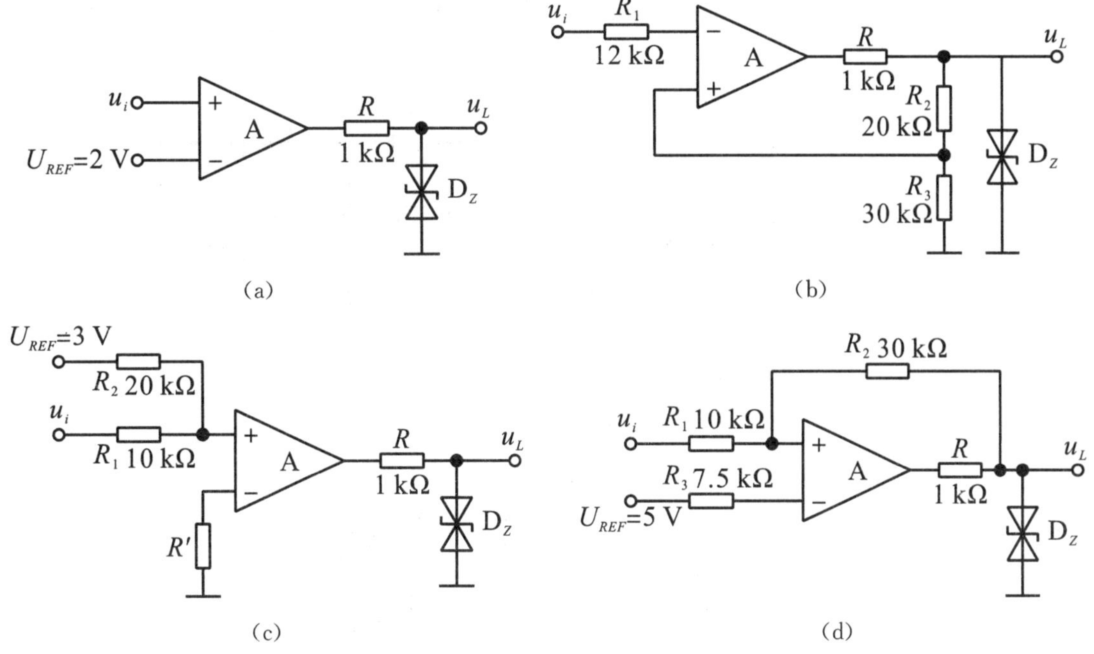

习题图 8.5

8-9　在习题图 8.6 所示电路中：

(1) 分析电路由哪些基本单元组成；

(2) 设 $u_{i1}=u_{i2}=0$ 时，电容上的电压 $U_C=0$，$u_L=+12$ V，求当 $u_{i1}=-10$ V，$u_{i2}=0$ V时，经过多少时间 u_L 由+12 V 变为−12 V；

(3) u_L变成−12 V 后，u_{i2} 由 0 改为+15 V，求再经过多少时间 u_L 由−12 V 变为+12 V；

(4) 画出 u_{i1} 和 u_L 的波形。

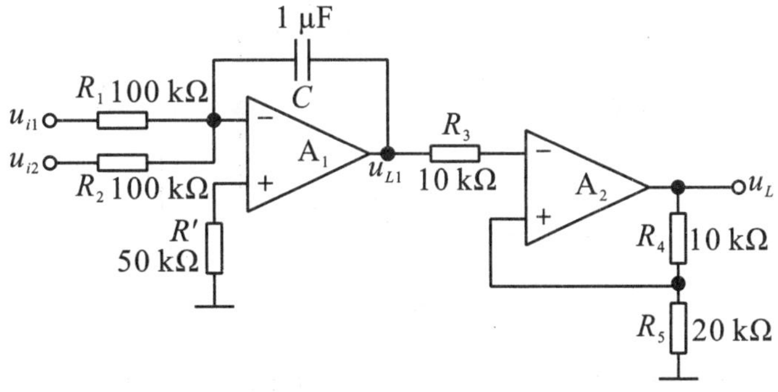

习题图 8.6

8-10　将正弦信号 $u_i=U_m\sin\omega t$ 分别送到习题图 8.7(a)、(b) 和 (c) 所示三个电路的输入端，试分别画出它们的输出电压 u_L 的波形，并在波形图上标出各处电压值。已知 $U_m=15$ V，同时：

(1) 习题图 8.7 (a) 中稳压管的稳压值 $U_Z=\pm7$ V；

(2) 习题图 8.7 (b) 中稳压管参数同上，且参考电压 $U_{REF}=6$ V，$R_1=R_2=10$ kΩ；

（3）习题图 8.7（c）中稳压管参数同上，且参考电压 $U_{REF}=6$ V，$R_1=8.2$ kΩ，$R_2=50$ kΩ，$R_f=10$ kΩ。

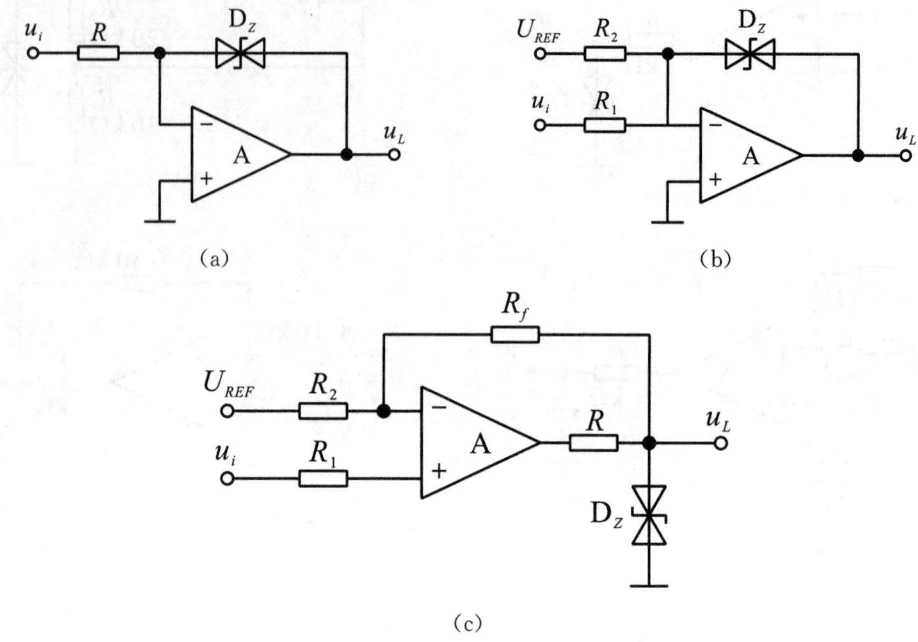

习题图 8.7

8-11 在习题图 8.8 所示的双限比较器电路中，设 $U_A=+10$ V，$U_B=-10$ V，集成运放 A_1、A_2的最大输出电压 $U_{OPP}=\pm12$ V，二极管的正向导通电压 $U_D=0.7$ V。

（1）试画出电路的传输特性；

（2）若将上题中的正弦输入加在本电路的输入端，试画出对应的输入、输出波形。

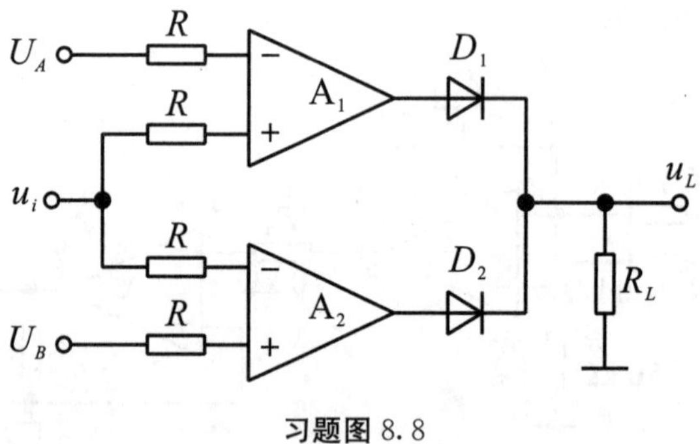

习题图 8.8

8-12 在习题图 8.8 中，若 $U_A<U_B$，能否实现双限比较？试画出此时的输入—输出关系曲线。

第 9 章　振荡波形发生电路

9.1　正弦波振荡电路的分析方法

正弦波和非正弦波发生电路常常被作为信号源被广泛应用于无线电通信以及自动测量和自动控制等系统中。

电子技术实践中经常使用的低频信号发生器就是一种正弦波振荡电路。大功率正弦波振荡电路还可以直接为工业生产提供能源，例如高频加热炉的高频电源。此外，如超声波探伤、无线电和广播电视信号的发送和接收等，都离不开正弦波振荡电路。

9.1.1　产生正弦波振荡的条件

由第 6 章已经知道，放大电路引入反馈后，在一定的条件下可能产生自激振荡，使电路不能正常工作，因此必须消除这种振荡。但是，在另一些情况下，又要有意识地利用自激振荡现象，以便产生各种高频或低频正弦波信号。

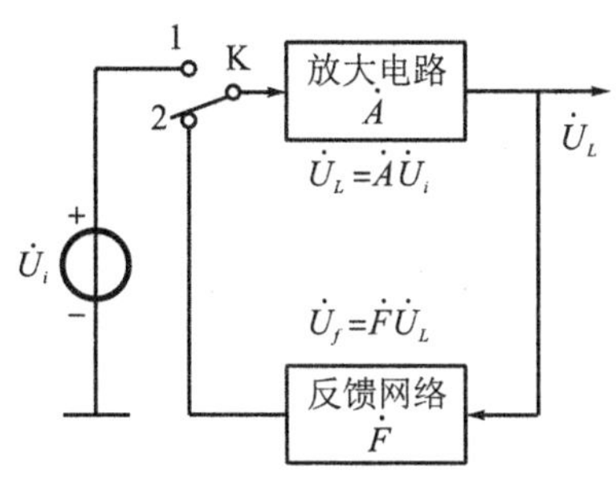

图 9.1　自激振荡电路示意

那么，产生正弦波振荡的条件是什么呢？在图 9.1 所示的电路中，假设先将开关 K 接在 1 端，并在放大电路的输入端加上一个正弦电压 u_i，设

$$u_i = U_i \sin \omega t \tag{9.1}$$

u_i 经过放大电路和反馈网络后，在 2 端将得到一个同样频率的正弦波反馈电压 u_f，即

$$u_f = U_f \sin(\omega t + \varphi) \tag{9.2}$$

如果 u_f 与原来的输入信号 u_i 相比，无论在幅度或者相位上都完全相等，即

$$U_f \sin(\omega_t + \varphi) = U_i \sin \omega t \tag{9.3}$$

此时若将开关 K 倒向 2 端，放大电路的输出信号 u_L 将仍与原来完全相同，没有任何改变。注意到此时电路未加任何输入信号，但在输出端却得到了一个正弦波信号。也就是说，放大电路产生了角频率为 ω 的正弦波振荡。由此可知，放大电路产生自激振荡的条件可用 u_i 和 u_f 的复数向量 $\dot{U}_i$ 和 $\dot{U}_f$ 表示如下：

$$\dot{U}_f = \dot{U}_i \tag{9.4}$$

因为 $\dot{U}_f$ 和 $\dot{U}_i$ 是正弦电压的复相量表示，即既含振幅又含相位，$\dot{U}_f = U_f(\omega)\mathrm{e}^{\mathrm{j}\varphi(\omega)}$，$\dot{U}_i = U_i(\omega)\mathrm{e}^{\mathrm{j}\varphi(\omega)}$。若

$$\dot{U}_f = \dot{F}\dot{U}_L = \dot{F}\dot{A}\dot{U}_i \stackrel{\triangle}{=} \dot{U}_i \tag{9.5}$$

则产生正弦波振荡的条件是

$$\dot{A}\dot{F} = 1 \tag{9.6}$$

式（9.6）可以分别用幅度平衡条件和相位平衡条件来表示：

$$|\dot{A}\dot{F}| = 1 \tag{9.7}$$

$$\arg \dot{A}\dot{F} = \varphi_A + \varphi_F = \pm 2n\pi \quad (n = 0,1,\cdots) \tag{9.8}$$

式（9.7）的幅度平衡条件$|\dot{A}\dot{F}|=1$，是表示振荡电路已经达到稳幅振荡时的情况。但若要求振荡电路能够自行起振，开始时必须满足$|\dot{A}\dot{F}|>1$的幅度条件；然后在振荡建立的过程中，随着振幅的增大，由于受三极管饱和截止特性的限制，又会使$|\dot{A}\dot{F}|$值逐步下降；最后达到$|\dot{A}\dot{F}|=1$。此时的振荡电路处于稳幅振荡状态，输出电压的幅度达到稳定。例如，日常生活中若能按时给荡秋千的小孩补充适当的动能，则振荡就可以长期维持下去。

本书第 6 章已经讨论过，负反馈放大电路产生自激振荡的条件是

$$\dot{A}\dot{F} = -1 \tag{9.9}$$

式（9.9）与式（9.6）的结果差一个负号。产生这个差别的根本原因在于两种情况下反馈的极性不同。

在前面的放大电路中，为了改善性能，需引入的是负反馈，而如果工作在某一频率下满足条件$\dot{A}\dot{F}=-1$，则表示放大电路和反馈网络共同产生的附加相移为$(2n+1)\pi$，此时，反馈信号的极性与中频时相反，负反馈已变成了正反馈，并最终产生了自激振荡，应该予以消除。

而在振荡电路中，我们的目的就是要产生正弦波振荡，因此要有意识地将反馈接成正反馈，而且还需要有一个选频网络。由图 9.1 可见，此时产生振荡的条件是$\dot{U}_f=\dot{U}_i$，即$\dot{A}\dot{F}=1$。在工程上要做一个振荡器非常容易，因为接通电源的瞬间冲激或内外电磁波的干扰，不管发生在该放大电路的哪个部分，都能成为它最原始的输入，而且并通过正反馈，能很快使$\dot{U}_f$达到$\dot{U}_i$之值，直至$\dot{A}\dot{F}\equiv 1$，最后又靠三极管的饱和与截止特性获得一个稳定的正弦波振荡输出。

9.1.2 正弦波振荡电路的组成

一般来说，正弦波振荡电路应该具有放大电路、反馈网络、选频网络、稳幅环节四个部分。其中，放大电路和反馈网络构成正反馈系统，共同满足条件$\dot{A}\dot{F}=1$；选频网络的作用是实现单一频率的正弦波振荡；稳幅环节的作用是使振荡幅度达到稳定，通常可以利用放大元件的饱和与截止特性来实现。

如果正弦波振荡电路的选频网络由电阻和电容元件组成，就称为 RC 振荡电路；如果选频网络由电感和电容元件组成，则称为 LC 振荡电路。此外，还可以利用石英谐振器来实现选频，组成石英晶体振荡器。

9.1.3 正弦波振荡电路的分析步骤

一般可以采用以下几个步骤来分析正弦振荡电路的工作情况：

（1）检查电路是否具有正弦波振荡电路的基本组成部分，并检查其中放大电路的静态工作点是否能保证电路工作在放大状态。

（2）分析电路是否满足自激振荡条件。在产生正弦波振荡的两个条件中，一般情况下相位平衡条件是主要的，幅度平衡条件相对来说比较容易满足。

判断相位平衡条件可以采用瞬时极性法，即假设在适当的位置断开反馈回路，加上输入信号 $\dot{U}_i$，经过放大电路和反馈网络后得到反馈信号 $\dot{U}_f$，分析 $\dot{U}_f$ 与 $\dot{U}_i$ 的相位关系，如果二者同相，则满足相位平衡条件。

(3) 估算振荡频率和起振条件。振荡频率由相位平衡条件决定。如果电路在某一个特定的频率时满足相位平衡条件，即 $\arg \dot{A}\dot{F}=\varphi_A+\varphi_F=\pm 2n\pi$，则该频率即是振荡频率。通常振荡频率的值与选频网络的参数有关。

起振条件由幅度平衡条件决定。根据 $|\dot{A}\dot{F}|>1$ 的关系式可求得振荡电路的起振条件。下面将结合具体电路进行分析。

9.2　*RC* 正弦波振荡电路

RC 正弦波振荡电路的选频网络由电阻和电容元件组成。其中，*RC* 串并联网络振荡电路是一种使用十分广泛的电路，本节将主要介绍这种 *RC* 振荡电路。

9.2.1　*RC* 串并联网络的选频特性

图 9.2(a) 示出了一个 *RC* 串并联网络，首先来定性地分析一下它的频率特性。假设输出一个幅度恒定的正弦电压 $\dot{U}_L$，当其频率逐渐变化时，观察 R_2C_2 并联支路两端电压 $\dot{U}_f$ 的变化情况。在频率比较低的情况下，由于 $1/\omega C_1 \gg R_1$，$1/\omega C_2 \gg R_2$，此时可将 R_1 和 $1/\omega C_2$ 忽略，则图 9.2(a) 的低频等效电路就变成如图 9.2(b) 所示的电路。$\dot{U}_L$ 越低，则 $1/\omega C_1$ 越大，$\dot{U}_f$ 的幅度越小，且其相位超前于 $\dot{U}_L$ 越多。当 ω 趋近于 0 时，$|\dot{U}_f|$ 趋近于 0，φ_F 接近 $+90°$。而当频率较高时，由于 $1/\omega C_1 \ll R_1$，$1/\omega C_2 \ll R_2$，此时可将 $1/\omega C_1$ 和 R_2 忽略，则图 9.2(a) 的高频等效电路就变成如图 9.2(c) 所示的电路。ω 越高，则 $1/\omega C_2$ 越小，$\dot{U}_f$ 的幅度也越小，而其相位滞后于 $\dot{U}_L$ 越多。当 ω 趋近于无穷大时，$|\dot{U}_f|$ 趋近于 0，φ_F 接近 $-90°$。由此可见，只有当角频率为某一中间值时，才有可能得到较大值的 $|\dot{U}_f|$，且 $\dot{U}_f$ 与 $\dot{U}_L$ 同相。

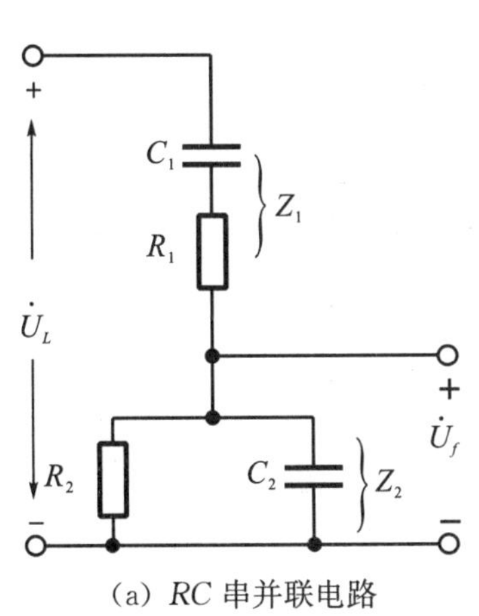

(a) *RC* 串并联电路

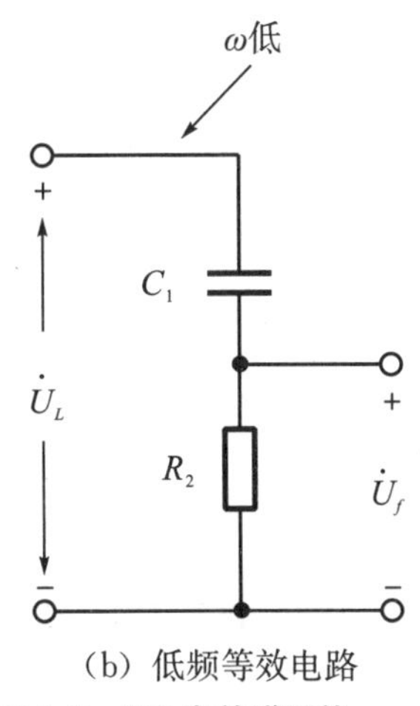

(b) 低频等效电路

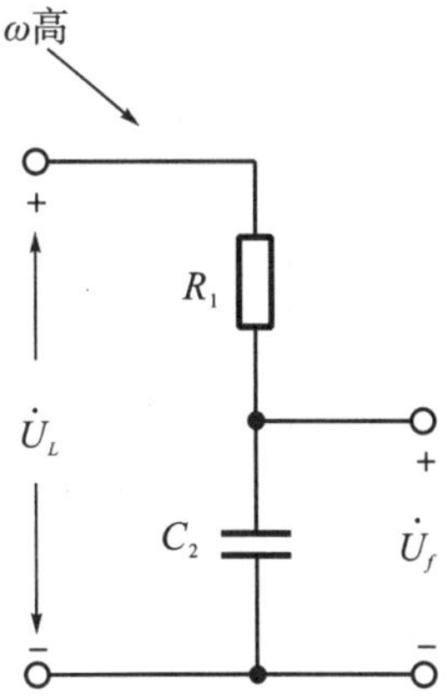

(c) 高频等效电路

图 9.2　*RC* 串并联网络

下面进行定量分析。在实用的 RC 串并联网络中，为了便于调整参数，通常使$R_1=R_2=R$，$C_1=C_2=C$，此时，如图 9.2(a) 所示的 RC 串并联网络的频率特性可表示为

$$\dot{F}=\frac{\dot{U}_f}{\dot{U}_L}=\frac{Z_2}{Z_1+Z_2}=\frac{\dfrac{R}{1+\mathrm{j}\omega RC}}{R+\dfrac{1}{\mathrm{j}\omega C}+\dfrac{R}{1+\mathrm{j}\omega RC}}$$

$$=\frac{1}{3+\mathrm{j}\left(\omega RC-\dfrac{1}{\omega RC}\right)} \tag{9.10}$$

令 $\omega_0=\dfrac{1}{RC}$，则式（9.10）可简化为

$$\dot{F}=\frac{1}{3+\mathrm{j}\left(\dfrac{\omega}{\omega_0}-\dfrac{\omega_0}{\omega}\right)} \tag{9.11}$$

以上频率特性的表达式可以分别用幅频特性和相频特性的表达式表示如下：

$$|\dot{F}|=\frac{1}{\sqrt{3^2+\left(\dfrac{\omega}{\omega_0}-\dfrac{\omega_0}{\omega}\right)^2}} \tag{9.12}$$

$$\varphi_F=-\arctan\frac{\dfrac{\omega}{\omega_0}-\dfrac{\omega_0}{\omega}}{3} \tag{9.13}$$

根据式（9.12）和式（9.13）可以分别画出 RC 串并联网络的幅频特性和相频特性，如图 9.3 所示。由图可知，当 $\omega=\omega_0=\dfrac{1}{RC}$时，$\dot{F}$ 的幅值最大，此时

$$|\dot{F}|_{\max}=\frac{1}{3} \tag{9.14}$$

同时，$\dot{F}$ 的相位角为 0，即

$$\varphi_F=0 \tag{9.15}$$

也就是说，当 $f=f_0=\dfrac{1}{2\pi RC}$时，$\dot{U}_f$ 的幅值达到最大，等于 $\dot{U}_L$ 幅值的$\dfrac{1}{3}$，且 $\dot{U}_f$ 与 $\dot{U}_L$ 同相。

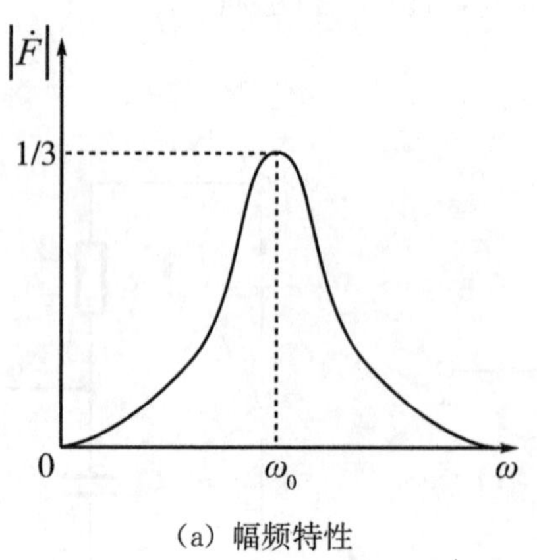

(a) 幅频特性

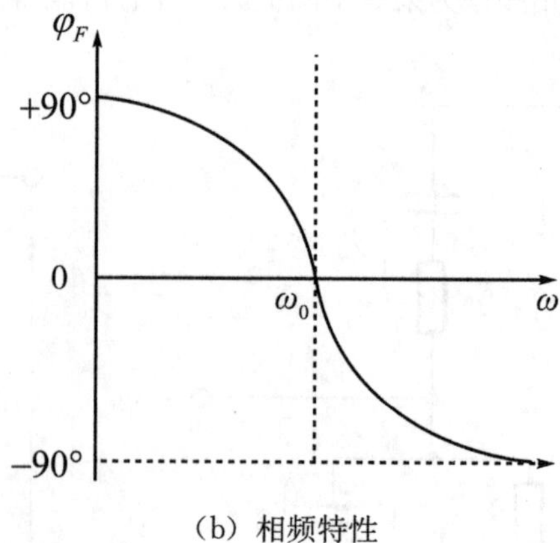

(b) 相频特性

图 9.3 RC 串并联网络的频率特性

9.2.2　RC 串并联网络振荡电路

1. 电路组成

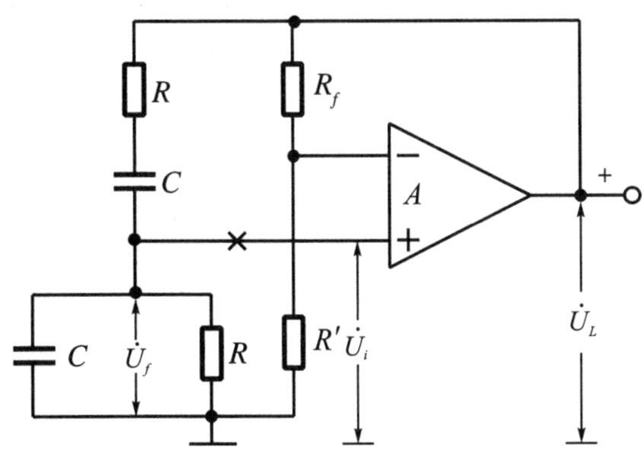

图 9.4　RC 串并联网络振荡电路

振荡电路的原理图如图 9.4 所示。其中集成运放 A 作为放大电路，RC 串并联网络是选频网络，当 $f=f_0$ 时，它是一个接成正反馈的反馈网络。另外，R_f 和 R' 支路引入一个负反馈。由图可见，RC 串并联网络中的串联支路和并联支路，以及负反馈支路中的 R_f 和 R'，正好组成一个电桥的四个臂，因此这种电路又称为文氏电桥振荡电路。[①]

2. 振荡频率和起振条件

1）振荡频率

为了判断电路是否满足产生振荡的相位平衡条件，可假设在集成运放的同相输入端将电路断开，并加上输入电压 $\dot{U}_i$。由于输入电压 $\dot{U}_i$ 加在同相输入端，而集成运放的输出电压 $\dot{U}_L$ 通过 RC 也加在同相输入端成为 $\dot{U}_f$，且与输入电压同相，$\varphi_A=0$。已经知道，当 $f=f_0$ 时，$\varphi_A+\varphi_F=0$，电路满足相位平衡条件。但是，对于其他任何频率，电路均不满足相位平衡条件，由此可知，电路的振荡频率为

$$f_0=\frac{1}{2\pi RC} \tag{9.16}$$

2）起振条件

振荡的幅度平衡条件为 $|\dot{A}\dot{F}|>1$，已经知道当 $f=f_0$ 时，$|\dot{F}|=\frac{1}{3}$，由此可以求得振荡电路的起振条件为

$$|\dot{A}_u|>3 \tag{9.17}$$

已知同相比例运算电路输出电压与输入电压之间的比例系数为 $1+\frac{R_f}{R'}$，为了达到

$$1+\frac{R_f}{R'}>3$$

则负反馈支路的参数应满足关系

$$R_f>2R'$$

3. 振荡电路中的负反馈

根据以上分析可知，在 RC 串并联网络振荡电路中，只要达到 $|\dot{A}_u|>3$，即可满足产生正弦波振荡的起振条件。如果 $|\dot{A}_u|$ 的值过大，由于振荡幅度超出放大电路的线性放大范围

① 文氏电桥以人的姓氏 Wine 命名。

而进入非线性区，输出波形将产生明显的失真。另外，放大电路的放大倍数因受环境温度及元件老化等因素影响，也要发生波动。以上情况都将直接影响振荡电路输出波形的质量，因此，通常都在放大电路中引入负反馈以改善振荡波形。在如图 9.4 所示的 RC 串并联网络振荡电路中，电阻 R_f 和 R' 就引入了一个电压串联负反馈，它的作用不仅可以提高放大倍数的稳定性，改善振荡电路的输出波形，而且能够进一步提高放大电路的输入电阻，降低输出电阻，从而减小了放大电路对 RC 串并联网络选频特性的影响，提高了振荡电路的带负载能力。

负反馈系数 $F=\frac{R'}{R_f+R'}$ 越大，负反馈深度越深，放大电路的电压放大倍数越小；反之，R_f 越大，则负反馈系数 F 越小，负反馈深度越弱，电压放大倍数越大。如果电压放大倍数太小，不能满足 $|\dot{A}_u|>3$ 的条件，则振荡电路不能起振；如果电压放大倍数太大，则可能使输出幅度太大，使振荡波形产生明显的非线性失真，因此应调整 R_f 和 R' 的阻值，使振荡电路产生比较稳定而失真较小的正弦波信号。

4. 振荡频率的调节

由式（9.16）可知，RC 串并联网络正弦波振荡电路的振荡频率为

$$f_0=\frac{1}{2\pi RC}$$

因此，只要改变电阻 R 或电容 C 的值，即可调节振荡频率。图 9.4 示出了一种常用的调节振荡频率的方法。在 RC 串并联网络中，利用同轴波段开关换接不同容量的电容对振荡频率进行粗调，再利用同轴电位器 R_W 对振荡频率进行细调。采用这种方法可以很方便地在一个比较宽广的范围内对振荡频率进行连续调节。

各种 RC 振荡电路的振荡频率均与 R、C 的乘积成反比，如欲产生振荡频率很高的正弦波信号，势必要求电阻或电容的值很小，这在制造上和电路实现上将有较大的困难。因此，RC 振荡器一般用来产生几赫兹到几十兆赫兹的低频信号，若要产生更高频率的信号，可以考虑采用 LC 正弦波振荡器。

9.3 LC 正弦波振荡电路

LC 振荡电路以电感和电容元件组成选频网络，一般可以产生几十兆赫兹以上的正弦波信号。

为了说明 LC 正弦波振荡电路的工作原理，首先需要讨论 LC 并联电路的特性。

9.3.1 LC 并联电路的选频特性

图 9.5 示出了一个 LC 并联电路，首先来定性分析一下，当信号频率变化时，LC 并联电路的阻抗 Z 的大小和性质将如何变化。当频率很低时，容抗很大，可以认为开路，而感抗很小，则并联阻抗主要取决于电感支路，故阻抗 Z 呈感性，且频率越低，阻抗值越小。当频率很高时，感抗很大，可以认为开路，但容抗很小，此时并联阻抗主要取决于电容支路，因此阻抗 Z 呈容性，且频率越高，阻抗值也越小。可以证明，只有在中间某一个频率时，并联阻抗为纯阻性，且等效阻抗达到最大值，这个频率称为 LC 电路的并联谐振频率。为了求得 LC 电

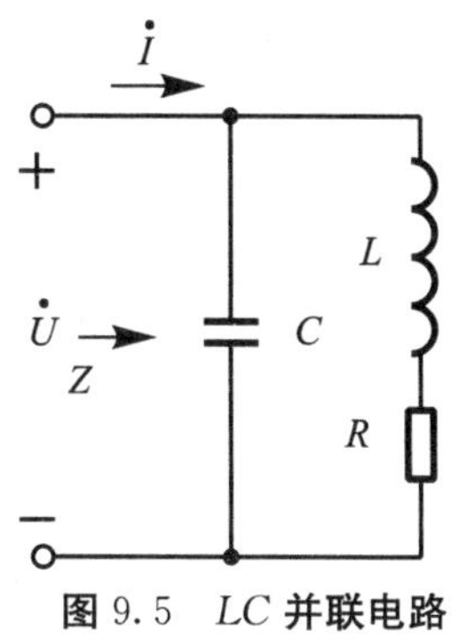

图 9.5　LC 并联电路

路的并联谐振频率，列出图 9.5 中 LC 并联电路的复数导纳 $Y=\frac{1}{Z}$，由于 $Z=\frac{1}{\mathrm{j}\omega C}//(R+\mathrm{j}\omega L)$，则

$$Z=\frac{-\mathrm{j}\frac{1}{\omega C}(R+\mathrm{j}\omega L)}{-\mathrm{j}\frac{1}{\omega C}+R+\mathrm{j}\omega L}\approx\frac{\left(-\mathrm{j}\frac{1}{\omega C}\right)\cdot\mathrm{j}\omega L}{R+\mathrm{j}\left(\omega L-\frac{1}{\omega C}\right)}=\frac{\frac{L}{RC}}{1+\mathrm{j}\frac{\omega L}{R}\left(1-\frac{1}{\omega^2 LC}\right)}$$

当 $1-\frac{1}{\omega^2 LC}=0$ 时，电路发生谐振，可求得谐振频率

$$\omega_0=\frac{1}{\sqrt{LC}}\Rightarrow f_0=\frac{1}{2\pi\sqrt{LC}}$$

令 $Q=\frac{\omega_0 L}{R}=\frac{1}{\omega_0 CR}=\frac{1}{R}\sqrt{\frac{L}{C}}$，则

$$Z\approx\frac{Z_0}{1+\mathrm{j}Q\left(1-\frac{\omega_0^2}{\omega^2}\right)}\qquad\left(Z_0=\frac{L}{RC}\right)\tag{9.18}$$

式中，Q 称为谐振回路的品质因数。

由此可以画出不同 Q 值时，LC 并联电路的幅频特性和相频特性，如图 9.6 所示。

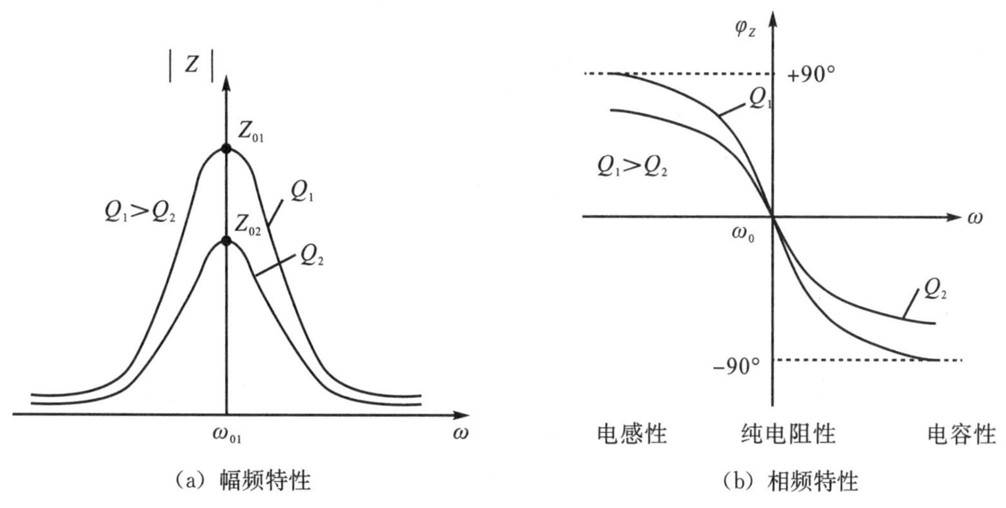

(a) 幅频特性　　(b) 相频特性

图 9.6　LC 并联电路的频率特性

由前面的分析以及图 9.6 中的频率特性可以得出以下几个结论：

(1) LC 并联电路具有选频特性，在谐振频率 f_0 处，电路呈纯电阻性，且等效阻抗值最大。当 $f<f_0$ 时，呈电感性；当 $f>f_0$ 时，呈电容性。同时随着频率的下降或上升，等效阻抗的 $|Z|$ 值都将减小。

(2) 谐振频率 f_0 的数值与 LC 并联电路的参数有关，当 $Q\gg1$ 时，$f_0\approx\frac{1}{2\pi\sqrt{LC}}$。

(3) 电路的品质因数 Q 的值越大，则幅频特性越尖锐，即选频特性越好，同时，谐振时的阻抗值 Z_0 也越大。

下面将利用 LC 并联电路的特性，来分析各种 LC 正弦波振荡电路的工作原理。

9.3.2 变压器反馈式振荡电路

1. 电路组成

由图 9.7 可见，振荡电路由放大、选频和反馈等部分组成。选频网络是一个 LC 并联电路，反馈由变压器 N_2 实现，因此称为变压器反馈式振荡电路。

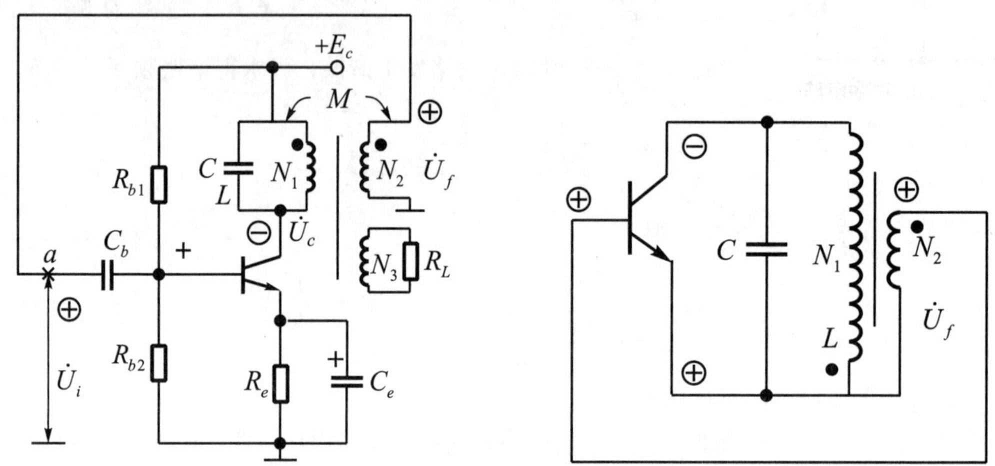

图 9.7 变压器反馈式振荡电路

为了判断电路是否满足产生振荡的相位平衡条件，可以假设将放大电路的输入端 a 点处断开，并加输入信号 $\dot{U}_i$，其频率为 LC 并联电路的谐振频率，此时放大管的集电极等效负载为一纯阻性的，则集电极电压 $\dot{U}_c$ 与 $\dot{U}_i$ 反相。根据图中标明的变压器的同名端，可知变压器次边绕组 N_2 上的反馈电压 $\dot{U}_f$ 与 $\dot{U}_c$ 反相，因此，$\dot{U}_f$ 与 $\dot{U}_i$ 同相，说明电路满足振荡的相位平衡条件。

2. 振荡频率和起振条件

从分析相位平衡条件的过程中看出，只有在谐振频率处，电路才满足相位平衡条件，所以振荡电路的振荡频率就是 LC 并联电路的谐振频率，即

$$f_0 \approx \frac{1}{2\pi\sqrt{LC}} \tag{9.19}$$

根据幅度平衡条件，可以得到振荡电路的起振条件为

$$\beta > \frac{r_{be}R'C}{M} \tag{9.20}$$

式中，r_{be} 为放大三极管 b、e 之间的等效电阻；R' 是折合到谐振回路中的等效总损耗电阻；M 为绕组 N_1 与 N_2 之间的互感。

实际上，式（9.20）的条件对三极管 β 值的要求并不太高，一般情况下比较容易满足。关键要保证变压器绕组的同名端接线正确，以满足相位平衡条件。如果同名端接错，则电路不能起振。在实验中如果遇到不起振时，只要把 N_2 的两个端子对调即可。

9.3.3　电感三点式振荡电路

1. 电路组成

在实际工作中，为避免确定变压器同名端的麻烦，也为了绕制线圈的方便，采取了自耦形式的接法。如图 9.8（a）所示，由于是从电感 L_1 和 L_2 引出三个端点，所以通常称为电感三点式振荡电路。图中 LC 并联电路的下端 3 通过耦合电容 C_b 接三极管的基极，中间抽头 2 接至电源 E_c，在交流通路中 2 端接地，所以电感 L_2 上的电压就是送回到三极管基极回路的反馈电压 $\dot{U}_f$。其振荡电路的交流通道如图 9.8（b）所示。

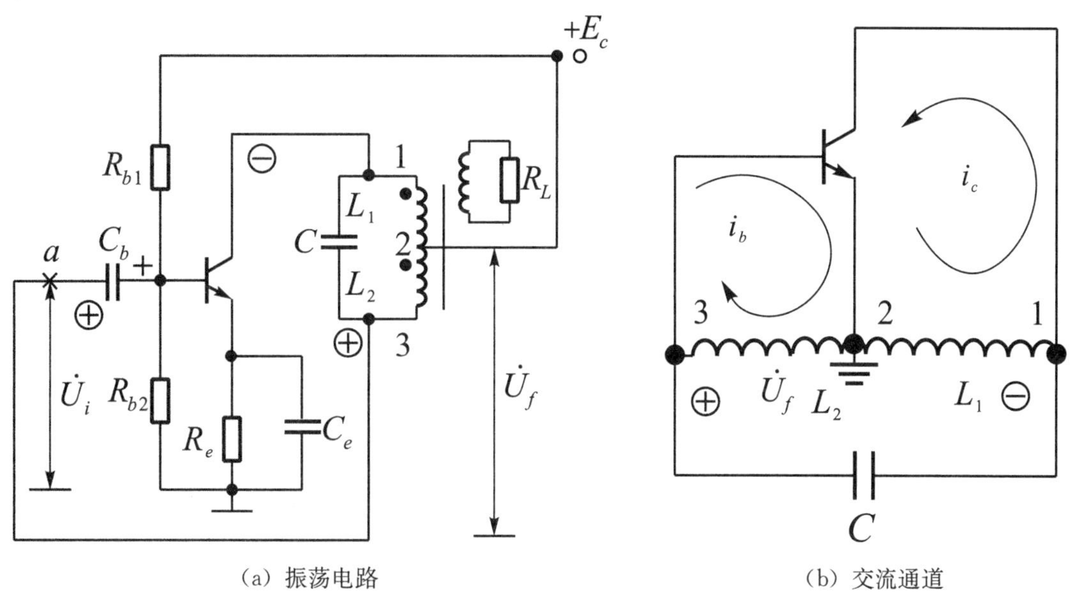

（a）振荡电路　　（b）交流通道

图 9.8　电感三点式振荡电路

假设在图 9.8 的 a 点处将电路断开，并加上输入信号 $\dot{U}_i$。由于谐振时 LC 并联回路的阻抗为纯阻性，又因为集电极电压 $\dot{U}_c$ 与 $\dot{U}_i$ 反相，即 $\varphi_A=180°$。而 L_2 上的反馈电压 $\dot{U}_f$ 与 $\dot{U}_c$ 也反相，即 $\varphi_F=180°$，所以电路满足相位平衡条件。

2. 振荡频率和起振条件

当谐振回路的 Q 值很高时，振荡频率可表示为

$$f_0 \approx \frac{1}{2\pi\sqrt{LC}}=\frac{1}{2\pi\sqrt{(L_1+L_2+2M)C}} \tag{9.21}$$

式中，L 为回路的总电感，即

$$L=L_1+L_2+2M \tag{9.22}$$

其中，M 为线圈 L_1 与 L_2 之间的互感。

根据幅度平衡条件可以证明，起振条件为

$$\beta > \frac{L_1+M}{L_2+M}\cdot\frac{r_{be}}{R'} \tag{9.23}$$

式中，R'为折合到管子集电极和发射极间的等效并联总损耗电阻。

电感三点式振荡电路的特点如下：

（1）由于线圈 L_1 和 L_2 之间耦合很紧，因此比较容易起振。改变电感抽头的位置，即改变 L_2/L_1 的比值，可以获得满意的正弦波输出，且振荡幅度较大。根据经验，通常可以选择反馈线圈 L_2 的圈数为整个线圈的 1/8～1/4。具体的圈数比应该通过实验调整来确定。

（2）调节频率方便。采用可变电容，可获得一个较宽的频率调节范围。

（3）一般用于产生几十兆赫兹以下的频率。

（4）由于反馈电压取自电感 L_2，而电感对高次谐波的阻抗较大，所以不能将高次谐波短路掉。同时又因输出波形中含有较大的高次谐波，故波形较差。

（5）由于电感三点式振荡电路的输出波形较差，且频率稳定度不高，所以通常用于要求不高的设备中，如高频加热器、接收机的本机振荡等。

9.3.4 电容三点式振荡电路

为了获得良好的正弦波，可将图 9.8 中的电感 L_1、L_2 改用对高次谐波呈现低阻抗的电容 C_1、C_2，同时将原来的电容 C 改为电感 L，如图 9.9(a) 所示，这就是电容三点式振荡电路。

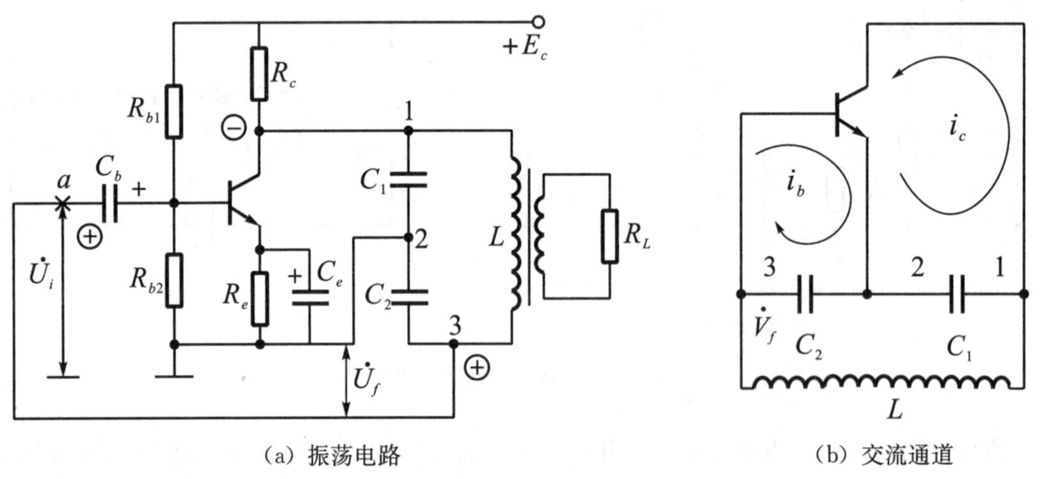

（a）振荡电路　　（b）交流通道

图 9.9　电容三点式振荡电路

在图 9.9 中，由于 3 端通过耦合电容 C_b 接三极管的基极，而 2 端接地，所以电容 C_2 两端的电压就是反馈电压 $\dot{U}_f$。其振荡电路的交流通道如图 9.9(b) 所示。

假设从图中 a 点处断开，加上输入电压 $\dot{U}_i$，利用瞬时极性法可以分析得到，当 LC 回路谐振时，$\dot{U}_f$ 与 $\dot{U}_i$ 同相，电路满足相位平衡条件。因此，振荡频率就是 LC 回路的谐振频率，即

$$f_0 \approx \frac{1}{2\pi\sqrt{LC}} = \frac{1}{2\pi\sqrt{L\dfrac{C_1C_2}{C_1+C_2}}} \tag{9.24}$$

根据幅度平衡条件，可以证明起振条件为

$$\beta > \frac{C_2}{C_1} \cdot \frac{r_{be}}{R'} \tag{9.25}$$

式中，R'为折合到管子集电极和发射极间的等效并联总损耗电阻。

电容三点式振荡电路的特点如下：

(1) 由于反馈电压取自电容 C_2，电容对于高次谐波阻抗很小，于是反馈电压中的谐波分量很小，所以输出波形较好。

(2) 因为电容 C_1、C_2 的容量可以选得较小，并将放大管的极间电容也计算到 C_1、C_2 中去，因此振荡频率较高，一般可以达到 100 MHz 以上。

(3) 调节 C_1 或 C_2 可以改变振荡频率，但同时会影响起振条件，因此这种电路适于产生固定频率的振荡。如果要改变频率，可以在 L 两端并联一个可变电容，由于固定电容 C_1、C_2 的影响，频率的调节范围比较窄。另外，也可以采用可调电感来改变频率。通常选择两个电容之比为 $C_1/C_2 \leqslant 1$，可通过实验调整来最后确定电容的比值。

9.3.5　改进型电容三点式振荡电路

对于如图 9.9 所示的电容三点式振荡电路来说，当要求进一步提高振荡频率时，电容 C_1 和 C_2 的容值将减得很小。然而，在交流通路中，电容 C_2 并联在放大三极管的 b、e 之间，而 C_1 并联在三极管的 c、e 之间，因此，如果 C_1、C_2 的容值减小到可与三极管的极间电容相比拟的程度，则管子极间电容随温度等因素的变化，将对振荡频率产生显著的影响，导致振荡频率不稳定。

为了克服这个缺点，提高频率的稳定性，可在图 9.9 电路的基础上加以改进，在电感 L 支路中串联一个电容 C_3，如图 9.10 所示，这就是所谓的改进型电容三点式振荡电路。

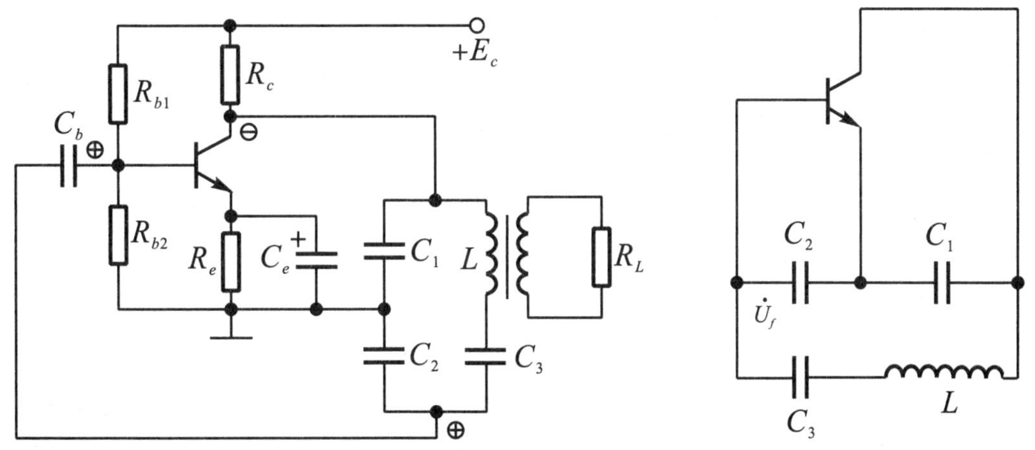

图 9.10　改进型电容三点式振荡电路

在选择电路的参数时，取 C_1、C_2 的容值比较大，以避免极间电容变化对振荡频率产生影响，而使 C_3 的容值比较小，即 $C_3 \ll C_1$，$C_3 \ll C_2$，此时振荡频率可表示为

$$f_0 \approx \frac{1}{2\pi\sqrt{L \cdot \dfrac{1}{\dfrac{1}{C_1}+\dfrac{1}{C_2}+\dfrac{1}{C_3}}}} \approx \frac{1}{2\pi\sqrt{LC_3}} \tag{9.26}$$

由于振荡频率 f_0 基本上由 L 和 C_3 确定，与 C_1、C_2 的关系很小，所以当三极管的极间电容改变时，对 f_0 的影响也很小。这种振荡电路的频率稳定度可达 $10^{-5} \sim 10^{-4}$。

9.4 石英晶体振荡器

根据前面的分析已经知道，LC 谐振回路的品质因数 Q 值的大小对 LC 振荡电路的性能影响很大，Q 越大，LC 并联电路的幅频特性曲线的形状越尖锐，选频特性越好。由前面内容可知，LC 回路的 Q 值为

$$Q=\frac{\omega_0 L}{R}\approx\frac{1}{R}\sqrt{\frac{L}{C}}$$

可见，为了提高 LC 回路的品质因数，应尽量减小回路的损耗电阻，并增大 L/C 值。但实际上 LC 回路的 L/C 值不能无限制地增大。因为如 L 值选得太大，电感的体积将要增加，线圈的损耗电阻和分布电容也随之增大；如 C 选得太小，当并联的分布电容及杂散电容变化时，将对频率的稳定性产生显著影响，因此 L/C 值有一定限制。一般 LC 回路的 Q 值最高可达数百。实践证明，在 LC 振荡电路中，即使采用了各种稳频措施，频率稳定度也很难超过10^{-5}数量级。在要求高频率稳定度的场合，往往采用高 Q 值的石英晶体谐振器代替一般的 LC 回路。

石英晶体具有比较高的 L/C 值，用石英晶体组成的振荡电路，其频率稳定度可达$10^{-8}\sim10^{-6}$，甚至达到$10^{-11}\sim10^{-10}$数量级，所以在要求频率稳定度高于 10^{-6}以上的电子设备中，石英晶体得到了广泛的应用。

9.4.1 石英晶体的基本特性和等效电路

1. 石英晶体的基本特性

若在石英晶片的两极加上一个交变电压，晶片将会产生机械变形振动；相反，若使晶片发生机械振动，则在晶片的相应方向上将产生一定的交变电场。在一般情况下，晶片机械振动的振幅和交变电场的振幅都非常微小，只有当外加交变电压的频率为某一特定频率时，振幅才会突然增大，这种现象称为压电谐振。上述特定频率称为晶体的固有频率或谐振频率。这种现象与 LC 回路的谐振现象十分相似，因此，石英晶体又称为石英谐振器。

2. 石英晶体的等效电路

石英谐振器的符号和等效电路如图 9.11 所示。当晶体不振动时，可以看成是一个平板电容器 C_0，称为静电电容。C_0 与晶片的几何尺寸和电极面积有关，一般为几个皮法到几十皮法。当晶体振动时，有一个机械振动的惯性，用电感 L 来等效，一般 L 值为$10^{-3}\sim10^{2}$ H。晶片的弹性一般以电容 C 来等效，C 值为$10^{-2}\sim10^{-1}$ pF。L、C 的具体数值与晶体的切割方式、晶片和电极的尺寸、开关等有关。晶片振动时，因摩擦而造成的损耗则用电阻 R 来等效，它的阻值约为 $10^{2}\,\Omega$ 数量级。由于晶片的等效电感 L 很大，而等效电容 C 很小，电阻 R 也小，因此回路的品质因数 Q 很大，可达$10^{4}\sim10^{6}$，再加上晶片本身的固有频率只与晶片的几何尺寸有关，所以很稳定，而且可做得很精确。因此，利用石英谐振器组成振荡电路，可获得很高的频率稳定性。

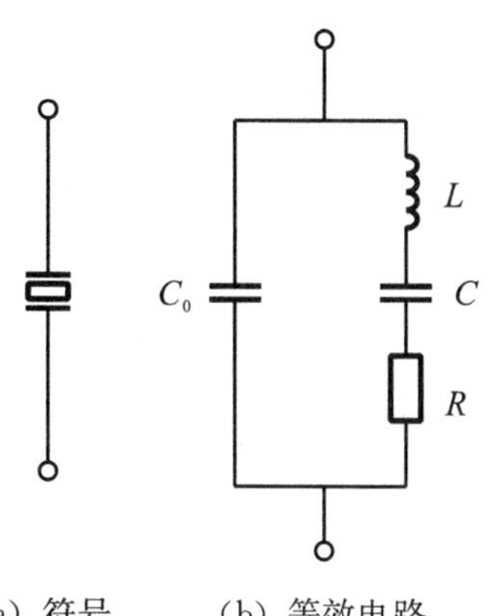

(a) 符号　　(b) 等效电路

图 9.11　石英谐振器的符号和等效电路

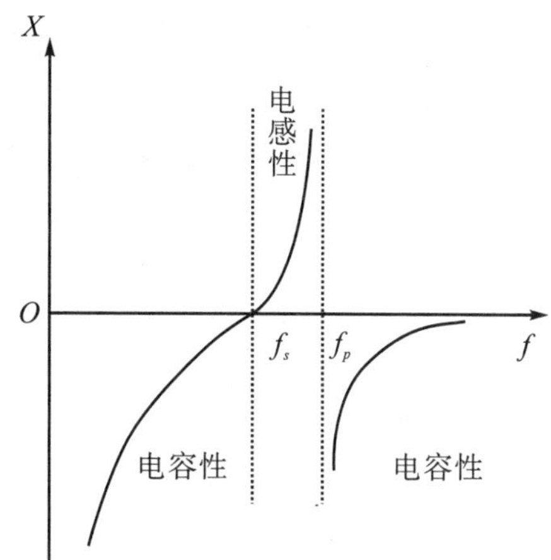

图 9.12　石英谐振特性 $X-f$ 曲线

从石英谐振器的等效电路可知，这个电路有两个谐振频率，当 L、C、R 支路串联谐振时，等效电路的阻抗最小（等于 R），串联谐振频率为

$$f_s=\frac{1}{2\pi\sqrt{LC}} \tag{9.27}$$

当等效电路并联谐振时，并联谐振频率为

$$f_p=\frac{1}{2\pi\sqrt{L\cdot\dfrac{CC_0}{C+C_0}}}=f_s\sqrt{1+\frac{C}{C_0}} \tag{9.28}$$

由于 $C\ll C_0$，因此 f_s 和 f_p 两个频率非常接近。

图 9.12 示出了石英谐振器的电抗—频率特性（设 $R=0$）。由图可见，在 f_s 与 f_p 之间，石英谐振器呈现出电感性，而在此频率范围之外则呈现出电容性。

9.4.2　石英晶体振荡电路

石英晶体振荡电路的形式多种多样，但其基本电路只有两类，即并联型和串联型石英晶体振荡电路。

1. 并联型石英晶体振荡电路

并联型石英晶体振荡电路利用石英晶体作为一个电感来组成选频网络，晶体工作在 f_s 和 f_p 之间。

图 9.13(a) 示出了并联型石英晶体振荡电路的原理图，其电路的交流等效电路如图 9.13(b) 所示。

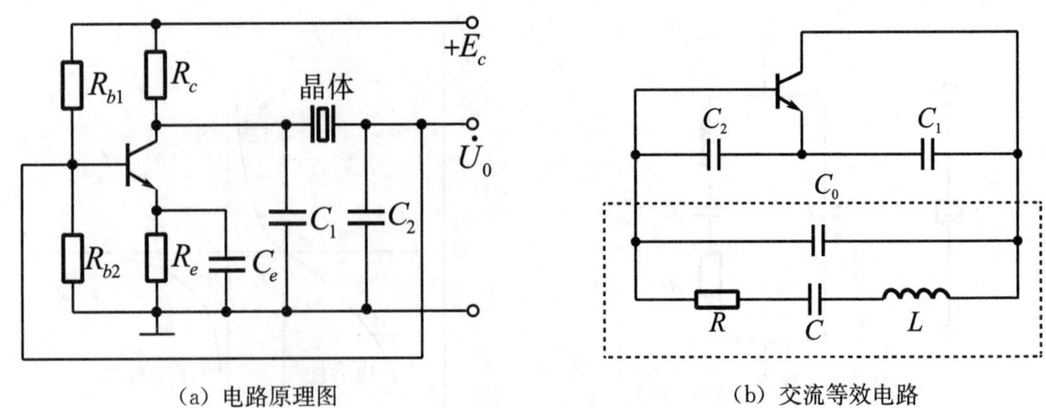

(a) 电路原理图　　(b) 交流等效电路

图 9.13　并联型石英晶体振荡电路

由图 9.13(b) 的等效电路可见，电路实质上是一个改进型电容三点式振荡电路，因此，电路的振荡频率可表示为

$$f_0 \approx \frac{1}{2\pi\sqrt{L \cdot \dfrac{C(C_0+C')}{C+C_0+C'}}} = f_s\sqrt{1+\frac{C}{C_0+C'}} \tag{9.29}$$

式中

$$C' = \frac{C_1 C_2}{C_1+C_2} \tag{9.30}$$

由式（9.36）可知，振荡频率 f_0 处于 f_s 和 f_p 之间，此时石英晶体的阻抗呈电感性。实际上，在式（9.37）中，由于 $C \ll C_0+C'$，因此对振荡频率起决定作用的是电容 C，而与 C' 的关系很小。也就是说，由于电容 C_1、C_2 不稳定而引起的频率漂移很小，因此振荡频率的稳定度很高。

2. 串联型石英晶体振荡电路

串联型石英晶体振荡电路利用石英晶体串联谐振时阻抗最小的特性组成振荡电路，晶体工作在 f_s 处。

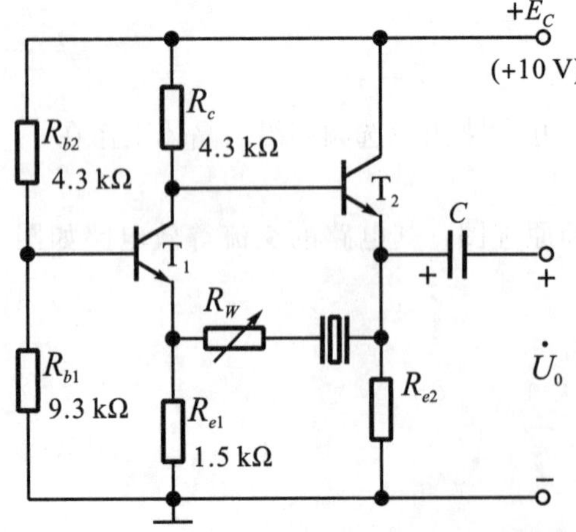

图 9.14　串联型石英晶体振荡电路

在如图 9.14 所示的电路中，石英晶体接在三极管 T_1 与 T_2 之间的正反馈电路中。当振荡频率等于晶体的串联谐振频率 f_s 时，晶体的阻抗最小，且为纯阻性，此时正反馈最强，而且相移为零，电路满足自激振荡条件。而对于除 f_s 以外的其他频率，晶体的阻抗增大，而且相移不为零，因此不满足自激振荡条件。因此，电路的振荡频率等于 f_s。调节电阻 R_W 的大小可以改变正反馈的强弱，以便获得良好的正弦波输出。若 R_W 值太大，则正反馈太弱，电路不能满足振荡的幅度平衡条件，不能振荡；若 R_W 值太小，则正反馈太强，输出波形将产生非线性失真。

由于晶体的固有频率与温度有关，因此石英谐振器只有在较窄的温度范围内工作才具有很高的频率稳定度。如果要求频率稳定度高于 $10^{-7}\sim10^{-6}$，或工作环境的温度变化范围很宽时，应选用高精度和高稳定度的晶体，并把它放在恒温槽中。

9.5　非正弦波发生电路

非正弦波发生电路常用于脉冲和数字系统中作为信号源。常用的非正弦波发生电路有矩形波发生电路、三角波发生电路和锯齿波发生电路等。

非正弦波发生电路的电路组成、工作原理以及分析方法均与正弦波振荡电路有着明显的区别。下面以矩形波发生电路以例介绍相关内容。

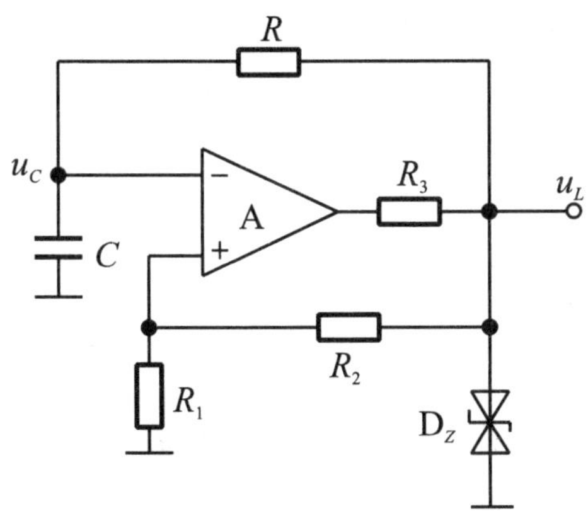

图 9.15　矩形波发生电路

9.5.1　电路组成

矩形波发生电路如图 9.15 所示。此电路实际上由一个滞回比较器和一个 RC 充放电回路组成。其中，集成运放和电阻 R_1、R_2 组成滞回比较器，电阻 R 和电容 C 构成充放电回路，稳压管 D_Z 和电阻 R_3 的作用是钳位，将滞回比较器的输出电压限制在稳压管的稳定电压值 $\pm U_Z$。

9.5.2　工作原理

假设 $t=0$ 时电容 C 上的电压 $u_C=0$，而滞回比较器的输出端为高电平，即 $u_L=+U_Z$，则集成运放同相输入端的电压为输出电压在电阻 R_1、R_2 上分压的结果，即

$$u_+=\frac{R_1}{R_1+R_2}U_Z \tag{9.31}$$

此时输出电压 $+U_Z$ 将通过电阻 R 向电容 C 充电，使电容两端的电压 u_C 升高，而此电容上的电压接到集成运放的反相输入端，即 $u_-=u_C$。当电容上的电压上升到 $u_-=u_+$ 时，滞回比较器的输出端将发生跳变，由高电平跳变为低电平，使 $u_O=-U_Z$，于是集成运放同相输入端的电压也立即变为

$$u_+=-\frac{R_1}{R_1+R_2}U_Z \tag{9.32}$$

输出电压变为低电平后，电容 C 将通过 R 放电，使 u_C 逐渐降低。当电容上电压下降到 $u_-=u_+$ 时，滞回比较器的输出端将再次发生跳变，由低电平跳变为高电平，即 $u_L=+U_Z$。以后又重复上述过程。如此电容反复地进行充电和放电，滞回比较器的输出端反复地在高电平和低电平之间跳变，于是产生了正负交替的矩形波。

电容 C 两端的电压 u_C 以及滞回比较器的输出电压 u_O 的波形如图 9.16 所示。

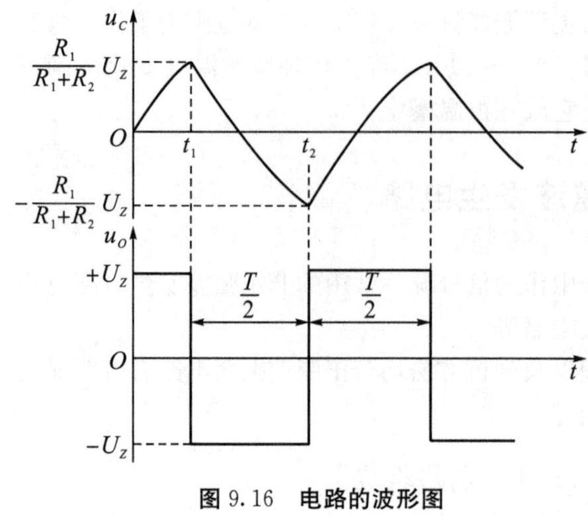

图 9.16 电路的波形图

9.5.3 振荡周期

由图 9.16 可知，在电容放电的过程中，电容两端电压 u_C 从$\frac{R_1}{R_1+R_2}U_Z$ 下降至$-\frac{R_1}{R_1+R_2}U_Z$所需的时间等于$\frac{T}{2}$，而电容放电时，u_C 的表达式为

$$u_C(t) = [u_C(0) - u_C(\infty)]e^{-\frac{t}{\tau}} + u_C(\infty) \tag{9.33}$$

在本电路中，有

$$u_C(0) = \frac{R_1}{R_1+R_2}U_Z$$

$$u_C(\infty) = -U_Z$$

$$\tau = RC$$

代入式（9.33），得

$$u_C(t) = \left(\frac{R_1}{R_1+R_2}U_Z + U_Z\right)e^{-\frac{t}{RC}} - U_Z \tag{9.34}$$

由图 9.16 可见，当$t=\frac{T}{2}$时，$u_C(t)=-\frac{R_1}{R_1+R_2}U_Z$，将两值代入式（9.34），可得

$$-\frac{R_1}{R_1+R_2}U_Z = \left(\frac{R_1}{R_1+R_2}U_Z + U_Z\right)e^{-\frac{T}{2RC}} - U_Z \tag{9.35}$$

根据式（9.35）可解得矩形波的振荡周期为

$$T = 2RC\ln\left(1+\frac{2R_1}{R_2}\right) \tag{9.35}$$

由此可知，改变充放电时间常数 RC 以及滞回比较器的电阻 R_1 和 R_2，即可调节矩形波的振荡周期。但振荡周期与稳压管的电压 U_Z 无关，而矩形波的幅度取决于 U_Z。

9.5.4 占空比可调的矩形波发生电路

图 9.15 中的输出电压 u_L 是正负半周对称的矩形波，这种矩形波的占空比等于 50%。如果要求矩形波的占空比能够根据需要进行调节，则可以通过改变电路中充电和放电的时间常数来实现。

在图 9.17 中，电位器 R_W 和二极管 D_1、D_2 的作用是将电容充电和放电的回路分开，并调节充电和放电两个时间常数的比例。如将电位器的滑动端向下移动，则充电时间常数减小，放电时间常数增大，于是输出端为高电平的时间缩短，输出端为低电平的时间加长。u_C 和 u_L 的波形如图 9.18 所示，图中 $T_1<T_2$；相反，如将电位器滑动端向上移动，则充电时间常数增大，放电时间常数减小，可得 $T_1>T_2$。

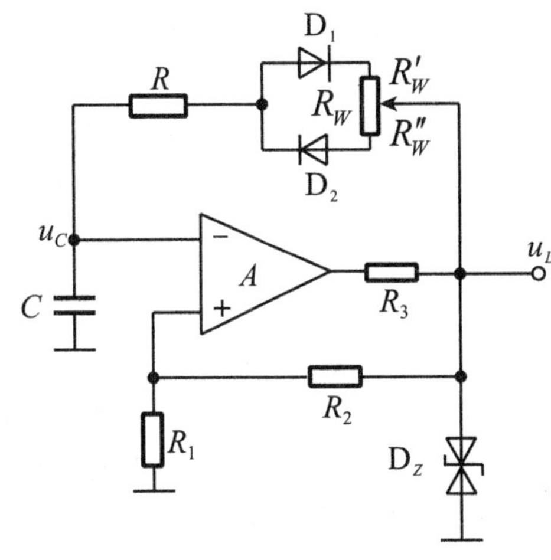

图 9.17　占空比可调的矩形波发生电路

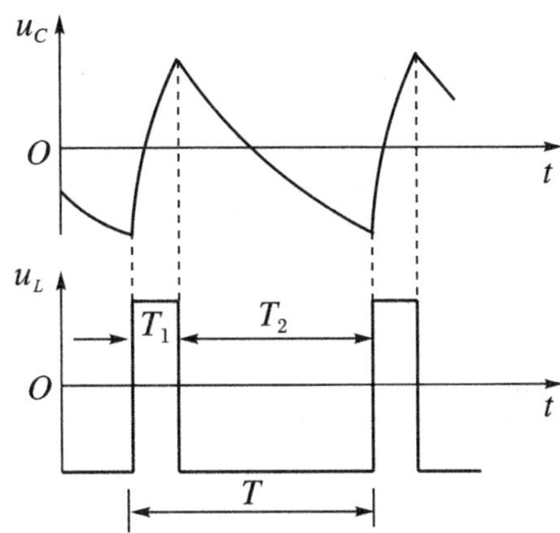

图 9.18　图 9.17 所示电路的波形图

当忽略二极管 D_1、D_2 的导通电阻时，利用类似的分析方法，可求得电容充电和放电的时间分别为

$$T_1 = (R + R_W'')C\ln\left(1 + \frac{2R_1}{R_2}\right) \tag{9.37}$$

$$T_2 = (R + R_W')C\ln\left(1 + \frac{2R_1}{R_2}\right) \tag{9.38}$$

输出波形的振荡周期为

$$T = T_1 + T_2 = (2R + R_W)C\ln\left(1 + \frac{2R_1}{R_2}\right) \tag{9.39}$$

矩形波的占空比为

$$D = \frac{T_1}{T} = \frac{R + R_W''}{2R + R_W} \tag{9.40}$$

改变电路中电位器滑动端的位置即可调节矩形波的占空比，而总的振荡周期不受影响。

除了以上介绍的利用集成运放组成的矩形波发生电路以外，利用数字电路（例如集成定时器 555 等）也可方便地产生矩形波等，有关内容请参阅数字电路方面的教材或参考书。

9.6　调谐放大器

在电子技术中，无论从正弦波振荡器产生的高频信号或者从天线与传输设备终端获得的高频信号，往往都比较小，因此需要加以放大。用来放大高频信号的放大器称为高频放大器。和前述阻容耦合或直耦放大器不同之处是：高频放大器的输入回路与负载往往都采用 LC 调谐回路，故又称为调谐放大器。这种放大器对于谐振频率附近通频带内的信号，有较大的放大倍数，而对于偏离通频带内的信号则急剧地衰减，因此又称为选频放大器。

和低频放大器一样，调谐放大器也分大信号状态和小信号状态两类，前者多用于发射机，作为高频功率输出级；后者多用于接收设备或前置级，作为电压放大级。本节主要讨论小信号调谐放大器，对于大信号调谐放大器不予叙述。

在实际应用中，小信号调谐放大器的主要性能指标有：

（1）谐振放大倍数（谐振增益）。放大器在谐振频率上及其通频带内的电压增益，用 $\dot{A}_0$

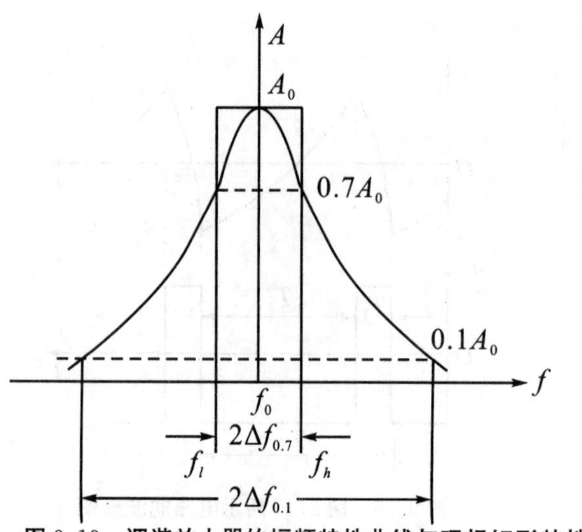

图 9.19　调谐放大器的幅频特性曲线与理想矩形特性

表示，它代表了放大器对有用信号的放大能力。

（2）通频带。定义与前述相同，即增益由谐振增益值下降 3 dB 所对应的上、下截频之差，本节用 $BW_{0.7}=f_h-f_l=2\Delta f_{0.7}=\frac{f_0}{Q}$表示，如图 9.19 所示。

和低频放大器比较，高频放大器属于窄频带放大，而低频放大器则属于宽频带放大。这里所谓的窄频带或宽频带是以通频带的绝对数值大小来划分的，且是以上、下限频率之比值定义：若 $f_h/f_l \gg 1$，则属宽频带放大；若 $f_h/f_l \approx 1$，则属窄频带放大。

例如，有一放大器，$f_h=20$ kHz，$f_l=20$ Hz，$2\Delta f_{0.7}\approx 20$ kHz，则

$$\frac{f_h}{f_l}=1000$$

因此，属于宽频带放大。

另有一放大器，$f_h=475$ kHz，$f_l=455$ kHz，$2\Delta f_{0.7}=20$ kHz，则

$$\frac{f_h}{f_l}\approx 1$$

因此，属于窄频带放大。

（3）选择性。用来表示放大器对于通频带内有用信号的放大能力和对于通频带之外的各种无用信号的抑制能力，通常用下述比值衡量：

$$S=\frac{A}{A_0} \tag{9.41}$$

式中，A_0为谐振增益；A 为通频带外某一特定频率上的增益。S 越小，表示放大器从各种干扰信号中选出有用信号的能力越强，即选择性越强。

实际上，通频带与选择性之间是互相制约的，一般情况下，通频带越宽，选择性越差，为了衡量二者之间一致的程度，定义矩形系数：

$$K_{0.1}=\frac{2\Delta f_{0.1}}{2\Delta f_{0.7}} \tag{9.42}$$

式中，$2\Delta f_{0.7}$为通频带宽度；$2\Delta f_{0.1}$为增益下降到谐振增益的 0.1 时的失谐宽度（−20 dB带宽），其定性表示如图 9.19 所示。显然，$K_{0.1}$越接近于 1，即实际曲线越接近于矩形，放大器在满足通频带要求下的选择性也就越好。

除上述三项主要指标外，其他指标还有稳定性、噪声系数等，在此不再详细介绍。

9.6.1　并联谐振电路的特性分析

如图 9.20 所示是由电流 $\dot{I}$ 和 RLC 三个元件组成的并联电路。在激励电流 $\dot{I}$ 作用下，集电极 c 射极 e 两点间形成的电压 $\dot{U}_{ce}$ 与这 RLC 三者并联的总阻抗 $Z_{ce}=\frac{1}{\mathrm{j}\omega C}/\!/R/\!/\mathrm{j}\omega L$ 成正

比。因 $\dot{I}$ 是个恒流源，所以 Z_{ce}越大，$\dot{U}_{ce}$也就越大。由图 9.20(a) 可知，$\dot{I}=\dot{I}_C+\dot{I}_R+\dot{I}_L$，它与$\dot{U}_{ce}$之间的关系应为

$$\dot{I}=\frac{\dot{U}_{ce}}{R}+\frac{\dot{U}_{ce}}{\frac{1}{j\omega C}}+\frac{\dot{U}_{ce}}{j\omega L}=\dot{U}_{ce}\left[\frac{1}{R}+j\left(\omega C-\frac{1}{\omega L}\right)\right] \tag{9.43}$$

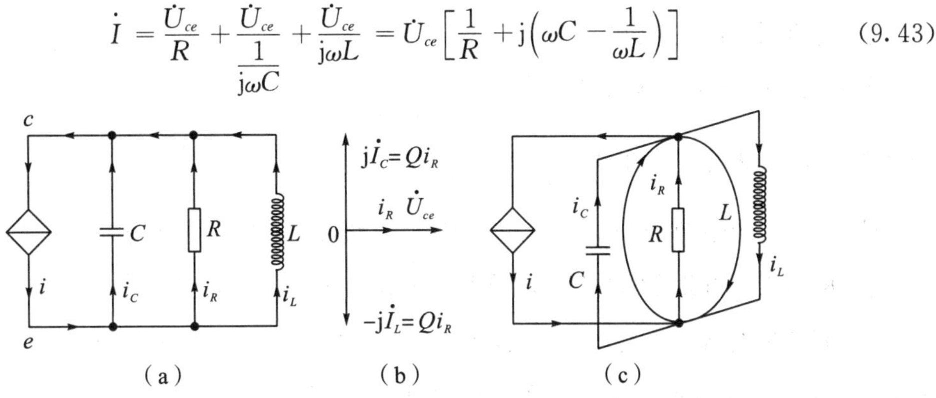

图 9.20　*RLC* 并联谐振电路

1. 电路谐振时的特性

式（9.43）中的 ω 是激励电流 $\dot{I}$ 的工作角频率，其容抗$\frac{1}{j\omega C}$与ω 成反比，感抗 $j\omega L$ 与ω 成正比，唯有 R 与ω 无关。只有当ω 工作在某个特定的值ω_0 时，容抗与感抗相互抵消，有 $\omega_0 C=\frac{1}{\omega_0 L}$，这时的总电流

$$\dot{I}=\frac{\dot{U}_{ce}}{R}\to\dot{U}_{cem}=\dot{I}_R R\quad 最大 \tag{9.44}$$

即$\dot{U}_{cem}$全由 R 的大小决定，在工程上，这个 R 是根据需要而定的，R 越大，$\dot{U}_{cem}$也就越大。另外，由 $\omega_0 C=\frac{1}{\omega_0 L}$可以求得

$$\omega_0=\frac{1}{\sqrt{LC}}\to f_0=\frac{1}{2\pi\sqrt{LC}} \tag{9.45}$$

式中，ω_0 为谐振角频率；f_0 为谐振频率，单位是赫兹（Hz）。

例如 $i_R=1$ mA，$R=8$ kΩ，$u_{cem}=i_R R=8$ V。

由于 *RLC* 三者处于并联地位，而 $u_{cem}=8$ V 就是恒定的，现在要问谐振时 $\dot{I}_C$ 和 $\dot{I}_L$ 各为多少？根据欧姆定律：

$$\dot{I}_C=\frac{\dot{U}_{cem}}{\frac{1}{j\omega_0 C}}=j\omega_0 C\dot{U}_{cem}=j\omega_0 CR\dot{I}_R\triangleq jQ\dot{I}_R \tag{9.46}$$

这表明电容 C 上的电流 $\dot{I}_C$ 超前 $\dot{I}_R$ 90°。

若$\frac{1}{\omega_0 C}=0.08$ kΩ，则 $Q_0=\omega_0 CR=\frac{8\text{ k}\Omega}{0.08\text{ k}\Omega}=100$，则 $\dot{I}_C=jQ_0 i_R=j100$ mA，且比 $\dot{I}_R$ 超前 90°。

需要特别说明的是：$Q_0=\omega_0 CR$，为电阻 R 与容抗$\frac{1}{\omega_0 C}$之比，所以把 Q_0 称为电路谐振时的 Q 值，而非谐振时的 $Q=\omega CR<Q_0$。

同理

$$\dot{I}_L = \frac{\dot{U}_{cem}}{\mathrm{j}\omega_0 L} = -\mathrm{j}\frac{\dot{U}_{cem}}{\omega_0 L} = -\mathrm{j}\frac{R}{\omega_0 L}\dot{I}_R \triangleq -\mathrm{j}Q_0\dot{I}_R \tag{9.47}$$

这又表明电感 L 上的电流滞后 $\dot{I}_R$ 90°。

若 $\omega_0 L = 0.08\ \mathrm{k\Omega}$，则 $Q_0 = \frac{R}{\omega_0 L} = \frac{8\ \mathrm{k\Omega}}{0.08\ \mathrm{k\Omega}} = 100$，$\dot{I}_L = -\mathrm{j}100\dot{I}_R = -\mathrm{j}100\ \mathrm{mA}$，且比 $\dot{I}_R$ 滞后 90°。同样非谐振时的 $Q = \frac{R}{\omega L} < Q_0$。

综上所述，当接在三极管 ce 之间的 RLC 电路发生谐振时，激励电流 $\dot{I}$ 全部流过 R，即 $\dot{I} = \dot{I}_R$。R 越大，由此形成的 $\dot{U}_{cem}$ 就越大，而流过电容 C 的电流 $\dot{I}_C$ 是 $\dot{I}_R$ 的 Q_0 倍，且超前 $\dot{I}_R$ 90°，而流过电感 L 上的电流 $\dot{I}_L$ 也是 $\dot{I}_R$ 的 Q_0 倍，且滞后 $\dot{I}_R$ 90°。由 $\dot{I}_R$ 和 $\dot{U}_{ce}$ 及 $\dot{I}_C$、$\dot{I}_L$ 画出的矢量关系如图 9.20(b) 所示，从中可以看出 $\dot{I}_C$ 与 $\dot{I}_L$ 是大小相等方向相反的两股电流，它们似乎在由 C 和 L 组成的闭合回路中形成一个闭合的环路［如图 9.20(c) 所示］，且 $\dot{I}_C$ 与 $\dot{I}_L$ 始终与 $\dot{I}_R$ 成 90°的正交关系。又因 $I_L = Q_0 I_R$ 非常大，由此产生的磁通量也特别大，这有利于该级信号的向外传输。

2. 电路失谐时的特性

通过前面的分析，RLC 并联谐振电路谐振时，有 $\omega_0 C = \frac{1}{\omega_0 L}$，即容抗恒等于感抗，所谓失谐是指工作频率 $\omega \neq \omega_0$ 时的情况，例如 $\omega_1 < \omega_0 < \omega_2$，这时必然有 $\omega_1 C < \frac{1}{\omega_1 L}$（即 $Q < Q_0$）和 $\omega_2 C > \frac{1}{\omega_2 L}$（即 $Q > Q_0$），那这时 $\dot{U}_{ce}$ 又等于多少呢？由式（9.43）可得 $\dot{I}_R = \dot{U}_{ce}\left[1 + \mathrm{j}R\left(\omega C - \frac{1}{\omega L}\right)\right]$ 和 $\dot{U}_{ce} = \frac{\dot{I}_R}{1 + \mathrm{j}R\left(\omega C - \frac{1}{\omega L}\right)}$，可见只有 $R\omega_0 C = \frac{R}{\omega_0 L}$ 时 $U_{ce} \equiv U_{cem}$，其余时间都是 $U_{ce} < U_{cem}$ 的。

所以，当 $R\left(\omega C - \frac{1}{\omega L}\right) = \pm 1$ 时，有

$$\dot{U}_{ce} = \frac{\dot{I}_R}{1 \pm \mathrm{j}} = \frac{\dot{U}_{cem}}{\sqrt{2}\,\mathrm{e}^{\pm 45°}} = 0.707\dot{U}_{cem}\mathrm{e}^{\pm 45°} \tag{9.48}$$

即当工作角频率 ω 变化使得 Q_0 值变化达到 ± 1 时，所对应的角频率从 ω_1 到 ω_2 变化的这个范围定义为

$$2\Delta\omega = \frac{\omega_0}{Q_0} \tag{9.49}$$

就是单位 Q_0 值所获得的 ω_0，因此今后只要知道了 ω_0 和 Q_0 就可求得 $2\Delta\omega$ 的宽度，即：

$$\Delta f = \frac{f_0}{2Q_0} \tag{9.50}$$

9.6.2 单级调谐放大器及等效电路

单调调谐放大器的原理电路如图 9.21 (a) 所示，这里仅研究 T_1 构成的单级放大器的特

性。其中，R_{b1}、R_{b2}和R_e组成分压式偏置电路，C_b和C_e为交流旁路电容，L 和C 组成并联谐振回路作为放大器的集电极负载。R 表示回路的损耗，回路与晶体管输出端之间采用自耦变压器耦合，与下级晶体管输入端之间采用互感变压器耦合，图 9.21（b）为其交流等效电路。

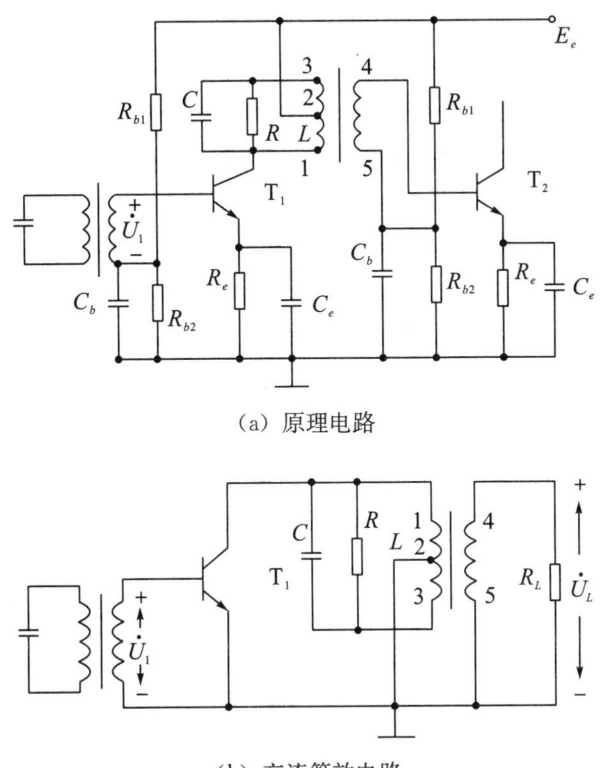

（a）原理电路

（b）交流等效电路

图 9.21　单级调谐放大器及交流等效电路

图 9.22 是对图 9.21 进行等效之后的结果，三极管的集电极和发射极是接到 RLC 并联谐振电路的 1、2 端之间的，因此将 i_c 和$C_{b'c}$从 1、2 端折合到 1、3 端更为合理。

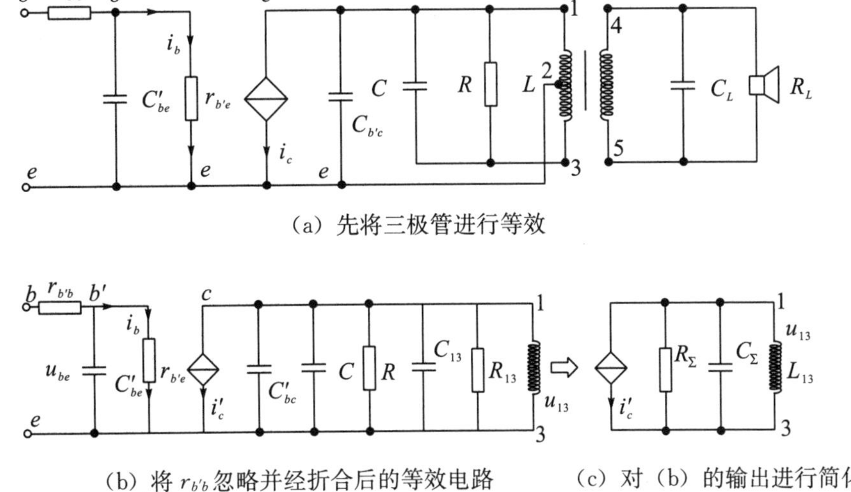

（a）先将三极管进行等效

（b）将 $r_{b'b}$ 忽略并经折合后的等效电路　　（c）对（b）的输出进行简化

图 9.22　单级调谐放大器交流等效电路化简

首先定义：

$$n_1=\frac{N_{12}}{N_{13}},\quad n_2=\frac{N_{45}}{N_{13}} \tag{9.51}$$

(1) 将 i_c 折合到 N_{13} 之间的原则是 i_c 在 N_{12} 两端产生的电压 $\equiv i'_c$ 在 N_{13} 端产生的电压，即

$$i_c\omega L_{12}=i'_c\omega L_{13}\rightarrow i'_c=\frac{L_{12}}{L_{13}}i_c\triangleq n_1 i_c \tag{9.52}$$

(2) 将 $C_{b'c}$ 折合到 N_{13} 之间的原则是 $C_{b'c}$ 在 N_{12} 端产生的功率 $\equiv C'_{b'c}$ 在 N_{13} 端产生的功率，即

$$\frac{u_{12}^2}{\frac{1}{\omega C_{b'c}}}\equiv\frac{u_{13}^2}{\frac{1}{\omega C'_{b'c}}}\rightarrow C'_{b'c}=\frac{u_{12}^2}{u_{13}^2}C_{b'c}=n_1^2C_{b'c} \tag{9.53}$$

(3) 将 C_{45} 折合到 N_{13} 之间的原则是 C_{45} 在 N_{45} 端产生的功率 $\equiv C'_{45}$ 在 N_{13} 端产生的功率，即

$$\frac{u_{45}^2}{\frac{1}{\omega C_{45}}}=\frac{u_{13}^2}{\frac{1}{\omega C_{13}}}\rightarrow C_{13}=\frac{u_{45}^2}{u_{13}^2}C_{45}=n_2^2C_{45} \tag{9.54}$$

(4) 将 R_L 折合到 N_{13} 之间的原则是 R_L 在 N_{45} 端产生的功率 $\equiv R'_L$ 在 N_{13} 端产生的功率，即

$$\frac{u_{45}^2}{R_L}=\frac{u_{13}^2}{R_{13}}\rightarrow R_{13}=\frac{u_{13}^2}{u_{45}^2}R_L=\frac{R_L}{n_2{}^2} \tag{9.55}$$

(5) A_{u0} 的计算

因 $u_{c3}=-i'_cR_\Sigma=-n_1\beta i_bR_\Sigma=-n_1\frac{\beta u_{be}}{r_e}R_\Sigma$，$u_{45}=n_2u_{13}=-n_1n_2\frac{\beta u_{be}}{r_e}R_\Sigma$，故

$$A_{u0}=\frac{u_{45}}{u_{be}}=-n_1n_2\frac{\beta}{r_e}R_\Sigma \tag{9.56}$$

(6) 通频带

$$2\Delta f_{0.7}=\frac{f_0}{Q_0} \tag{9.57}$$

式中，$f_0=\frac{1}{2\pi\sqrt{LC_\Sigma}}$，$Q_0=\omega_0C_\Sigma R_\Sigma=\frac{R_\Sigma}{\omega_0L}$。

(7) 相对失谐系数

$$\zeta=Q_0\frac{2\Delta f}{f_0} \tag{9.58}$$

9.6.3 多级同步单调谐放大器

多级级联的单调谐放大器有两种不同的调谐状态：若各个单级放大器均调谐在同一频率上，称为同步调谐；反之，若各个单级放大器调谐在不同频率上，称为参差调谐。本小节讨论同步调谐，参差调谐将在下小节讨论。

1. 电压增益

$$\dot{A}_\Sigma=\dot{A}_1\dot{A}_2\cdots\dot{A}_m$$

式中，$\dot{A}_{\Sigma}$ 代表 m 级放大器级联起来的总电压增益；$\dot{A}_1$，$\dot{A}_2$，…，$\dot{A}_m$ 分别代表各单级的电压增益，当各级参数相等，即 $\dot{A}_1=\dot{A}_2=\cdots=\dot{A}_m$ 时，$\dot{A}_{\Sigma}$ 可表示为

$$\dot{A}_{\Sigma}=\dot{A}_m^m=\dot{A}_0 \tag{9.59}$$

$\dot{A}_{\Sigma}$ 的幅值为

$$\dot{A}_{\Sigma}=\frac{A_0^m}{\sqrt{(1+\xi^2)^m}} \tag{9.60}$$

2. 通频带

根据 $\sqrt{(1+\xi^2)^m}=\sqrt{2}$，得

$$\xi=\sqrt{2^{\frac{1}{m}}-1}$$

通频带为

$$(2\Delta f_{0.7})_{\Sigma}=\frac{f_o}{Q}\sqrt{2^{\frac{1}{m}}-1}=2\Delta f_{0.7}\sqrt{2^{\frac{1}{m}}-1} \tag{9.61}$$

式中，$(2\Delta f_{0.7})_{\Sigma}$ 表示多级放大器的 -3 dB 带宽；$2\Delta f_{0.7}$ 表示单级放大器的 -3 dB 带宽；$\sqrt{2^{\frac{1}{m}}-1}$ 称为缩减因子，随 m 增加，$(2\Delta f_{0.7})_{\Sigma}$ 将比 $2\Delta f_{0.7}$ 减少。其规律见表 9.1。

表 9.1　宽带缩减因子

m	1	2	3	4	5	6
$\sqrt{2^{\frac{1}{m}}-1}$	1	0.04	0.51	0.43	0.39	0.35

3. 选择性

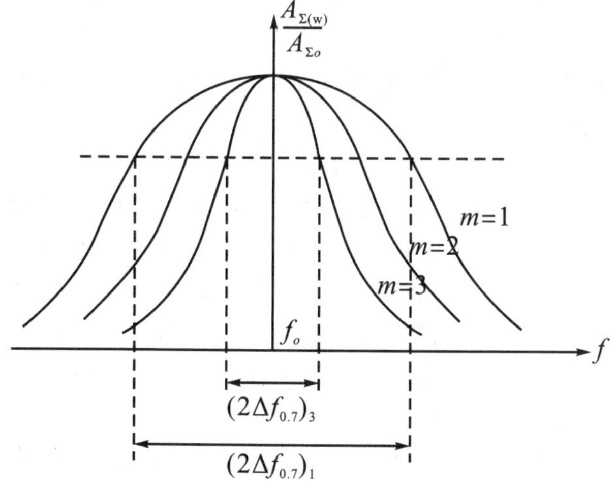

图 9.23　多级放大器的选择性曲线

多级放大器的选择性曲线为

$$S_{\Sigma}=\frac{A_{\Sigma}(\omega)}{A_{\Sigma o}}=\left(\frac{A_m(\omega)}{A_{mo}}\right)^m=\left[\frac{1}{\sqrt{(1+\xi^2)}}\right]^m=\frac{1}{(1+\xi^2)^{\frac{m}{2}}} \tag{9.62}$$

式 (9.62) 表明，多级放大器的选择性等于各个单级选择性的乘积，因此多级的选择性比单级尖锐，如图 9.23 所示。即级数越多，选择性越好，而通频带越窄。

例 1　有一单级调谐放大器，其 $f_o=10$ MHz，$2\Delta f_{0.7}=0.2$ MHz，$A_o=20$。(1) 若用四级级联，试计算其总放大器的通频带和电压增益。(2) 若要求总放大器的通频带仍保持为 0.2 MHz，试问应将单级放大器的通频带调整为多少？品质因数应增加还是减小？(3) 调整后的总放大器电压增益为多少？

解：

(1) 总放大器的电压增益为

$$(A_{\Sigma})_o = A_o^4 = 16 \times 10^4$$

通频带为

$$(2\Delta f_{0.7})_4 = \sqrt{2^{\frac{1}{4}} - 1}(2\Delta f_{0.7})_1 = 0.43 \times 0.2 = 0.086(\text{MHz})$$

(2) 若要求总放大器的通频带为 0.2 MHz，则单级通频带为

$$(2\Delta f_{0.7})_1' = \frac{(2\Delta f_{0.7})_4}{0.43} = \frac{0.2}{0.43} = 0.465(\text{MHz})$$

单级放大器在调整前的品质因数为

$$Q = \frac{f_o}{(2\Delta f_{0.7})_1} = \frac{10}{0.2} = 50$$

将通频带调整为 0.465 MHz 之后，单级放大器的品质因数将减小为

$$Q' = \frac{f_o}{(2\Delta f_{0.7})_1'} = 0.43\frac{f_o}{(2\Delta f_{0.7})_1} = 0.43Q = 21.5$$

(3) 调整后的总放大器电压增益应先计算单级增益 A_m'，根据增益带宽乘积不变的原理，有

$$A_m' = A_m \frac{(2\Delta f_{0.7})_1}{(2\Delta f_{0.7})_1'} = 0.43 \times 20 = 8.6$$

则总放大器电压增益：

$$A_{\Sigma}' = A'^4_m = 8.6^4 = 5470$$

9.6.4 多级参差调谐放大器

由上面分析可看到多级同步调谐放大器对选择性有所改善，但通频带又很窄。如果现将各级调谐回路按一定规律分别调谐在不同频率上，参差错开，就可以同时获得较宽的通频带和较好的选择性，这就是所谓的参差调谐放大器。在电视接收机和某些雷达接收机中常采用这种方法，以获得较宽的通频带和较好的选择性。

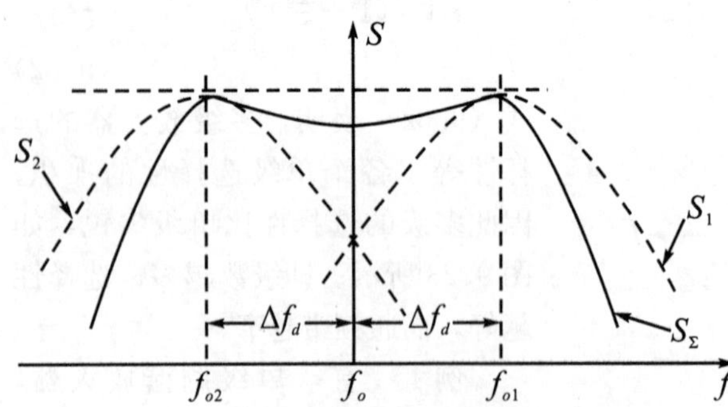

图 9.24 双参差调谐放大器的幅频选择性曲线

常用的有双参差调谐和三参差调谐两种放大器，本书仅讨论双参差调谐放大器，它是以两个单级调谐放大器组合而成，且每一个放大器均有相同的结构，不同的仅是其中的一个调谐在 $f_{o1} = f_o + \Delta f_d$ 上，另一个调谐在 $f_{o2} = f_o - \Delta f_d$ 上，如图 9.24 所示。若 f_{o1} 和 f_{o2} 取值恰当，一级频率特性的上升段与另一级频率的下降段可互相补偿，得到的通频带较单级为宽，且更接近矩形的选择性曲线，如图 9.24 中 S_Σ 所示。下面讨论如何选择 f_{o1}、f_{o2} 以实现最大平坦的选择性曲线。

设在图 9.25 所示的双参差调谐放大器中，由 T_1 构成的第一级放大器的谐振频率为

$$f_{o1}=f_o+\Delta f_d$$

由 T_2 构成的第二级放大器的谐振频率为

$$f_{o2}=f_o-\Delta f_d$$

则它们的电压增益分别为

$$A_1(f)=\frac{A_o}{\sqrt{1+\left[Q\frac{2(f-f_{o1})}{f_{o1}}\right]^2}} \tag{9.63}$$

$$A_2(f)=\frac{A_o}{\sqrt{1+\left[Q\frac{2(f-f_{o2})}{f_{o2}}\right]^2}} \tag{9.64}$$

式中，A_o代表谐振增益，由于两级参数相同，所以谐振增益相等。再根据：

$$f-f_{o1}=f-(f_o+\Delta f_d)=f-f_o-\Delta f_d=\Delta f-\Delta f_d$$

$$f-f_{o2}=f-(f_o-\Delta f_d)=f-f_o+\Delta f_d=\Delta f+\Delta f_d$$

分别代入式（9.65）和式（9.66），得

$$A_1(f)=\frac{A_o}{\sqrt{1+\left[Q\frac{2(\Delta f-\Delta f_d)}{f_{o1}}\right]^2}}=\frac{A_o}{\sqrt{1+(\xi-\varDelta)^2}} \tag{9.65}$$

$$A_2(f)=\frac{A_o}{\sqrt{1+\left[Q\frac{2(\Delta f+\Delta f_d)}{f_{o2}}\right]^2}}=\frac{A_o}{\sqrt{1+(\xi+\varDelta)^2}} \tag{9.66}$$

式中，$\varDelta\approx Q\frac{2\Delta f_d}{f_{o1}}\approx Q\frac{2\Delta f_d}{f_{o2}}$，称为偏调系数。

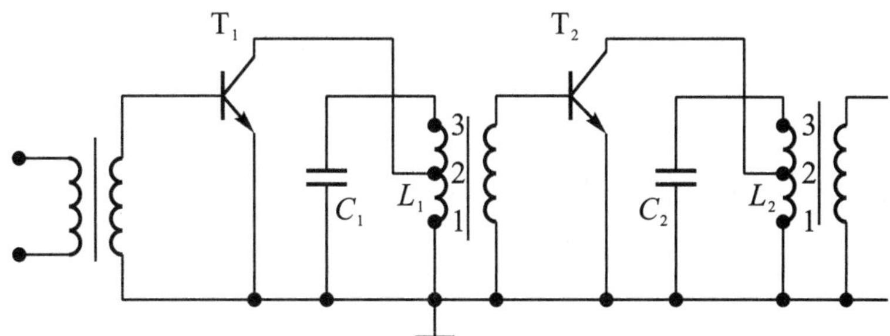

图 9.25　双参差调谐放大器原理电路图

两级放大器级联之后所得的总电压放大倍数为

$$A_\Sigma(f)=A_1(f)A_2(f)=\frac{A_o^2}{\sqrt{[1+(\xi-\Delta)^2][1+(\xi+\varDelta)]^2}}$$

$$=\frac{A_o^2}{\sqrt{(1-\xi^2+\varDelta^2)^2+4\xi^2}} \tag{9.67}$$

式（9.67）表示双参差调谐放大器的电压增益，由于偏调系数$\varDelta$选择得不同，将影响增益的频率响应情况，有关不同$\varDelta$下频率响应曲线的分析已超出了本书的范围，这里仅选取$\varDelta=1$时的情形进行讨论。

当$\varDelta=1$时，即

$$2\Delta f_d = \frac{f_{o1}}{Q} \approx \frac{f_{o2}}{Q} = 2\Delta f_{0.7}$$

这种情况称为临界偏调，这时的电压放大倍数为

$$A_\Sigma(f) = \frac{A_o^2}{\sqrt{4+\xi^4}} \tag{9.68}$$

在中心频率 f_o处，即 $\xi=0$ 时，$A_\Sigma(f)$ 达到最大值（注意，在 $f=f_o$时，对每一个单级放大器均处于失谐状态）：

$$A_{\Sigma o} = \frac{A_o^2}{2} \tag{9.69}$$

式（9.69）表明，两级参差调谐比两级同步调谐在中心频率处的增益小一半。

两级参差调谐放大器的选择性曲线为

$$S_\Sigma = \frac{A_\Sigma}{A_{\Sigma o}} = \frac{2}{\sqrt{4+\xi^4}} \tag{9.70}$$

由式（9.70）所表示的选择性曲线可计算出通频带如下：

首先令 $S_\Sigma = \frac{1}{\sqrt{2}}$，得到

$$\frac{2}{\sqrt{4+\xi^4}} = \frac{1}{\sqrt{2}}$$

解出 $\xi^4=4$，即增益由最大值下降 3 dB 时的相对失谐值为

$$\xi = \sqrt{2}$$

再根据通频带与相对失谐之间的关系，得到

$$(2\Delta f_{0.7})_\Sigma = \sqrt{2}\,\frac{f_{o1}}{Q} = \sqrt{2}(2\Delta f_{0.7})_1 \tag{9.71}$$

式（9.71）表明，两级参差调谐放大器的通频带比单级调谐放大器宽$\sqrt{2}$倍。

由此可见，双参差调谐放大器的矩形系数比单级好，也比两级同步调谐好。相比之下，参差调谐在通频带和选择性两方面都有较为明显的优点，因此得到了广泛的应用。当然，它的调整过程比较麻烦，特别是在级数较多的情况下。

习题（九）

9-1　试用自激振荡的相位平衡条件判断习题图 9.1 所示的电路，哪些可以产生自激振荡。其中，电容器 C_b、C_e、C_d 等均可视为交流短路。

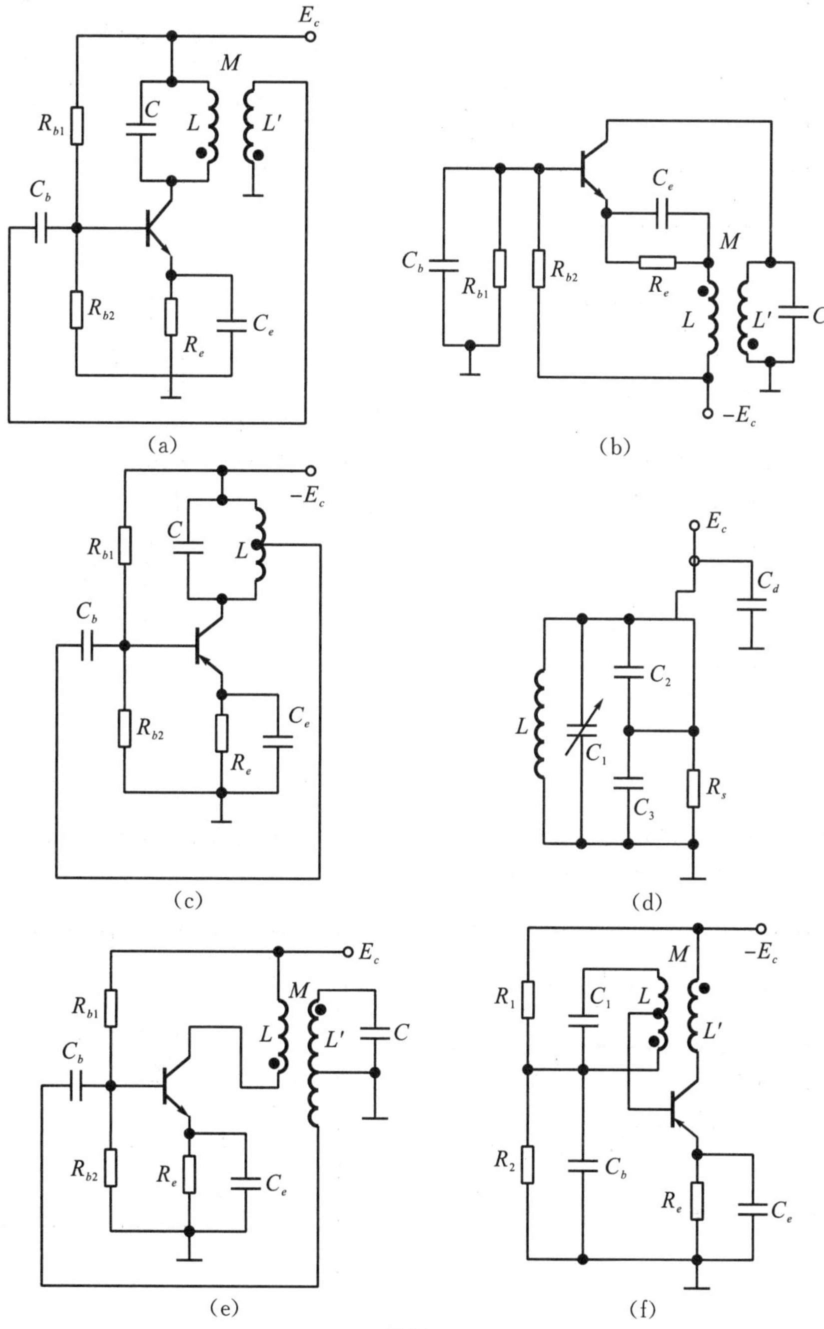

习题图 9.1

9-2 试用自激振荡的相位平衡条件判断习题图 9.2 所示的电路，哪些可以产生自激振荡。如果不能振荡，应如何改正？如果能振荡，指出振荡频率范围。其中，电容器 C_b、C_e 均可视为交流短路。

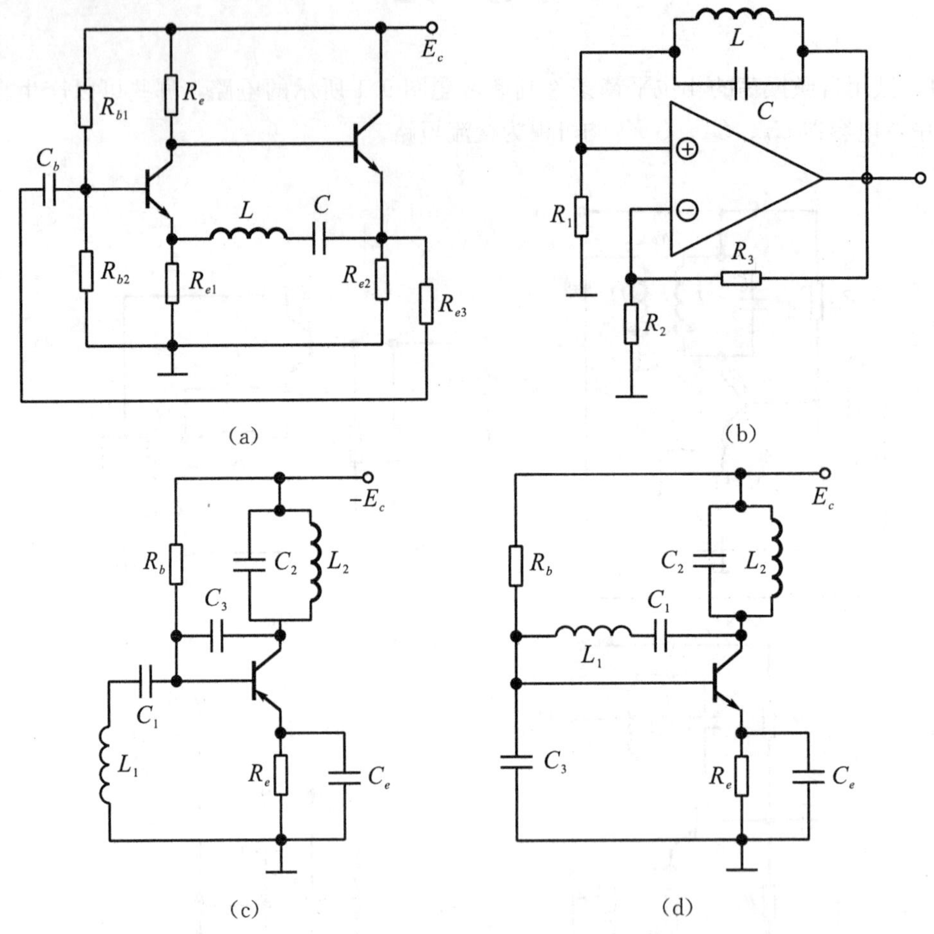

习题图 9.2

9-3 试用自激振荡的相位平衡条件判断习题图 9.3 所示的电路，哪些可以产生自激振荡。其中，电容器 C_b、C_e 均可视为交流短路。

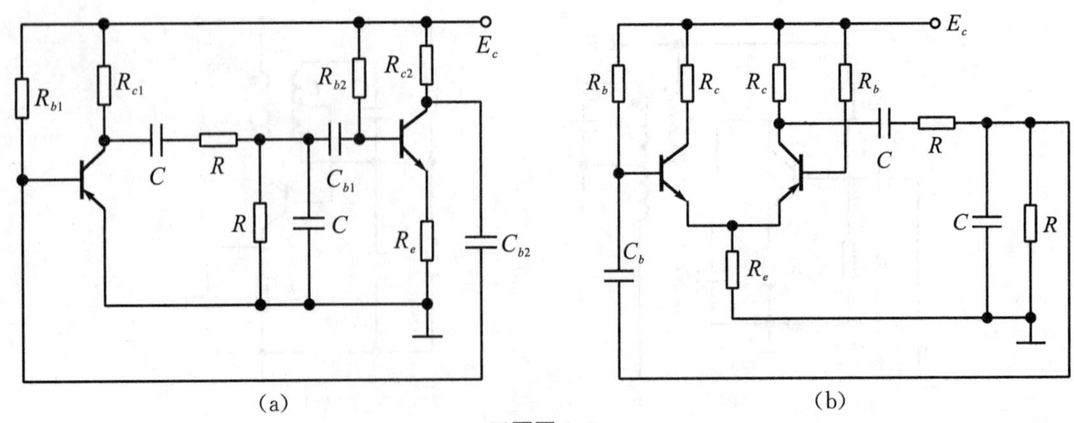

习题图 9.3

9-4　石英晶体振荡电路如习题图 9.4 所示，画出交流等效电路，并说明电路的类型和晶体的作用。

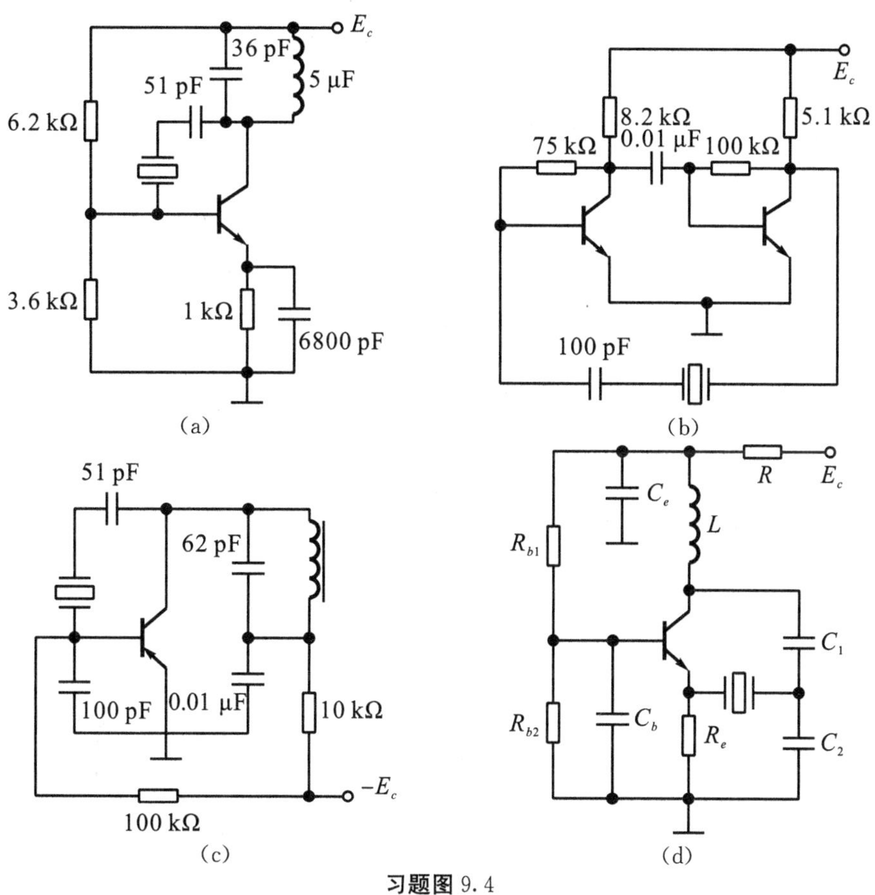

习题图 9.4

9-5　试说明习题图 9.5 所示的电路中 A、B 两点之间分别接入下列元件或电路时，能否构成正弦波振荡电路。若能，则估算其振荡频率 f_o 的大小。①一个 0.1 mH 的电感线圈 L。②一个 1 kΩ 的电阻 R。③一个标称频率为 1 MHz 的石英晶体。④一个如图（b）所示的 RC T 型网络。

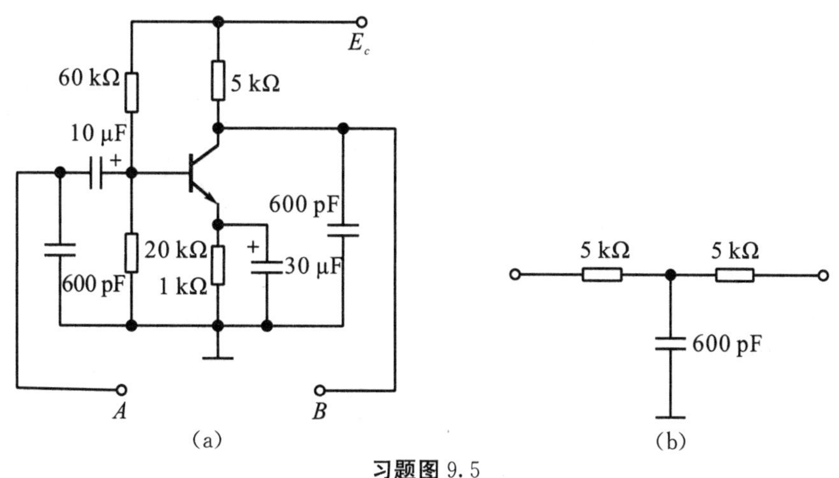

习题图 9.5

9-6 由运放构成的正弦波振荡器如习题图 9.6 所示，设运放是理想的，元件参数如图所示。求振荡频率和为了产生自激振荡电阻 R 的最小值 R_{min}。

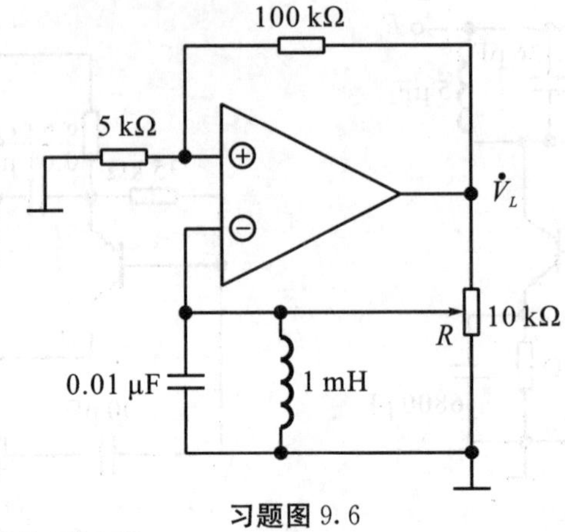

习题图 9.6

9-7 试求习题图 9.7 所示的两个 RC 选频网络的电压传输系数，分析它们的频率特性，找出幅值为最大时的频率，此时相移特性如何？试用它们构成 RC 振荡器，画出原理电路图，并估算振荡频率。

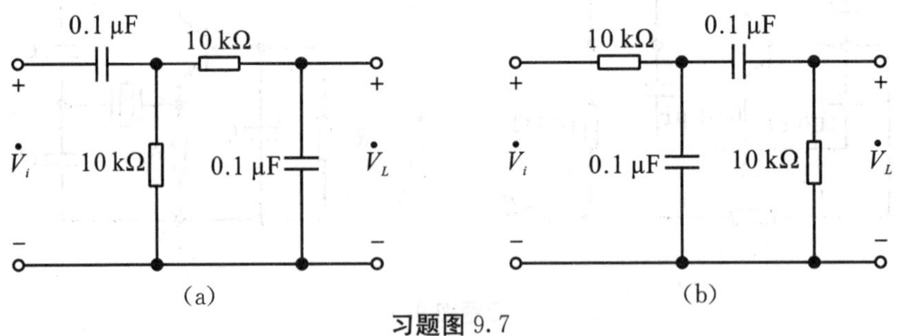

习题图 9.7

9-8 如习题图 9.8 所示的电流型 RC 串并联选频网络，其中 $R_L \ll R$，试计算电流传输系数$\frac{I_L}{I_s}$，并分析它的频率特性，找出幅值为最大时的频率，此时相移特性如何？试用它构成 RC 振荡器，画出原理电路图，并估算当 $R=1\ \text{k}\Omega$、$C=0.01\ \mu\text{F}$ 时的振荡频率。

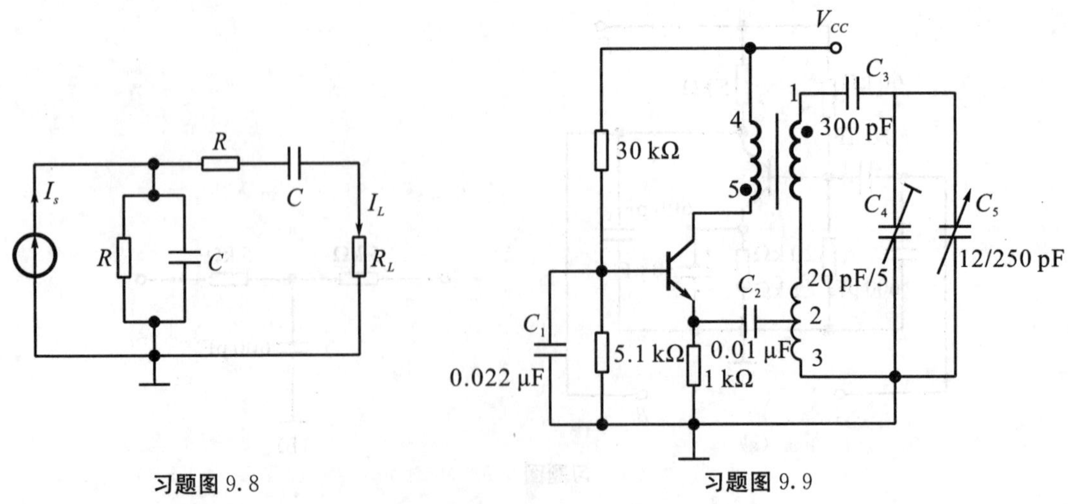

习题图 9.8　　习题图 9.9

9-9　习题图 9.9 为某超外差收音机的本机振荡电路。

(1) 判断在图中标出的振荡线圈原边和副边绕组的同名端是否正确?

(2) 增加或减少 L_{23}，对振荡电路有什么影响?

(3) 说明电容 C_1、C_2的作用。若去掉 C_1电路，能否维持振荡?

(4) 试计算当 $C_4=10$ pF 时，在可变电容 C_5的变化范围内，其振荡频率的可调范围(设 L_{13}的电感量为 1 mH)。

9-10　调谐在同一频率的三级单调谐回路中频放大器，中心频率为 465 kHz，每个回路的 $Q=50$，问总的通频带是多少? 如果要使总的通频带为 10 kHz，问最大的 Q 允许为多少?

9-11　调谐在同一频率的三级单调谐回路放大器，中心频率 $f_o=10.7$ MHz，要求 $2\Delta f_{0.7}\geqslant 100$ kHz，失谐在±250 kHz 时衰减大于或等于 20 dB (即 $S\leqslant 0.1$)。试问单级放大器中调谐回路的 Q 应选择多大?

9-12　由处于临界偏调的双参差调谐放大器组成的中放电路，其中心频率 $f_o=30$ MHz，要求 3 dB 带宽 $(2\Delta f_{0.7})_\Sigma=1$ MHz。试确定各回路的谐振频率 f_{o1}和 f_{o2}，以及品质因数 Q，并计算衰减 20 dB 时的带宽 $(2\Delta f_{0.1})_\Sigma$。

9-13　中心频率都是 5 MHz 的单级单调谐放大器和处于临界偏调的双参差调谐放大器，假设所有回路的 Q 都是 30，试比较二者在失谐±0.5 MHz 处的选择性。

第 10 章　无线发射与接收电路

10.1　无线电收发

在近代电子技术中，常常需要对信号频谱进行变换，例如无线电通信、广播电视中信号的发送和接收就是一个十分典型的频谱交换过程。图 10.1 为无线电通信的方框图，在发送信号时不能直接发送辐射能力很低的声频（16～3000 Hz）或视频（16 Hz～6.5 MHz）信号，而是需要预先将它们变换到辐射能力更强的高频率载波信号上去（称为调制），使之成为带有低频信息的已调波。在接收信号时，又需要预先将带有低频信息的已调波信号频率降低成中频（常称混频）信号（465 kHz 和 37 MHz）进行专门放大，然后再通过检波去除高频载波只输出声频或视频信号，这一过程称为解调。在上述信号的发送和接收过程中要多次实现信号频谱的搬移变换。

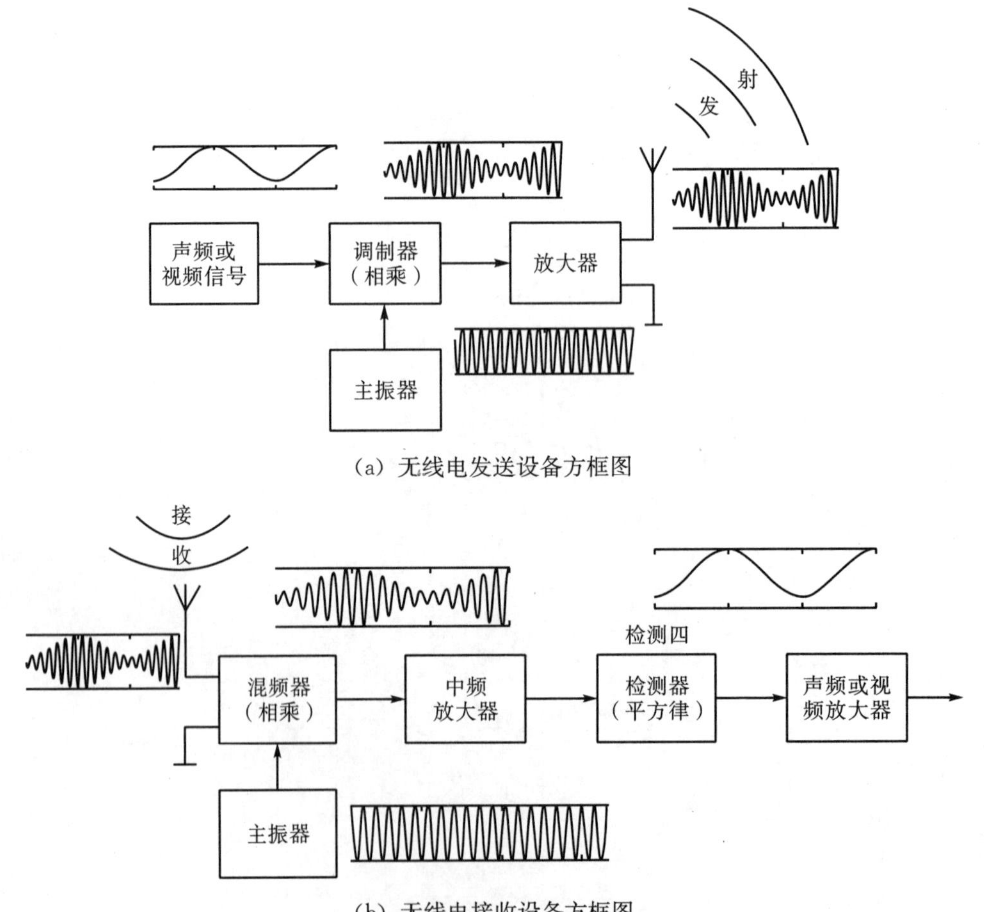

（a）无线电发送设备方框图

（b）无线电接收设备方框图

图 10.1　无线电通信方框图

图 10.1 中的发射机若输入 1000 Hz 声频，主振器产生 640 kHz 载波，经调制产生的调幅波，经高频放大从天线发射到大气中。接收机收到该调幅波后与 1105 kHz 本振混频后输出 465 kHz 的中频调幅波，经检波输出 1000 Hz 声频放大。

此外，在电子技术和实验物理所使用的许多电子测量设备中，也有运用调制、检波、混频等实现频谱搬移变换的例子。

我们必须强调，凡是对信号实现频谱变换，都要采用非线性电路，因为非线性元件能产生新频率，所以上述调制、检波、混频等电路均属于非线性电路范畴。由于非线性电路建立的数学模型为非线性方程，求解较为困难，因此在非线性电路的分析中，除了一些极其简单的问题可用解析的方法求解外，都广泛采用各种形式的近似方法和数值方法求解。本章将首先介绍非线性元件的近似表示法，然后介绍调制、检波的基本原理和电路。

10.2　非线性元件产生新频率的信息

为了对非线性电路进行分析计算，首先需要给出非线性元件伏安特性的近似表示式，目前用得最广泛的是幂级数（多项式）近似和折线（傅里叶级数）近似，下面分别予以介绍。

10.2.1　用幂级数（多项式）表示新信息

我们知道，任何随电压 u 变化的函数 $i=f(u)$，如图 10.2（b）中虚线所示，当它的各阶导数存在时都可以用幂级数表示为

$$i=f(u)=f(u_0)+f'(u_0)(u-u_0)+\frac{f''(u_0)}{2}(u-u_0)^2+\cdots+\frac{f^{(k)}(u_0)}{k!}(u-u_0)^k+\cdots \tag{10.1}$$

把它用在二极管、三极管这些非线性元件的伏安（u—i）特性上，当取 $u_0=0$ 时可用幂级数近似表示为

$$i=f(u)=a_0+a_1u+a_2u^2+\cdots+a_ku^k+\cdots \tag{10.2}$$

式中

$$a_0=f(0),\qquad a_k=\frac{1}{k!}\left[\frac{\mathrm{d}^k i}{\mathrm{d}u^k}\right]_{u_0=0} \tag{10.3}$$

上述幂级数所取项数的多少应由近似条件决定，要求近似的准确度越高，所取的项数就越多。在一般的运用中，为便于计算，通常取到一次项（即线性近似）、二次项（即平方律近似）或三次项（即立方抛物线近似），很少有取到高于五次的多项式。

在无线信号的收发电路中多用 a_2u^2 项，例如设 $u=u_c+u_m$ 是加在二极管上的电压，则

$$i_d=a_1u+a_2u^2=a_1(u_c+u_m)+a_2(u_c+u_m)^2=a_1(u_c+u_m)+a_2(u_c^2+u_m^2+2u_cu_m) \tag{10.4}$$

式中，u_cu_m 是 u_c 与 u_m 的相乘，叫做调制，若设载波信号 $u_c=U_c\cos\omega_ct$，调制信号 $u_m=U_m\cos\omega_mt$，利用中学的三角函数积化和差，可得 u_cu_m 两者相乘为

$$u_cu_m=U_cU_m\frac{1}{2}[\cos(\omega_c+\omega_m)t+\cos(\omega_c-\omega_m)t] \tag{10.5}$$

其中的（$\omega_c+\omega_m$）和（$\omega_c-\omega_m$）就是非线性元件产生的新频率信息，前者比 ω_c 高一点，后者比 ω_c 低一点。它表明通过 u_cu_m 的相乘已把 ω_m 搬移到 ω_c 的左、右两边了。

10.2.2 用折线（傅里叶级数）表示新信息

若二极管整流电路如图 10.2(a) 所示，当输入调制信号 u_m 和载波信号 u_c 相加 $u=u_c+u_m$ 作用在二极管上时，把二极管的伏安特性用图 10.2（b）中实线自原点 O 朝反方向的水平线向左和向右上方的两段拆线来逼近，且认为导通区右上方折线的斜率为 $g=1/r_d$，如图 10.2（b)所示。当 $u=u_c+u_m$，且 $u_c=U_c\cos\omega_c t$，$u_m=U_m\cos\omega_m t$ 时，若 $U_c\gg U_m$，二极管将在 u_c 的控制下轮流工作在导通区和截止区。

若先忽略负载电阻 R_L 的降压作用，当 $u_c\geqslant 0$ 时，二极管导通，流过二极管的电流设为

$$i_d=gu_d=g(u_c+u_m)$$

当 $u_c<0$ 时，二极管截止，则流过二极管的电流 $i_d=0$。故在 u_c 的整个周期内，流过二极管的电流可以表示为

$$i_d=\begin{cases}g(u_c+u_m), & u_c\geqslant 0\\ 0, & u_c<0\end{cases} \tag{10.6}$$

是偶对称的。现引入开关函数：

$$K(\omega_c t)=\begin{cases}1, & u_c\geqslant 0\\ 0, & u_c<0\end{cases} \tag{10.7}$$

也是偶对称的，且是高度为 1 的单向偶对称周期性方波，称为单向开关函数，如图 10.2(h) 所示。于是电流 i_d 可表示为

$$\begin{aligned}i_d&=g(u_c+u_m)K(\omega_c t)\\&=gu_cK(\omega_c t)+gK(\omega_c t)u_m\\&\triangleq I_0(t)+g(t)u_m\\&=I_0(t)+gK(\omega_c t)U_m\cos\omega_m t\end{aligned} \tag{10.8}$$

式中，$I_0(t)$ 为与 u_m 无关的载波包络，如图 10.2(f) 所示；$g(t)=gK(\omega_c t)$ 是受 g 而存在的一个开关，它受到 u_m 调制后的波形如图 10.2(g) 所示。

而单向偶对称周期性开关函数 $K(\omega_c t)$ 的傅里叶级数展开式中只有余弦项，即为

$$\begin{aligned}K(\omega_c t)&=\frac{1}{2}+\sum_{n=1}^{\infty}(-1)^{n-1}\frac{2}{(2n-1)\pi}\cos(2n-1)\omega_c t\\&=\frac{1}{2}+\frac{2}{\pi}\cos\omega_c t-\frac{2}{3\pi}\cos 3\omega_c t+\frac{2}{5\pi}\cos 5\omega_c t-\cdots\end{aligned} \tag{10.9}$$

将 $K(\omega_c t)$ 代入式（10.8）中，因有 $\cos(2n-1)\omega_c t$ 与 $U_m\cos\omega_m t$，可得电流 i_d 包含的频率分量为 $2n\omega_c$、$(2n-1)\omega_c\pm\omega_m$、$\omega_c$、$\omega_m$。其中，当 ω_c 的基波 $n=1$ 时，$K(\omega_c t)=\frac{2}{\pi}\cos\omega_c t$ 最为有用，受 u_m 调制后的 i_{d1} 成分为

$$i_{d1}=gK(\omega_c t)u_m=g\,\frac{2}{\pi}\cos\omega_c t\cdot U_m\cos\omega_m t=\frac{I_m}{\pi}[\cos(\omega_c+\omega_m)t+\cos(\omega_c+\omega_m)t] \tag{10.10}$$

这表示 i_{d1} 的振幅 I_m 随 u_m 的调制信号而变化（$I_m=\frac{U_m}{r_d}$），电路同样有（$\omega_c+\omega_m$）、（$\omega_c-\omega_m$），实现了频谱 ω_m 的搬移功能。（本书未画出 i_{d1} 受 u_m 影响而变化的波形。）

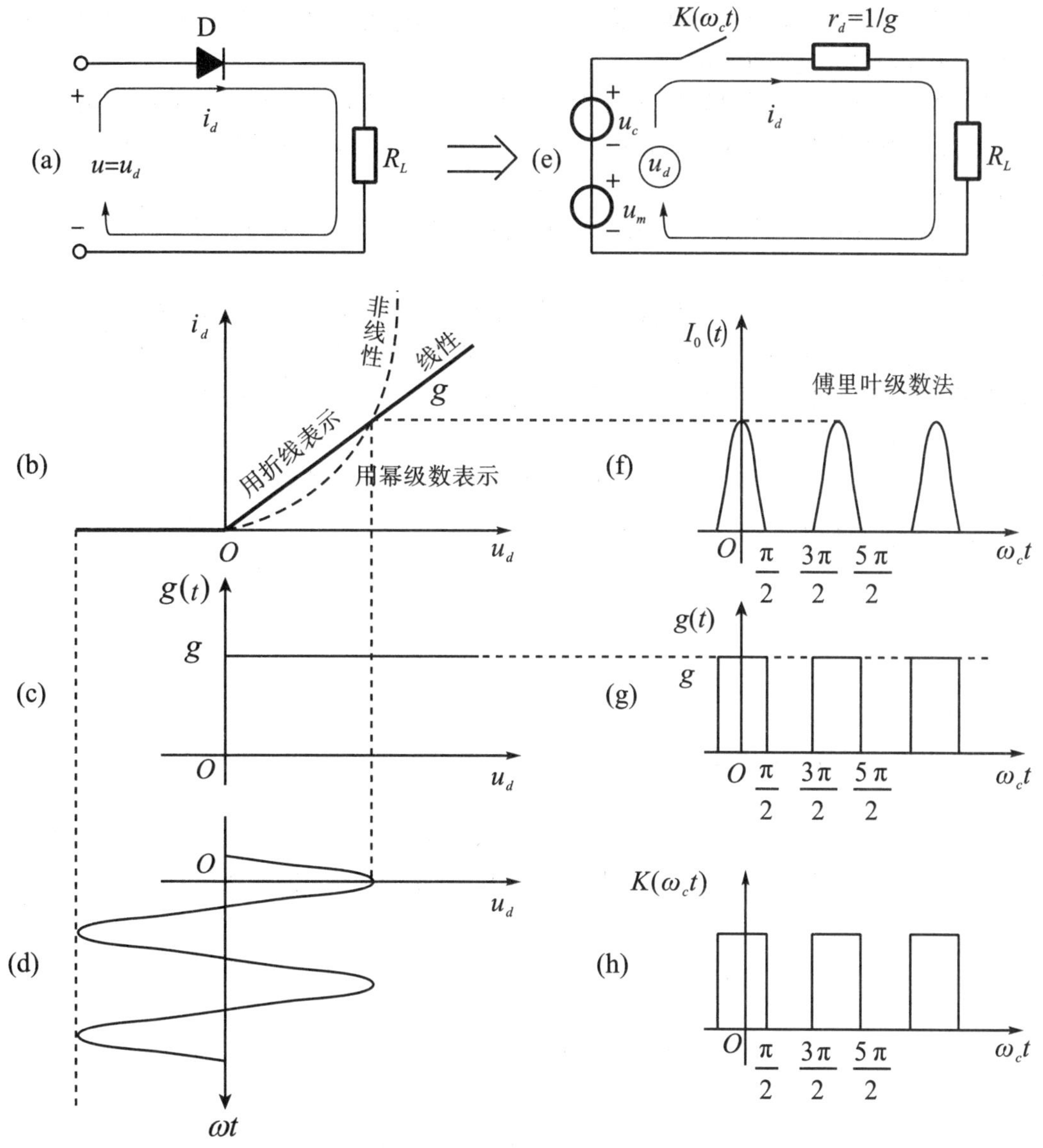

图 10.2　二极管特性折线法的傅里叶级数表示

10.3　调幅原理和电路

在无线电或有线电通信中，欲传送的信号一般都是由语言或图像等所产生的电信号，其频率大致在几十赫兹至几十千赫兹的声频范围或几十赫兹至几兆赫兹的视频范围。这些低频电信号不能直接由天线幅射出去或用传输线输送，因为一方面它们的频率太低，天线的幅射效率极低；另一方面即使幅射出去，接收机也将因为无法区别是语音或是图像而造成各个电台或通话人之间信号的干扰。因此，在无线电通信、广播电视及有线载波多路通信中，信号的传送方式如下：先将欲传送的低频信号装载到高频振荡电流上去，然后用天线将高频振荡电流转变为电磁波幅射出去，或用传输线馈送到终端。当电磁波以光速传播到达目的地之后，接收设备再从高频振荡电流中提取出所携带的低频。

将声频或视频信号装载于高频振荡信号之上的过程称为调制；而从高频振荡信号中提取出声频或视频信号的过程称为解调。

我们把载送低频信号的高频振荡信号称作载波信号，欲传送的低频信号称作调制信号，被调制后的高频信号称作已调波。依照高频信号载送低频信号的不同方式，可将调制分为以下三种类型。

（1）调幅（AM）：以调制信号去控制载波的振幅，使其振幅按调制信号的瞬时值变化规律而变化。

（2）调角：又分为两类，以调制信号去控制载波的瞬时频率，使其频率按调制信号的瞬时值规律变化，称作调频（FM）；以调制信号去控制载波的相位，使其相位按调制信号的瞬时值规律变化，称作调相（PM）。其实因相位 $\varphi(t)=\omega t=2\pi ft$，表明相位 φ 与频率 f 两者有着非常密切的关系。

（3）脉冲调制：用调制信号控制脉冲信号的振幅、宽度或周期等。

10.3.1 调幅波的基本性质

1. 调幅波的瞬时值表示式和波形

首先，设载波信号用下式表示：

$$u_c = U_c\cos(\omega_c t+\theta) \tag{10.11}$$

式中，U_c 为载波振幅；ω_c 为载波角频率；θ 为初始相角。

调制信号用下式表示：

$$u_m = U_m\cos\omega_m t \tag{10.12}$$

所谓调幅，即载波信号 u_c 的振幅 U_c 随调制信号 u_m 的瞬时值变化。若设调幅波 u_k 表示为

$$u_k = U_k\cos\omega_c t \tag{10.13}$$

式中，U_k 幅值应在 U_c 基础上增加 kU_m，即 $U_k=U_c+kU_m\cos\omega_m t$。

先设载波信号 u_c 的初相 $\theta=0$，于是调幅波 u_k 可表示为

$$\begin{aligned} u_k &= (U_c+kU_m\cos\omega_m t)\cdot\cos\omega_c t \\ &\overset{\triangle}{=} U_c(1+m_a\cos\omega_m t)\cos\omega_c t \end{aligned} \tag{10.14}$$

式中，$m_a=k\dfrac{U_m}{U_c}$，称作调幅指数，用来表示调幅波振幅变化的深浅程度，通常用百分数表示。当 m_a 超过100%时，称为过量调幅或超调，此时已调波振幅变化的包络线将与调制波形产生失真。

式（10.14）表明，调幅波 u_k 是一个角频率为 ω_c，振幅 $U_c(1+m_a\cos\omega_m t)$ 随调制信号 u_m 的瞬时值变化的高频振荡，其振幅的包络线 $U_c(1+m_a\cos\omega_m t)$ 重现了调制信号 $u_m(t)$ 的波形。图10.3给出了调幅波形及 $m_a>1$ 时出现超调失真的波形。

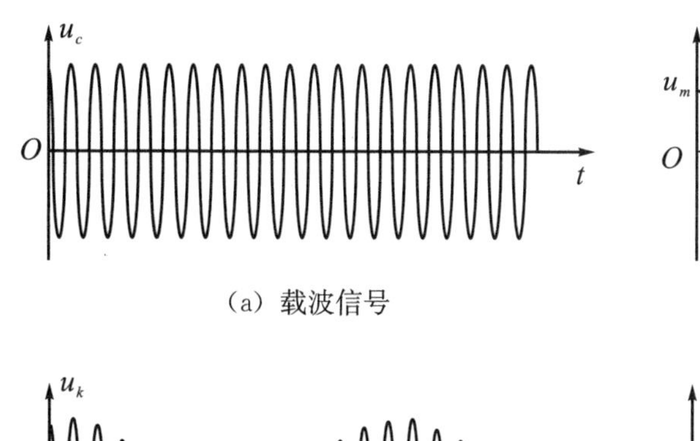

(a) 载波信号

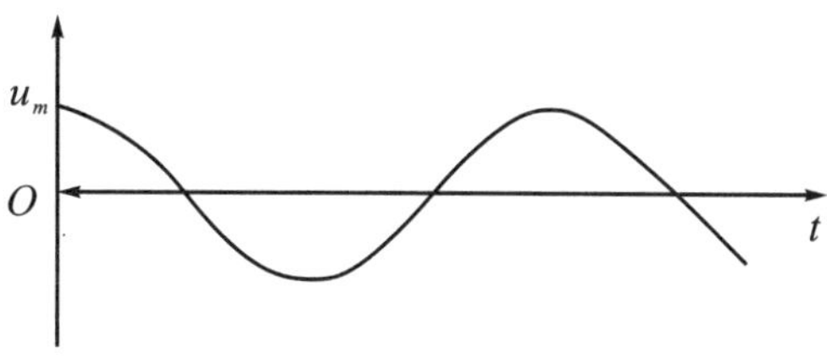

(b) 调制信号

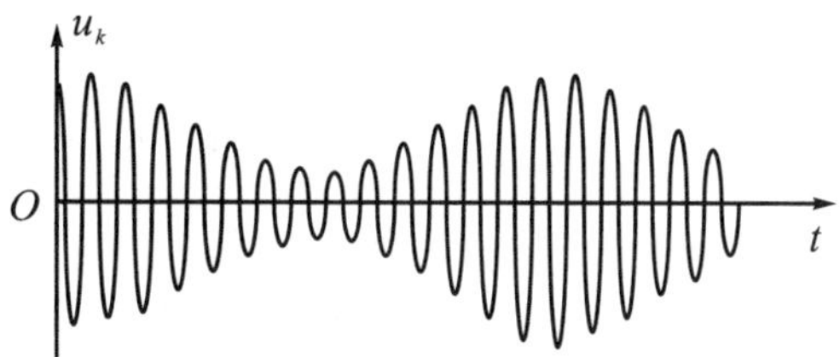

(c) 已调波信号

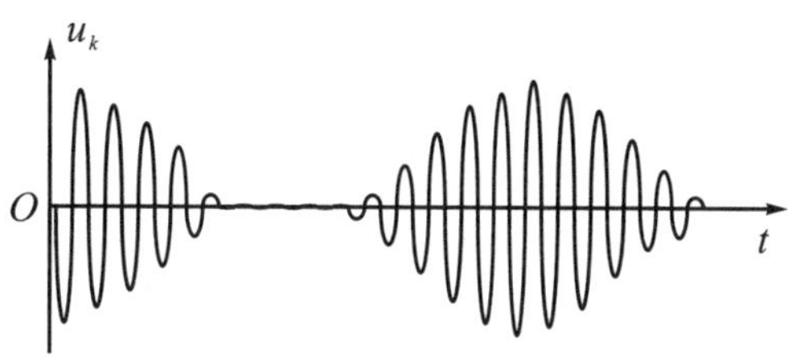

(d) 过量调制下的已调波信号

图 10.3　调幅波形图

根据图 10.3(c) 可求出调幅指数 m_a 与振幅的关系，由 $U_{k\max} = U_c(1 + m_a)$ 及 $U_{k\min} = U_c(1 - m_a)$，解得

$$m_a = \frac{U_{k\max} - U_c}{U_c} = \frac{U_c - U_{k\min}}{U_c} = \frac{U_{k\max} - U_{k\min}}{U_{k\max} + U_{k\min}} \tag{10.15}$$

式 (10.15) 常用作测量 m_a 的依据。

2. 调幅波的频谱成分

根据调幅波 u_k 瞬时值表示式 (10.14)，用三角函数积化和差公式展开得：

$$u_k = U_c(1 + m_a \cos \omega_m t)\cos \omega_c t$$

$$= U_c \cos \omega_c t + U_c m_a \cos \omega_m t \cos \omega t \tag{10.16}$$

$$= U_c \cos \omega_c t + \frac{m_a}{2}U_c[\cos(\omega_c + \omega_m)t + \cos(\omega_c - \omega_m)t] \tag{10.17}$$

式 (10.17) 表明，调幅波的频谱成分包括以下三项：角频率为 ω_c 的载波分量，幅值为 U_c；角频率为 $\omega_c + \omega_m$ 的上旁频分量，幅值为 $\frac{m_a}{2}U_c$；角频率为 $\omega_c - \omega_m$ 的下旁频分量，幅值也为 $\frac{m_a}{2}U_c$。其频谱分布如图 10.4 所示。若调制信号是一个占有一定频带宽度从 ω_{m1} 到 ω_{m2} 频带的复杂信号，则已调波的上、下旁频也应为一旁频带，其频谱分布如图 10.5 所示。

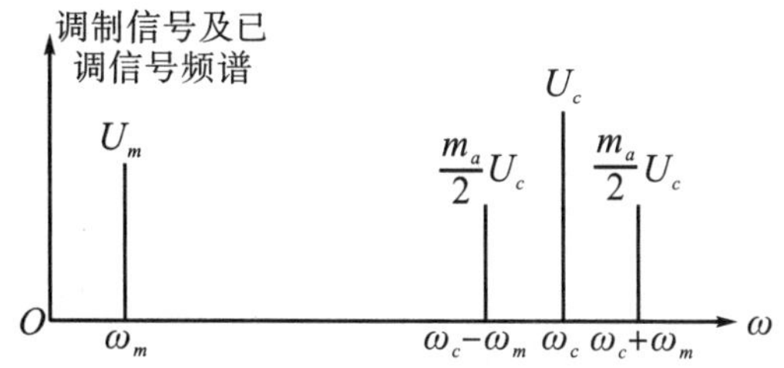

图 10.4　单音调制时调幅波频谱分布图

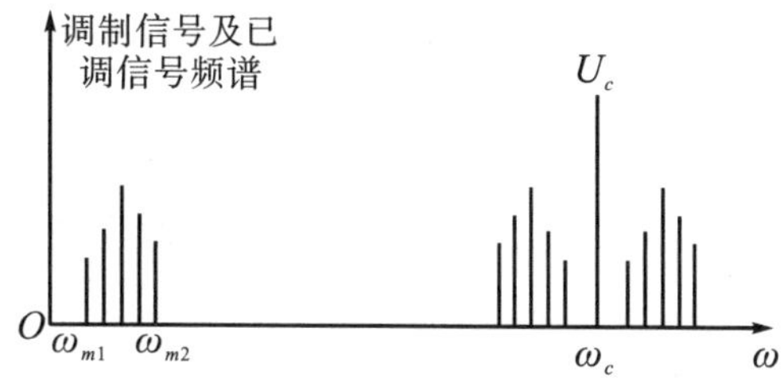

图 10.5　多音调制时调幅波频谱分布图

通过对调幅频谱的分析可以看到，调幅前后频谱成分有所变化，经过调幅之后得到的调幅波中包含有 ω_c 和 $\omega_c \pm \omega_m$ 这样三个高频成分，而不再含有 ω_m 的低频分量，因此可由天线发射出去。

10.3.2 调幅电路

如上所述，调幅是典型的非线性变换过程，所以实现调幅的电路必定是非线性电路，通常用晶体三极管和晶体二极管电路来实现。下面介绍几种典型的调幅电路。

1. 基极调幅电路

基极调幅电路是利用晶体管的 i_c—u_{be} 特性的非线性关系来实现调幅的，其电路原理如图 10.6 所示，实用电路如图 10.7 所示。晶体管接成调谐放大器，集电极负载为谐振回路，其中心频率为 f_c，带宽为 $2f_m$。载波信号 u_c（频率为 f_c）通过隔直电容器 C_5 加至电感线圈 L_3 两端，电容器 C_1、C_2 为高频 f_c 旁路电容（即只短路 f_c 信号，对低频信号呈开路状态）。低频调制信号 u_m（频率为 f_m）通过变压器 T_r 耦合至线圈 L_5 两端，电容器 C_3 为低频旁路电容，E_c 通过电阻 R_1 和 R_2 分压给晶体管基极提供直流偏置电压 E_b，R_e 和 C_e 为稳定静态工作点的直流电流负反馈元件。

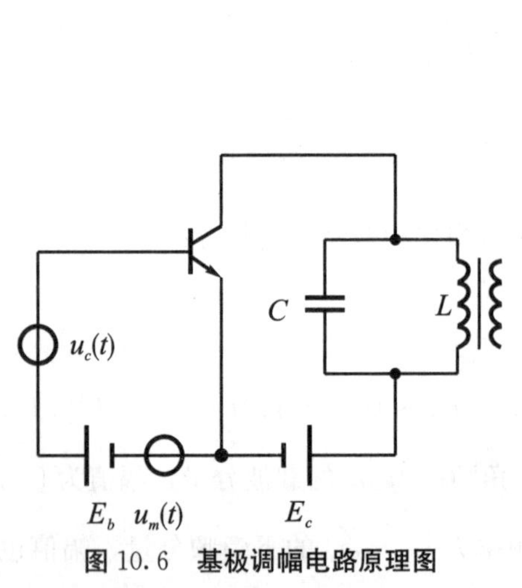

图 10.6 基极调幅电路原理图

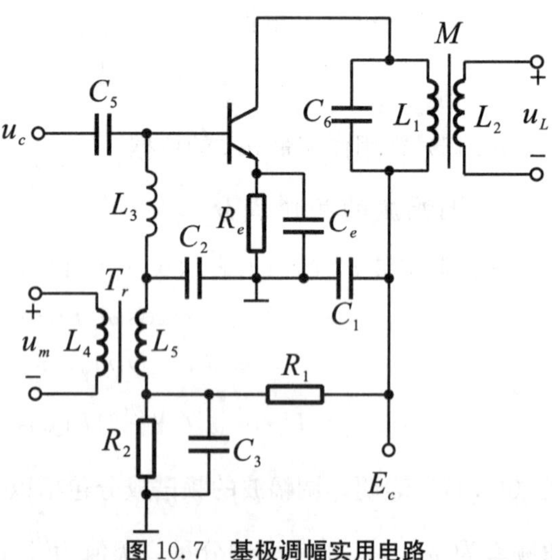

图 10.7 基极调幅实用电路

通过上面的分析得到：由 R_2 上的直流偏置电压、L_5 上的低频调制电压和 L_3 上的高频载波电压串联起来构成了晶体管基—射间的作用电压，由于 i_c—u_{be} 曲线的非线性关系，i_c 将被调制，然后通过集电极的谐振回路将载频及旁频分量滤出，即可获得调幅波输出电压 u_L。

关于基极调幅过程的详细分析涉及更多的非线性电路知识和理论，本书只通过波形图解定性地作一些解释。

根据晶体管 i_c—u_{be} 曲线的非线性特性，基极调幅可分为小信号平方律调幅方式和大信号折线调幅方式。所谓小信号平方律调幅，是指利用晶体管 i_c—u_{be} 特性曲线的小电流起始部分，i_c 与 u_{be} 之间近似成平方律关系来实施调制，波形如图 10.8 所示。大信号折线调幅则是在大信号工作状态下，利用 i_c—u_{be} 特性曲线的通—断特性作折线近似对 i_c 实施调制，波形如图 10.9 所示。

基极调幅电路也可看成是激励信号为 u_c，静态工作受调制信号 u_m 控制而变化 i_c 的谐振放大器。由图 10.9 看出，随着 u_m 变化，电流 i_c 的流通角 θ 和幅值 I_{cm} 都要变化，由于集电极负载是一个 LC 并联谐振于 f_c、通带宽为 $2f_m$ 的谐振回路，因此在负载两端将得到由基波电流所产生的调制电压。图 10.8 和图 10.9 为实测出的基极调幅特性曲线。由图看出，当 u_m 较小时，调制特性的直线性较好，u_m 较大时直线性变差。

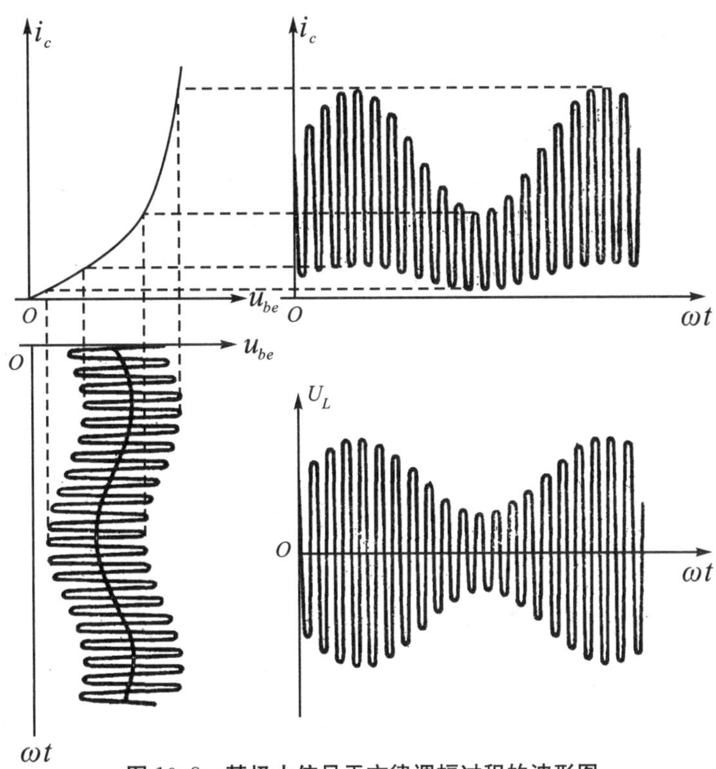

图 10.8　基极小信号平方律调幅过程的波形图

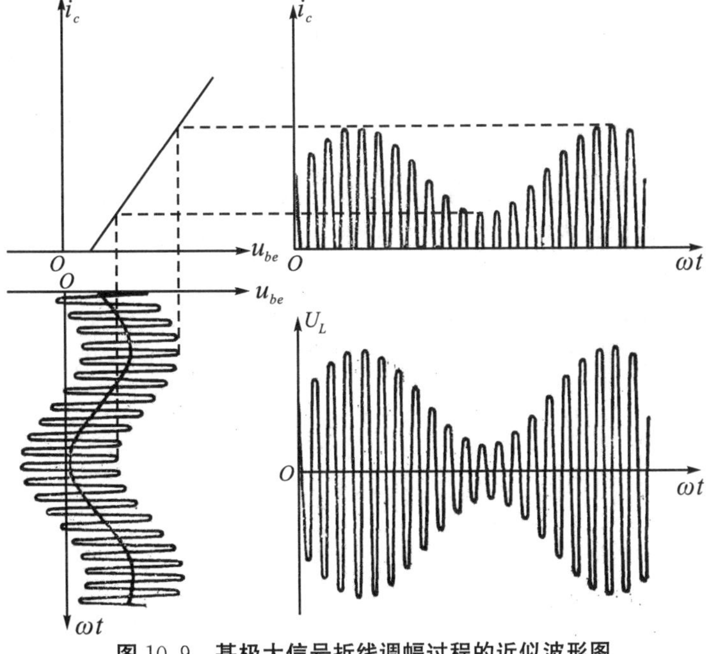

图 10.9　基极大信号折线调幅过程的近似波形图

2. 集电极调幅电路

从晶体管的基极回路输入载波信号，在集电极电路中串接入调制信号，当晶体管工作于非线性状态时可实现集电极调幅。其电路原理如图 10.10 所示，实用电路如图 10.11 所示，图中载波信号 u_c 通过耦合电容 C_1 加在电感 L_3 上，调制信号 u_m 通过变压器加在电感 L_5 上，E_c 通过偏置电阻 R_1 和 R_2 分压给晶体管提供直流偏置电压 E_b，集电极负载为 LC 并联谐振回路，其作用同前，电容器 C_2、C_3 和 C_4 均为高频旁路电容。

晶体管的工作状态应这样设置：从基极输入的载波信号振幅应足够大，以致使晶体管在激励信号的正峰值时进入饱和状态，而在激励信号的负峰值时进入截止状态，集电极电流成为近似矩形脉冲。我们知道，晶体管的饱和电流值正比于集电极上所加的电源电压，当在如图 10.11 所示的电路中，晶体管的有效电源电压受调制电压 u_m 控制而变化时，集电极电流脉冲的峰值将随 u_m 而变化，即受调制信号 u_m 的控制，通过集电极谐振回路将电流脉冲中的基频分量取出，即可获得调幅波输出电压 u_L，其工作原理如图 10.12 所示。

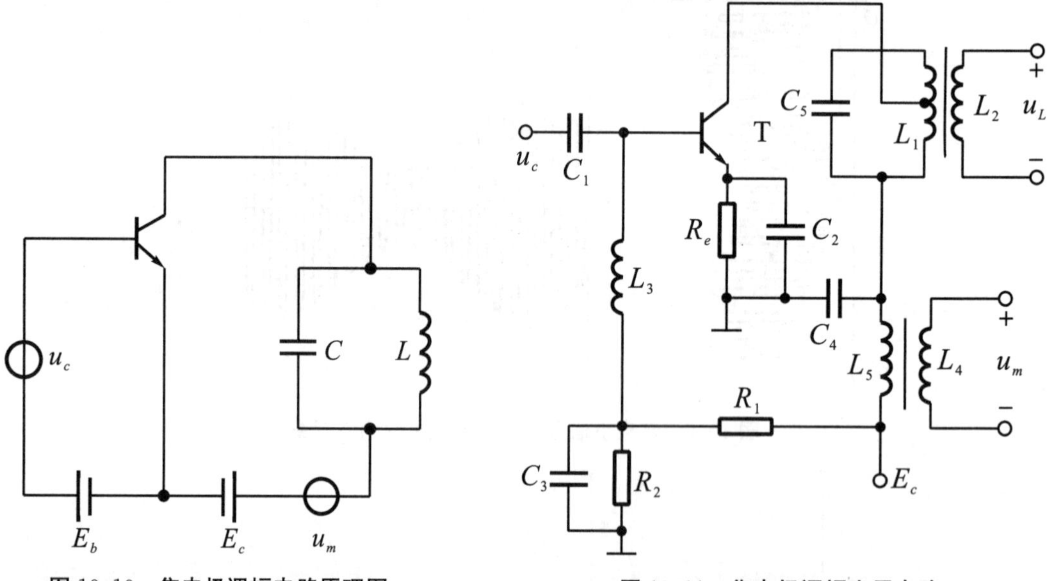

图 10.10　集电极调幅电路原理图　　**图 10.11　集电极调幅实用电路**

与基极调幅相比，集电极调幅具有工作稳定、调幅度深、直线性好以及效率高等优点。缺点是调制信号源需提供较大的功率，因此调制电路的结构较复杂。此外，调幅管需要有较大的功率余量。

综上所述，基极调幅所需调制信号源的功率输出低，因此，结构简单，价格便宜，通常在小功率、便携式的发射装置中采用；而在大功率、高效率的固定电台中广泛采用集电极调幅。

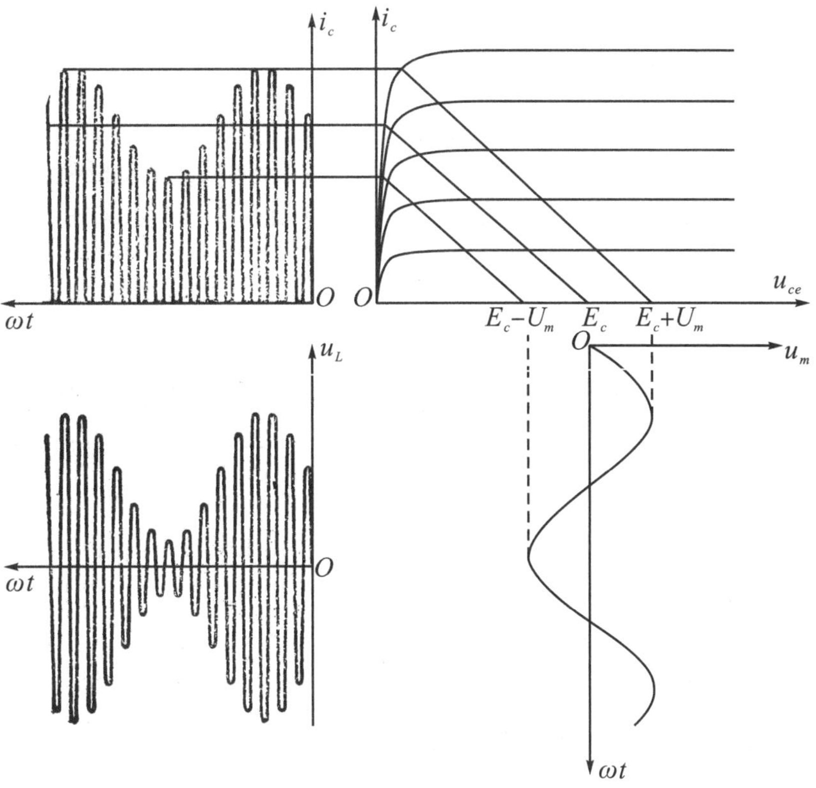

图 10.12　**集电极调幅过程的原理图**

10.4　检波原理和电路

前已述及，在通信技术中，由发射端送出的信号是经过调制的高频信号，因此接收机在接收到高频信号之后，应当从高频已调波中经过一系列变换，还原出低频信号。这个针对调制过程的反变换称为解调，或反调制，而针对调幅波的解调常称为振幅解调或检波。

检波的过程可用图 10.13 所示的波形来说明：检波器的输入信号为调幅波，如图 10.13(a)所示。经过检波之后所得的输出信号，为瞬时值与调幅波振幅的包络线成比例的低频信号，如图 10.13(b) 所示。由此可见，检波过程是一个频谱变换的过程，因此必须用非线性电路实现。

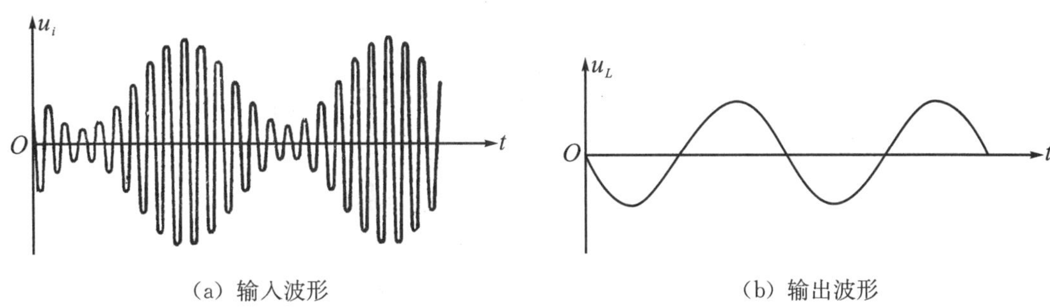

(a) 输入波形　　　　(b) 输出波形

图 10.13　**检波器输入和输出波形**

在检波过程中着重讨论以下三个质量指标。

1. 检波效率（或称为电压传输系数）

检波效率用来表示检波器从高频已调波中转换出低频信号的能力，检波效率越高，表示在相同输入信号的条件下，获得的低频输出信号越大。设调幅波电压振幅包络线的幅值为m_aU_c，检波后的低频输出电压的幅值为U_L，检波效率用K表示，定义为

$$K = \frac{U_L}{m_aU_c} \tag{10.18}$$

2. 检波失真

一般情况下，检波器输出的低频信号与输入调幅波的振幅包络线不尽相似，二者之间的差异称为检波失真。为保证高质量的信号传送，应研究失真产生的原因及克服办法。

3. 输入电阻

检波器输入端对高频信号呈现的等效电阻，称为检波器的输入电阻，记为R_i。在接收机中检波器接在中频（调谐）放大器之后，检波器的输入电阻将直接影响中放级负载回路的品质因数和选择性，因此需要研究检波器的输入电阻R_i并减小它对前级的影响。

下面围绕在实际电路中广泛应用的二极管检波电路讨论其电路性能和工作原理。

10.4.1 二极管平方律检波器（相干解调）

二极管检波电路如图10.14所示，其中由L_1、C_1构成的输入调谐回路用来选择欲接收的发射信号，调整电容量，可将其谐振频率调整在f_c上。二极管D是检波过程的关键元件，利用i_d—u_d伏安特性的非线性关系，从作用电压中变换出低频信号来。负载电阻R_L和滤波电容C_2组成低通滤波器，将电流i_d中的低频分量取出，把其余无用的高频分量滤除。偏置电压E用来给二极管提供静态工作点。

当输入调幅波幅度较小时（几十毫伏以下），利用偏置电压E将二极管的静态工作点调整在伏安特性曲线的起始弯曲段，这时可用平方律关系近似表示其伏安特性。经过二极管的非线性变换，流过二极管的电流i_d中将含有低频分量，然后再通过负载电阻R_L两端并联的滤波电容C_2将高频分量滤除，即可得到低频电压输出。图10.15定性地绘出了小信号平方律检波过程中各级波形示意图。

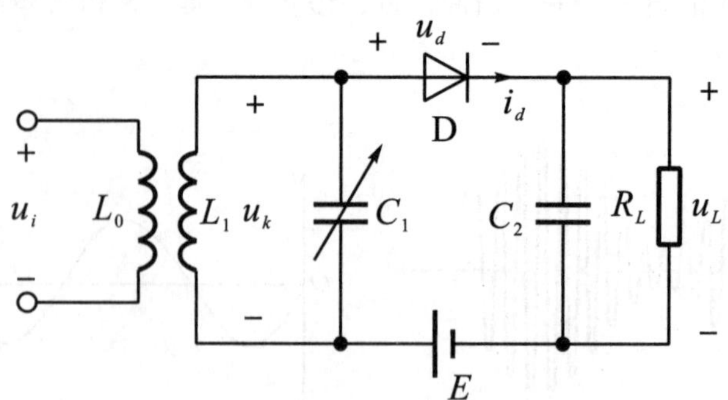

图10.14 二极管平方律检波电路

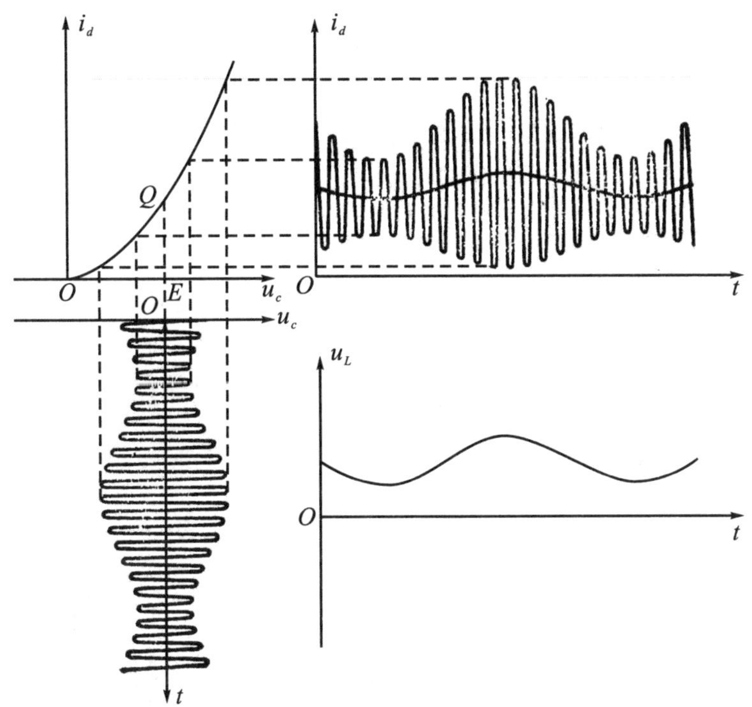

图 10.15　小信号平方律检波过程波形变换图

忽略负载两端输出电压对二极管的影响，认为二极管两端所加电压为

$$u_d = u_k + E \rightarrow u_k = u_d - E$$

二极管伏安特性在 Q 点的平方律近似表示式为

$$i_d = a_0 + a_1(u_d - E) + a_2(u_d - E)^2 = a_0 + a_1 u_k + a_2 u_k^2$$

现在已知 u_k 为调幅波，即

$$u_k = U_c(1 + m_a \cos \omega_m t)\cos \omega_c t$$

代入上式得

$$i_d = a_0 + a_1 U_c(1 + m_a \cos \omega_m t)\cos \omega_c t + a_2 U_c^2 (1 + m_a \cos \omega_m t)^2 \cos^2 \omega_c t \quad (10.19)$$

将式（10.19）展开，得电流 i_d 所含频谱分量如下。其中的 $\cos^2\omega_c t = \frac{1}{2}$（$1+\cos 2\omega_c t$），把 ω_c 翻倍后 $2\omega_c$ 更容易滤除。

剩下的低频分量 $a_2 m_a U_c^2 \cos \omega_m t$ 和低频二次谐波分量$\frac{1}{4}a_2 m_a^2 U_c^2 \cos 2\omega_m t$ 才是我们关心的部分，所以

$$I_d = a_2 m_a U_c^2 \cos \omega_m t + \frac{1}{4} a_2 m_a^2 U_c^2 \cos 2\omega_m t \quad (10.20)$$

其中，频率为 ω_m 的成分是所希望得到的与调幅波振幅包络线成比例的 ω_m 调制信号，而频率为 $2\omega_m$ 的成分是调制信号的二次谐波，并且不易从输出中滤除，将造成输出信号的非线性失真。

为了定量表示上述失真，定义二次谐波幅值与基波幅值之比为二次谐波失真系数，表示为

$$r=\frac{\frac{1}{4}a_2m_a^2U_c^2}{a_2m_aU_c^2}=\frac{m_a}{4} \tag{10.21}$$

式（10.21）表明，调幅指数越大，非线性失真越严重。为了减少失真，在平方律检波中调幅指数不能太大，这是平方律检波的缺点之一。

10.4.2　二极管包络检波器

二极管包络检波电路与上述平方律检波电路相似，不同之处仅在于输入信号的幅值较大，且中心线靠二极管特性曲线的起始部分的输出 i_d 只有半个周期，即正半波导通，负半波截止，其对高频调幅波实现检波的波形变换过程如图 10.16 所示。

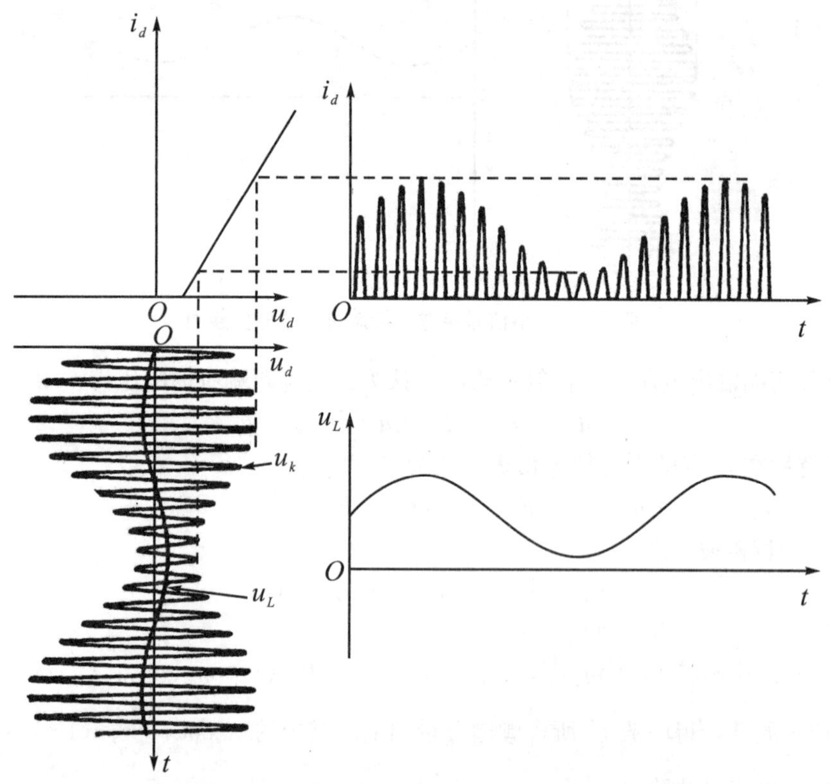

图 10.16　二极管包络检波器波形图

最后讨论大信号检波时的两种失真。

1. 对角线切割失真

对图 10.17 而言，并联在负载电阻两端的滤波电容器 C_2 的作用是滤除输出电流中的高频分量，保留低频分量。二极管包络检波的过程如下：当输入电压正半周时，二极管导通，电容器 C_2 被充电，充电时间常数为 r_dC_2。当输入电压越过峰顶开始下降时，二极管截止，电容器 C_2 沿负载电阻 R_L 放电，时间常数为 R_LC_2。由于 $R_L \gg r_d$，因此放电时间常数远大于充电时间常数，输出端电压按指数规律缓慢下降，直至到下一周期输入电压上升到超过输出端电压时，二极管重新导通，电容器 C_2 再次充电，输出端电压随输入电压上升至峰顶。此后不断重复前述过程，输出端电压成锯齿形重现输入电压振幅的包络线，其波形如图

10.18(a) 所示。当滤波电容放电的时间常数过大，输出电压下降速度比输入电压振幅包络下降速度还低时，输出电压跟不上输入电压振幅包络的变化，将造成图 10.18（b）所示的对角线切割失真。

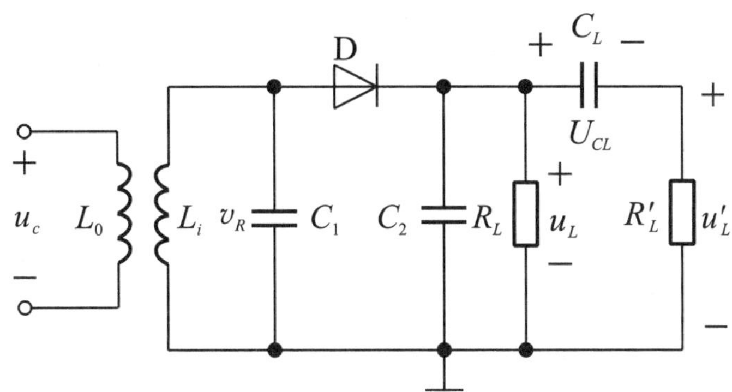

图 10.17　和下级输入端相连的二极管检波电路

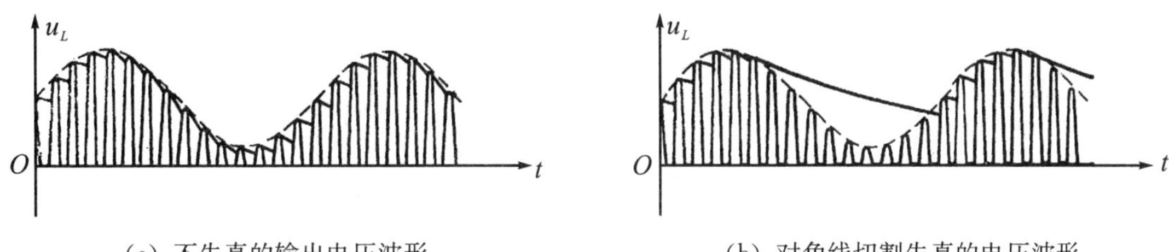

图 10.18　对角线切割失真示意图（虚线为输入电压振幅包络线）

要避免对角线切割失真，应使输出电压下降速度大于输入电压振幅包络的下降速度。理论推导得出避免对角线失真的条件为

$$R_LC_2 < \frac{\sqrt{1-m_a}}{\omega_m m_a} \tag{10.22}$$

2. 底线切割失真

在实际应用中，检波器的输出端常通过隔直电容器 C_L 与下一级放大器相连。如图 10.17 所示，其中 R'_L 代表下级放大器的输入电阻。隔直电容 C_L 的数值较大，约 10 μF 以上，结果 C_L 上将产生直流电压降 U_{CL}，数值等于 U_i 的平均值，R'_L 上仅得到 u_L 中的交变电压 u'_L，在 C_L 和 R'_L 上的电压分布关系如图 10.19 所示。

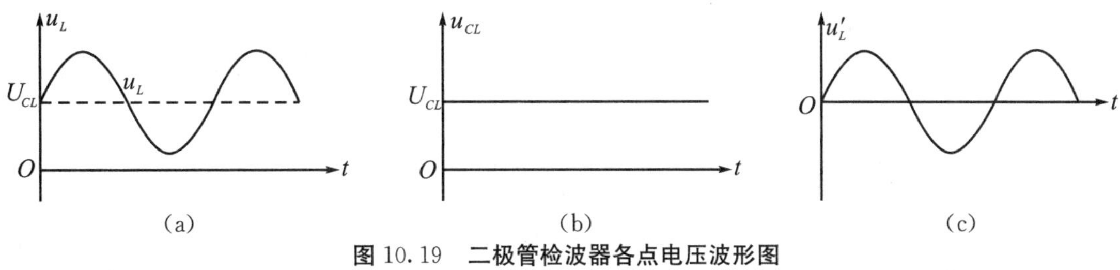

图 10.19　二极管检波器各点电压波形图

由于隔直电容器 C_L 上的直流电压的影响，在下级负载电阻 R'_L 较小时，将有可能产生称为底线切割的失真，具体过程解释如下：

隔直电容器 C_L 上的直流电压 U_{CL} 在整个检波过程中始终保持不变，因此可看成一个固定电池，然后从电容器 C_2 两端作戴文宁等效电路，如图 10.20 所示。其中，$R=R_L /\!/ R_L'$，$E=\dfrac{U_{CL}}{R_L'+R_L}R_L$。

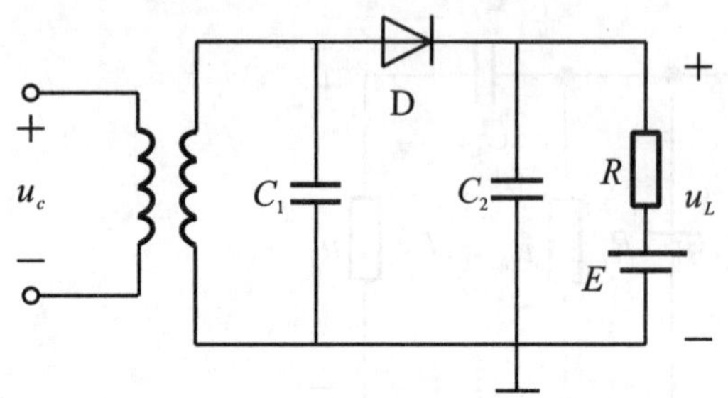

图 10.20　二极管检波器的等效电路

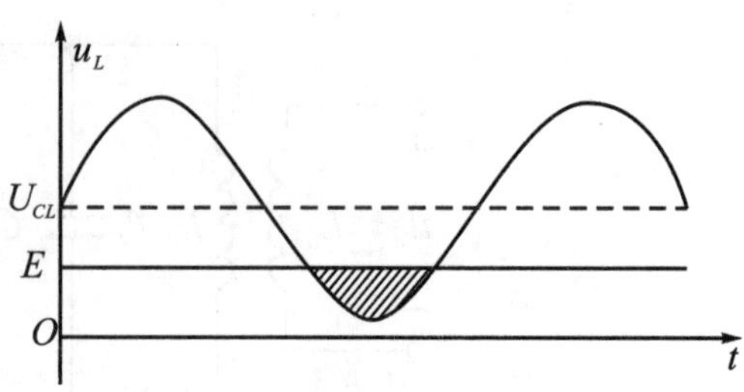

图 10.21　底线切割失真波形示意图

由此看来，在检波器负载上串联的等效直流电源 E，犹如给二极管设置了一个直流偏置电压，当输入信号振幅包络的负半周低于 E 时，二极管将截止，输出电压被限制在 E 上，造成输出电压底线被切割失真，其波形如图 10.21 所示。

因此，为了避免底线切割失真，应保持 u_L' 的最低值大于 E，即

$$u_L'=U_{CL}(1-m_a)\geqslant\frac{R_L}{R_L'+R_L}U_{CL}$$

$$m_a\leqslant\frac{R_L'}{R_L'+R_L}\tag{10.23}$$

综上所述，大信号检波较小信号检波有更多的优点：从检波质量看，只要电路参数选择合理，大信号检波可做到无失真，而小信号检波则不可避免地含有二次谐波；从检波效率看，当 $R_L\gg r_d$ 时，大信号检波的 K 可接近于 1；从输入电阻看，大信号检波的输入电阻主要由负载决定，一般比小信号时高，这样可减轻对前级的影响。因此，大信号检波得到广泛的应用，小信号检波目前主要用于测试仪器中检测信号功率。

10.5　调频和鉴频

我们知道，载波信号可用下式表示：

$$u_c=U_c\cos(\omega_c t+\theta)=U_c\cos\varphi(t)$$

如果保持振幅 U_c 恒定，而让相角 $\varphi(t)$ 随调制信号 u_m 而变化，则称为角度调制或调角。根据

$$\varphi(t)=\omega_c t+\theta$$

则调角可分别用改变角频率 ω_c 和改变初相 θ 的两种方式实现，由此又可分为调频和调相两种。由于在电子技术中，很少直接采用调制信号对连续波的相位进行调制，所以这里重点介绍调频的有关问题。

10.5.1　调频波的基本性质

当载波信号的相角 $\varphi(t)$ 受调制信号 u_m 控制而变化时，其角频率不再保持恒定，因此我们依照运动学中研究变速运动时，把相角 $\varphi(t)$ 对时间 t 的导数定义为瞬时角频率，即

$$\omega(t)=\frac{\mathrm{d}\varphi(t)}{\mathrm{d}t}\tag{10.24}$$

以及瞬时相角为

$$\varphi(t) = \int \omega(t)\mathrm{d}t \tag{10.25}$$

而设调制信号为

$$u_m = U_m \cos \omega_m t$$

则调频波是载波信号 u_c 的频率 ω_c 随调制信号的瞬时值而变化，其数学表达式为

$$\omega(t) = \omega_c + \Delta\omega \cos \omega_m t$$

式中，ω_c 为未被调制的载波信号角频率；ω_m 为调制信号角频率；$\Delta\omega = k_f u_m(t)$，为受调制后 $\omega(t)$ 的最大频率偏移，它与调制信号的振幅成正比。

根据式（10.25），调频波的瞬时相角 $\varphi(t)$ 为

$$\varphi(t) = \int (\omega_c + \Delta\omega \cos \omega_m t)\mathrm{d}t \tag{10.26}$$

$$= \omega_c t + \frac{\Delta\omega}{\omega_m}\sin \omega_m t \tag{10.27}$$

则调频波的瞬时值表示式为

$$u_{\mathrm{FM}}(t) = U_c \cos \varphi(t) = U_c \cos\left(\omega_c t + \frac{\Delta\omega}{\omega_m}\sin \omega_m t\right) \tag{10.28}$$

$$= U_c \cos(\omega_c t + m_f \sin \omega_m t) \tag{10.29}$$

式中

$$m_f = \frac{\Delta\omega}{\omega_m} = \frac{\Delta f}{f_m} \tag{10.30}$$

称作调频指数，它表示调频波瞬时相角偏离平均值的最大幅度，其意义类似调幅波中的调幅指数 m_a，但是在调幅波中 m_a 不能大于 1，而在调频波中 m_f 可为任意值。例如在电视伴音调频信号中，调制频率 $f_m = 15$ kHz，最大频偏 $\Delta f = 60$ kHz，这时调频指数为

$$m_f = \frac{60}{15} = 4$$

图 10.22 为 $u_{\mathrm{FM}}(t) = U_c \cos(\omega_c t + m_f \sin \omega_m t)$ 的波形。

下面讨论调频波 $u_{\mathrm{FM}}(t)$ 的频谱。将式（10.29）按 $\cos(Q_1 + Q_2)$ 的和角公式展开得：

$$u_{\mathrm{FM}}(t) = U_c[\cos \omega_c t \ \cos(m_f \sin \omega_m t) - \sin \omega_c t \ \sin(m_f \sin \omega_m t)] \tag{10.31}$$

利用第一类贝塞尔函数公式：

$$\cos(m_f \sin \omega_m t) = \mathrm{J}_0(m_f) + 2\sum_{k=1}^{\infty}\mathrm{J}_{2k}(m_f)\cos 2k\omega_m t \tag{10.32}$$

$$\sin(m_f \sin \omega_m t) = 2\sum_{k=1}^{\infty}\mathrm{J}_{2k+1}(m_f)\sin(2k+1)\omega_m t \tag{10.33}$$

代入式（10.31），将调频波展开：

$$\begin{aligned} u_{\mathrm{FM}}(t) = {} & U_c \mathrm{J}_0(m_f)\cos \omega_c t + U_c \mathrm{J}_1(m_f)[\cos(\omega_c + \omega_m)t - \cos(\omega_c - \omega_m)t] + \\ & U_c \mathrm{J}_2(m_f)[\cos(\omega_c + 2\omega_m)t - \cos(\omega_c - 2\omega_m)t] + \\ & U_c \mathrm{J}_3(m_f)[\cos(\omega_c + 3\omega_m)t - \cos(\omega_c - 3\omega_m)t] + \\ & U_c \mathrm{J}_4(m_f)[\cos(\omega_c + 4\omega_m)t - \cos(\omega_c - 4\omega_m)t] + \cdots \end{aligned} \tag{10.34}$$

由式（10.34）可见，调频波的频谱是由以 ω_c 为中心，相互间隔为 ω_m 的无限多对旁频组成，各旁频的幅度由贝塞尔函数 $\mathrm{J}_n(m_f)$ 决定。贝塞尔函数与参量 m_f 的关系如图 10.23 所示，据此可绘出调频波频谱分布如图 10.24 所示。

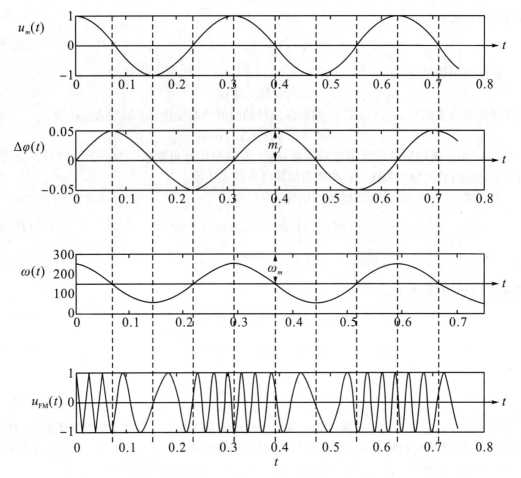

图 10.22　$u_{\mathrm{FM}}(t)=U_c\cos(\omega_c t+m_f\sin\omega_m t)$ 的波形

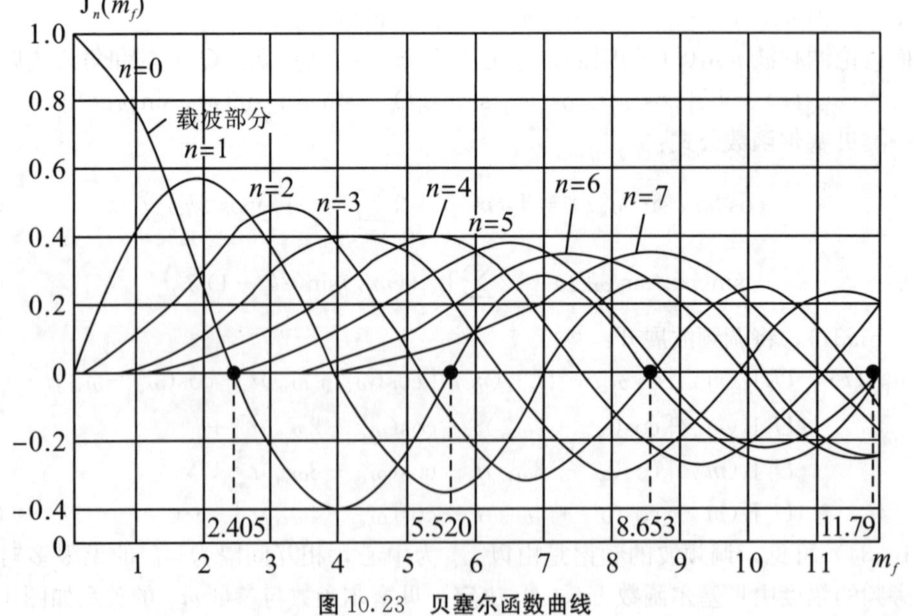

图 10.23　贝塞尔函数曲线

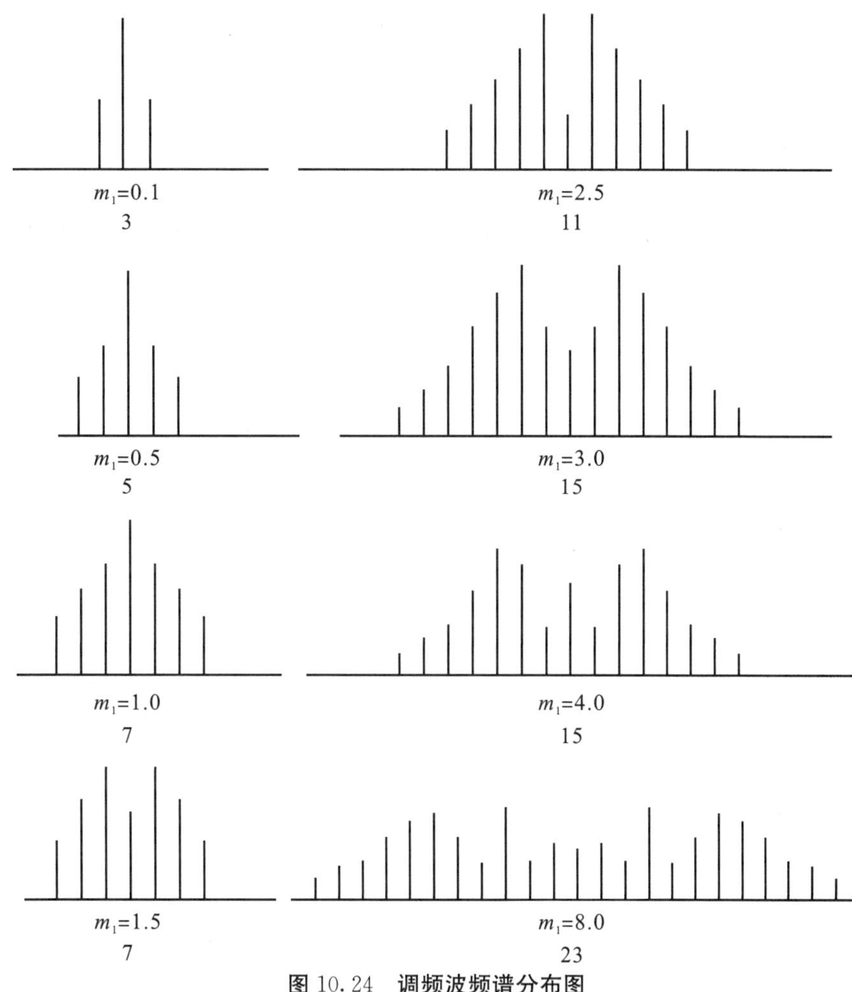

图 10.24　调频波频谱分布图

从式（10.34）及图 10.24 所示的调频波频谱分布图中可以看出以下一些特点：

（1）严格地说，调频波的旁频分量为无限多，但实际上旁频分量的幅度随价数的增加而迅速下降，在实际工作中，若选取最外一条谱线为未经调制时载波幅度的 0.15，则可用下式估算调频波所占的频带：

$$B_W \approx 2(m_f + 1)f_m \tag{10.35}$$

由于 $m_f = \dfrac{\Delta f}{f_m}$，故式（10.35）也可写成：

$$B_W = 2(\Delta f + f_m) \tag{10.36}$$

也就是说，调频波所占的频带宽度约等于频偏 Δf 与调制频率 f_m 之和的 2 倍。如在上例中，$f_m = 15$ kHz，$\Delta f = 60$ kHz，则调频波所占的通频带宽度约为

$$B_W = 2 \times (15 + 60) = 150\ \text{kHz}$$

与调幅波相比，调频波所占的频带宽得多，因此调频波的载波频率 f_c 应选择得更高，通常处于超短波面。

（2）从功率分布看，调频波的振幅并不因调频与否而变，始终保持常数，所以调频前后总功率不变，调频后新增加的旁频功率是以载波功率的减少为代价的。因此，调频过程中不需要外界供给旁频功率，只是载波功率与旁频功率之间的重新分配。由图 10.23 可以看出，

当 m_f 为某些特定值时，$J_0(m_f)$ 为 0，例如 $m_f=2.405$，5.520 等，这意味着载波振幅为 0，这时调频波中完全不含载波，只含旁频成分。另外从图 10.25 看出，当 $m_f=0.1$ 时有 3 根谱线，$m_f=2.5$ 时有 11 根谱线，$m_f=8$ 时有 23 根谱线。

调频波与调幅波比较，最大的优点是抗干扰能力强，由于外界干扰信号大多叠加在信号振幅上引起寄生调幅，对于调幅波来说，解调之后干扰信号将混杂在低频调制信号之中，而对于调频波来说，可通过限幅电路抑制干扰进入解调，因而大大降低了干扰，提高了信噪比（信噪比定义为$\frac{U_s}{U_N}$，其中 U_s 代表信号电压幅值，U_N 代表噪声电压幅值）。

10.5.2 调频电路

实现调频的方法可分为两种：直接调频和间接调频。所谓直接调频，是用调制信号去控制振荡回路中电抗元件的参数值，例如 LC 振荡器中电容器的电容量或电感器的电感量，从而使振荡频率随调制信号而变化。在实际电路中，所采用的可变电抗元件主要有变容二极管、电容式微音器等。所谓间接调频，是先实现调相，然后再经过适当转换而获得调频波。下面着重介绍直接调频法中的变容二极管电路的工作原理。

变容二极管调频原理电路如图 10.25 所示，图中 L 和 C_1 构成振荡回路，变容二极管 D 与振荡回路并联，C_2 和 C_3 为隔直电容，C_4 为高频滤波电容，L_1 为调频扼流圈，电源 E 给变容管提供直流偏置电压，保证变容管在 u_m 的变化范围内保持反偏，u_m 代表调制信号。变容二极管交流等效电路如图 10.26 所示，其中 C_t 代表变容二极管的等效电容，由于变容管处于反向偏置之下，故 C_t 为 PN 结势垒电容。变容管电容量为

$$C_t=\frac{C_0}{\left(1-\frac{U_a}{U_o}\right)^r} \tag{10.37}$$

式中，U_a 为外加电压；U_o 是 PN 结接触电位差；r 是电容变化指数；C_0 是 U_a 为 0 时的电容量。

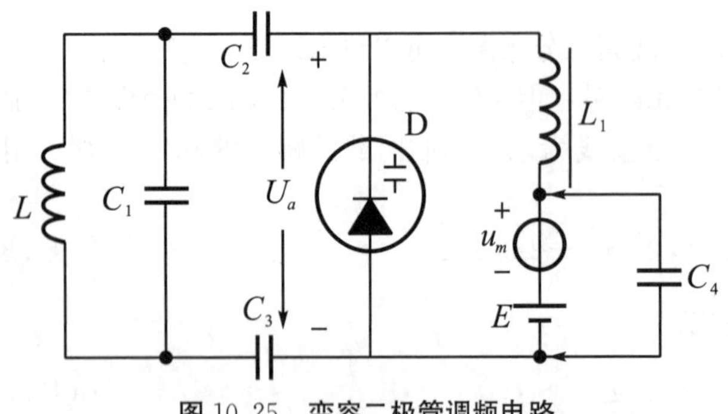

图 10.25 变容二极管调频电路

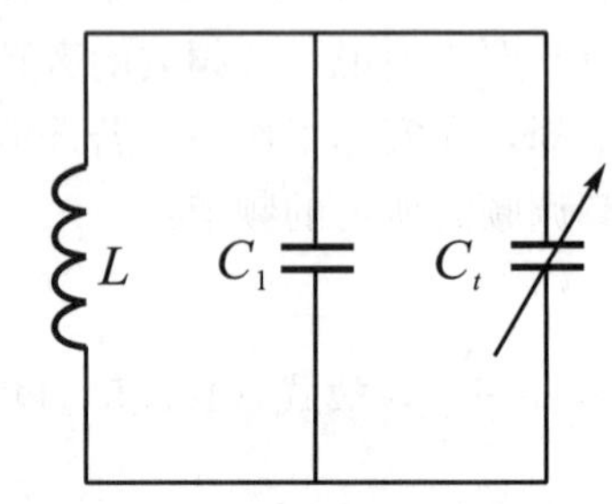

图 10.26 变容二极管交流等效电路

由图 10.26 可知，加到变容管上的电压为

$$u_a=-(E+u_m)=-(E+U_m\cos\omega_m t)$$

代入式（10.37），得

$$C_t=\frac{C_0}{\left[1+\frac{1}{U_o}(E+U_m\cos\omega_m t)\right]^r} \tag{10.38}$$

$$=\frac{C_{t0}}{(1+m\cos\omega_m t)^r} \tag{10.39}$$

式中，$m=\dfrac{U_m}{E+U_o}$，称为电容调制度；$C_{t0}=\dfrac{C_0}{\left(1+\dfrac{E}{U_o}\right)^r}$，表示 $u_m=0$、偏置为 E 时变容管的电容量，又称为静态电容。

式（10.39）表明，变容管的电容量受调制信号控制。若 $C_t \gg C_1$ 及 $r=2$，则如图 10.26 所示的谐振回路的振荡频率近似为

$$f \approx \frac{1}{2\pi\sqrt{LC_t}}=\frac{1}{2\pi\sqrt{LC_{t0}}}(1+m\cos\omega_m t) \tag{10.40}$$

式（10.40）表明，由于变容管的电容量受调制信号的控制，使得谐振回路的振荡频率也受调制信号的调制，在 $C_t \gg C_1$ 及 $r=2$ 的条件下，可近似做到振荡频率与调制信号之间成线性变化关系。

10.5.3　调频波的解调——鉴频

1. 鉴频的引入——调频波的微分与振幅检波

因为一个正弦波的过零点处斜率最大，所以对调频波而言，频率最快的地方其斜率既高而密，频率最慢的地方其斜率既低而疏，这表明一个微分运算就同时解决了调频与调幅之事。所以斜率即是微分，因此对调频波的微分就是就是将调频波变成调频调幅波 u_{FM-AM}。然后再利用二极管整流滤波从中提取低频包络信号，这个过程称之为鉴频。其波形变换如图 10.27 所示。

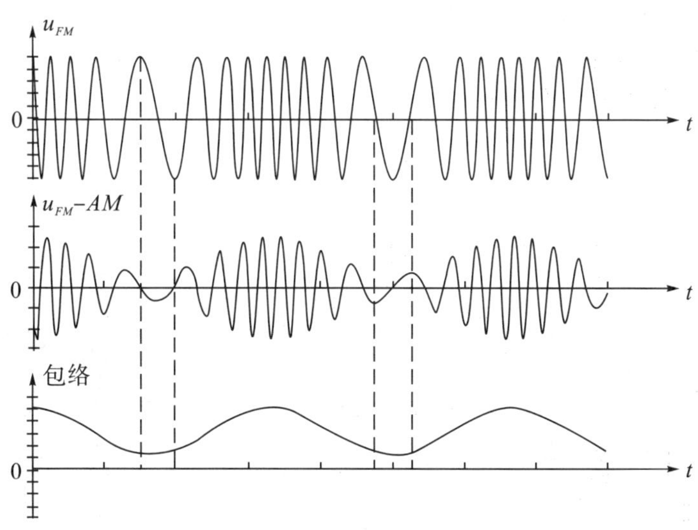

图 10.27　鉴频过程的波形变换

实现鉴频的基本方法是首先把调频波通过变换为调频－调幅波，然后再用振幅检波的方法取得低频信号。而这里关键的步骤是把调频波变换成调频－调幅波，采用的方法是通过微分网络来实现。例如，有一按余弦函数的调频信号为

$$u_{FM}(t)=U_c(\omega_c t+\frac{\Delta\omega}{\omega_m}\sin\omega_m t)$$

它的微分是

$$\frac{\mathrm{d}u_{FM}}{\mathrm{d}t}=-Uc(\omega c+\Delta\omega\cos\omega mt)\sin(\omega ct+\frac{\Delta\omega}{\omega m}\sin\omega mt)=u_{FM-AM} \qquad (10.41)$$

调频－调幅波已是正弦函数的形式了，它已实现了 90°的相移，由此可看出相移 90°与微分是等价的。在生活中的时移引起相移的例子很多，比如在山沟里听到自己说话的回声，电磁波在空中的反射使图像出现重影等。

注意：微分所得信号的振幅已不是常数，而是随低频调制信号在变化，其包络线即是随 $\cos\omega_m t$ 变化的调制信号，再通过振幅检波电路即可得到低频调制信号。

上述微分过程可以用如图 10.28 所示来实现，实际上它是利用延时和相减作用将调频波变为调频－调幅波的，因为微分可表示为

$$\frac{\mathrm{d}u_{FM}(t)}{\mathrm{d}t}=\lim_{\tau\to 0}\frac{u_{FM}(t)-u_{FM}(t-\tau)}{\tau}$$

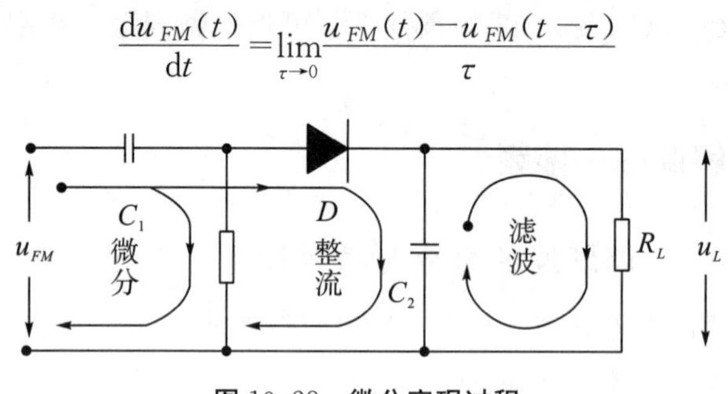

图 10.28　微分实现过程

2．相位鉴频器

我们知道延时电路实质上是一个相频特性 $\varphi(\omega)$ 为 $\varphi(\omega)=k\omega$ 线性关系的相移网络，其中若延时时间为 τ，则 $\varphi(\omega)=\tau\omega$。在实际应用的图 10.29 中，通常用 L_1C_1 通过互感 M 耦合至 L_2C_2 组成的谐振回路作为相移网络，来实现对 τ 的延时。振幅检波部分采用二极管平衡检波滤波电路，其作用是抵消其中的直流成分，以提高输出的低频部分，这是一个平衡式相位鉴频器。

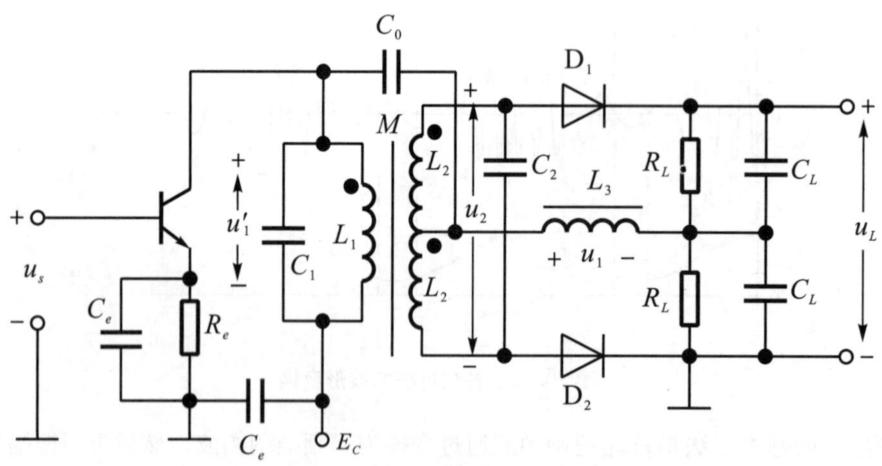

图 10.29　平衡式相位鉴频器

图 10.29 中，前后两个谐振回路 L_1 和 L_2 用互感 M 耦合，它们的谐振频率都调谐到调频信号的载波频率 f_0 上，二极管 D_1、D_2，电阻 R_L 和电容 C_L 分别构成两个对称的振幅包络检波器，鉴频器输出电压 u_L 为这两个包络检波器输出电压之差。电容器 C_0 为高频耦合

电容，电感 L_3 为高频扼流圈，通过 C_0 和 L_3 的作用，将互感线圈中的初级线圈两端的电压 u_L 全部耦合到扼流圈 L_3 两端，而扼流圈 L_3 的一端接在线圈 L_2 的中心抽头。根据图示电压的参考方向，加到上、下两个包络检波器的高频电压分别为

$$\left.\begin{aligned} u_{i1} &= u_1 + \frac{u_2}{2} \\ u_{i2} &= u_1 - \frac{u_2}{2} \end{aligned}\right\} \tag{10.42}$$

其等效电路如图 10.30 所示。

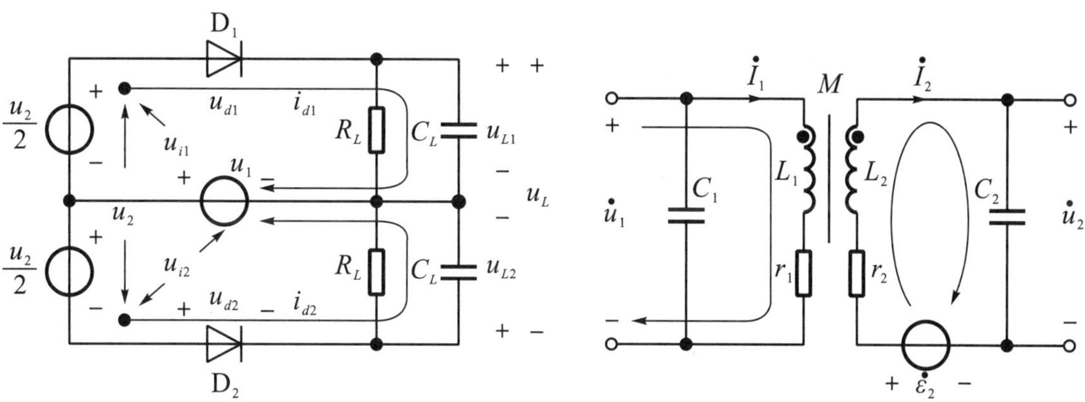

图 10.30　平衡相位鉴频器的等效电路

图 10.31　耦合回路

由图 10.30 可知，在 u_{i1} 和 u_{i2} 作用下形成 i_{d1} 和 i_{d2}，在 R_{L1} 和 R_{L2} 上形成 u_{L1} 和 u_{L2}。若 $u_{i1}=u_{i2}$，则 $u_{L1}=u_{L2}$，输出 $u_L=0$；若 $u_{i1}>u_{i2}$，则 $u_{L1}>u_{L2}$，输出 $u_L>0$；若 $u_{i1}<u_{i2}$，则 $u_{L1}<u_{L2}$，输出 $u_L<0$。同时因为 u_{i1} 和 u_{i2} 都是随工作频率 f 而变化的，所以 u_L 一定是随 f 变化且在 $f=f_c$ 时 $u_L=0$。$f>f_c$ 时，$u_L<0$，$f<f_c$ 时，$u_L>0$，则可以实现鉴频功能。下面集中讨论由 L_2、r_2、C_2 组成的串联谐振回路是怎样实现上述线性相频关系的。

将鉴频电路中的互感耦合调谐回路部分单独画在图 10.31 中，设两回路完全对称，当初级回路两端作用着电压 $\dot{U}_1$ 时，初级回路电流为 $\dot{I}_1$，通过互感耦合在次级回路上产生的感应电动势为

$$\dot{\varepsilon}_2 = \mathrm{j}\omega M \dot{I}_1 \tag{10.43}$$

若忽略次级线圈对初级线圈的反应阻抗，初级电流 $\dot{I}_1$ 为

$$\dot{I}_1 = \frac{\dot{U}_1}{r_1 + \mathrm{j}\omega L_1} \approx \frac{\dot{U}_1}{\mathrm{j}\omega L_1} \tag{10.44}$$

将式（10.44）代入式（10.43）中，得

$$\dot{\varepsilon}_2 \approx \frac{M}{L_1}\dot{U}_1 \tag{10.45}$$

即次级感生电动势 $\dot{\varepsilon}_2$ 与初级作用电压 $\dot{U}_1$ 近似同相。为了醒目起见，在图 10.31 中用等效电动势 $\dot{\varepsilon}_2$ 表示。

等效电动势 $\dot{\varepsilon}_2$ 在次级线圈中对 r_2、L_2、C_2 组成的串联电路产生的电流 $\dot{I}_2$，在忽略初级线圈对次级线圈的反应阻抗下，可表示为

$$\dot{I}_2=\frac{\dot{\varepsilon}_2}{r_2+\mathrm{j}\left(\omega L_2-\frac{1}{\omega C_2}\right)}=\frac{\dot{\varepsilon}_2}{r_2(1+\mathrm{j}\xi)}=\frac{\dot{\varepsilon}_2}{r_2\sqrt{1+\xi^2}}\angle-\varphi' \tag{10.46}$$

式中，$\xi=Q\dfrac{2\Delta f}{f_c}$，定义同前；$\varphi'=\arctan\xi$。次级回路两端 C_2 上所产生的电压为

$$\begin{aligned}\dot{U}_2&=\frac{1}{\mathrm{j}\omega C_2}\dot{I}_2=-\mathrm{j}\frac{1}{\omega C_2 r_2}\frac{\dot{\varepsilon}_2}{\sqrt{1+\xi^2}}\angle-\varphi'\\&=\frac{1}{\omega C_2 r_2}\frac{\frac{M}{L_1}\dot{U}_1}{\sqrt{1+\xi^2}}\angle-\left(\varphi'+\frac{\pi}{2}\right)\\&\approx\frac{QK\dot{U}_1}{\sqrt{1+\xi^2}}\angle-\left(\varphi'+\frac{\pi}{2}\right)\\&=\frac{A'\dot{U}_1}{\sqrt{1+\xi^2}}\angle-\left(\varphi'+\frac{\pi}{2}\right)\end{aligned} \tag{10.47}$$

式中，$K=\dfrac{M}{L_1}$，称为耦合系数；$A'=QK$，称为耦合因子。

从式（10.46）和式（10.47）可以看出，当频率变化时，次级串联回路中的电流 $\dot{I}_2$ 和电压 $\dot{U}_2$ 的相位随之变化，具体关系如下：

（1）当 $f=f_c$ 时，次级回路呈电阻性，$\varphi'=0$，$\dot{I}_2$ 与 $\dot{\varepsilon}(\dot{U}_1)$ 同相，而 C_2 上的电压 $\dot{U}_2$ 落后 $\dot{U}_1$ 的相位为 $\dfrac{\pi}{2}$。

（2）当 $f>f_c$ 时，次级回路呈电阻性，$\varphi'>0$，$\dot{I}_2$ 落后于 $\dot{\varepsilon}(\dot{U}_1)$，而 C_2 上的电压 $\dot{U}_2$ 落后 $\dot{U}_1$ 的相位为大于 $\dfrac{\pi}{2}$。

（3）当 $f<f_c$ 时，次级回路呈电阻性，$\varphi'<0$，$\dot{I}_2$ 超前于 $\dot{\varepsilon}(\dot{U}_1)$，而 C_2 上的电压 $\dot{U}_2$ 落后 $\dot{U}_1$ 的相位为小于 $\dfrac{\pi}{2}$。

根据上述分析，作出 $\dot{U}_1$ 与 $\dfrac{\dot{U}_2}{2}$ 之间的矢量关系图以及 $\dot{U}_{i1}$ 和 $\dot{U}_{i2}$ 的矢量关系，如图 10.32 所示。

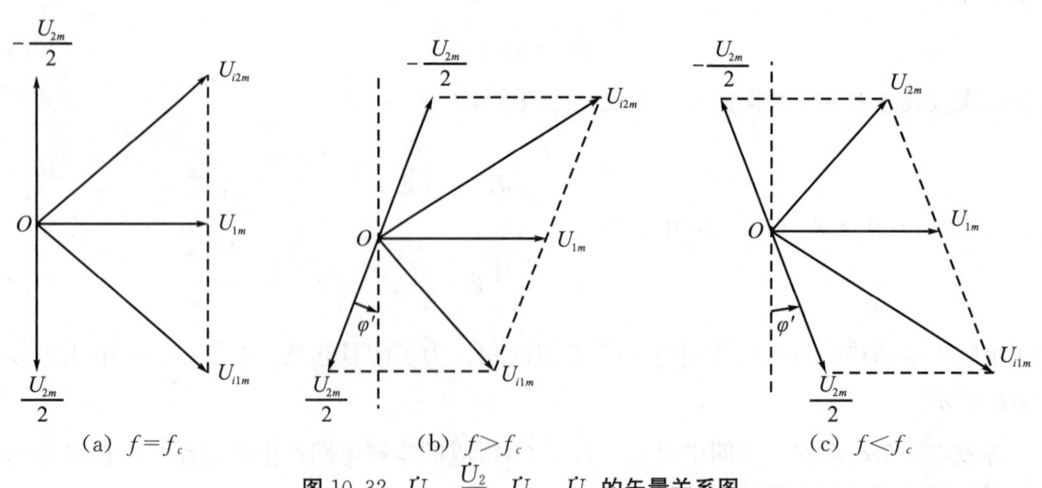

图 10.32 $\dot{U}_1$，$\dfrac{\dot{U}_2}{2}$，$\dot{U}_{i1}$，$\dot{U}_{i2}$ 的矢量关系图

(1) 当 $f=f_c$ 时，$U_{i1m}=U_{i2m}$，因此检波输出的低频电压 $u_{L1}=u_{L2}$，鉴频输出电压 $u_L=0$。

(2) 当 $f>f_c$ 时，$U_{i1m}<U_{i2m}$，因此检波输出的低频电压 $u_{L1}<u_{L2}$，鉴频输出电压 $u_L<0$。

(3) 当 $f<f_c$ 时，$U_{i1m}>U_{i2m}$，因此检波输出的低频电压 $u_{L1}>u_{L2}$，鉴频输出电压 $u_L>0$。

通过上面分析可看到鉴频过程如下：当输入信号频率变化时，由于谐振回路的移相和信号相减（加）作用，首先引起两个检波器高频输入信号振幅发生相应的变化，即 u_{i1} 和 u_{i2} 曲被变换成调频—调幅波。然后通过由二极管构成的振幅检波电路得到低频输出电压，并由平衡电路提高其输出幅度。鉴频特性曲线如图 10.33 所示。

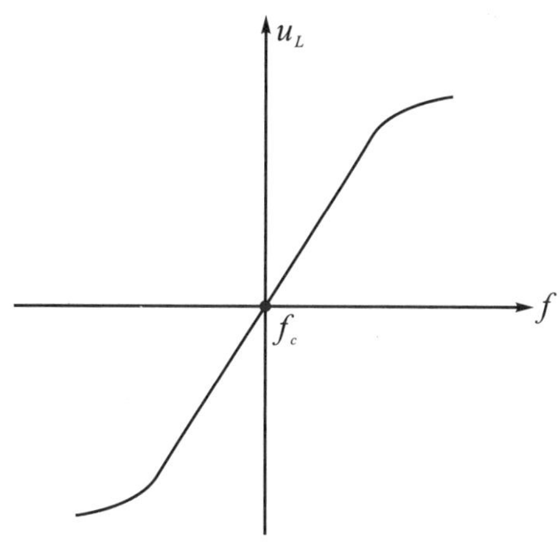

图 10.33　鉴频特性曲线

2. 比例鉴频器

相位鉴频器的缺点是当输入的调频波受外界干扰的影响，其振幅产生寄生调幅时，将被带到电压 u_{d1} 和 u_{d2} 的振幅变化之中，最后叠加在鉴频输出的低频电压之上，影响接收的质量。克服的办法一般是在鉴频之前增加一级限幅电路，将调频波振幅上的寄生调幅去掉。另外，也可以在鉴频电路上做一些改进，用来克服寄生调幅的影响，这就是比例鉴频器。

比例鉴频电路如图 10.34 所示，其中利用耦合调谐回路将调频波变为调频—调幅波的原理与相位鉴频器相同，此处不再重复。下面着重分析它不同于相位鉴频器的地方，以及抑制寄生调幅的原理。

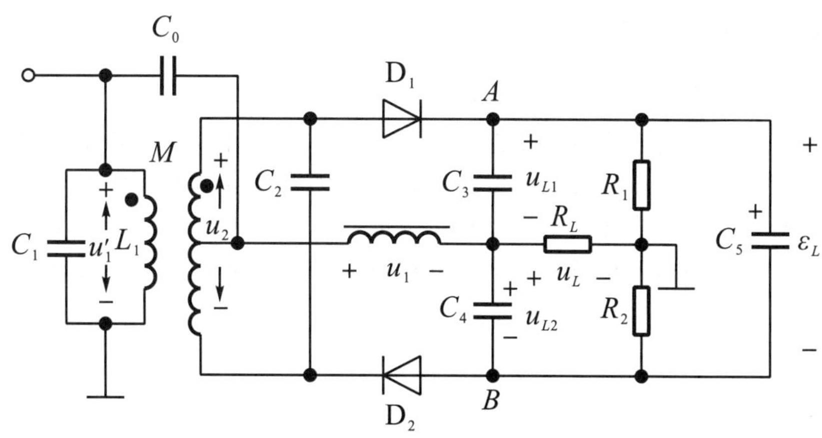

图 10.34　比例鉴频电路

首先，二极管D_2极性反转，电容C_3和C_4相等，电阻R_1和R_2相等，C_5是一个容量很大的电解电容器。根据在检波电容C_3、C_4上产生的检波电压u_{L1}和u_{L2}的参考方向，A、B两端的电压为u_{L1}和u_{L2}之和。当输入信号频率变化时，u_{L1}和u_{L2}中一个增大、一个减小，且增大量与减小量近似相等。因此，u_{L1}和u_{L2}之和近似为恒定值ε_L，不反映输入信号频率的变化规律。

其次，电路中两个检波电容C_3、C_4和两个检波电阻R_1、R_2的中间连接点断开，输出的低频电压即由这两个连接点之间取出。分析表明，这样做可抑制寄生调幅的影响。设A、B端电压为E_o，负载电阻R_L获得的输出电压为

$$u_L = u_{L2} - \frac{1}{2}\varepsilon_L = -u_{L1} + \frac{1}{2}\varepsilon_L$$

即

$$u_L = \frac{1}{2}(u_{L2} - u_{L1}) \tag{10.48}$$

式（10.48）表明：输出电压仍与$u_{L2}-u_{L1}$成比例，但幅度较相位鉴频时小一半。又根据

$$\varepsilon_L = u_{L1} + u_{L2}$$

得

$$u_{L1} = \frac{\varepsilon_L}{1+\dfrac{u_{L2}}{u_{L1}}},\quad u_{L2} = \frac{\varepsilon_L}{1+\dfrac{u_{L1}}{u_{L2}}}$$

代入式（10.48），得

$$u_L = \frac{1}{2}\left(\frac{\varepsilon_L}{1+\dfrac{u_{L1}}{u_{L2}}} - \frac{\varepsilon_L}{1+\dfrac{u_{L2}}{u_{L1}}}\right) = \frac{\varepsilon_L}{2}\,\frac{u_{L2}-u_{L1}}{u_{L1}+u_{L2}} = \frac{-\varepsilon_L}{2}\,\frac{1-\dfrac{u_{L2}}{u_{L1}}}{1+\dfrac{u_{L2}}{u_{L1}}} \tag{10.49}$$

式（10.49）表明：在ε_L保持恒定下，鉴频输出电压仅与u_{L2}/u_{L1}成比例。当寄生调幅信号影响输入信号u_1时，u_{L1}与u_{L2}将同时增大或减小，比值u_{L2}/u_{L1}保持不变，因此u_L不变，这样就在低频输出信号中有效地将寄生调幅的影响抑制掉了。

此外，为了保证AB端电压ε_L不仅在u_{L1}和u_{L2}变化时保持不变，而且在寄生调幅信号影响下，u_{L1}与u_{L2}同时增大或减小时也保持不变，在AB端并联了一个大电容C_5（通常采用电解电容），一般取10 μF以上，由于电容的滤波作用，寄生调幅信号所引起的$u_{L1}+u_{L2}$的变化将被电容C_5滤除，使电压ε_L保持恒定。

3. 脉冲计数式鉴频器

脉冲计数式鉴频器的实现模型如图10.35所示。脉冲计数式鉴频器是先将输入调频波通过具有合适特性的非线性变换网络，将它变换为调频等宽脉冲序列。由于该等宽脉冲序列含有反映瞬时频率变化的平均分量，因而，通过低通滤波器就能输出反映平均分量变化的解调电压，也可将该调频等宽脉冲序列直接通过脉冲计数器得到反映瞬时频率变化的解调电压。

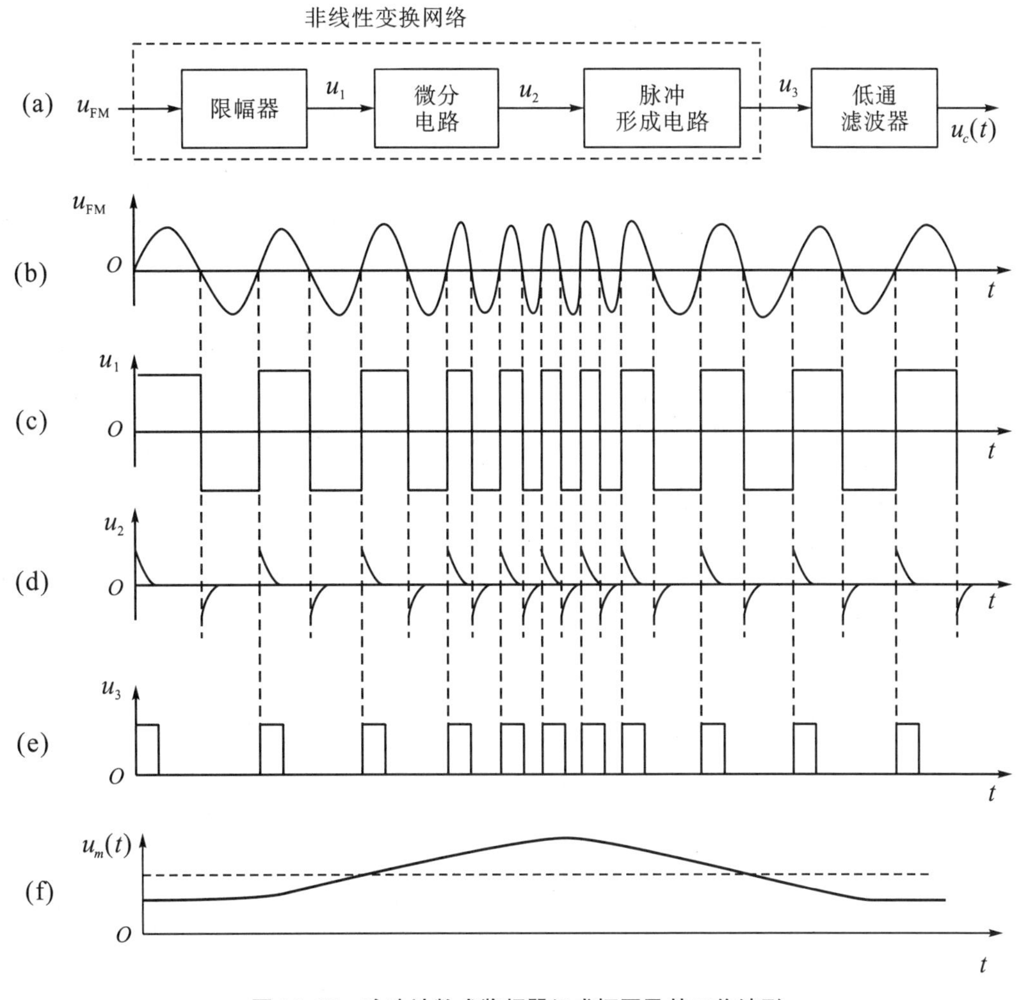

图 10.35　脉冲计数式鉴频器组成框图及其工作波形

这种鉴频方法有多种实现电路，为了便于了解这种方法的基本工作原理，图 10.35 示出了一个实例，包括其组成框图［见图 10.35(a)］和相应的波形［见图 10.35(b)］。

首先将输入调频波通过限幅器变为调频方波［见图 10.35(c)］，然后经过微分电路变为尖脉冲序列［见图 10.35(d)］，用其中的正脉冲去触发脉冲形成电路，这样调频波就变成了脉宽相同而周期变化的脉冲序列［见图 10.35(e)］，它的周期变化反映调频波瞬时频率的变化。将此信号经过低通滤波器滤波，取出其平均分量，就可得到原调制信号［见图10.35(f)］。这种电路具有线性鉴频范围大、频带宽、便于集成等突出优点。同时，它可在一个相当宽的中心频率范围内工作（1 Hz～10 MHz，如配合使用混频器，中心频率可扩展到 100 MHz）。如果在限幅器和微分电路之间插入高速脉冲分频器，它的工作频率可大大提高。

10.6　调相或鉴相

调相只是将相位表成

$$\Delta\varphi(t) = k_p u_m(t) = k_p U_m \cos\omega_m t = m_p \cos\omega_m t \tag{10.50}$$

就可以得到

$$u_{\mathrm{PM}}(t)=U_c\cos(\omega_c t+m_p\cos\omega_m t)$$

与 $u_{\mathrm{FM}}(t)$ 相比只是 $m_f\sin\omega_t$ 相移了 90°，而 $u_{\mathrm{PM}}(t)$ 的波形如图 10.36 所示，它与如图 10.22 所示的 $u_{\mathrm{FM}}(t)$ 相比，$u_{\mathrm{PM}}(t)$ 与 $u_{\mathrm{FM}}(t)$ 只在时间上差 90°相移。

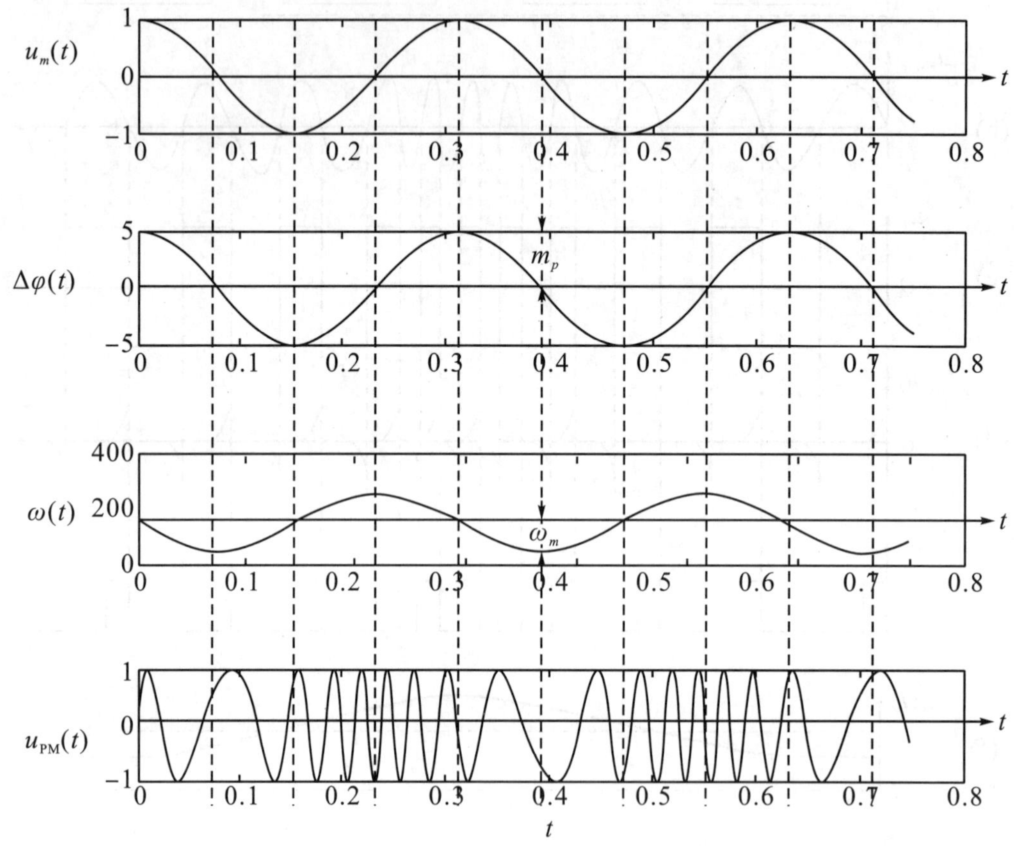

图 10.36　$u_{\mathrm{PM}}(t)=U_c\cos[\omega_c t+k_p u_m(t)]=U_c\cos[\omega_c t+m_p\cos\omega_m t]$ 的波形

10.7　实际混频电路分析

10.7.1　串联谐振电路

LC 串联谐振电路的基本形式如图 10.38 所示，其中，R 是电感 L 的损耗电阻。下面给出串联 LC 回路的主要参数。

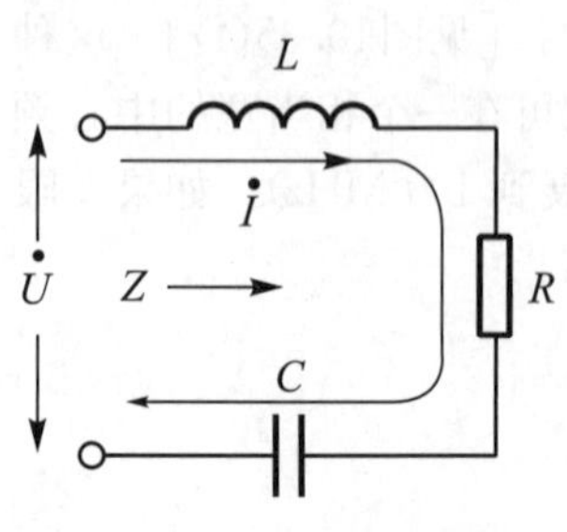

图 10.37　串联谐振回路电路结构图

（1）回路空载时的总阻抗为

$$Z=R+\mathrm{j}\left(\omega L-\frac{1}{\omega C}\right)\tag{10.51}$$

（2）回路空载时阻抗的幅频特性和相频特性分别为

$$Z=\sqrt{R^2+(\omega L-\frac{1}{\omega C})^2}\tag{10.52}$$

$$\varphi=\arctan\frac{\omega L-\frac{1}{\omega C}}{R}\tag{10.53}$$

谐振频率为

$$f_0 = \frac{1}{2\pi\sqrt{LC}} \tag{10.54}$$

串联谐振回路的阻抗特性曲线如图 10.38 所示。在谐振频率 ω_0处，回路等效阻抗最小，呈纯电阻 R，相频特性曲线斜率为正。因此，该串联回路在谐振时，通过的电流 $i=\frac{\varepsilon}{R}$最大。在实际选频应用时，这串联谐振回路适合前端与信号源和后端负载串联，使真实的有用信号通过这谐振回路有效地传送给负载。

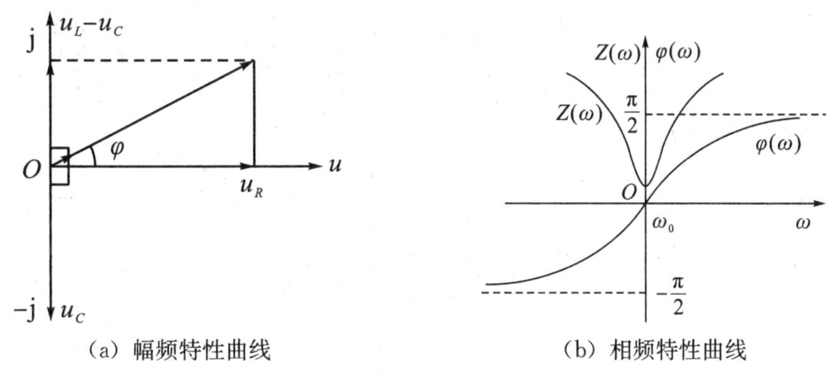

（a）幅频特性曲线　　（b）相频特性曲线

图 10.38　串联谐振回路的阻抗特性曲线

（3）回路空载 Q 值为

$$Q = \frac{\omega_0 L}{R} = \frac{1}{\omega_0 CR} \tag{10.55}$$

（4）回路空载时通频带为

$$BW_{0.7} = \frac{f_0}{Q} \tag{10.56}$$

串联谐振回路的一个典型应用就是在无线接收设备中作为输入调谐回路，图 10.39 为无线电接收设备的输入调谐回路原理图。天地之间的电磁波由 L_0 耦合到 L_s，而穿过 L_s时会产生感应电动势$\varepsilon=\varepsilon_{s1}+\varepsilon_{s2}+\varepsilon_{s3}$三者，它与 R、L_s、C_s 组成串联谐振回路（R 是 L_s 的线电阻其值非常小）：谐振时 $\omega L_s=\frac{1}{\omega C_s}$互相抵消，只显示出 R 的作用，因此回路电流 $i=\frac{\varepsilon}{R}$最大，它在 L_s和 C_s上产生的电压 $u_{Ls}=u_{Cs}=Q\varepsilon$ 都非常大，可作为混频电路的输入信号。

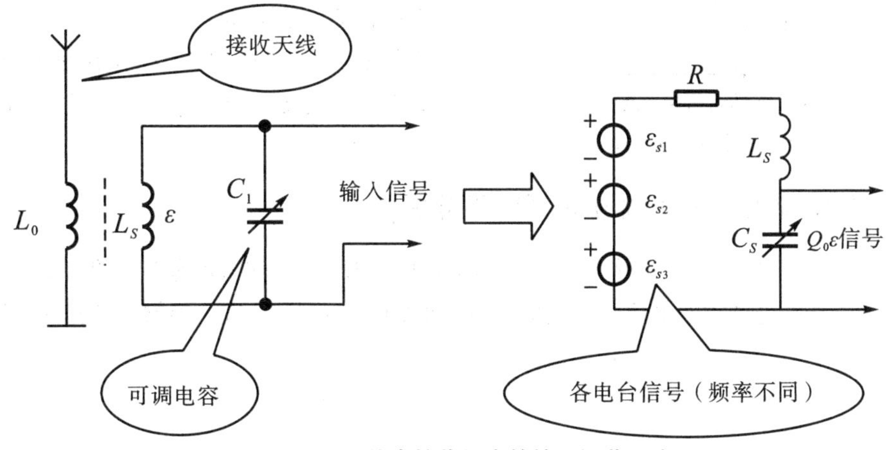

图 10.39　无线电接收机中的输入调谐回路

10.7.2 晶体管收音机调幅混频电路分析

图 10.40 为晶体管收音机调幅混频电路。直流通道是典型的分压式偏置电路，对交流而言 C_3 和 C_7 是旁路电容。其核心部分包括：

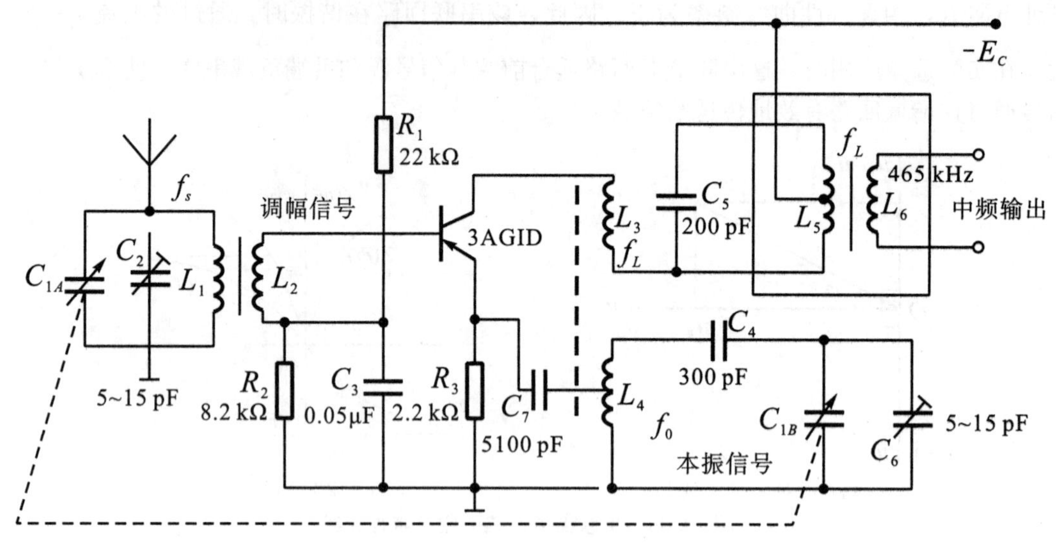

图 10.40 晶体管收音机调幅波混频电路

(1) 从射极到地获得的本地振荡信号 f_o。

(2) 从基极到地输入的外加调幅信号 $f_s = f_c - f_m$。

(3) 从集电极 L_3 之后的中频调谐电路 L_5、C_5 输出的中频信号 $f_L = f_o - f_s = 465$ kHz。

本地振荡器是典型的由 L_4 变压器输出的 f_c 信号（这时 L_5、C_5 中频调谐回路对 f_c 处于短路状态）反馈到 L_3 下端，它既是维持振荡的正反馈信号，也是该振荡器谐振回路 L_4、$C_4 +$ ($C_{1B} // C_6$) 的输出信号如图 10.41 所示。

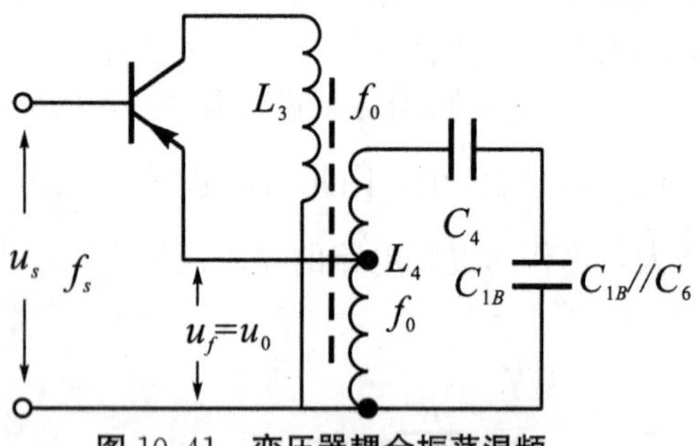

图 10.41 变压器耦合振荡混频

f_s 与 f_c 信号的混频过程是这样的：f_s 与 f_o 以电压串联的形式加到三极管 be 之间的 P_N 结上，经该非线性元件后集电极输出有 f_s、f_c、$f_o \pm f_s$ 等信号，其中 f_o 频率最高通过 L_4 反馈到 L_3；$f_o - f_s = 465$ kHz 频率最低与 L_5、C_5 发生谐振后输出予以专门放大，唯有处于 f_s，$f_o + f_s$ 及 f_o 的信号找不到自己的谐振回路只好自动消失。

10.7.3 晶体管收音机调频波混频电路分析

图 10.42 为 FM 收音机的混频电路。图中，R_1、R_2 是晶体管的偏置电阻，C_4 是基极旁路电容，保证基极为高频地电位。载波信号 u_s 通过 C_1、L_1、C_2这个中频谐波接收电路，

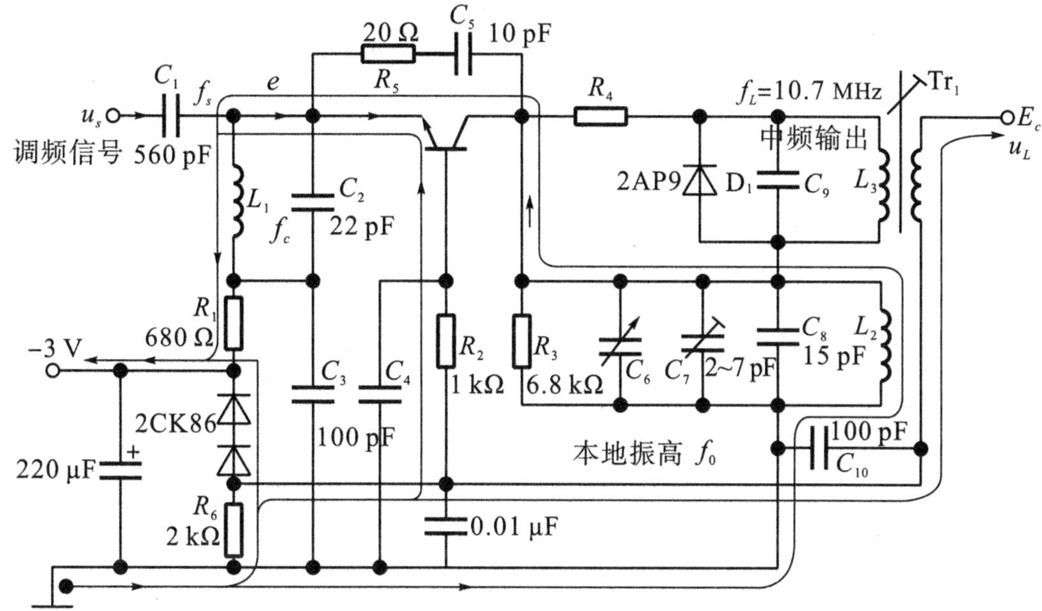

图 10.42　FM 收音机的射极输入混频电路

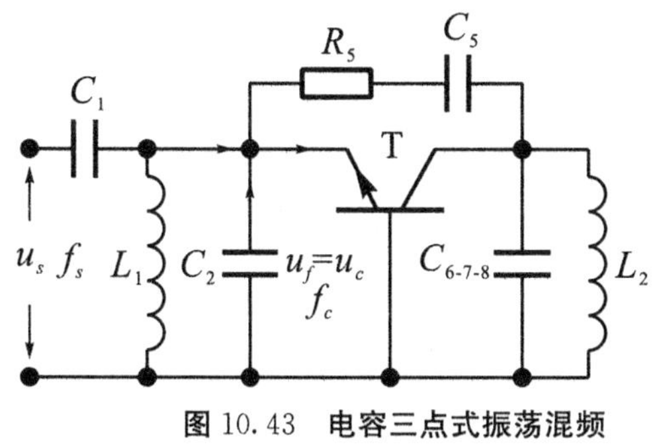

图 10.43　电容三点式振荡混频

注入晶体管发射极到基极之间，集电极有两个串联的回路，其中，L_2 与 C_6、C_7、C_8 并联后再和 C_2 及 C_5 串上 R_5 组成电容三点式本地振荡电路如图 10.43，振荡信号 u_c 由 C_2 到地之间取得，这 u_c 与 u_s 以并联的方式加到 be 之间实现混频。变压器 Tr_1 的电感 L_3 和 C_9 调谐于 $f_L=f_o=f_s=10.7$ MHz，作为调频波的混频后的中频输出，但该回路对于本振频率 f_o 近似为短路。这样 L_2 上端相当于接集电极到地，下端通过 C_4 接基极。C_2 一端接发射极，另一端通过大电容 C_3 和 C_4 接基极。发射极与集电极间接 C_5，电阻 R_5 起稳定振荡幅度及改善波形的作用。而输出回路中的二极管 D_1 起过载阻尼作用，当信号特别大时，它趋于导通，其阻值减小，使回路有效 Q 值降低，防止中频过载。二极管 2CK86 主要起稳定基极电压的作用。在调频收音机中，本振频率较高（100 MHz 以上），因此要求振荡管的截止频率高。由于共基极电路比共发射极电路截止频率高得多，所以一般采用共基极混频电路。

10.7.4　电视接收机调幅波混频电路分析

图 10.44 为电视接收机调幅波混频电路。来自高频放大器的已调信号 u_s 经由 L_1、L_2、C_1、C_2 和 C_3 组成的双耦合回路加到混频管基极，这输入回路除将已调信号 u_s 有效地传输到晶体管基极外，还具有阻抗匹配和带通滤波的作用，它能通过有用信号和抵制无用信号。本地振荡信号 u_o 经 C_8 也加到晶体管基极上，为减少两个信号之间的相互影响，耦合电容 C_8 的值取得很小，且调整 C_8 的数值可改变加在基极上的本振信号幅度。改变 R_1、R_2 电阻值，可调整晶体管工作点。合理选择 C_8、R_1、R_2 的数值，能让 f_s+f_c 信号以电流相加的形式作用到混频管的 be 之间。可使晶体管工作于混频的最佳状态。中频输出电路是由 L_3、

L_4、C_4、C_6 和 C_7、R_4 组成的双耦合回路，并调谐在中频 37 MHz 上，其中 R_4 用以降低回路的 Q 值，满足通频带的要求。次级回路由 C_6、C_7 分压，以实现与 75 Ω 电缆的特性阻抗相匹配输出 u_L。

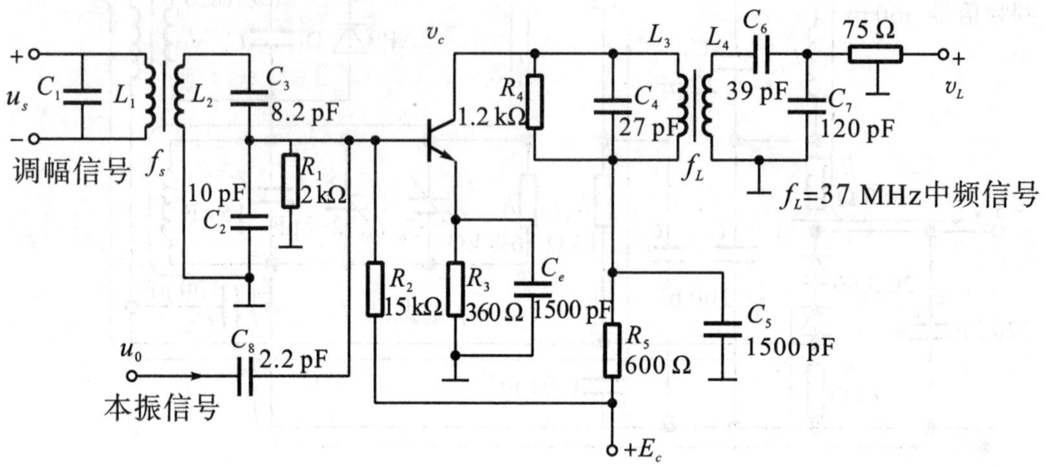

图 10.44　电视接收机调幅波基极输入混频电路

习题（十）

10-1　试定性画出下面各函数的波形，分别指出它们中所含频谱成分。其中哪些是含有载波信号的普通调幅波？哪些是抑制了载波信号的双旁带调幅波？

（1）$u=1+\frac{1}{2}\cos\omega_m t\cos 100\omega_m t$；

（2）$u=\cos\omega_m t\cos 100\omega_m t$；

（3）$u=\cos\omega_m t+\frac{1}{2}\cos\omega_m t\cos 100\omega_m t$；

（4）$u=\cos 100\omega_m t+\frac{1}{2}\cos\omega_m t\cos 100\omega_m t$。

10-2　已知一个已调波的振幅最大值为 10 V，最小值为 6 V，其中载波信号的功率 $P_c=1$ kW。试求：

（1）调幅系数 m_a 为多少？

（2）旁频信号的功率为多少？

（3）已调波的功率为多少？

10-3　晶体管电路如习题图 10.1 所示，设电路上、下对称，试分析当晶体管的转移特性分别为下面两种情况时输出电流 i_L 的频谱，并指出可否实现调幅。已知输出回路调谐在 ω_c，通频带为 $2\omega_m$。已知 $u_c=U_c\sin\omega_c t$，$u_m=U_m\sin\omega_m t$。

（1）$i_\sigma=a_0+a_1u_{be}+a_2u_{be}^2$；

（2）$i_\sigma=a_0+a_1u_{be}+a_3u_{be}^3$。

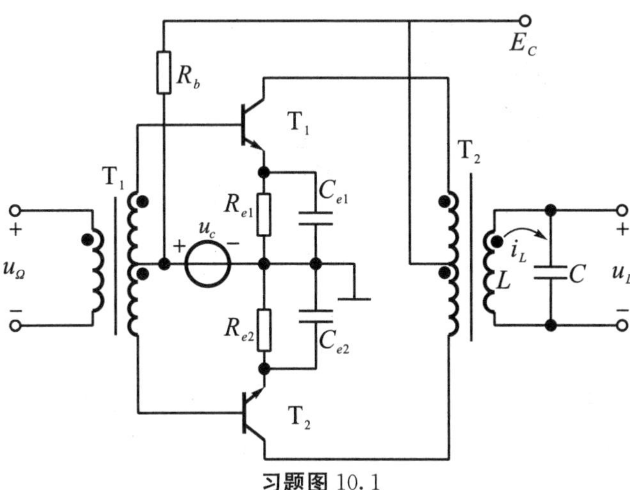

习题图 10.1

10-4　二极管调幅电路如习题图 10.2 所示，设 D_1 和 D_2 特性相同，可表示为

$$i_D=a_1u_D+a_2u_D^2+a_3u_D^3$$

已知 $u_c=U_c\sin\omega_c t$，$u_m=U_m\sin\omega_m t$，忽略负载的作用，试分析：

（1）电流 i_L 的频谱；

（2）当输出回路调谐在 ω_c，通频带宽为 $2\omega_m$ 时，u_L 是什么波形？实现什么类型的调幅？

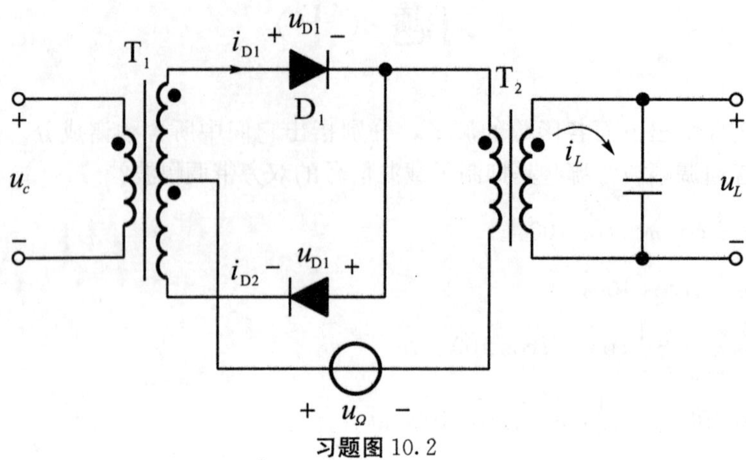

习题图 10.2

10-5 设如习题图 10.3 所示电路中的晶体管均工作在小电流状态之下，其 r_{be} 可近似表示为

$$r_{be} \approx (1+\beta)r_e \approx (1+\beta)\frac{26}{I_e}$$

其中，I_e 为晶体管的静态发射极电流。已知 $u_c=U_c\sin\omega_c t$，$u_m=U_m\sin\omega_m t$。试分析上述差动放大器的输出电压中所包含的频谱成分。

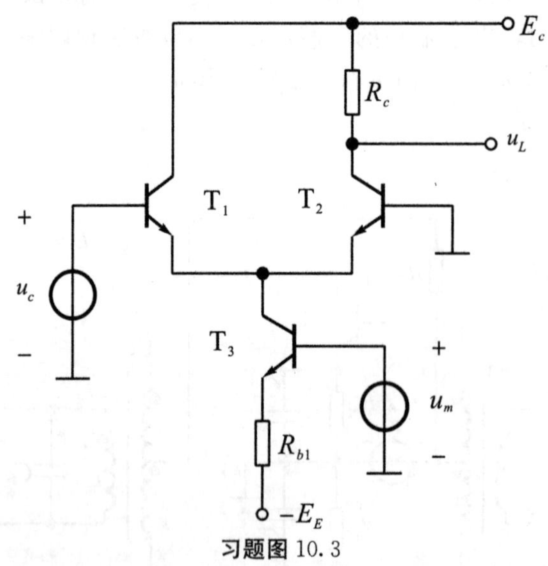

习题图 10.3

10-6 有一非线性器件的伏安特性为 $i_N=Ku_N^2$，按如习题图 10.4 所示的检波电路连接，R_L 和 C_L 构成低通滤波器，试分析当 u_c 为 $U_c(1+m_a\cos\omega_m t)\cos\omega_c t$ 中的以下三种情况时，能否实现不失真检波。

（1）u_c 中消除一个边带信号；

（2）u_c 中消除载波信号；

（3）u_c 中消除载波信号和一个边带信号。

10-7 如习题图 10.5 所示的各电路能否实现检波？各有什么特点？设 R_L 和 C_L 构成低

通滤波器。

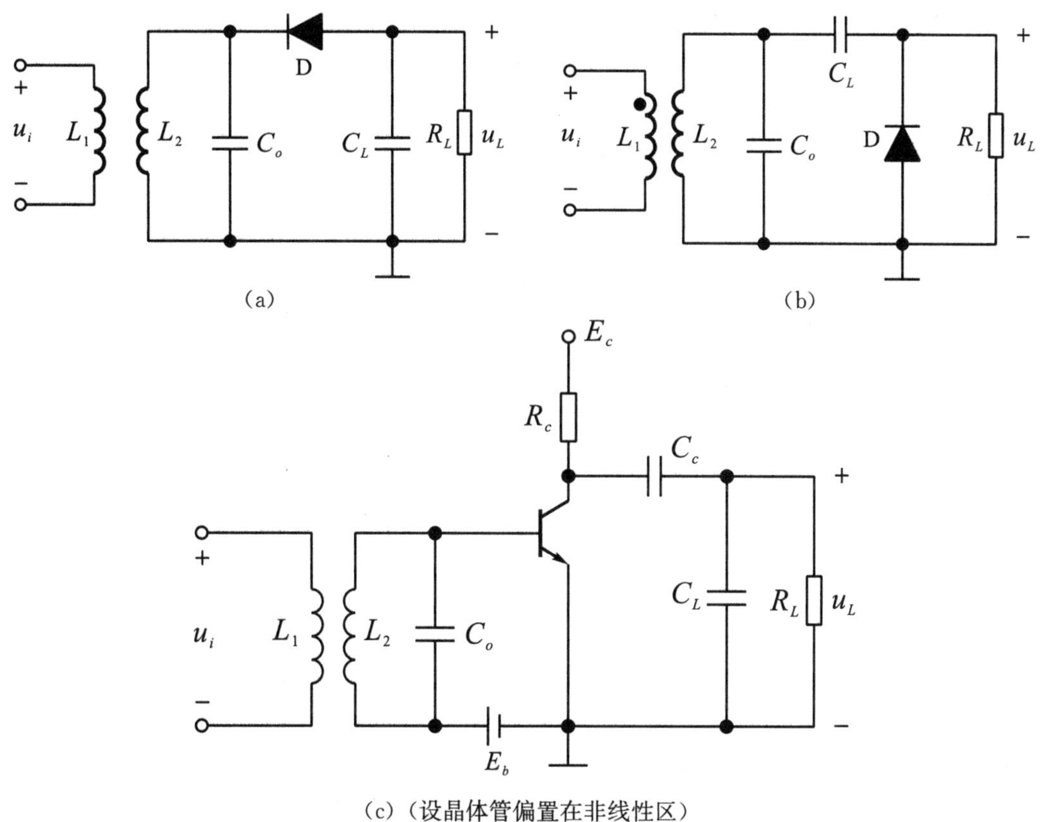

(c)（设晶体管偏置在非线性区）

习题图 10.5

10-8　在习题图 10.6(a) 所示的检波电路中，用示波器观察输出波形时发现如习题图 10.6(b)（c）所示两种波形，试分析出现了什么性质的失真，应如何克服?

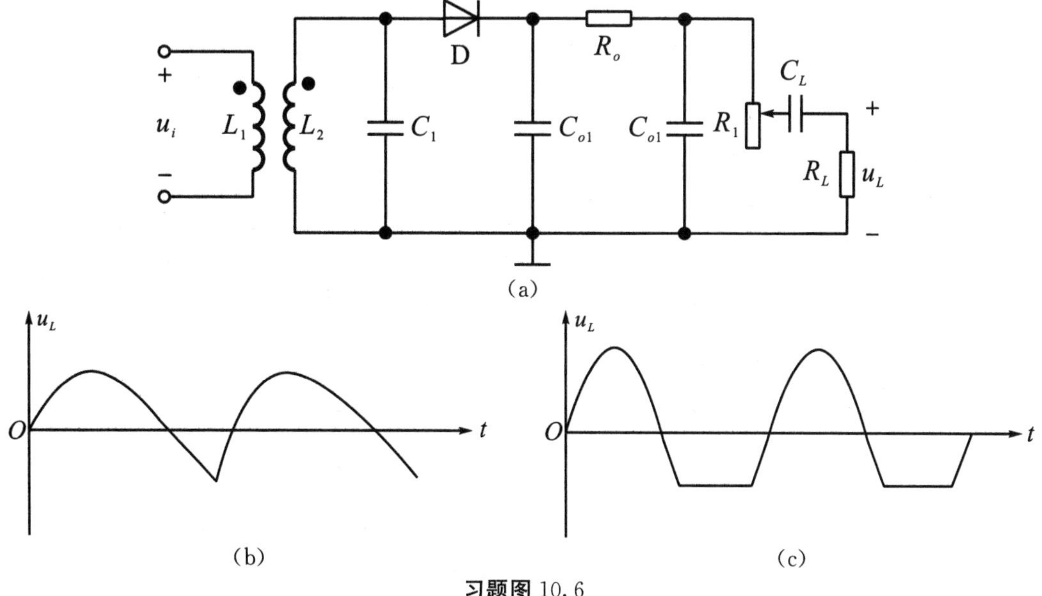

习题图 10.6

10-9 原计划按如习题图 10.7 所示的电路安装收音机检波器，现因手中元件不合适，能否按下列要求改动？改动后对收音机性能有何影响？说明理由（每次改一种，其他元件不改变）。

（1）R_1换成 10 kΩ；

（2）C_2换成 5600 pF；

（3）把 R_2加大到 4.7 kΩ；

（4）2AP9 改为 2CP1。

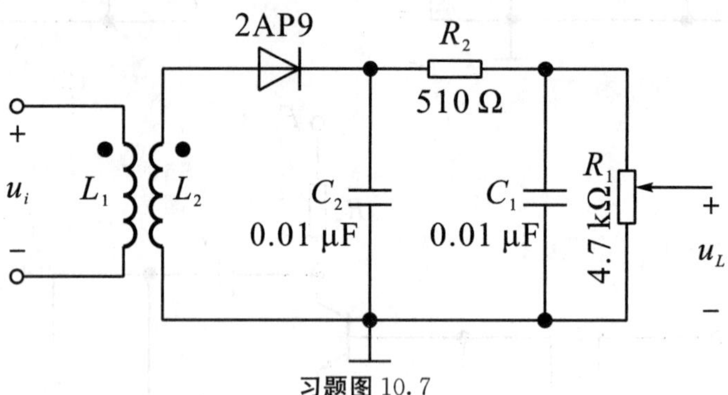

习题图 10.7

10-10 已知某给定调频信号的中心频率 f_c=50 MHz，频偏 Δf=75 kHz。

（1）若调制信号频率为 f=300 Hz，求调频指数 m_f和频谱宽度。

（2）若调制信号频率为 f=15 kHz，重复上述计算。

10-11 对调频波而言：①若保持调制信号的幅度不变，但将调制频率加大 2 倍，频偏 Δf 及频带宽度如何改变？②若保持调制信号的频率不变，将幅度增大 2 倍，Δf 及带宽又如何改变？

10-12 当调制信号的频率改变，而幅度固定不变时，试比较调幅波，调频波的频谱结构、频带宽度如何随之变化。

10-13 习题图 10.8 为变容管调频电路，画出简化的高频等效电络。

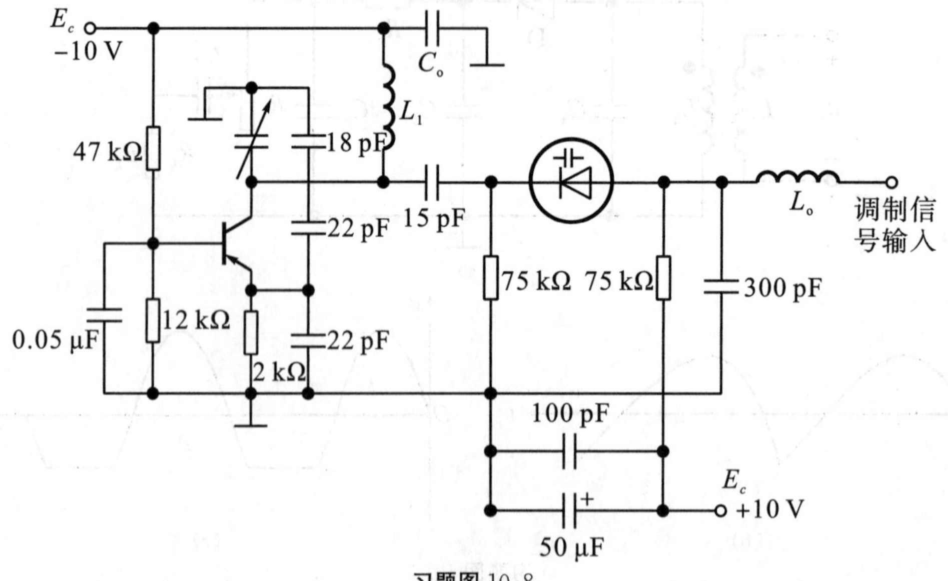

习题图 10.8

10-14　习题图 10.9 为平衡鉴频器。

（1）将两支检波二极管 D_1、D_2 都反接，电路还能否工作？

（2）只反接其中一支，电路还能否工作？

（3）有一支损坏（开路），电路还能否工作？

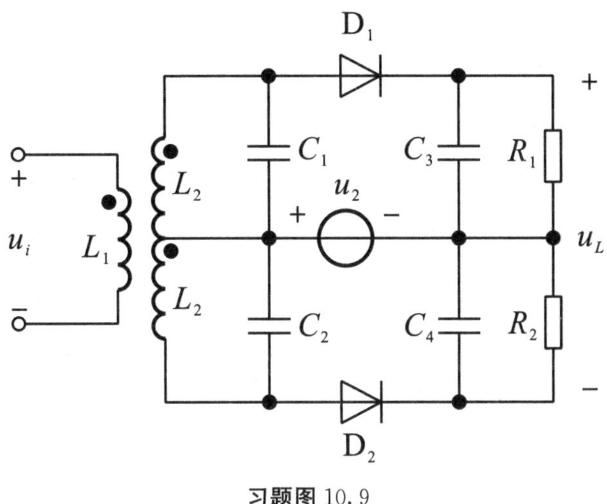

习题图 10.9

10-15　调幅收音机的检波级能否对调频信号进行解调？为什么？

附录 1　真实电源与理想电源及其互换

1. 真实电压源

电源是一个提供电能的装置，例如市面上出售的干电池，如附图 1 所示，就是真实电压源。上面标有电压 1.5 V，电流 50 mA，这表明它提供的电动势 $\varepsilon=1.5$ V，流出的电流 $i=50$ mA，根据欧姆定律可测得它的内阻 $r=\frac{\varepsilon}{i}=0.03\ \Omega$（也有称内阻 r 为输出电阻 R_0）。它由硫酸锌溶液中的锌棒所带负电 $e^{-2}=\varepsilon_1$ 和硫酸铜溶液中的铜棒所带正电 $Cu^{2+}=\varepsilon_2$ 的两个电极，以及它们之间能允许硫酸根负离子 SO_4^{2-} 通过的“阴离子交换膜”组成，电池的电动势 $\varepsilon=\varepsilon_1+\varepsilon_2=1.5$ V。“阴离子交换膜”对 SO_4^{2-} 流动所显示出的阻力叫做电池的内阻，用 r 表示。若 $r=0$，表示交换膜的孔径很大，对 SO_4^{2-} 的流动一点都没有阻力，它就成了理想电压源，而市面上的高精度电源的稳压管电压 V_Z 和相应的内阻 r_Z，以及一般整流滤波电容 C 对充放电显示出 V_L 和阻力 r 就是如此，用 $\overset{\varepsilon}{\pm\!\ominus\!-}$ 表示。实际运用中，有时也可把与电压源 ε 相串的一个电阻 R 当成 ε 的内阻。

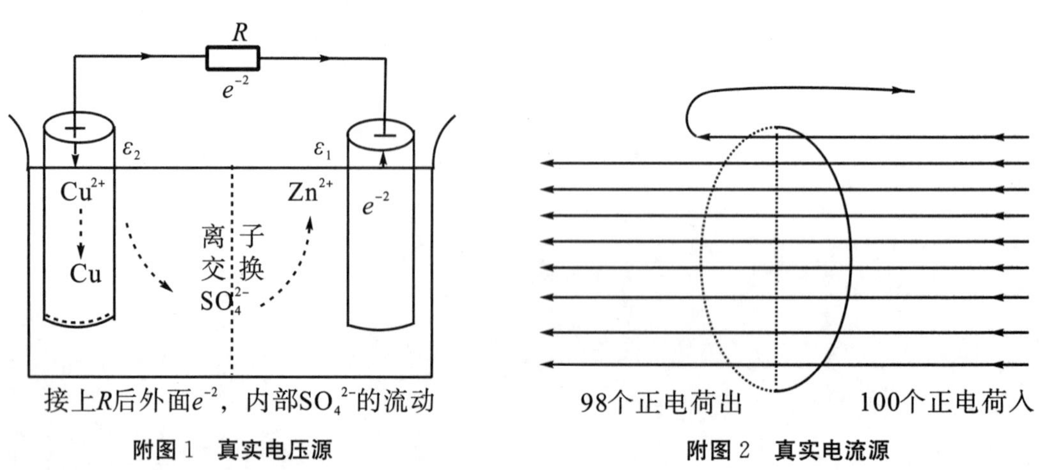

附图 1　**真实电压源**　　　　附图 2　**真实电流源**

2. 真实电流源

若有 100 个正电荷流过一个导体，其中有 2 个正电荷被导体中的 2 个电子中和或泄漏了，最后只剩下 98 个正电荷在继续流动（如一支三极管的集电极电流 I_c），如附图 2 所示。这种由电荷的中和或泄漏引起的流量减少叫做分流，从电路的角度看，可以说是由电流源的内阻 r 造成的，若 $r\to\infty$，表示电路中没有分流作用，它就成了理想电流源，用 $\overset{i}{\leftarrow\!\!\bigcirc\!\!-}$ 表示。前面所学三极管这个电流分配器中的 βi_b 和与此相并联的 $r_{b'c}$ 就是如此，而且实际运用中还可把一股恒定的电流 I 表示成理想的电流源，其旁边并联的电阻 R 可看成是 I 的内阻。

3. 电源之间的等效转换

（1）附图3中的电压源和附图4中的电流源这两类电路的等效，是在保证外接负载R上的电压V_R和电流i_R都相等的前提下进行的。由附图3中虚线所表示的电压源电路得$\varepsilon=i_R(R+r)$，解得$V_R=\varepsilon-i_Rr$；由附图4中虚线表示的电流源电路得$i=\frac{V_R}{r}+i_R$，解得$V_R=ir-i_Rr$。就两电路对R的外部特性而言都有V_R和i_R，在两者V_R相等的前提下，就可求得$\varepsilon=ir$，这就是电压源与电流源之间的对外等效转换关系。

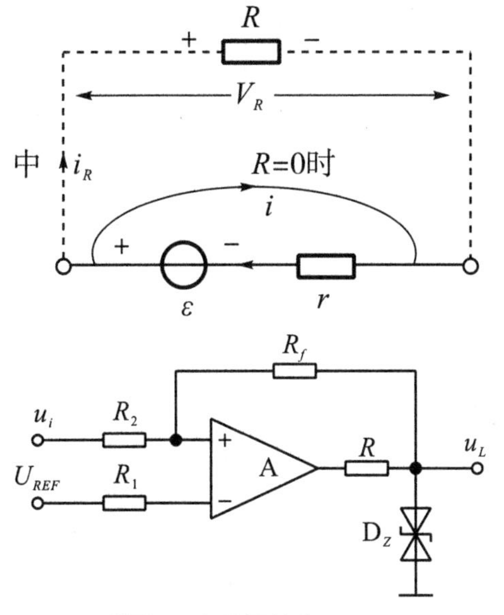

附图3　电压源的表示

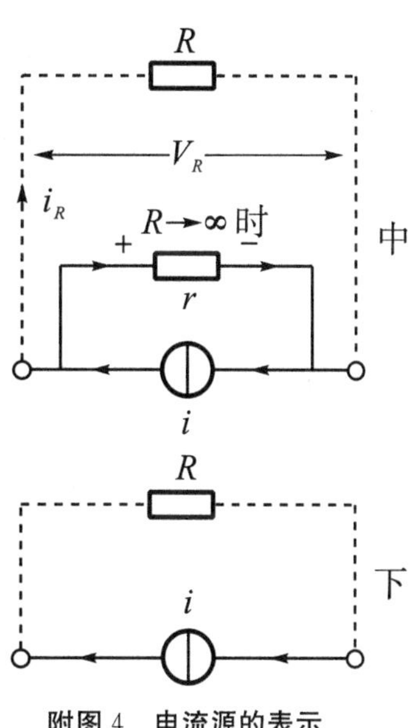

附图4　电流源的表示

（2）可把电压源转换成电流源的条件看成是：先认为电压源ε的外接电阻$R=0$，即对外短路而不消耗ε的能量，让ε与r自生闭合成如附图3中实线的形式，这时ε全加在r上。把电压源的电动势ε除以电压源的内阻r，就得到了电流源的电流，即$i=\frac{\varepsilon}{r}$，再把电压源的内阻r与i并联，就把整个电压源转换成了电流源。

（3）可把电流源转换成电压源的条件看成是：先认为电流源i的外接电阻R断开，即也不对外消耗i的能量，这时让i与r自生闭合成如附图4中实线的形式，i全部流过r。把电流源的电流i与电流源的内阻r相乘就得到了电压源的电动势$\varepsilon=ir$，而把电流源的内阻r与ε串联就把整个电流源转换成了电压源。$\varepsilon=ir$是今后求放大器输出电阻$R_0=\frac{u_0}{i_0}$的理论基础。

附录 2　开关型稳压电路的组成和工作原理

串联式开关型稳压电路的组成如附图 5 所示。电路中包括开关调整管、滤波电路、脉冲调制电路、比较放大电路、基准电压和采样电路。

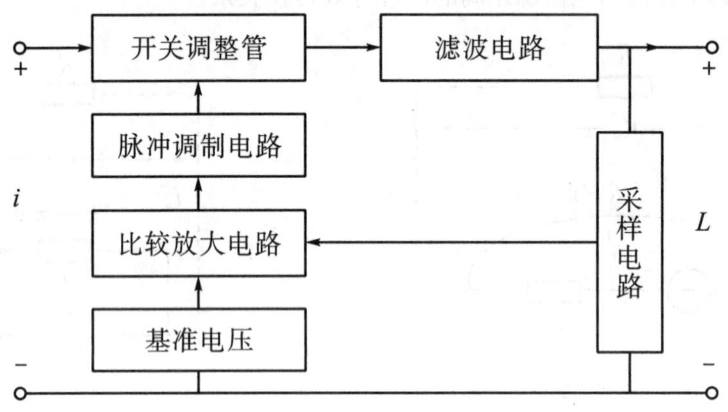

附图 5　利用稳压管限幅的过零比较器（框图）

当输入直流电压或负载电流波动而引起输出电压发生变化时，采样电路将输出电压变化量的一部分送到比较放大电路，与基准电压进行比较，并将二者的差值放大后送至脉冲调制电路，使脉冲波形的占空比发生变化。此脉冲信号作为开关调整管的输入信号，使调整管导通和截止时间的比例随之发生变化，从而使滤波以后输出电压的平均值基本保持不变。

附图 6 示出了一个最简单的开关型稳压电路的原理示意图。电路的控制方式采用脉冲宽调制式。三极管 T 为工作在开关状态的调整管。由电感 L 和电容 C 组成滤波电路，二极管 D 称为续流二极管。脉冲宽度调制电路由一个比较器 C 和一个产生三角波的振荡器组成。运算放大器 A 作为比较放大电路，基准电源产生一个基准电压 U_{REF}，电阻 R_1、R_2 组成采样电阻。

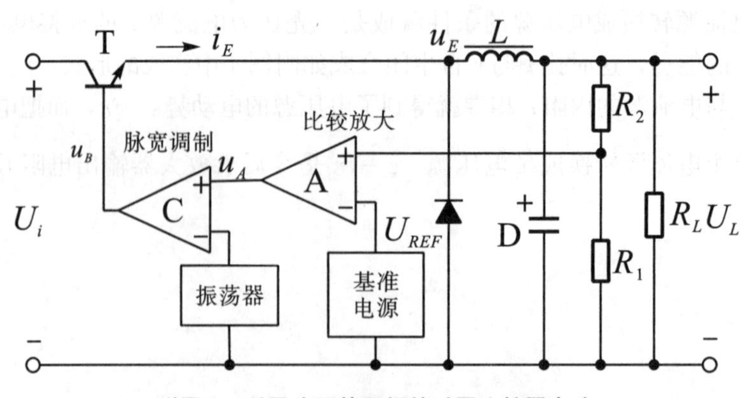

附图 6　利用稳压管限幅的过零比较器电路

下面分析电路的工作原理。采样电路得到的电压 u_F 与基准电压进行比较并放大以后得

到 u_A，传送到比较器的反相输入端。振荡器产生的三角波信号 u_t 则加在比较器的同相输入端。当 $u_t > u_A$ 时，比较器输出高电平，即 $u_B = +U_{OPP}$；当 $u_t < u_A$ 时，比较器输出低电平，$u_B = -U_{OPP}$。因此，调整管 T 的基极电压 u_B 成为高、低电平交替的脉冲波形，如附图 7 所示。

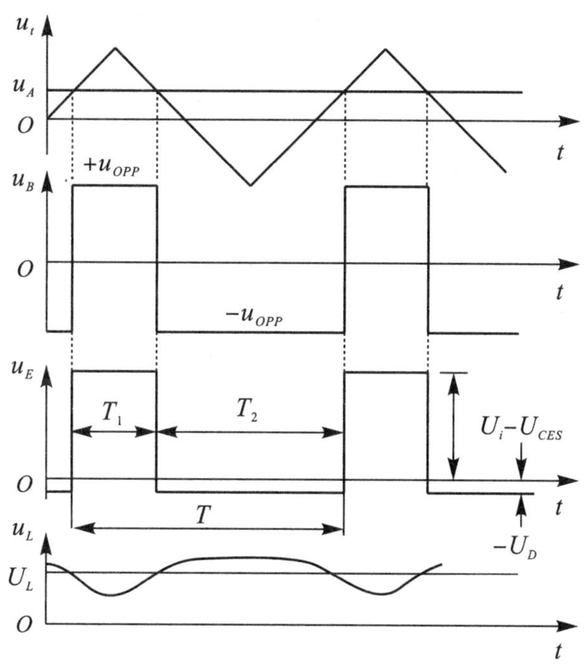

附图 7　利用稳压管限幅的过零比较器

当 u_B 为高电平时，调整管饱和导电，因此其发射极电位为

$$u_E = U_i - U_{CES} \tag{1}$$

式中，U_i 为直接输入电压；U_{CES} 为三极管的饱和管压降。u_E 的极性为上正下负，则二极管 D 被反向偏置，不能导通，故此时二极管不起作用。

当 u_B 为低电平时，调整管截止，$i_E = 0$。但电感具有维持电流不变的特性，此时，在电感上产生的反电势使电流通过负载和二极管继续流通，因此，二极管 D 称为续流二极管。此时调整管发射极的电位为

$$u_E = -U_D \tag{2}$$

式中，U_D 为二极管的正向导通电压。

由附图 2 可见，调整管处于开关工作状态，它的发射极电位 u_E 也是高、低电平交替的脉冲波形。但是，经过 LC 滤波电路以后，在负载上可以得到比较平滑的输出电压 u_L。

在理想情况下，输出电压 u_L 即是调整管发射极电压 u_E 的平均值。根据附图 7 中 u_E 的波形可求得

$$U_L = \frac{1}{T}\int_0^T u_E \mathrm{d}t = \frac{1}{T}\left[\int_0^{T_1}(U_i - U_{CES})\mathrm{d}t + \int_{T_1}^{T}(-U_D)\mathrm{d}t\right] \tag{3}$$

因三极管的饱和管压降 U_{CES} 以及二极管的正向导通电压 U_D 的值均很小，与直流输入电压 U_i 相比通常可以忽略，则式（3）可近似表示为

$$U_L \approx \frac{1}{T}\int_0^{T_1} U_i \mathrm{d}t = \frac{T_1}{T}U_i = DU_i \tag{4}$$

式中，D 为脉冲波形 u_E 的占空比。由式（4）可知，在一定的直流输入电压 U_i 之下，占空比 D 的值越大，开关型稳压电路的输出电压 U_L 越高。

假设由于电网电压或负载电流的变化使输出电压 U_L 升高，则经过采样电阻以后得到的采样电压 u_A 将升高，此电压与基准电压 U_{REF} 比较以后再放大得到的电压 u_A 也将升高。由附图 3 所示的波形图可见，当 u_A 升高时，将使开关调整管基极电压 u_B 的波形中高电平的时间缩短，而低电平的时间加长，于是调整管在一个周期中饱和导电的时间减少，截止的时间增加，则其发射极电压 u_E 脉冲波形的占空比减小，从而使输出电压的平均值 U_L 减小，并最终保持输出电压基本不变。

参考文献

[1] 陶德元. 电子线路 [M]. 成都：四川大学出版社，1980.

[2] 童诗白，华成英. 模拟电子技术基础 [M]. 1～5 版. 北京：高等教育出版社，2004—2015.

[3] 杨索行. 模拟电子技术基础简明教程 [M]. 2 版. 北京：高等教育出版社，1998.

[4] 杨霓清. 高频电子线路 [M]. 北京：机械工业出版社，2010.

[5] 陶德元，黄本淑，赵欢，杨瑜. 模拟电子技术基础 [M]. 成都：四川大学出版社，2017.